"十四五"普通高等教育本科部委级规划教材

食品加工副产物综合利用

Shipin Jiagong Fuchanwu Zonghe Liyong

黄展锐 文明 陈浩◎主编

U0280098

中国纺织出版社有限公司

图书在版编目（CIP）数据

食品加工副产物综合利用／黄展锐，文明，陈浩主编 . --北京：中国纺织出版社有限公司，2023. 11

"十四五"普通高等教育本科部委级规划教材

ISBN 978-7-5229-1145-8

Ⅰ．①食…　Ⅱ．①黄…　②文…　③陈…　Ⅲ．①食品加工—副产品—综合利用—高等学校—教材　Ⅳ．①TS205

中国国家版本馆 CIP 数据核字（2023）第 196540 号

责任编辑：闫　婷　罗晓莉　　责任校对：王蕙莹
责任印制：王艳丽

中国纺织出版社有限公司出版发行
地址：北京市朝阳区百子湾东里 A407 号楼　邮政编码：100124
销售电话：010—67004422　传真：010—87155801
http://www.c-textilep.com
中国纺织出版社天猫旗舰店
官方微博 http://weibo.com/2119887771
三河市宏盛印务有限公司印刷　各地新华书店经销
2023 年 11 月第 1 版第 1 次印刷
开本：787×1092　1/16　印张：21.5
字数：502 千字　定价：68.00 元

凡购本书，如有缺页、倒页、脱页，由本社图书营销中心调换

普通高等教育食品专业系列教材
编委会成员

本书编写委员会

主　编　黄展锐　邵阳学院

　　　　文　明　邵阳学院

　　　　陈　浩　邵阳学院

副主编　张雪娇　邵阳学院

　　　　刘斌斌　劲仔食品集团股份有限公司

成　员（按姓氏笔画排序）

　　　　文　明　邵阳学院

　　　　尹乐斌　邵阳学院

　　　　伍桃英　邵阳学院

　　　　刘斌斌　劲仔食品集团股份有限公司

　　　　何婉莹　邵阳学院

　　　　张雪娇　邵阳学院

　　　　陈　浩　邵阳学院

　　　　周小虎　邵阳学院

　　　　周晓洁　邵阳学院

　　　　赵良忠　邵阳学院

　　　　黄展锐　邵阳学院

　　　　谢　乐　邵阳学院

　　　　潘连云　镇远乐豆坊食品有限公司

前　　言

随着我国经济的快速发展和人民生活水平的提高，农产品和食品加工业迅猛发展，同时也产生了大量的副产物。这些副产物大多或未被充分利用，或被低值利用，甚至被废弃，对环境造成污染，甚至成为疾病传播的源头。然而，农产品和食品加工副产物的再加工和综合利用可以提高企业的经济效益和产品附加值，还可以降低资源浪费和环境污染，从而推进农产品和食品加工业可持续发展。因此，我们在发展农产品和食品加工业的同时，应重视农产品和食品加工副产物的二次利用，提高资源利用率，变无用为有用，变一用为多用，实现农产品资源全利用。这已成为当今我国农产品精深加工与利用产业发展的重要课题。

鉴于上述原因，编者编写了《食品加工副产物综合利用》一书，以大宗食品加工副产物的综合利用技术为核心，着重阐述以下内容：食品加工副产物综合利用概述、粮油加工副产物综合利用、蔬菜加工副产物综合利用、水果加工副产物综合利用、畜禽加工副产物综合利用、水产加工副产物综合利用、大豆加工副产物综合利用等。

本书由邵阳学院多年从事食品资源开发与加工技术研究的专家和专业技术人员结合自身研究成果与实践、参考国内外最新研究成果和文献资料编著而成，语言力求通俗、简明，内容力求全面、实用。全书特色突出，内容全面，在重视理论的基础上，更加强调实践过程的操作性，具有较强的科学性、逻辑性和实用性。本书可供食品生产、加工、销售，特别是食品资源开发企业的从业人员，或是从事食品资源开发与加工技术研究的大学师生及研究院所的科研人员阅读与参考。

本书得到"2019 年湖南省研究生教学平台高水平教材建设项目"的资助，感谢邵阳学院食品与化学工程学院、广东海洋大学食品科技学院、中南林业大学食品科学与工程学院、劲仔食品集团股份有限公司和镇远乐豆坊食品有限公司在本教材编写过程中给予的大力支持。参编人员有邵阳学院黄展锐、文明、陈浩、赵良忠、张雪娇、何婉莹、尹乐斌、周小虎、周晓洁、伍桃英、谢乐，劲仔食品集团股份有限公司刘斌斌，镇远乐豆坊食品有限公司潘连云。

编者本着科学的态度，力图系统、全面地展现食品加工副产物综合利用所涉及的理论知识，并结合大量典型案例介绍相关试验方法，参考引用了大量的书籍、论文及相关法规等，在此向相关作者表示感谢，但由于引用数量较大，如有疏漏标注之处，特此致歉。

鉴于编者专业水平有限，书中难免有遗漏和不足之处，恳请广大读者批评指正。

编　者
2023 年 5 月

目　　录

第1章 绪论

1.1 食品与食用农产品

1.1.1 食品

《中华人民共和国食品安全法》将食品定义为："各种供人食用或者饮用的成品和原料以及按照传统既是食品又是中药材的物品，但是不包括以治疗为目的的物品。"该定义明确了食品和药品的区别。食品往往是指经过处理或加工制成的作为商品可供流通用的食物，包括成品和半成品。食品作为商品的最主要特征是每种食品都有其严格的理化和卫生标准，它不仅涉及可食用的内容物，还涉及为了流通和消费而采用的各种包装方式、内容（形体）和销售服务。食品应具有的基本特征如下所述。

（1）食品固有的形态、色泽及合适的包装和标签。

（2）有能反映该食品特征的风味，包括香味和滋味。

（3）合适的营养构成。

（4）符合食品安全要求，不存在生物性、化学性和物理性危害。

（5）有一定的耐贮藏、运输性能（有一定的货架期或保鲜期）。

（6）方便使用。

1.1.2 食用农产品

食用农产品是指在农业活动中获得的供人食用的植物、动物、微生物及其产品。农业活动是指种植、养殖、采摘、捕捞等传统活动，以及设施农业、生物工程等现代农业活动。植物、动物、微生物及其产品是指在农业活动中直接获得，以及经过分拣、去皮、剥壳、干燥、粉碎、清洗、切割、冷冻、打蜡、分级、包装等加工，但未改变其基本自然性状和化学性质的产品。

1.1.2.1 植物类

植物类食用农产品包括人工种植和天然生长的各种植物的初级产品及其初加工品。

1. 粮食

粮食是指供食用的谷类、豆类和薯类。

（1）小麦、稻谷、玉米、高粱、谷子、杂粮（如大麦、燕麦等）及其他粮食作物。

（2）对上述粮食进行淘洗、碾磨、脱壳、分级、包装、装缸发制等加工处理，制成的成品粮食及其初制品，如大米、小米、面粉、玉米粉、豆面粉、米粉、荞麦面粉、小米面粉、莜麦面粉、薯粉、玉米片、燕麦片、甘薯片、黄豆芽、绿豆芽等。

（3）切面、饺子皮、馄饨皮、面皮、米粉等粮食复制品。以粮食为原料加工的速冻食品、方便面、副食品和各种熟食品不属于食用农产品范围。

2. 园艺植物

（1）蔬菜。

蔬菜是指可作副食的草本、木本植物。

1）各种蔬菜（含山野菜 菌类物）和少数可作副食的木本植物。

2）各类蔬菜经晾晒、冷藏、冷冻、包装、脱水等工序加工后的产品。

3）植物的根、茎、叶、花、果、种子和食用菌通过干制加工处理，制成的各类干菜，如黄花菜、玉兰片、萝卜干、冬菜、梅干菜、木耳、香菇、平菇等。

4）腌菜、咸菜、酱菜和盐渍菜等也属于食用农产品范围。

各种蔬菜罐头（罐头是指以金属罐、玻璃瓶，经排气密封的各种食品。下同）及碾磨后的园艺植物（如胡椒粉、花椒粉等）不属于食用农产品范围。

（2）水果及坚果。

1）新鲜水果。

2）新鲜水果通过（含各类山野果）清洗、去皮（脱壳）、分类、包装、储藏保鲜、干燥、炒制等加工处理，制成的各类水果、果干（如荔枝干、桂圆干、葡萄干等）、果仁、坚果等。

3）经冷冻、冷藏等工序加工的水果。

各种水果罐头、果脯、蜜饯和炒制的果仁、坚果，不属于食用农产品范围。

（3）花卉及观赏植物。

通过对花卉及观赏植物进行保鲜、储存、分级、包装等加工处理，制成的各类用于食用的鲜花、干花和晒制的药材等。

3. 茶叶

茶叶是指从茶树上采摘下来的鲜叶和嫩芽（即茶青），以及经吹、揉拌、发酵、烘干等工序初制的茶，包括各种毛茶（如红毛茶、绿毛茶、乌龙毛茶、白毛茶、黑毛茶等）。精制茶、边销茶及掺兑各种药物的茶和茶饮料不属于食用农产品范围。

4. 油料植物

（1）油料植物类食用农产品是指主要用作榨取油脂的各种植物的根、茎、叶、果实、花或者胚芽组织等初级产品，如菜籽（包括芥菜籽）、花生、大豆、葵花籽、麻籽、芝麻籽、胡麻籽、茶籽、桐子、橄榄仁、棕榈仁、棉籽等。

（2）通过对菜籽、花生、大豆、葵花籽、蓖麻籽、芝麻籽、胡麻籽、茶籽、桐子、棉籽及粮食的副产品等进行清理、热炒、磨坯、榨油（搅油、墩油）等加工处理，制成的植物油（毛油）和饼粕等副产品，具体包括菜籽油、花生油、芝麻油、大豆油、棉籽油、葵花籽油、米糠油以及油料饼粕、豆饼等。

（3）提取芳香油的芳香油料植物。

精炼植物油不属于食用农产品范围。

5. 药用植物

（1）药用植物是指用作中药原药的各种植物的根、茎、皮、叶、花、果实等。

（2）各种药用植物的根、茎、皮、叶、花、果实等经过挑选、整理、捆扎、清洗、晾晒、切碎、蒸煮、蜜炒等处理过程，制成的片状、丝状、块状、段状等中药材。

（3）利用上述药用植物加工制成的片状、丝状、块状、段状等中药饮片。

中成药不属于食用农产品范围。

6. 糖料植物

（1）糖料植物是指主要用来制糖的各种植物，如甘蔗、甜菜等。

（2）糖料植物经清洗、切、包装等加工处理制得的初级产品。

7. 热带、南亚热带作物

通过对热带、南亚热带作物进行去除杂质、脱水、干燥等加工处理，制得的半成品或初级食品。具体包括天然生胶和天然浓缩胶乳、生/熟咖啡豆、胡椒籽、肉桂油、桉油、香茅油、木薯淀粉、腰果仁、坚果仁等。

8. 其他植物

其他植物是指除上述列举植物以外的其他各种可食用的人工种植或野生的植物及其初加工产品，如谷类、薯类、豆类、油料植物、糖料植物、蔬菜、花卉、植物种子、植物叶子、草、藻类植物等。可食用的干花、干草、薯干、干制的藻类植物也属于食用农产品范围。

1.1.2.2 畜牧类

畜牧类食用农产品是指人工饲养、繁殖取得或捕获的各种畜禽及初加工品。

1. 肉类产品

（1）兽类、禽类和爬行类动物（包括各类牲畜、家禽和人工饲养、繁殖的野生动物以及其他经济动物），如牛、马、猪、羊、鸡、鸭等。

（2）兽类、禽类和爬行类动物的肉产品。畜禽类动物经宰杀、去头、去蹄、去皮、去内脏、分割、切块或切片、冷藏或冷冻等加工处理，制成的分割肉、保鲜肉、冷藏肉、冷冻肉、冷却肉、盐渍肉、绞肉、肉块、肉片、肉丁等。

（3）兽类、禽类和爬行类动物的内脏、头、尾、蹄等组织。

（4）各种兽类、禽类和爬行类动物的肉类生制品，如腊肉、腌肉、熏肉等。

各种肉类罐头、肉类熟制品不属于食用农产品范围。

2. 蛋类产品

蛋类产品是指各种禽类动物和爬行类动物的卵，包括鲜蛋、冷藏蛋。

（1）蛋类初加工品。

鲜蛋经清洗、干燥、分级、包装、冷藏等加工处理，制成的各种分级、包装的鲜蛋、冷藏蛋等。

（2）经加工的咸蛋、松花蛋、腌制的蛋等。

各种蛋类罐头不属于食用农产品范围。

3. 奶制品

（1）鲜奶。

各种哺乳类动物的乳汁和经净化、杀菌等加工工序生产的乳汁。

（2）鲜奶经净化、均质、杀菌或灭菌、灌装等工序，制成的巴氏杀菌奶、超高温灭菌奶、花色奶等。

以鲜奶为原料加工的各种奶制品，如酸奶、奶酪、奶油等，不属于食用农产品范围。

4. 蜂产品

（1）采集的未经加工的天然蜂蜜、鲜蜂王浆等。

（2）通过去杂、浓缩、融化、磨碎、冷冻等加工处理，制成的蜂蜜、鲜王浆、蜂蜡、蜂胶、蜂花粉等。

各种蜂产品口服液、王浆粉不属于食用农产品范围。

5. 其他畜牧产品

其他畜牧产品是指除上述列举以外的可食用的兽类、禽类、爬行类、昆虫类动物的其他组织。如动物骨骼、动物壳、动物血液、动物分泌物、蚕种、动物树脂等。

1.1.2.3　渔业类

1. 水产动物产品

水产动物是指人工放养或人工捕捞的鱼、虾、蟹、鳖、贝类、棘皮类、软体类、腔肠类、两栖类、海兽类及其他水产动物。

（1）鱼、虾、蟹、鳖、贝类、棘皮类、软体类、腔肠类、海兽类、鱼苗（卵）、虾苗、蟹苗、贝苗（秧）等。

（2）将水产动物整体或去头、去鳞（皮、壳）、去内脏、去骨（刺）、切块或切片，经冰鲜、冷冻、冷藏、盐渍、干制等保鲜防腐处理和包装的水产动物初加工品。

熟制的水产品和各类水产品罐头不属于食用农产品范围。

2. 水生植物

（1）海带、裙带菜、紫菜、龙须菜、麒麟菜、江蓠、羊栖菜、莼菜等。

（2）将上述水生植物整体或去根、去边梢、切段，经热烫、冷冻、冷藏等保鲜防腐处理和包装的产品，或经晾晒、干燥（脱水）、粉碎等处理和包装的产品。

罐装（包括软罐类）产品不属于食用农产品范围。

3. 水产综合利用初加工品

通过对食用价值较低的鱼类、虾类、贝类、藻类以及水产品加工下脚料等，进行压榨（分离）、浓缩、烘干、粉碎、冷冻、冷藏等加工处理制成的可食用的初制品，如鱼粉、鱼油、海藻胶、鱼鳞胶、鱼露（汁）、虾酱、鱼子、鱼肝酱等。

以鱼油、海兽油脂为原料生产的各类乳剂、胶丸、滴剂等制品不属于食用农产品范围。

1.2　我国食品加工产业现状及未来发展趋势

1.2.1　我国食品加工工业发展历程

1.2.1.1　1960—1980 年：初步的机械化食品工业生产

在 1960 年到 1980 年的 20 年里，我国食品加工产业从开始起步到不断发展，除了食品加工厂仍处在半机械半手工状态之外，全国各地已经陆陆续续建起了一大批面粉、大米、食用油加工厂，实现了初步的机械化工业生产。与此同时，食品机械工业也实现了一定程度的发展，初步形成一个独立的机械工业门类。在此基础上，国产食品机械设备的大量生产，基本满足了国内食品工业发展的需求，也为此阶段实现食品供应链平台工业化生产做出了重大贡献。但是在当时的历史条件下，食品标准、食品安全等很少被提起。

1.2.1.2 1980—2000 年开始迈向机械化、自动化时代

由于改革开放的开启，外资不断涌入，外商独资、合资等食品加工企业的数量攀升，这些企业将先进的食品生产工艺技术和大量先进的食品机械带到国内。在此推动下，全国开始了第一轮大规模的技术改造工程，食品工业开始迈向机械化和自动化时代，这为后来迅速增加食品种类、扩大食品生产规模奠定了关键基础。但是，在这一阶段我国食品工业受经济结构调整的影响和国际金融危机的冲击，曾出现短暂停滞。

1.2.1.3 2000 年至今不断对接国际食品业界

2000 年至今，我国的食品工业继续阔步向前。在消费理念上，由于三聚氰胺奶粉等事件的影响，特别是在国家全面加强食品安全监管的外部因素推动下，消费者的食品安全意识普遍增强；在技术上，食品科技自主创新能力和产业支撑能力显著提高，硬件设施、工艺流程、产品质控的整体水平也迅速提高，与发达国家食品工业的差距显著缩小。截至 2020 年底，全国规模以上食品企业主营业务收入已突破 15 万亿元，形成了一批具有较强国际竞争力的知名品牌、跨国公司和产业集群。

1.2.2 我国食品工业发展概况

食品加工产业是我国食品工业的主要组成部分，目前已经成为我国经济中的支柱产业之一，承担着为我国 14 多亿人提供安全、放心、营养、健康食品的重任，是国民经济的支柱产业和保障民生的基础性产业。

1949 年以来我国国民经济取得快速发展，人民生活水平大幅度提高，在原料供给充足、市场需求旺盛和科技进步等综合作用下，我国食品工业获得快速发展，现已成为门类比较齐全，既能满足国内市场需求，又具有一定出口竞争能力的产业。

（1）市场规模巨大。

目前，我国的食品加工产业市场规模已经超过 1 万亿元人民币，而且仍在不断增长。2020 年末，全国规模以上食品工业企业数量、就业人口同比继续下降，但是降幅有所减小，营业收入较上年略有增长，总体利润依然增长明显，主营业务营业利润也呈现较好的增长。截至 2021 年第一季度，我国食品制造业企业数量反弹至 8274 家，同比上升 4%（图 1-1）。

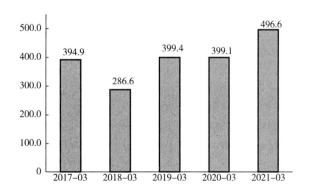

图 1-1　2017—2021 年食品制造业企业利润总额（亿元）

（2）产业链较为完整。

中国的食品加工产业拥有完整的产业链（图1-2），包括原料采购、加工制造、物流配送、销售和服务等环节。现代食品加工产业链通常是指由农业的种（养）业、捕捞业、饲养业、食品加工、制造业、餐饮业等组成的农业生产-食品工业流通体系。

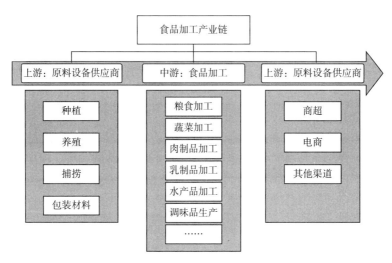

图1-2 食品加工产业链（简）

（3）技术水平逐步提高。

随着技术进步和人民生活水平的提高，中国的食品加工产业技术水平不断提高，对机械化和智能化的需求也越来越大。

（4）品牌意识提升。

中国的一些食品加工企业开始注重品牌建设，通过品牌力提升企业的影响力和市场份额。据统计，海天味业、金龙鱼、伊利股份等百强食品上市企业2020年的市值总额为32633.85亿元（表1-1），同比增长106.61%。平均市值由2019年同期的181.55亿元增加至326.34亿元。百强企业门槛从上年同期的2.43亿元提升至19.49亿元。从市值增幅来看，2020年有87家上市企业的市值实现正增长，其中77家上市企业的增幅在两位数以上，良品铺子、熊猫乳品、金龙鱼等在内的24家上市企业均实现倍数增长。

表1-1 食品上市企业2020年市值百强（节选）

排名	企业名称	市值/亿元	所属业态
1	海天味业	6498.38	调味品
2	金龙鱼	5872.67	农产品
3	伊利股份	2698.86	乳制品
4	双汇发展	1626.31	肉制品
5	蒙牛乳业	1554.83	乳制品
6	中国飞鹤	1365.44	乳制品

排名	企业名称	市值/亿元	所属业态
7	颐海国际	1003.4	调味品
8	中国旺旺	570.43	食品综合
9	中炬高新	530.96	调味品
10	天味食品	518.48	调味品
11	达利食品	506.73	食品综合
12	绝味食品	471.93	食品综合

（5）质量安全受到关注。

随着食品安全的重要性不断凸显，我国政府和企业也开始注重质量安全方面的管理，从而推动整个产业向着更加健康、安全的方向发展。

总的来说，我国的食品加工产业正在迅速发展，未来将会继续保持快速增长的趋势，为我国经济和民生做出更多的贡献。

1.2.3　我国食品工业发展趋势

进入 21 世纪后，食品工业的发展趋势呈现出方便化、工程化、功能化、专用化等特点。

（1）方便化。

方便食品以其包装精美、便于携带而著称。目前的方便食品主要包括主食方便食品和副食方便食品。主食方便食品主要是米面制品，如方便面、方便米饭、方便粥、馒头、面包、饼干以及带馅的米面食品。副食方便食品主要是各种畜肉、禽肉、蛋的熟食制品或经过预处理的半成品以及方便汤料等。

速冻食品制造业是最近几年食品工业中发展最快的新兴行业。在大城市里，速冻食品已进入寻常百姓家。除现有的速冻饺子等产品外，速冻面条、速冻炒饭具有较好的发展前景。经过膨化、涂裹、油炸、速冻处理的牛排、鸡腿、酥肉、面拖虾、面拖鱼等产品，以及经过成形、涂裹、油炸、速冻处理的肉饼、薯饼、米饭饼、面条饼等产品都是受到市场欢迎的速冻方便食品。

我国的传统食品是千百年饮食习惯和饮食文化的积淀，每个产品都是数代人的经验积累和智慧结晶，有着独特的风味，深受广大群众欢迎。但是，其制作过程操作复杂、费工费时、生产量小、保鲜期短。因此，传统食品的方便化要从原料的品种、品质抓起，采用科学、先进、合理的工艺技术，按一定的规模进行标准化生产，用现代的保鲜、包装技术，延长保存期，方便群众消费。

（2）工程化。

工程食品是在 20 世纪不断发展而形成的一类新型食品概念。工程食品的基本特点是：①根据营养平衡的原则，对原料的成分进行合理搭配，必要时强化某些营养素，从而使产品符合人体的营养需求；②应用现代技术，进行工业化生产，严格执行各项标准，保证产品规格一致、质量安全、卫生可靠；③通过综合利用原料和采用优良的替代品，降低生产成本。

工程食品除采用先进技术生产各种原配料（如从低值原料或植物性原料中提取优质蛋白质，从天然原料中提取、制备食品添加剂，用化学方法制备食品添加剂等）外，还涉及营养强化食品。在食品加工时，补充某些原料中缺乏的营养素或特殊成分，使消费者获得营养比较完全的食品，减少营养缺乏症及其并发症的发生。

（3）功能化。

保健食品（或称功能性食品）是20世纪80年代发展起来的，对经济比较发达的国家和地区解决"文明病"或"富贵病"起着重要作用。开发保健食品是一个十分复杂的过程，它必须建立在对特定人群保健需求的医学调查与统计、功效成分（保健成分）的保健作用的深入了解、载体食品的选择与工艺技术的研究、样品的功能性试验与配方调整等基础之上。开发时要根据不同人群、不同生理条件下的不同营养与健康需求，如婴幼儿、青少年、老年人、孕妇以及营养素失衡人群等，有针对性地进行配方设计。目前，我国保健食品发展不平衡，多集中在经济发达的省市。同时技术水平还不够高，仍处于第二代的水平。根据国内外市场需求，我国保健食品与传统中药宝库的融合具有巨大的发展潜力，这也是我国食品工业发展的重要方向。

（4）专用化。

食品工业生产用的各种基础原料要做到专用化，改变过去那种不管原料是否符合加工要求，有什么就用什么的落后状况。发展食品专用原料对提高食品品质至关重要，也是衡量食品工业水平的一个标志。一般来说，食品生产用基础原料的专用化有两方面的内容：一是直接由农业生产组织选育、栽培适合食品生产用的优良谷类、果蔬、畜禽和水产品等专用品种，未来，农业为食品工业提供的原料要做到基地化、规格化、标准化，实现由数量型到质量型的转变；二是通过食品加工，为食品生产提供各种专用原料。

1.3　我国食品加工副产物综合利用概述

1.3.1　食品加工副产物定义及分类

食品加工副产物是指在食品生产过程中对原料进行处理、加工或加工过程中产生的除主要产品外的其他物质，即非主要目标的产物。包括剩余物、废水、废油等，它们通常是多余的或废弃的，这些副产物有可能对环境造成不利影响，但通过合适的处理方式，可以转化为有用的资源。

食品加工副产物可以按照不同的分类方式进行分类，以下是常用的3种分类方法。

（1）按产生来源分类。

植物源副产物：如果皮、果渣、麸皮、根茎、叶子等。

动物源副产物：如鸡肝、猪肉骨头、鱼鳞、鱼骨、鸡脚等。

微生物源副产物：如酸奶发酵后的乳清等。

（2）按处理方式分类。

未经过处理的副产物：如粮渣、菜叶、鸡骨头等。

经过初步处理的副产物：如榨取油的剩余饼粕、油脂残渣等。

经过复杂处理的副产物：如酸奶乳清经过膜分离并浓缩处理后得到的乳清粉，猪油经过脱臭、精制等处理后得到的猪油酯等。

（3）按用途分类。

食品加工用途副产物：如榨油时的油饼、泡制豆腐时的豆腐渣等。

饲料用途副产物：如猪饲料、牛饲料等。

能源用途副产物：如含油废弃物、生物质废弃物等。

化工用途副产物：如纤维素、蛋白质、多糖等。

1.3.2　食品加工副产物主要特点

（1）副产物是次要产品，不是食品加工生产活动的主要目标。

（2）销售价格较低，利润大大低于主产品。

（3）大部分副产物具有与主产物相当的营养价值，却没有得到好的利用。

1.3.3　食品加工副产物综合利用途径

（1）动物饲料。

将食品加工副产物作为动物饲料，如饲料中的麸皮、米糠、豆粕、鱼粉等。

（2）肥料。

将食品加工副产物转化为肥料，如木屑、厨余废弃物、残渣等可用于有机肥料的生产。

（3）生物能源。

利用生化、热化等技术将食品加工副产物转换为能源，如沼气、生物质燃料等。

（4）食品添加剂。

将食品加工副产物转化为添加剂，如果胶、酵母蛋白、果汁浓缩液等。

（5）生物化学品。

将食品加工副产物转化为生物化学品，如发酵生物素、发酵酸等。

（6）化工原料。

将食品加工副产物转化为化工原料，如纤维素、淀粉等可转化为乙醇、丙酮、纤维素醇等。

（7）食品加工。

将食品加工副产物加工成新的食品制品，如果酱、果汁、果脯、糖果等。

（8）食品安全。

将食品加工副产物用于食品安全，如植物提取物、生物杀菌剂、抗氧化剂等。

1.3.4　我国食品加工副产物综合利用现状

食品加工副产物的综合利用现状因国家、地区、行业而异。在一些地区，特别是发展中国家，许多食品加工副产物被认为是有价值的资源并被充分利用。例如，从豆腐生产过程中获得的豆浆残渣可以用作饲料或肥料，而不是被丢弃。在一些发达国家，也有许多食品加工副产物得到了充分的开发利用，例如甘蔗加工副产物可被用于制备酒精、专业养料和化学制品。

　　虽然目前有许多食品加工副产物被充分利用，但仍存在一些问题。一些食品加工副产物可能会引起环境和食品安全问题，特别是在缺乏适当处理和管理的情况下。因此，需要更多的研究来确定食品加工副产物的全部潜在应用和最佳利用方式，并开发相应的处理和管理策略。

　　目前，我国已经开始重视食品加工副产物的资源化利用，各种利用技术正在不断发展和完善。例如，果渣可以用于生产果泥、果酱等产品，食品加工残渣可以用于生产饲料和发酵剂，畜禽粪便可以用于生产有机肥料等。此外，一些企业也尝试对食品加工副产物进行深加工，将其加工成新型食品，如果渣可制成果脯、果饮，或者通过高压处理等技术制成果汁等。这些新型食品不仅可以增加企业收入，还可以开拓消费市场。

　　目前我国平均每天有超过 4000 万吨的农产品干物质废弃物有待加工利用，而我国农产品的综合利用水平较低，只停留在产品的一级和二级开发上。以植物蛋白资源为例，我国每年产生的副产品有豆粕 500 万吨、棉籽饼 200 万吨，但转化成食品的量不足 1%，同时，还有超过 30 万吨的玉米蛋白、100 万吨的麦蛋白尚未开发。其中，主要是利用这些废弃物进行发电、饲料加工。此外，我国可开发利用的植物纤维资源更为丰富，每年有秸秆 5 亿~6 亿吨、米糠 1000 万吨、稻壳 2000 万吨、玉米心 1000 万吨、麦麸 2000 万吨、蔗渣 700 万吨、苹果皮渣 300 万吨等，这些资源基本未开发利用。

　　以苹果皮渣为例，它是一种理想的膳食纤维资源，其膳食纤维含量为 10%~15%。我国是世界上苹果产量最大的国家，2021 年我国的苹果产量超过 4500 万吨，约占世界生产总量的 1/2。苹果加工以榨取苹果汁为主，据统计全国现有果汁生产企业 60 多家，加工后年产苹果皮渣副产物达 600 万吨以上，产生的苹果皮渣大多数被废弃，少数皮渣经干燥后作为生物饲料直接利用，使用率极低。一方面，苹果皮渣中膳食纤维等有效成分得不到充分利用，造成资源浪费；另一方面，榨汁后的废果渣无法处理，发酵和腐烂后造成环境污染。果胶的价格昂贵，国内市场价格约为 10 万元/吨，国际市场价格在 1.25 万美元/吨左右，按照果胶提取率为 10% 计算，每吨干燥皮渣可获得 100 千克果胶，销售额为 1 万元，扣除生产成本后，从皮渣中提取果胶后可增值 6~8 倍，达到"废物变宝"的目的。

　　我国是农业生产大国，农产品及食品工业的副产物数量巨大。为推进可持续化发展，这些副产物的资源化利用越来越受到人们的重视，并且很多副产物的深度开发与利用在研究与实践层面均取得了长足的进步，显示出良好的发展前景。据不完全统计，2020 年国内各类可再生资源可回收量约 3 亿吨。在农产品和食品加工业中，副产物一般要占农产品总质量的 20%~30%，有些甚至超过 50%。这些副产物蕴含着巨大的开发价值和潜力，从另一个角度看，也是宝贵的资源，正如人们常说的，世上本来就没有什么废物，只有放错位置的资源。目前，食品工业副产物资源化利用问题已上升到国家产业发展的战略层面，农业农村部印发的《关于促进农产品加工环节减损增效的指导意见》提出，到 2025 年农产品加工环节损失率须降到 5% 以下。近年来，随着现代科学技术的发展和人们认识水平的提高，对食品工业副产物深度开发和利用的研究与实践已取得长足进步，许多副产物资源开发所产生的价值和效益甚至超过主产物，副产物深度开发和高值化利用已显示出巨大潜力和前景。

1.3.5　食品加工副产物综合利用的意义

　　食品加工副产物可以通过综合利用来实现资源化、无害化和经济化。

其中，资源化利用可以将食品加工副产物转化为可再生能源、有机肥料、动物饲料和食品调味剂等。例如，利用果蔬剩余部分、剩下的奶酪乳蛋白和压榨的油脂，可以制作出生物柴油、有机肥料和其他有机产品。同时，将副产物转换为动物饲料可以为畜牧业提供更多的资源，降低饥饿和环境损失。无害化利用可以保障人们的健康。很多食品加工副产物都含有有害物质，如有害菌、化学物质或重金属等，如果不经过处理或处理不当，就会对环境和人体健康产生危害。通过科学洁净的处理工艺，可以净化和消除这些有害物质。经济化利用可以为企业和社会带来利益。食品加工副产物再加工和综合利用可以提高企业的经济效益和产品附加值，还可以节省大量的资源和能源。对于社会而言，利用食品加工副产物可以减少资源浪费和环境污染，从而推进可持续发展。

目前，很多食品加工企业还没有对副产物进行有效利用，导致大量资源浪费和环境污染。只有充分利用这些副产物，才能实现资源化、无废弃、环保、提高经济效益的目标。综合利用食品加工副产物的益处如下。

（1）降低生产成本。

利用副产物可以降低废弃物的处理费用，节约原材料采购费用。

（2）环境友好。

副产物的处理会产生废气、污水等，利用副产物可以降低废物处理的负担，减少环境污染。

（3）增加企业收入。

利用副产物生产的产品可以用来售卖，从而提高企业收入。

（4）营养价值高。

食品加工副产物中含有很多的蛋白质、维生素、纤维素等营养物质，可利用副产物生产高添加值的产品。

因此，综合利用食品加工副产物对于企业和社会来说是非常重要的，它不仅减少了浪费，增加了经济效益，还促进了可持续发展。

第2章 粮油加工副产物综合利用

2.1 粮油加工副产物综合利用的概况

在全世界范围内，粮食、油料都是主要的农产品原料，是人类主要的食物来源。粮食、油料之所以成为人们的主要食物来源，是因为这些原料中含有人体生长发育所需要的碳水化合物、蛋白质、脂肪及多种营养成分。据统计，70%～80%的粮油原料被加工成成品粮油或食品工业的原料，粮油原料经过加工后会产生20%～30%的副产物。粮油加工副产物是粮油加工过程中产生的皮壳、米糠、胚芽、残渣、油脚等物质，这些副产物中不仅富含蛋白质、脂肪、维生素等营养成分，还含有黄酮、多肽、膳食纤维等活性成分，但是，这些副产物目前尚未得到充分利用。实际上，粮油加工副产物中的某些物质的营养和利用价值并不低于主产品，有些甚至超过主产品。以下对4种主要的粮油加工副产物进行简单介绍。

2.1.1 稻谷加工副产物

2.1.1.1 米糠

稻谷去掉稻壳后的部分叫作糙米。糙米是稻花受精以后发育成的颖果，相当于植物学上的果实。糙米碾白过程中被碾下的皮层及少量米胚和碎米的混合物就是米糠。

就我国的米糠利用情况而言，其主要用作制取米糠油和植酸的原料，但这两项的米糠利用总和也仅占全国米糠总产量的15%左右，其余85%的米糠几乎全部用来作为饲料。按国内外饲料资料的报道，米糠直接作为饲料存在许多缺点。第一，米糠含油率为13%～16%，而猪饲料含油量应在2%左右，尤其是饲育瘦肉型猪的饲料含油量更不宜过高。而且米糠中游离脂肪酸含量普遍在20%以上，但猪不能吸收米糠中的游离脂肪酸。第二，米糠中通常含有10%左右的植酸钙镁，其为常见天然资源中植酸含量最高者，植酸是一种抗营养因子。第三，米糠中粗纤维含量为6%～14%，而单胃畜禽的饲料中纤维含量太多，会影响其肉质。日本、印度尼西亚、印度等国家均不以生米糠作为饲料，而以提取脂肪后的脱脂米糠作为配合饲料，其价格比生米糠高20%～30%，这样的利用途径是科学的。

2.1.1.2 米胚

米胚是精米加工中的副产物，当糠层从糙米上剥离时，胚芽也随之一起除去，胚芽约占3%，混在糠中的胚芽可利用比重差选别法分开，全国米胚的蕴藏量估计可达10万吨以上。大米胚芽含有丰富的蛋白质、脂肪及各种维生素、矿物质，可广泛用于各种营养保健品。

2.1.1.3 稻壳

稻壳又名砻糠或大糠，是稻谷经砻谷工序分离出来的颖壳，通常稻谷的谷壳率约为加工原粮的 20%，我国每年大概生产 3000 万吨稻壳。稻壳坚韧粗糙，木质化程度高，摩擦力大，营养价值低。我国的稻壳主要用于燃烧、发电和稻壳制板等，但仍有大部分稻壳未加以利用。稻谷加工企业中，很少有对稻壳进行深加工和再利用的，这不仅浪费了宝贵的资源，而且对环境也造成了很大的污染。近年来，随着人们环保意识的增强和能源价格的不断上涨，稻壳等农业生产副产品的合理利用已逐渐引起人们的重视，但稻壳的处理和利用仍然是很大的问题。

2.1.1.4　碎米

碎米是按照国家大米质量标准中有关含碎率的要求，在大米成品分级时得到的副产品。不同的稻谷品种、贮藏时间和加工工艺，其碎米出品率的差别较大，一般为大米成品的 30% ~ 40%。碎米通常用于制造淀粉、米粉和配合饲料，或作为发酵工业的原料生产酒精、丙酮、丁醇、柠檬酸等产品。

2.1.2　小麦加工副产物

2.1.2.1　麦麸

小麦是我国第二大粮食作物。麦麸也就是麦皮，是小麦籽粒皮层和胚经碾磨后的混合物，为小麦加工面粉的主要副产物，麦麸的得率一般是小麦的 15% ~ 25%。麦麸富含纤维素和维生素，是主要膳食纤维来源。目前我国每年的麦麸产量为 3000 万吨，其主要用途有食用、入药、作为饲料原料、酿酒等。

2.1.2.2　麦胚

麦胚占麦粒总重的 1.5% ~ 3.5%，位于麦粒背面基部皱缩部分内，与小麦的主体——胚乳连接较松，在小麦制粉加工过程中进入麦麸和次粉中。麦胚作为小麦制粉的副产品，以其资源丰富、营养价值高、应用广泛的特点引起国内外食品界从业人员的广泛兴趣。小麦的麦胚是所有谷物中维生素 E 含量最高的，具有抗氧化、延缓衰老、提高人体免疫力、促进血液循环等作用，被营养学家们誉为"人类天然的营养宝库"。

2.1.3　玉米加工副产物

2.1.3.1　玉米胚芽

玉米是我国第三大粮食作物，也是世界三大粮食作物之一，我国的玉米年产量为 1.4 亿吨左右。玉米胚芽的体积和重量分别约占整个籽粒体积的 25% 和 10%。玉米胚芽的脂肪含量很高，一般超过 30%，因此，玉米胚芽作为玉米加工的主要副产物，其综合利用主要是制取玉米胚芽油。

2.1.3.2　玉米皮

玉米皮是玉米深加工企业生产的一种副产品，是玉米制粉过程中，颗粒经过浸泡、破碎后分离出来的玉米表皮，其主要成分是纤维、淀粉、蛋白质等，主要用于饲料行业。

2.1.3.3　玉米心

玉米心是玉米脱去籽粒后的果轴，也称玉米核，一般占玉米穗的 20% 左右，按该比例计算，全国的玉米心资源达 1500 多万吨，目前玉米心工业化综合利用的主要方式是生产糠醛。

2.1.4 花生加工副产物

花生属蝶形花科落花生属一年生草本植物，是我国传统优质食用油的主要油料作物之一，在我国的总产量、单产量和出口量均居世界首位。

2.1.4.1 花生壳

花生壳即花生的果壳，占花生果质量的 30% 左右，花生果实为荚果，形状有蚕茧形、串珠形和曲棍形。我国年产花生壳近 400 万吨，其中大部分被白白扔掉。花生壳的主要成分是粗纤维，含量为 65.7%~79.35%，其他营养成分也很丰富，含粗蛋白 4.8%~7.2%、粗脂肪 1.2%~1.85%、还原糖 0.3%~1.8%、双糖 1.7%~2.5%、戊糖 16.1%~17.8%、淀粉 0.7%；还含有矿物质，如钙、磷、镁、钾、铁、锌、铜等。花生壳还含有胡萝卜素、木糖等药用成分，可提取重要的化工原料，如醋酸、糠醛、丙酮、甲醇、植酸。

2.1.4.2 花生饼粕

花生饼粕是以脱壳花生米为原料，经压榨或浸提取油后的副产物，花生饼粕的营养价值较高，据研究报道，每 100g 花生饼粕含蛋白质 42.5g、脂肪 6g、碳水化合物 25g，并含维生素 E 及钙、磷、铁等多种矿物质。花生饼粕是良好的蛋白质来源，可用来提取花生蛋白等。

2.1.4.3 花生红衣

花生红衣即花生的种皮，因绝大多数花生品种的种皮为红色而得名。生的花生红衣有补血作用，花生煮熟或者炒熟以后，红衣的补血效果会大为减弱。花生红衣中含有多种活性物质，具有防治多种疾病的作用。因此，花生红衣可制成多种药物和食品添加剂。

2.2 稻谷加工副产物综合利用

2.2.1 国内稻谷加工概述

稻谷是世界上一半以上人口的主食，仅在亚洲就有 20 亿人从稻谷中摄取其所需热量的 60%~70%。稻谷还是非洲增长最快的粮食来源，对低收入、缺粮国的粮食安全至关重要。稻谷关系到人类的生存，2004 年为国际稻米年，联合国粮食及农业组织提出了"稻米就是生命"的口号，希望通过发展稻谷种植解决世界粮食安全问题、消除贫困和维持社会稳定。稻谷生产系统及相关的收获后经营，为发展中国家农村地区的近 10 亿人提供了就业机会，世界上 4/5 的稻谷是由低收入国家的小规模农业生产者种植的。因此，有效、高产的稻谷生产系统对促进经济发展、改善生活质量至关重要，在农村地区尤其如此。稻谷加工是粮食再生产过程中的重要环节，是粮食产业链条中的重要组成部分，是关系国计民生的重要产业，在国民经济和国家粮食安全中具有重要的地位和作用。

1998 年以前，我国稻谷加工业基本上是以国有企业为主导。随着粮食改革不断深化，国有企业不断改革，民营企业大量增加，特别是 2004 年以后，国内稻谷加工行业发展较快，市场多元化经营竞争格局已经形成。但近些年，稻谷加工行业产能过剩开始显现，稻谷加工行业正逐步向规模化、品牌化、产业化方向发展，且随着国家政策的调整，预计今后几年内稻谷加工业将面临"洗牌"格局。

我国稻谷加工业虽然取得了很大进步，但与发达国家相比，还存在一些差距，如米企虽然数量众多，但米企规模小、技术相对比较落后，且为粗放型加工模式，稻谷副产品加工利用水平低。我国稻米除了作为口粮外，出口和深加工转化率低。例如，食品工业用米只占4%左右。由于米制品加工处于初级加工或粗加工水平，对稻谷的深加工不论是在理念上还是在技术水平上与发达国家均有较大的差距，如产品质量不稳定、生产能力低、规模小的现象普遍存在。

（1）大米加工产能过剩，小企业仍然占主导。

由于门槛低、标准宽松，我国大米加工企业数量众多，大米加工产能严重过剩，加工企业争夺粮源和销售市场的竞争十分激烈，由此导致我国大米市场形成长期的"稻强米弱"现象。

（2）稻谷产业链延长，深加工不足。

近年来，随着一些大型稻谷加工企业的崛起，我国稻谷深加工程度提高，产业链也越来越长。稻谷加工成大米后剩下的碎米可用来生产米线、雪米饼等；米糠可以榨油，榨油的剩余物还可制取谷维素、植酸钙、肌醇等产品；稻壳可以用来发电，发电剩下的稻壳灰可用来生产活性炭等。从整体上看，稻谷深加工比例仍比较低，可加工的产品只有几十种，深加工比例不及10%。而美国、日本的稻谷精深加工品种多达350种，深加工比例高达40%。

从总体看，稻谷加工业以初级产品为主的加工格局仍没有得到改变，总体产能严重过剩。此外，产品结构不合理：一是稻谷加工产品仍以普通大米为主，深加工不足，企业加工产品高度同质化、品种单一、产业链短、附加值低；二是稻谷主食产业化进程缓慢。发达国家的食品加工是以主食为主体，居民主食消费的工业化水平达80%~90%；我国食品工业中副食比重大，主食工业化水平仅为15%。我国14亿人口中有7亿以大米为主食，全国年平均口粮消费大米1.19亿吨。对于习惯米食的消费者而言，方便米饭、方便米线比方便面更具吸引力。

（3）过度加工严重，副产物综合利用水平低。

我国稻谷过度加工现象严重。目前，稻谷加工一般采用"三碾二抛光"工艺，很多企业为了增加产品外观上的精细程度，甚至采用三道或四道抛光，而每增加一道抛光，虽然改善了稻谷加工后的外观效果，但由此每吨产品多耗能3.6×10^7J。抛光易造成过度加工，日本早在1980年就已取消抛光。更重要的是，稻谷加工精度越高，加工过程越长，电力等能源消耗越大，而且也容易造成加工原料浪费、营养成分损失、出米率下降。在过度加工的情况下，稻谷平均出米率仅为65%。

在副产物综合利用方面，问题也比较突出。以稻谷加工副产物米糠来说，日本米糠综合利用率高达100%，同为发展中国家的印度也达到了30%，而我国米糠综合利用率尚不足20%，资源浪费严重，规模以下稻谷加工企业的副产物利用效率更低，造成了资源浪费。

（4）营养型、绿色无公害稻谷产品供应不足。

随着我国城乡居民生活水平和健康意识的不断提高，居民食品消费结构也发生了明显变化，对营养型、绿色无公害稻谷的需求明显加大。虽然消费者对营养型、绿色无公害稻谷存在着巨大的潜在需求，但是这些稻谷市场却面临供给不足与需求不旺的矛盾困境，究其原因主要是稻谷优质优价长期得不到实现，优质不优价现象的长期存在使真正营养型、绿色稻谷的供给不足。

2.2.2 稻谷加工副产物的综合利用研究进展

中国稻谷产量居世界第一，消费量也是第一，在稻谷加工成为成品大米的过程中，将得到许多副产品，如稻壳、米糠、米胚、碎米等，通过机械、化学、生物等加工方法从副产品中制取各种新的产品，从而充分、合理地利用稻谷加工中的副产品资源，提高经济效益。

2.2.2.1 米糠的综合利用技术

米糠是稻谷加工的主要副产品之一。按米糠占稻谷的5%计算，我国可年产米糠1000万吨以上，约占全世界总量的1/3。米糠是一种量大面广的可再生资源，联合国工业发展组织把米糠称为一种未充分利用的原料。

米糠占稻谷总质量的5%~7%，含有稻谷60%左右的营养成分。米糠中含蛋白质12%~17%、脂肪13%~22%、碳水化合物35%~50%、维生素和膳食纤维23%~30%，还含有多糖、角鲨烯、矿物质等多种营养成分和生物活性物质。米糠不含胆固醇，其蛋白质的氨基酸种类齐全，营养品质可与鸡蛋蛋白媲美，而且米糠所含的脂肪主要为不饱和脂肪酸，必需脂肪酸含量达47%，还含有70多种抗氧化成分。因此，米糠在国外被誉为"天赐营养源"。所以米糠具有很高的综合加工利用价值。

可以通过进一步加工从米糠中提取有关营养成分，还可将米糠用于榨取米糠油，剩下的脱脂米糠还可以用来制备植酸、肌醇和磷酸氢钙等。米糠颗粒细小、颜色淡黄，便于添加到烘焙食品及其他米糠强化食品中；米糠中的米蜡、米糠素及谷甾醇都具有降低血液胆固醇的作用。米糠添加到动物畜禽饲料中代替玉米等原料，可降低饲料成本。米糠的综合利用如图2-1所示。

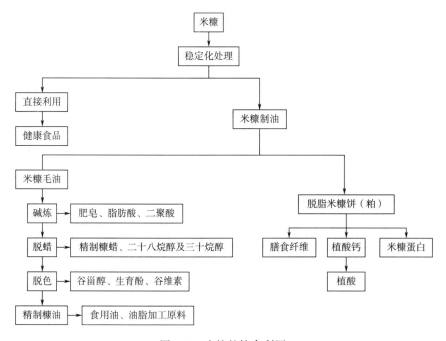

图2-1 米糠的综合利用

1. 米糠油加工技术

米糠油不仅是一种营养丰富的食用油，还是一种天然绿色的健康油脂，具有气味芳香、耐高温煎炸、耐长时间贮存等优点，受到世界上许多发达国家的普遍关注，成为继葵花籽油、玉米胚芽油之后的又一优质食用油。

米糠油中含饱和脂肪酸 15% ~ 20%、不饱和脂肪酸 80% ~ 85%，主要组成为棕榈酸（C16：0）13% ~ 18%、油酸（C18：1）40% ~ 50%、亚油酸（C18：2）26% ~ 35%。米糠油在食品工业中可作为油炸食品用油，对于鱼类、休闲小吃的风味有增效作用，可用于制造人造奶油、人造黄油、起酥油和色拉油，作为各种烹饪菜食的佐料，有激发食欲和改善消化的作用。米糠油中含量很高的不饱和脂肪酸可以改变胆固醇在人体内的分布状况，减少胆固醇在血管壁上的沉积，用于防治心血管病、高脂血症及动脉硬化症等疾病。米糠油中含有维生素 E、角鲨烯、活性脂肪酶、谷甾醇和阿魏酸等成分，对于调整人体生理功能、健脑益智、延缓衰老都有一定的作用。

（1）工艺流程。

米糠油的提取方法主要有压榨法、碱炼法、低温浸出法、有机溶剂萃取法、蒸馏脱酸精制法。机械压榨法工艺流程如图 2-2 所示。

图 2-2　压榨法制取米糠油的工艺流程

（2）操作要点说明。

1）清选。

清选主要是去除米糠内的碎米等杂质，提高出油率。

2）蒸炒。

将米糠放入蒸炒锅中，调节转速为 40r/min，蒸炒温度为 120℃，蒸炒时间为 10min 左右。蒸炒可使米糠中的粗纤维软化、蛋白质凝聚、细胞破裂、细小油滴聚集成较大的油滴，以利于油脂榨出。

3）炒坯。

将蒸炒好的料坯放进铁锅里焙炒，不断翻动，温度控制在 115 ~ 120℃，炒坯时间为 20 ~ 30min。炒坯可降低料坯的水分，以利于出油。

4）压榨。

压榨时温度应保持在 80 ~ 90℃，时间 3 ~ 5min，待大部分油被榨出后再进行沥油。

5）过滤。

将压榨好的毛糠油在滤油机上过滤，过滤温度控制在 70℃。压榨出来的毛糠油必须经过精炼才能食用。

6）精炼。

米糠油中有较多的非甘油三酯成分的物质，如磷脂、糖脂、色素、蜡等，使得粗制米糠油具有酸价高、色泽深、含蜡多等特点。所以，米糠油在制备和精炼过程中，一般都要经过脱酸、脱胶、脱色、脱蜡、脱臭等工序。①脱酸。一般采用碱炼法脱酸，具体操作为加入

9%~13%的碱液和5%的食盐水，在85~95℃条件下进行脱酸，也可以采用甲酯化脱酸、酶脱酸等方式。脱酸的作用是去除毛油中的游离脂肪酸、胶质、色素和微量元素等。②脱胶。常用的脱胶方法有酸炼法和水化法，工业化生产中常采用水化法，其具体操作为将磷酸（85%）配成10%的水溶液，在60℃下向油中加入磷酸水溶液脱胶30min。脱胶作用是除去油中以卵磷脂为主要成分存在的磷脂质及其分解产物磷脂等。③脱色。米糠油脱色方法很多，一种方法是将米糠油的混合物经酸处理后，利用活性白土脱色；另一种方法是将脱酸米糠油通过离子交换树脂进行脱色。④脱蜡。脱蜡是为了除去米糠油中由高级脂肪酸和高级脂肪醇所形成的酯，其主要采用冷却结晶的方法，将$CaCl_2$配成10%的水溶液，在15℃条件下向油中加入油重0.1%的$CaCl_2$水溶液脱蜡4h左右。⑤脱臭。脱臭是为了除去油脂中的不良气味，为精炼米糠油的最后工序，一般都是在常压或减压下采用吹入蒸汽的方法，绝对压力为0.27~0.40kPa，在230~270℃下于脱臭罐中进行。

（3）米糠油的特性及其在食品工业中的主要应用。

米糠油中的不饱和脂肪酸组成比较合理，含38%的亚油酸、42%的油酸，符合国际卫生组织推荐的最佳比例。另外，米糠油中不皂化的脂类总含量达4.2%，尤其是谷维醇的含量居食用油之首，它能够有效降低人体血清胆固醇，防治心脑血管疾病。米糠油中不仅脂肪酸构成比较完整，而且含有丰富的谷维素、角鲨烯、维生素E（生育酚，生育三烯酚）、甾醇等多种生理活性物质，被营养学家誉为"营养保健油"，是一种潜在的理想食用油脂。米糠油是理想的烹调用油和色拉油，因其烟点高，也非常适用于煎炸和烘焙食品，其多不饱和和单不饱和的结构可使食品气味稳定。同时由于米糠油含有大量的植物甾醇、谷维素、生育三烯酚等成分，在开发有益健康的功能性食品中起着重要作用。其在食品工业中主要应用于以下3个方面。

1）煎炸。

米糠油具有优质的煎炸性能，并且能赋予煎炸食品良好稳定的风味，这与米糠油中含亚麻酸有关。所以，米糠油煎炸的食品具有良好的储存稳定性。这些特点使得米糠油成为大规模生产风味土豆片、鸡肉煎炸小吃食品的良好选择，同时也应用于搅拌型煎炸食品中。

2）人造黄油。

米糠油用于人造黄油时，有能够形成稳定的β结晶晶格的自然趋势，并且由于米糠油中存在软脂酸成分，从而使其具有可塑性、乳化性和延伸性。添加米糠油的低度氢化的人造黄油产品具有明显低含量的脂肪酸，这些特点使得米糠油在人造黄油生产中具有明显的优势，同时这种人造黄油能够通过酯交换与其他油混合。

3）涂衣产品。

米糠油含有大量的天然抗氧化剂成分，在点心类、硬果类等食品中，常用于延长食品的货架期。不仅如此，通过一些处理，米糠油还能够与不稳定油类混合（例如与高含量亚麻油酸成分混合）来提高涂衣食品的稳定性。

2. 米糠蛋白质的综合利用

稻米中的蛋白质是一种低过敏的优质蛋白质，是一种营养价值较高的植物蛋白质。尽管米糠中的蛋白质含量（12%~20%）相对于其他油料种子（如大豆、花生等）较低，但由于稻谷是我国第一大农作物，其种植面积广、产量大，所以其蛋白质资源的数量是不容忽视的。

米糠蛋白质中主要是清蛋白、球蛋白、谷蛋白以及醇溶蛋白，这 4 种蛋白质的质量比例大致为 37∶36∶22∶5，其中可溶性蛋白质约占 70%，与大豆蛋白质接近。米糠蛋白质中必需氨基酸齐全，生物效价较高。与大米中的蛋白质相比，米糠蛋白质的氨基酸组成更接近FAO/WHO 的推荐模式，是一种营养价值全面的蛋白质。米糠蛋白质还有一个最大的优点即低过敏性，它是已知谷物中过敏性最低的蛋白质，因此米粉是最常见的婴幼儿辅助食品，从大米或米糠中提取的蛋白质可作为低敏性蛋白质原料用于婴幼儿食品中。

米糠蛋白质的营养价值虽然较高，但在天然状态下，其与米糠中植酸、半纤维素等的结合会妨碍它的消化与吸收，为了提高米糠蛋白质的利用价值，应将其从米糠中提取出来。

目前米糠蛋白质的提取方法主要有酶法提取和碱法提取。另外，在这两种方法的前提下，辅以研磨法、均质法、超微粉碎法、挤压变性法等物理方法来提高蛋白质提取率。

（1）酶法提取米糠蛋白质。

1）提取工艺流程。

酶法提取米糠蛋白质的工艺流程如图 2-3 所示。

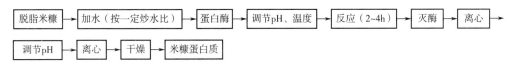

图 2-3　酶法提取米糠蛋白质的工艺流程

2）工艺说明。

酶法提取主要采用蛋白酶、糖酶、植酸酶等来提取米糠蛋白质。蛋白酶可以切断蛋白质与蛋白质的连接。例如，中性蛋白酶是巯基蛋白酶，作用底物广泛，对 Gly、Arg、Lys、Phe等氨基酸形成的 7 种肽链有断裂作用，同时具有一定的解脂能力，从而使蛋白质更加容易溶出。何斌等采用酸性、中性、碱性及复合蛋白酶 4 种蛋白酶提取米糠蛋白质，结果表明含有内切酶、外切酶和端肽酶的复合酶的效果最好；而在 3 种单一酶中碱性蛋白酶的效果最好，提取率达到 57.49%。糖酶能破坏壁组织细胞及解聚蛋白质和纤维素、半纤维素、果胶等形成的复合物；植酸酶能断裂植酸与蛋白质形成的化学交联，从而使蛋白质易于提取。酶法提取最大的优点是降低了蛋白质提取时的固液比，其反应条件温和，不会引起营养物质的破坏。同时各种新型工业分离技术的应用使工业化生产大米蛋白成为可能。

（2）碱法提取米糠蛋白质。

1）工艺流程。

碱法提取米糠蛋白质的工艺流程如图 2-4 所示。

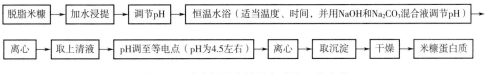

图 2-4　碱法提取米糠蛋白质的工艺流程

2）工艺说明。

碱法提取米糠蛋白质最常用的方法是稀 NaOH 液提取法，也有用盐法提取和氨水提取，但是效果没有稀 NaOH 液明显。主要原因在于米糠蛋白质在碱性条件下更加易于溶解，在弱碱性的氨水和中性的盐溶液中，米糠蛋白质的溶解度降低；同时碱液对蛋白质分子的次级键特别是氢键具有破坏作用，并可使某些极性基团发生解离，使蛋白质分子表面具有相同的电荷，从而对蛋白质分子有增溶作用，促进蛋白质的分离。在研究碱法提取米糠蛋白质时发现，当 pH 大于 10.0 时，米糠蛋白质的溶出率在 95% 以上。碱法提取蛋白质的操作简单，提取较安全，但是所用碱浓度不宜过高。在强碱作用下，蛋白质中的氨基酸会与丙氨酸和胱氨酸发生缩合反应，生成有毒物质，如赖氨酰胺丙氨酸（lysinoalanine），对肾脏有害；强碱还可以使蛋白质变性，发生美拉德反应导致产品颜色变深，引起蛋白质形成复合物而沉淀，但是在提取过程中加入 Na_2SO_3 可以有效缓解蛋白质颜色变深的缺点。

2.2.2.2　米胚芽的综合加工利用技术

稻谷含胚量较高，一般为 2%~2.2%，且取胚容易，我国米胚芽的年产量可达 10 万吨以上。米胚芽含有丰富的营养成分，蛋白质和脂类含量均在 20% 以上，蛋白质的氨基酸组成较为平衡，脂类中天然维生素 E 的含量为 200~300mg/100g 油脂，70% 以上的脂肪酸是不饱和脂肪酸，还含有丰富的微量元素和矿物质。

在大米加工过程中，米胚芽脱落率为：标一籼米 70% 以上，标二籼米 40%~50%，粳米 90% 左右。脱落的胚芽常常混入米糠和米楂中。从米糠和米楂中分离提纯米胚芽的方法主要是干法分离，其基本原理是根据胚芽和米楂、米糠在密度、悬浮速度之间的差异，用风选和筛选相结合的方法来提取胚芽。米胚芽作为营养全面的大米加工副产品，从糠楂中分离出来，再用来制取米胚芽油，广泛用于食品、化工、医药等行业。

米胚芽中富集了数十种生物活性成分，其中谷胱甘肽（GSH）和 γ-氨基丁酸（GABA）含量特别高，分别为 110~120mg/100g 和 25~50mg/100g。运用现代食品加工高新技术，在保证米胚芽固有各种生物活性成分的前提下，制备高含量 GSH 或 GABA 功能性食品或饮料可大大提高米胚芽的利用价值。

1. 米胚芽油的提取

米胚芽油是天然维生素 E 含量最高的油品，胚芽油中的天然维生素 E 与少量植物固醇共存，其复合状态的作用效果更明显，可使人体细胞分裂增加一倍，延缓衰老；可以减少体内脂质的氧化，使体内保持充分的氧气，使血液循环流通；可以抵御各种疾病；还能防止雀斑、粉刺；同时，米胚芽含有丰富的亚油酸，亚油酸是合成前列腺素的重要物质。因此米胚芽油被广泛用于食品、医药、日用等行业。

米胚芽油的生产过程与米糠油的制取类似，没有太大的区别，所不同的是在预处理工序中多了一道轧胚的操作。轧胚的目的是使胚芽通过轧辊的碾压和细胞间相互挤压作用变成薄片，从而使部分细胞壁受到破坏，缩短了油路。轧胚后料坯应薄而均匀、少成粉、不漏油，轧胚厚度一般不超过 0.4mm。

浸出生产时胚芽的水分含量应低一些，水分含量高时维生素 E 进入油中的量会减少。胚芽油的精炼一般也采取脱胶、脱酸、脱色、脱臭、脱蜡等工序。

2. 米胚芽饮料

以稻米胚芽为原料,可生产米胚芽饮料。米胚芽汁有着纯天然、营养保健、口味清新的优势,长期饮用米胚芽饮料具有抗衰老、保持健康的功效,符合现代人们生活的需要。

米胚芽饮料制作的工艺流程如图 2-5 所示。

图 2-5 米胚芽饮料制作的工艺流程

其工艺操作要点如下。

(1)浸泡。

米胚芽浸泡后的组织疏松,有利于磨浆。因此,在米胚芽饮料的生产中采取先浸泡再磨浆的方式。考虑到米胚芽饮料的风味和稳定性,以蛋白质、脂肪提取率为指标,选 70℃ 作为米胚芽的浸泡温度,料液比为 1∶8,浸泡时间应控制在 20min 内。如果米胚芽的浸泡时间过长,一些对热不稳定的蛋白质会过多得溶解,从而影响饮料体系的稳定性。

(2)磨浆。

磨浆细度是影响米胚芽饮料中蛋白质、脂肪提取率的主要因素之一。胶体磨的磨浆细度较细,有利于米胚芽组织中蛋白质、脂肪、碳水化合物的充分溶出,使米胚芽饮料获得较高的蛋白质、脂肪、固形物含量。因此,在米胚芽饮料的生产中采用胶体磨磨浆,有利于提高原料利用率。

(3)浆渣分离。

采用沉淀离心机分离磨浆后的浆液,浆渣分离的目的在于除去米胚芽饮料中的一些不溶物质,有助于提高饮料的稳定性。

(4)调配。

为了防止米胚芽饮料在贮藏过程中产生上浮、挂壁及底部沉淀等不良现象,必须向米胚芽饮料中添加一定的乳化剂和增稠剂。乳化剂酪蛋白酸钠、卵磷脂和增稠剂海藻酸钠复配使用能够明显提高米胚芽饮料的稳定性,使用量分别为 0.15%、0.1%、0.15%。另外,为了能达到令人满意的口味,加入约 2.5% 的蔗糖可使饮料香甜可口。

(5)均质。

调配后,通过均质降低米胚芽饮料中颗粒的粒径,增加饮料的稳定性。增加均质次数可以提高均质效果,此工艺采用两次均质,均质温度控制在 60℃ 左右,均质压力为 40MPa。

(6)灌装、封口。

均质后要尽快灌装和封口,时间过长会影响米胚芽饮料的品质。

(7)杀菌、冷却。

在 115℃ 下杀菌 15min,可以达到所要求的卫生指标。

3. 米胚芽营养食品

米胚芽含丰富的营养成分,目前已广泛应用胚芽来开发营养食品。

(1)炒胚芽片。

将除去铁质后的胚芽炒 1h(以不焦为度),冷却后加入蜂蜜及红糖液、拌匀,再进入流化床干燥，包装后即为成品。该产品为儿童、老人和脑力劳动者所欢迎。

（2）营养专用粉。

将提油后的胚芽粕粉碎，再加入蜂蜜、糖、磷脂等，拌匀、烘干即为成品。该产品是一种健儿粉和食品的营养添加剂。

（3）谷芽牛乳。

将50g生谷芽粉与200mL的水混合，得到一种pH 6.0、总固形物含量为9.67%、蛋白质含量为2.99%的谷芽乳。其色淡黄，具有稻谷香味，用其冲泡成的饮料，味道可口；可作为添加剂添加到面包、饼干、面条等食品中，可以代替可可或巧克力使用，也可以涂抹在食品上食用。

2.2.2.3 稻壳的综合加工利用技术

稻壳是稻谷加工的主要副产物，约占稻谷籽粒质量的20%。稻壳富含纤维素、半纤维素、木质素和二氧化硅，但其蛋白质、脂肪和维生素等营养成分的含量极低，且表面坚硬耐腐，难以被动物消化和被微生物降解，因此既不适合用作饲料也不适合直接掩埋还田处理。同时，稻壳的自然堆积密度大（112~144kg/m³），不利于运输和存放，处理不当（例如野外焚烧）还会造成严重的环境污染。针对上述情况，国内外专家学者就稻壳资源的综合开发利用进行了广泛而深入的研究，在取得了大量研究成果的同时，也产生了许多新的产业模式。

（1）稻壳的结构特性和化学组成。

稻壳的主要组成是纤维素类、木质素类和硅类，稻谷品种及产地不同，其组成有所差别，大致组成为粗纤维35.5%~45%（缩聚戊糖16%~22%）、木质素21%~26%、二氧化硅10%~21%。根据稻壳的化学组成，可将它的利用分为三大类：利用它的纤维素类物质，采用水解的方法生产如糠醛、木糖、乙酰丙酸等化工产品；利用它的硅资源生产如泡花碱、白炭黑、二氧化硅等含硅化合物；利用它的碳、氢元素，通过热解（气化、燃烧等）获得能源。

（2）稻壳的工业应用。

1）糠醛和糠醇。

糠醛和糠醇是迄今为止无法用石油化工原料合成而只能采用农作物纤维废料生产的2种重要的有机化工产品。对稻壳深度水解即可获得糠醛，其生产工艺较简单，主要有水解、脱水、蒸馏分离等步骤，其具体操作为：将稻壳等原料放进蒸煮管内并加入稀酸催化剂，通入水蒸气进行加热处理，升温加压后，多缩戊糖水解为戊糖，戊糖进一步脱水为糠醛，随水蒸气馏出，经减压蒸馏可得纯品糠醛。糠醇则以糠醛为原料，在铜、镉、钙催化剂作用下，经加氢还原而获得。

2）水玻璃。

稻壳经热解或燃烧后得到稻壳灰，稻壳灰中所含的SiO_2在加温、加压的条件下与烧碱溶液或碳酸钠溶液反应，充分反应后的溶液通过常规方法分离，滤液浓缩后即得水玻璃。在一定条件下，稻壳灰的SiO_2溶出率可达90%以上。

3）氟硅酸钠。

将100kg烧透的稻壳灰与萤石粉放入耐酸缸内，加265kg 40%的H_2SO_4，连续搅拌反应2.5h，过滤后在滤液中加入含132kg NaCl的水溶液，并搅拌使之沉淀，过滤后滤液经蒸发浓缩得到浓盐酸，滤渣用水冲洗至中性后，将其蒸发至结晶，干燥后即得氟硅酸钠产品。

4）锂离子电池炭负极材料。

将洗净的干燥稻壳与 3mol/L 盐酸煮沸 1h 后，用蒸馏水洗至中性；取经处理的稻壳与 2mol/L NaOH 溶液煮沸 2h，用蒸馏水洗至中性并于 120℃下烘干；稻壳在氮气保护下于程序控制加热炉中炭化，炭化升温速率为 5℃/min，最终温度为 700℃，将炭化稻壳进一步洗涤、干燥、粉碎、筛分即可得到电极用稻壳炭材料。

5）制备吸附剂。

稻壳本身具有多孔结构的特性，再经化学改性后，其吸附能力增强。将稻壳燃烧成灰后也可以利用其炭和无定形硅的吸附作用。国外很多专家已利用稻壳和稻壳灰处理水溶液中的各种金属离子，并取得了良好效果。日本某公司研究发现，在 pH 为 3 的条件下用甲醛溶液处理活性淤泥和稻壳，过滤后即可得到金属吸附剂，这种吸附剂处理含铜离子、锌离子、重铬离子、汞离子废水的效果非常好。稻壳产品不但能够吸附金属离子，而且能够吸附水体或气体中的有毒物质和溶液中的染色剂。日本有研究者提出利用碱液处理稻壳以除去木质素，再经炭化即可用来净化水，可降低水质的生化需氧量、化学需氧量值并除去水中的悬浮固体。有研究人员发现，经 50% H_3PO_4 溶液浸泡的稻壳在 400℃下炭化后，得到的活性炭吸附亚甲基蓝的效果很好。

6）制备去污剂。

稻壳燃烧后的稻壳灰可用作去污剂清洁油污。将稻壳灰、三聚磷酸钠、硼砂、烷基芳基磺酸盐按适当比例混合、研磨即得到去污粉。英国有研究者把稻壳灰添加到磨碎的玉米穗轴中制成清洁粉，其清除机器部件油污的效果非常好。

7）制备一次性环保餐具。

稻壳、麦壳等可用于制备可降解餐具。稻壳、麦壳等经过粉碎、混合、制片、成型、固化、表面喷涂等工序可制得一次性餐具，该餐具安全、无毒、可降解、成本低、表面光洁、外形美观，具有很大的市场推广前景，完全可以取代目前广泛应用、造成严重"白色污染"的塑料餐具。

（3）稻壳在能源领域的应用。

进入稻壳煤气发生炉的空气预热后与氧化层稻壳接触燃烧，产生大量的热能和 CO_2，CO_2 在还原层与赤红的稻壳反应生成 CO，同时 CO 与水蒸气反应分解出 H_2，在还原层中形成煤气。这种利用稻壳产生的煤气经过净化后进入燃气内燃机燃烧，产生的巨大热能动力带动发电机进行发电。据估计，方圆 30~40km 的产稻区所产生的稻壳可供发电量 2000kW 的电厂使用 1 年。实践证明，虽然以农业废弃物做燃料的发电厂的投资比一般发电厂高，但其发电成本低廉、燃料获取容易，有助于解决发展中国家电力紧张的问题。可见，稻壳发电在能源供给日益紧张的当今世界必将有广阔的发展空间。

以稻壳为锅炉燃料生产蒸汽，可为发动机提供动力。实验证明，燃烧 1kg 稻壳可以产生 2.4~2.7kg 蒸汽，平均 15kg 左右的稻壳就能产生将 100kg 稻谷加工成白米所需的动力。对采用不同燃料的锅炉进行比较，发现稻壳产生蒸汽的成本为 1 时，煤为 1.08、石油为 1.5，即锅炉燃烧稻壳是最便宜的，其主要原因在于稻壳成本低廉。

稻壳炭化过程可提供烟道气热能。稻壳炭化过程中会产生大量高温烟道气，以每燃烧 1kg 稻壳释放 10467~12560kJ 热量计算，1h 燃烧 1200kg 稻壳可释放热量 12560~15072MJ，相当于 6 吨锅炉 1h 产生的热量。这些烟道气若直接排到大气中，不仅造成热能浪费，还会污染环境。

将稻壳制成燃料棒。稻壳的堆积密度大，一般为 $100\sim140kg/m^3$。如果在稻壳中加入黏接剂或助燃剂，通过压缩成型制成燃料棒（块），则能降低运输及储存成本，方便使用，且大大提高其燃烧效率。该技术简单实用，易于推广，是解决稻壳利用的一条有效途径，可在我国各水稻生产区推广应用。

（4）稻壳在建材领域的应用。

稻壳灰可被制成高标号水泥，与石灰反应还可以制成防潮、不结块的黑色稻壳灰水泥。稻壳也是上等的制砖材料。日本有研究将稻壳与水泥、树脂混合均匀后，通过快速模压制成砖块，这种砖块具有防火、防水、隔热的功能，以及质量轻且不易破碎的特性。此外，稻壳还可制作涂料、保温材料、人造木板。稻壳灰可制成防水材料，还可作为混凝土活性掺和料。低温稻壳灰具有纳米特性，对混凝土有显著的增强改性效果，应用前景广阔。此外，稻壳灰具有良好的绝热性能，可作钢锭的固化剂，将稻壳灰覆盖在钢锭上可保持熔融态钢内物理和化学性质的均匀性。

2.3　小麦加工副产物综合利用

小麦为散粒体，由麦胚、胚乳和麦皮（包括糊粉层）三部分组成，其相对百分比分别为2.5%、82.5%和15%。果皮和种皮合称为麦皮，加工中又称麸皮，起保护种子的作用；胚乳呈白色，其成分主要为淀粉和面筋蛋白，构成面粉的主体。小麦皮层色泽按商品分类可分为红、花、白3种，白皮麦色泽浅，生产的面粉色泽白，出粉率较同等红皮麦高。皮层主要由不易消化的粗纤维和矿物质（灰分）组成，为面粉加工中的副产品——麸皮。

据统计，我国小麦年加工能力为3.5亿吨，我国年平均面粉消费量达1.5亿吨，每年产出副产物小麦胚芽和麦麸分别达420万吨及3000万吨，都作为饲料廉价销售。而现代食品科学和营养学研究表明，小麦胚芽富含多种营养活性成分及一些尚未明确的微量生理活性组分，被营养学家们誉为"人类天然的营养宝库"。

2.3.1　小麦麸皮综合利用技术

小麦作为人类膳食的主要原料，所具有的营养主要集中于小麦的皮层部分，即麸皮中。因此，麸皮作为健康食品的原料越来越受到人们的重视。小麦麸皮中含有丰富的蛋白质、碳水化合物、矿物质和维生素等，具有重要的营养学价值，引起了人们越来越浓厚的研究兴趣。我国是小麦种植大国，每年可利用开发的小麦麸皮超过2000万吨，是我国大宗农副产品资源之一。如果能够充分对麸皮进行深加工和综合利用，将产生很高的经济效益和社会效益。

由于小麦麸皮中含有较多的膳食纤维、蛋白质等，所以可用作制备膳食纤维、蛋白质的原料。另外，小麦麸皮中含有较多的酚类物质，因此可用来制备抗氧化剂等。小麦麸皮是膳食纤维素的重要来源，利用纤维素活化技术和酶技术研制出色泽、口感、功能性好的活性膳食纤维素对食品工业有着积极的意义。

2.3.1.1　小麦麸皮膳食纤维加工技术

小麦麸皮中含有一定量的活性多糖，活性多糖主要是指小麦膳食纤维。根据小麦膳食纤维的水溶解性，可将其分为麸皮水不溶性膳食纤维和麸皮水溶性膳食纤维。

1. 小麦麸皮中膳食纤维提取工艺流程

本节中小麦麸皮膳食纤维的提取工艺采用酶法和碱法结合提取，具体工艺流程如图 2-6 所示。

图 2-6　小麦麸皮中膳食纤维提取的工艺流程

2. 关键操作要点说明

（1）麸皮原料选择。

由于品种不同，小麦麸皮的感官品质也存在差异，以白麦麸皮为原料所得的膳食纤维粉为淡黄色，以色泽较深的红麦麸皮为原料所得产品为黄褐色。

（2）清洗。

将原料分散于水中浸泡 15~30min，并不断搅拌，将麸皮中混杂的淀粉等物质清洗出来，然后沉淀分离。

（3）干燥粉碎。

将清洗干净的麸皮进行干燥，脱去部分水分。干燥后将麸皮粉碎为 40 目左右大小的颗粒，以提高膳食纤维得率。

（4）酶解。

粉碎后的麦麸中加入 1%~3% 的混合酶（α-淀粉酶∶糖化酶 =1∶4），在 65~75℃ 条件下水解 1~1.5h，去除残留的淀粉。

（5）碱处理。

过滤酶解后的麦麸，加入 4%~5% 的 NaOH，在 30~60℃ 下处理 60~100min，除去残留的蛋白质。

（6）中和。

加清水清洗碱处理后的麦麸至中性后过滤，除去残留的蛋白质，烘干得到膳食纤维产品。

3. 产品主要特性

小麦麸皮经洗脱、酶解、脱色、挤压、蒸煮活化、超微粉碎等精制工艺，可制得乳白色、粒度为 50μm 左右、膳食纤维含量为 80%、蛋白质含量为 7% 的精制麦麸膳食纤维粉。该膳食纤维粉可作为功能性食品配料添加至面粉、饮料、软糖、面包、饼干、蛋糕等食品中，制成高膳食纤维食品，有助于提高消费者的活性膳食纤维的摄入量，以预防"三高"等疾病的发生。

2.3.1.2　麸皮多糖提取技术

麸皮多糖的常见制备方法有两种：一种是先从麸皮中分离出细胞壁物质，然后从中制备麸皮多糖；另一种是从麸皮中制备纤维素，然后制备麸皮多糖。以第一种制备多糖的方法为主，其主要工艺流程如图 2-7 所示。

麸皮多糖具有较高的黏性，并且具有较强的吸水、持水特性，可用作食品添加剂，如作为保湿剂、增稠剂、乳化稳定剂等。

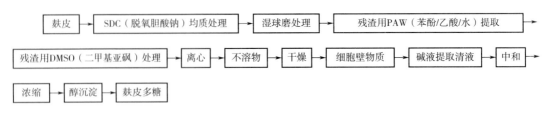

图 2-7　麸皮细胞壁物质多糖提取工艺流程

2.3.1.3　麦麸食品加工技术

1. 食用麸皮加工

加工食用麸皮通常使用粒度较小的细麸（小麸或粉麸），这是由于麸皮粒度较小，成品的口味相应就好一些；对于粒度较大的粗麸，首先要粉碎，使其粒度在 40 目以下，再进行加工。加工食用麸皮，首先要对原料麸皮进行蒸煮，也就是利用水蒸气对麸皮进行处理。蒸煮可采用蒸笼、高压锅或专用的蒸煮机，蒸煮的时间与所用器具有关。采用蒸笼蒸煮时，将时间控制在 10~20min，然后对麸皮进行搅拌，此时加入酸、糖。添加的酸以一种或两种及以上的柠檬酸、酒石酸、乳酸等有机酸为最好，酸的添加量以麸皮质量的 0.2%~5% 为最好；糖可以使用蔗糖、葡萄糖、麦芽糖、果糖等中的一种或两种以上的混合物，也可用蜂蜜、饴糖等以糖为主要成分的物质，糖的添加量为麸皮质量的 30%~80%；除了添加酸和糖外，还可以加入各种食品添加剂，如色素、香精香料，也可把糊精、淀粉、蛋白质、乳制品、油脂等适量混合。酸和糖都要以水溶液的形式添加，然后通过剧烈的搅拌，使麸皮均匀地吸收水溶液，然后把吸收了水溶液的麸皮摊开片刻，再加热干燥 30min 即可得到产品。

2. 味精加工

麦麸中含有 16 种氨基酸，其中谷氨酸的占比高达 46%，因此麦麸可作为提取味精的原料，其水解液可替代玉米浆发酵生产谷氨酸。

3. 饮料加工

把麦麸碾碎、过筛，然后加水调匀，使麦麸浓度为 5%~15%，然后添加食品添加剂制成相应的饮料。

4. 高纤维食品加工

将麦麸磨碎到要求的细度，添加到面包、饼干等食品中，得到高膳食纤维含量的食品，这些食品的热量较低，不会导致肥胖，而且大量的膳食纤维能增强肠胃蠕动。

2.3.2　小麦胚芽综合利用技术

2.3.2.1　小麦胚芽的综合利用方式

近年来，对小麦胚芽的综合开发利用越来越热，产品越来越多，小麦胚芽的综合利用方式主要有制备小麦胚芽油、生物活性物质提取开发、食品开发、饲料开发等。小麦胚芽在食品、日化、饲料、营养、保健等方面有很多应用，其综合利用方式如图 2-8 所示。

2.3.2.2　小麦胚芽油加工技术

小麦胚芽油含有油酸、亚油酸、亚麻酸等不饱和脂肪酸（含量约 84%），其中亚油酸比例约为 50%，具体见表 2-1。

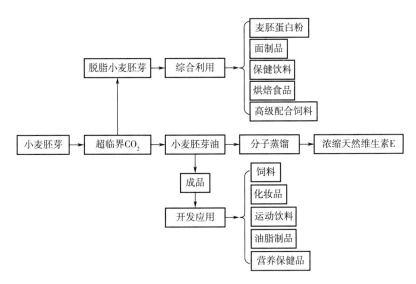

图 2-8　小麦胚芽综合利用的总体技术路线

表 2-1　胚芽油的脂肪酸组成

脂肪酸	含量/%	脂肪酸	含量/%
β-亚油酸	29.99	α-亚麻酸	1.83
油酸	28.14	β-亚麻酸	1.72
α-亚油酸	22.32	花生酸	0~1.2
棕榈酸	11~19	二十四酸	0~1
硬脂酸	1~6	肉豆蔻酸	微量

亚油酸具有降低血清胆固醇、防止动脉硬化、预防心血管疾病等重要作用,因此,小麦胚芽油具有良好的保健功效,深受消费者喜爱,市场前景广阔。

小麦胚芽油制备方法主要有溶剂萃取法和超临界 CO_2 萃取法两种。其中,超临界 CO_2 萃取法利用 CO_2 在高压下液化的特性萃取胚芽油,然后利用 CO_2 在低压下气化的特性与胚芽油分离,获得小麦胚芽油。该方法操作简单、方便,溶剂安全无毒,整个过程均在常温下进行,所以安全性较高,物料中活性成分也得以充分保持。

1. 超临界 CO_2 萃取法制备小麦胚芽油工艺流程

小麦胚芽油的超临界 CO_2 萃取制备工艺与其他食用油制备工艺类似,主要包含萃取、分离、精炼 3 个过程,具体工艺流程如图 2-9 所示。

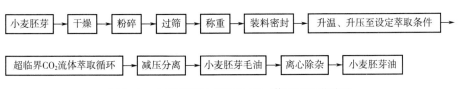

图 2-9　小麦胚芽油超临界 CO_2 萃取法工艺流程

关键操作要点说明如下。

（1）干燥。

将新鲜小麦胚芽均匀平铺于不锈钢盘中，在110~120℃条件下干燥15~30min，干燥至水分为2%~4%，同时起到钝化脂肪酶的作用。

（2）粉碎。

干燥后的小麦胚芽用粉碎机粉碎至10~30目大小的颗粒。

（3）超临界CO_2萃取。

将过筛胚芽粉置于萃取罐中，密闭后开启CO_2阀门，从钢瓶中通入压力大于5.0MPa的CO_2，调节温度至35~50℃，当萃取罐内CO_2压力达到35MPa左右时关闭进气阀门，调节CO_2流量为10~30kg/h，循环萃取1~3h。萃取结束后，开启减压阀，使萃取罐压力降低至常压，然后开启萃取罐，取出脱脂小麦胚芽，获得小麦胚芽毛油。

（4）离心去杂与精制。

将小麦胚芽毛油进行离心或精密过滤，获得精制小麦胚芽油，得率为85%~93%。

（5）超临界CO_2萃取小麦胚芽油的关键因素。

影响超临界CO_2萃取小麦胚芽油提取率的关键因素有原料品质和萃取条件。影响程度由大到小依次为萃取压力、萃取温度、萃取时间、CO_2流量。

2. 有机溶剂浸取法制备小麦胚芽油工艺流程

用非极性有机溶剂溶解小麦胚芽中的油脂，脱溶剂后获得小麦胚芽油粗品，将其精炼，获得精制小麦胚芽油。浸出法萃取胚芽脂质时，低温浸出效果较佳，粕内残油率不足1%，脱溶时温度较低，可降低酸价，避免油色加深而增加脱色困难，且冷浸过程对胚芽蛋白变性及其他营养组分影响较小。常用的浸出溶剂有正己烷、二氯乙烷、乙醇、石油醚、丙酮等，国外最常用的为正己烷。

（1）工艺流程。

有机溶剂浸取法制备小麦胚芽油适合产业化生产，生产规模灵活多变，可大可小，其工艺流程如图2-10所示。

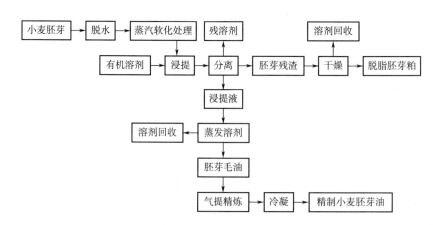

图2-10　有机溶剂浸出法制取小麦胚芽油的工艺流程

（2）主要操作要点说明。①脱水与软化处理。新鲜胚芽立即轧胚，在40~54kPa真空下于 110~130℃处理 15~20min 后烘干，使水分保持在 9%左右。②有机溶剂浸提。浸提用有机溶剂通常为正己烷或 4 号、6 号溶剂油，在浸出罐内进行浸提。大米胚芽是一种中等含油油料，一般按逆流四浸工艺进行，第一遍、第二遍、第三遍分别用上一罐浸出的第二遍、第三遍、第四遍混合油浸泡，第四遍用新鲜溶剂浸泡，每遍浸泡 30min。第一遍浸出混合油打到蒸发罐内，其余三遍打到其他浸出罐或混合油暂存罐。为了提高浸出效果，浸泡中进行适当搅拌，有利于油脂分子与溶剂分子进行对流扩散。③蒸发溶剂。蒸发溶剂即脱溶，是利用压力降低时有机溶剂由液态变成气态，经压缩机压缩冷凝后变成液态的性质进行的。粕脱溶是一种吸热过程，脱溶时需向粕中补充一定热量。补充热量时，为了不使粕中热敏性物质变性，控制加热温度在 100℃以下；在脱溶过程中，进行慢速搅拌，有助于溶剂挥发和热量传递。所得低温大米胚芽粕富含蛋白质，其氨基酸组成与大豆蛋白基本相同，具有很高的营养价值，是一种高级食品添加剂。根据相关研究，脱溶的工艺条件分别为：溶剂-混合油浓度为 15%~20%，温度为 30℃，胚芽粕温度为 80~100℃，脱溶塔温度为 80~100℃，真空度为 -0.005MPa，脱脂粕残留油脂率为 1.2%。④精制。用低浓度碱（浓度为 20%的 NaOH 溶液）对有机溶剂浸出的胚芽毛油进行二次碱炼脱酸，然后按传统油脂精炼方法进行脱胶、脱臭等工艺，从而获得精制小麦胚芽油。

（3）主要特性。

有机溶剂浸出法制取的小麦胚芽油为浅黄色油状液体，酸价<0.5mg KOH/100g，维生素 E 含量为 50~200mg/100g。

2.3.2.3　小麦胚芽蛋白加工技术

小麦胚芽蛋白具有良好的氮溶解度、起泡性、乳化性、保水性以及氨基酸比例，可添加到多种食品中，提高食品的营养价值和均衡性，也可应用到膳食和医药等产品，具有广泛的用途。

小麦胚芽蛋白中球蛋白占 35%~38%，麦麸蛋白占 14%，麦醇溶蛋白占 30.4%，蛋白质的平均相对分子质量为 55000。

由表 2-2 可知，小麦胚芽蛋白中必需氨基酸的比例与 FAO/WHO 推荐模式值及大豆、牛肉、鸡蛋的氨基酸构成比例接近，易被人体吸收，是一种具有开发价值的重要蛋白质资源。同其他蛋白质一样，小麦胚芽蛋白的深加工首先是提取小麦胚芽蛋白，其次以该蛋白质为原料直接加工为食品，或制备肽类物质和氨基酸等再用于医药、食品、化妆品等的加工。

表 2-2　小麦胚芽蛋白中必需氨基酸组成及与几种食物蛋白比较

氨基酸种类	FAO/WHO 模式值	不同食物中氨基酸含量/%				
		麦胚	大豆	大米	面粉	牛肉
赖氨酸	5.5	5.6	5.8	3.5	2.4	7.2
苏氨酸	4.5	4.4	4.0	3.9	3.1	4.7
色氨酸	1.0	1.3	1.2	1.7	1.1	1.1
甲硫氨酸	3.5	1.9	2.0	1.7	1.4	2.6

氨基酸种类	FAO/WHO 模式值	不同食物中氨基酸含量/%				
		麦胚	大豆	大米	面粉	牛肉
半胱氨酸	3.5	1.0	1.9	—	—	—
苯丙氨酸	6.0	3.4	5.7	4.8	4.5	3.5
酪氨酸	6.0	2.9	4.1	—	—	—
亮氨酸	7.0	6.7	6.6	8.4	7.1	7.3
异亮氨酸	4.0	3.5	4.7	3.5	3.6	3.9
缬氨酸	5.0	5.7	4.2	5.4	4.2	5.5

目前，小麦胚芽蛋白提取技术已经有盐溶法、碱溶酸沉法、超声波法、反胶束萃取法、酶解法、试剂盒法等，不同提取方法各有优势，要获得好的提取效果，通常要结合几种方法进行提取，下面介绍两种常用的小麦胚芽蛋白提取方法。

1. 碱溶酸沉法提取小麦胚芽蛋白

（1）工艺流程。

碱溶酸沉法是利用蛋白质的溶解性、pH 等理化特性，先用稀碱液溶解小麦胚芽中的蛋白质，再用酸调节 pH 至蛋白质等电点，使蛋白质溶解度达到最低，从而发生聚集现象而沉淀下来。该方法的具体工艺流程如图 2-11 所示。

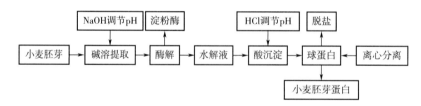

图 2-11 碱溶酸沉法提取小麦胚芽蛋白的工艺流程

（2）关键操作要点说明。①碱溶提取。将小麦胚芽粉碎至 100 目左右大小，加到 10 倍重量、浓度为 1%~2% 的食盐溶液中，然后用 NaOH 调节 pH 到 9.0~9.5，不断搅拌提取 1~2h，使小麦胚芽球蛋白充分溶解到提取液中。如果要提取小麦胚芽清蛋白，则以 10 倍重量的软水替代食盐溶液。②酶解。将提取液离心，收集离心后的上清液，并将其升温至 65℃ 左右，用稀盐酸调节 pH 为 6.3 左右，再加入 0.3% 的淀粉酶，不断搅拌水解淀粉 3h。③酸沉淀、洗涤、干燥。用稀盐酸调节水解液 pH 为 4.0，使小麦胚芽蛋白沉淀，然后在 4000~5000r/min 的转速下离心 10min，收集沉淀，用沉淀重量 5~10 倍的软水洗涤沉淀 2~3 次，每次洗涤完后参照前述离心参数离心，收集得到脱盐蛋白沉淀，用稀碱液调节 pH 至 7.0，然后干燥得到小麦胚芽蛋白粉。

2. 酶解法提取小麦胚芽蛋白

（1）工艺流程。

用碱性蛋白酶水解小麦胚芽，可以获得水解小麦胚芽蛋白。该方法的特点是可获得较高水解度的蛋白质，工艺流程如图 2-12 所示。

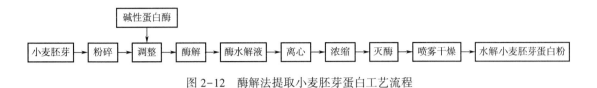

碱性蛋白酶

小麦胚芽 → 粉碎 → 调整 → 酶解 → 酶水解液 → 离心 → 浓缩 → 灭酶 → 喷雾干燥 → 水解小麦胚芽蛋白粉

图 2-12　酶解法提取小麦胚芽蛋白工艺流程

（2）关键操作要点说明。①分散、水解。将钝化小麦胚芽粉碎后过筛，用其重量 10 倍的软化水分散，并调节 pH 为 8.5，升温至 50℃，在搅拌下加入碱性蛋白酶，酶加入量为 0.5～19U/kg 蛋白质，水解时间为 5h。②精制、干燥。将水解液离心、浓缩、干燥获得水解度超过 12% 的水解小麦胚芽蛋白粉。③提取小麦胚芽蛋白的主要指标。粉状产品含蛋白质 85.67%、总糖 3.41%、还原糖 3.38%、灰分 9.45%，平均相对分子质量为 780～910；水解蛋白总得率为 59.2%、产品溶解度为 99.8%，其溶液澄清透明，略带棕黄色。

2.4　玉米加工副产物综合利用

玉米是我国最主要的粮食作物之一，产量居世界第二。玉米可作为食用、饲料和工业的基础原料，既属于粮食作物，也属于经济作物。据报道，2021 年我国玉米产量已超过 2.73 亿吨。鲜玉米中含有独特的核黄素、维生素 E、维生素 C、丰富的 Fe、K、Ca 等矿物质及微量元素。成熟后的玉米籽粒营养成分丰富，含淀粉约 69.8%、蛋白质约 11.2%、纤维素约 2.32%、脂肪约 5.06% 等。随着科技的迅猛发展，玉米深加工后得到的产品种类越来越多，应用范围更为广阔，同时，加工获取最终产品的工艺过程也越来越复杂，已不再局限于一次、二次的加工转化，且产品的附加值也随转化的次数和深度增加而大幅度地提升。玉米除含有丰富的基本营养成分外，在身体保健、稳定血压、保护肝脏、消除疲劳等方面也具有良好的功效。

近十年来，我国经济高速发展，消费者对各类产品的需求不断增加，极大地推进了玉米深加工行业的发展，尤其是国外先进技术和设备的逐步引入，使我国玉米深加工行业取得了一些进步。近些年玉米精深加工的占比逐年上升，例如，2019—2020 年，玉米加工的产能达 1.25 亿吨，获得的玉米深加工产品有 1000 余种，主要有玉米淀粉、淀粉糖、味精、柠檬酸、食用酒精和生物乙醇等产品。在玉米精深加工获取主产品的同时也有大量的副产物产生，加工后的副产物有玉米浆、玉米胚、玉米纤维、玉米皮、蛋白粉和麸质饲料等，副产物中含有脂类、蛋白质、碳水化合物、维生素和矿物质等多种组分，然而这些副产物大多数却被当作饲料廉价出售或随意堆放，没有进一步地转化与综合开发利用，造成了资源的大量浪费，同时还造成了环境污染。为此，对玉米深加工后的副产物、高值化转化的途径及用途进行综合研究和应用具有重要的意义。

2.4.1　玉米皮渣的综合利用

玉米皮渣（主要是玉米种皮）是玉米淀粉加工的副产品，因加工方法不同，其营养成分略有差异，主要含粗蛋白 7%~14%、粗纤维 6%~16%，有效能值与小麦麸相近，可以代替小麦麸作饲料用。在湿法玉米淀粉生产中，副产品玉米皮渣具有较高的营养价值和加工利用价值。经测定，玉米皮渣的主要营养成分见表 2-3。

表 2-3 玉米皮渣的主要营养成分

营养成分	无氮浸出液	粗纤维	粗蛋白	粗脂肪	粗灰分	钙	磷	磷水分
含量/%	57.45	16.20	7.79	5.70	1.00	0.28	0.10	11.07

2.4.1.1 制作饲料

玉米的皮层中主要是以纤维素为主的多糖物质，在淀粉提取工序中，通过筛洗被除去。在分离出来的玉米皮渣中，还会有一定量未被提取出的淀粉。单位质量的玉米原料，其皮渣产量越高，说明皮渣中残留的淀粉越多，而成品淀粉的得率必然越小。随着技术的改进，淀粉得率会不断提高，但皮渣中仍会有一定量的残留淀粉。副产品皮渣中的淀粉含量在 10%~30%。玉米皮渣的利用主要是作为饲料，其制备过程可采用如下两种方式。

（1）直接用湿皮渣作饲料。

玉米皮渣经筛洗后直接销售给当地农民作猪、牛等牲畜的饲料。这种方式的资源利用率低，营养利用不科学，特别是高温容易使玉米皮渣发酵、腐烂。

（2）干燥后生产配合饲料。

玉米皮渣经挤压脱水、加热干燥、粉碎后，再按比例与胚芽饼、蛋白粉、玉米浆等其他副产品混合调成配合饲料。如果按配方要求再加入适量大豆粉，可成为优质配合饲料，其营养可得到充分利用。

2.4.1.2 制作饲料酵母

玉米皮渣中含有丰富的糖类，含量在 50% 以上，既有五碳糖，又有六碳糖，二者各占总糖的 50% 左右。如果用玉米皮渣来制取乙醇，只能利用其中的六碳糖，总糖的利用率较低；如果采用热带假丝酵母生产饲料酵母，玉米皮渣中的六碳糖和五碳糖均能被利用。饲料酵母对玉米皮渣水解液中糖类的转化率约为 45%，最终产品中饲料酵母含量可达 22.5%。玉米皮渣水解液的含糖量在 5% 以上，采用流加法可有效提高饲料酵母的得率，从而降低产品成本。

玉米皮渣水解培养饲料酵母是利用皮渣的有效途径，可得到高蛋白单细胞酵母。饲料酵母营养价值丰富，含有 45%~50% 的蛋白质，可消化率高，可作为蛋白饲料添加到配合饲料中，具有和鱼粉相同的功效。饲料酵母蛋白含有 20 多种氨基酸，其中包括 8 种必需氨基酸。

利用玉米皮渣制作饲料酵母的工艺过程如图 2-13 所示。

图 2-13 玉米皮渣制作饲料酵母的工艺流程图

（1）玉米皮渣的水解。

玉米皮渣放置于水解反应器中，并按固液比 1∶10 加入清水，使水分（包括玉米皮渣自身含有的水分）达到玉米皮渣中纯干物质的 10 倍。以硫酸为催化剂，硫酸在料液中的浓度为 0.7%~0.8%，然后在 125~127℃的温度条件下，搅拌水解 2h。

（2）水解液的中和。

冷却后，可用氨水中和水解液中的硫酸，使硫酸生成硫酸铵。硫酸铵可溶解于中和液中，作为下一步发酵时酵母的氮源。硫酸铵也可以作为中和剂，但中和过程中会产生较多泡沫，应注意防止溢罐。中和终点控制在 pH 5.5 左右。中和完毕后进行过滤，滤出的残渣可作饲料使用。

（3）酵母的繁殖。

水解液中和后，接入酵母发酵剂。增殖酵母需要适宜的温度、酸度和培养基等条件。饲料酵母生产繁殖的最适温度随菌种不同而异，一般最适温度在 28~30℃。温度较高时，酵母生长速率加快，但所得酵母易在保存期内自溶；温度超过 36℃时，酵母增殖速率反而减慢。酵母增殖过程中，会释放出较多的热量，若反应罐自身散热不及时，易造成温度升高，不利于酵母的生长，所以要在反应罐内配置冷却系统。

玉米皮渣水解液中和后，pH 为 5.5 左右，这是大多数酵母菌的适宜 pH。除了一些特殊的菌株适合在低 pH 环境中繁殖外，一般的酵母菌株在 pH 为 3 时生长缓慢，细胞蛋白质发生分解，影响酵母质量。当 pH 大于 6 时，能促使胶体沉淀，有利于酵母生长。但高 pH 会使酵母色泽变深，繁殖过程中泡沫增加。

酵母生长繁殖是氧的代谢过程，在其代谢过程中不断地消耗培养基中溶解的氧，而且培养基中物质浓度越高，酵母细胞的浓度越大，所需溶解的氧也越多。只有培养基中溶解有充足的氧时，才能加快酵母的生产速率，所以向培养基中通入充足的无菌空气非常重要。水解液的糖浓度控制在 2%，若糖浓度过高需加以稀释。酵母繁殖时间可控制在 12~20h。在酵母繁殖过程中，应不断地加入新鲜的水解液，并排出成熟的醪液。

（4）酵母的离心、干燥与粉碎。

发酵完毕的成熟醪液中含有 0.2%~0.3%的残糖和 10g/L 的酵母菌体（以干物质计）。成熟醪液中的酵母浓度低，不能用过滤机过滤，必须用高速离心机离心使酵母浓度上升。离心机为蝶式圆盘组合，醪液由中心孔进入圆盘间隙，酵母从圆盘下侧表面下流，醪液则因质量较轻而上升到转筒中央由上部排出。先通过第一级酵母离心机分离得到酵母含量为 7%~9%的浓缩酵母液和醪液。浓缩酵母液的一部分（20%~30%）作为种母返回发酵生成过程，其余 70%~80%的浓缩酵母液用水稀释 2~3 倍后，用第二级酵母离心机进行洗涤和分离，获得酵母含量为 10%~12%的浓缩酵母液。然后用压滤机滤去水分，得到的压榨酵母可就近作为配合饲料的配料销售；如需远途运输，则应将第二级分离的酵母液进行干燥。小型厂多采用滚筒蒸汽干燥机，使酵母水分降至 10%以下；将干燥后的酵母从滚筒上刮下，再经粉碎后，包装出厂。

2.4.1.3　生产膳食纤维

玉米淀粉厂的玉米皮渣虽已是分离出的纤维物质，但其在未经生物、化学、物理加工前，难以显示纤维成分的生理活性。因此必须通过分离手段除去玉米皮渣中的淀粉、蛋白质、脂肪，获得较纯的玉米纤维，才能成为膳食纤维。如果不经过分离提纯，不仅缺乏生理活性，而且会使食品的口感变差。玉米纤维的活性部分特别是可溶性部分，主要是半纤维素，若将这一部分作为食品添加剂，其口感要比不溶性部分好。

玉米皮渣经酶法脱除淀粉和蛋白质后，再经纤维素酶、木聚糖酶复合处理，其膳食纤维溶胀性、持水性、持油性分别显著提高至 183%、5.16mL/g、2.67g/g。

玉米皮渣生产膳食纤维工艺流程：以玉米的外种皮为原料，为增加外种皮的表面积，以便有效地除去不需要的可溶性物质（如蛋白质），可用锤片粉碎机将原料粉碎至大小可全部通过 30~60 目筛。之后加入 20℃ 左右的水使固形物含量保持在 2%~10%，搅打成水浆并保持 6~8min，以使蛋白质和某些糖类溶解，但是时间不宜太长，以免胶类物质和部分水溶性半纤维素溶解而损失掉。浆液的 pH 保持在中性或偏酸性，pH 过高易使之褐变，色泽加深。

上述处理液通过带筛板（325 目）振荡器过滤，将得到的滤饼重新分散于 25℃、pH 为 6.5 的水中，使固形物浓度保持在 10% 以内，再通过 100mg/kg 的过氧化氢进行漂白，25min 后离心或再次过滤得到白色的湿滤饼，将其干燥至水分含量为 8% 左右，最后用高速粉碎机粉碎物料至大小全部通过 100 目筛为止，即得天然玉米纤维添加剂，最终得率为 70%。

精制玉米纤维的半纤维素含量为 60%~80%。将这种膳食纤维以 2% 的含量添加到饼干中，可使生面易于成型，饼干口感良好。玉米食用纤维具有多孔性，且吸水性好，若将其添加到豆酱、豆腐、肉类制品中，能起到保鲜并防止水渗出的作用；还可作载体用于粉状制品（汤料）的生产。

2.4.2 玉米浆的综合利用

玉米浆是玉米淀粉湿法加工中的副产物之一，富含糖类物质、可溶性蛋白质、多种氨基酸、多肽、脂肪酸、维生素和肌醇等。玉米浆中蛋白质含量为 44%~48%（干基），酸含量（以乳酸量表示）约为 25%，灰分中主要是 K、Mg、Ca、Fe、P 等无机元素。由于玉米浆中有机物含量高，营养丰富，常作为营养源被应用于微生物的发酵工业中。实际生产中，为了储运便捷，通常将其浓缩至固形物为 70% 左右。

李桐徽以玉米黄浆水为主要原料制备培养基，以深黄被孢霉 YZ-124 为菌株，对发酵法生产花生四烯酸的条件进行了探索，结果表明发酵罐温度为 28℃、发酵时间为 7 天、采用 50% 的分批补料方式的花生四烯酸产量高达 3.22g/L。李小雨等研究表明糖蜜中总糖量高达 49.38%，玉米黄浆水含充足的矿物质，二者混合后可作为发酵原料生产单细胞蛋白，只需添入少量的氮源，将白地霉与热带假丝酵母菌种（1:1）播种到黄浆水：糖蜜（1:1）的发酵液 100mL 中发酵，总接种量为 10% 时，所得的单细胞蛋白干物质质量为 5.87g，其中蛋白质含量高达 1.78g/100mL。李晶等用玉米浆发酵液代替了传统培养基质中的氮源，研究其对杏鲍菇菌丝生长的影响，发现在该培养基条件下杏鲍菇的菌丝生长速度、长势、生物量、生长指数均表现优良，且生长周期缩短了 10~14 天，产量增加了 6.46%，生物学效率高达 99.20%。

2.4.3 玉米胚芽的综合利用

玉米胚芽也称玉米脐，位于玉米籽粒基部，占玉米质量的 10%~15%，是玉米籽粒中营养成分最丰富的部分，同时也是玉米籽粒发育生长的起点，是玉米籽粒生物体的重要组成部分。加工利用的玉米胚芽原料是玉米加工中从籽粒上分离出来的。

玉米胚芽集中了玉米籽粒中84%的脂肪、83%的矿物质、65%的糖和22%的蛋白质。玉米胚芽的成分随着品种的不同有较大幅度的变化，其大致的范围如表2-4所示。

表 2-4　玉米胚芽的成分

成分	脂肪	粗蛋白	灰分	纤维素	淀粉
含量/%	35~36	17~28	7~16	2.4~5.2	1.5~5.5

脂肪是玉米胚芽中含量最高的成分，因此，玉米胚芽是榨油的良好原料。玉米胚芽油含有72.3%的液体脂肪和27.7%的固体脂肪，常温下为液态。玉米胚芽除了含有较多的脂肪以外，还含有蛋白质、灰分、磷脂、谷甾醇、肌醇磷酸苷、肽类和糖类。玉米胚芽的蛋白质主要是清蛋白和球蛋白，所含的赖氨酸和色氨酸比胚乳高得多，赖氨酸含量约5.9%，并且富含人体所需的全部必需氨基酸，其营养价值与鸡蛋的蛋白质相似，因此可利用榨油后的胚芽饼生产玉米胚芽蛋白和分离蛋白质，二者是饲料生产的原料。

1. 玉米胚芽制油工艺途径

玉米胚芽油的制取方法有压榨法、浸出法（萃取法）和预榨浸出法。压榨法的优点是设备简单，操作比较容易，但是出油率较浸出法低。浸出法制油是近代先进的制油法，出油率高，其饼粕的利用效果也好，但要求原料供应量大。玉米胚芽一般是在淀粉厂或其他玉米加工厂分离出来的，每万吨玉米最多分离出700吨玉米胚芽，当用这些胚芽制油时，也只有300多吨的产品，这相对来说是一个规模较小的油料加工，所以玉米胚芽制油大部分采用压榨法。除非能集中相当多的玉米胚芽，才适于建立一定规模的浸出法制备玉米胚芽油厂。预榨浸出法就是将压榨法和浸出法结合起来，具有压榨法和浸出法的双重优点，适用于含油率高的油料。预榨浸出法能够提高浸出设备的生产能力，降低能耗和溶剂消耗，提高产品质量。因压榨法应用广泛，此处着重介绍压榨法榨取玉米胚芽油（图2-14）。玉米胚芽和其他油料一样，制油过程中也需要经过清理、轧胚、蒸胚、压榨等步骤。

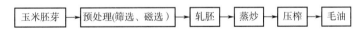

图 2-14　压榨法榨取玉米胚芽油的工艺流程

2. 玉米胚芽制油工艺操作要点

（1）预处理。

玉米胚芽的新鲜程度对其制油效果有很大影响。用于榨油的玉米胚芽应具有一定的新鲜度；存放的时间越短、越新鲜，对提高出油率和保证油品质量越有利；反之，存放时间过长，会降低出油率，影响油的质量，甚至产生霉变、污染的可能，制得的玉米油也会对人体产生危害。因此，玉米胚芽的存放时间不宜过长，最好能新胚入榨。如果做不到新胚入榨，可以将玉米胚芽晒干或炒熟存放，防止其变质。

进入制油车间的玉米胚芽有干法分离和湿法分离两种。通过干法分离获得的玉米胚芽虽然能达到玉米质量的4%~8%，但是由于干法分离效果差，玉米胚芽中含杂质较多，夹带着很多淀粉和玉米皮，有时因分离不善，甚至无法用于制油。湿法分离的玉米胚芽纯度较高，所以出油率较高。

淀粉是影响出油率的最大杂质因素。分离胚芽时若淀粉分离不干净，不仅会减小商品淀粉的得率，而且影响胚芽制油的出油率。淀粉在玉米胚芽蒸炒过程中会糊化，减少压榨过程中油脂流出的流油面积，进而堵塞油路。同时淀粉本身也会吸收一部分油脂，从而影响玉米胚芽的出油率。因此在榨油前应用筛分法尽可能地将淀粉等夹杂物质清除。干法分离的胚芽可先采用振动筛将皮和糠筛去，必要时再经过压胚机，将胚芽上黏附的淀粉粒压掉并将淀粉进一步压碎，再通过筛理除去。湿法加工分离出的胚芽，则需经过进一步的淘洗，以除去胚芽上黏附的淀粉，然后通过螺旋脱水机进行脱水，以利于进一步干燥。此外，在玉米胚芽进入榨油机之前，还应使用马蹄形磁铁或永磁滚筒进行磁选处理，去除磁性金属碎屑，以保护榨油设备。

（2）轧胚。

玉米在破碎提胚前一般都需经过水分调整，水分含量高的要减少其水分。因此轧胚前必须先进行烘烤处理，调节玉米胚芽的温度和水分，降低其韧性，增加塑性以利于轧胚。可用热风烘干机干燥玉米至水分含量为10%以下，然后进行轧胚。常用的软化设备有热风烘干机和蒸汽滚筒烘干机，其中热风烘干机的软化效果较好。

轧胚的目的是使胚芽破碎，并使其部分细胞壁破坏、蛋白质变性，以利于出油。利用轧胚机进行轧胚时，轧距要调节至适宜大小，轧成的胚厚度不超过0.5mm，最好为0.3～0.4mm。轧胚时进料要均匀，不能忽多忽少，玉米胚芽应该压得薄而不碎、不漏油。

（3）蒸炒。

蒸炒也称热处理，是玉米胚芽榨油预处理阶段最重要的一环，它的效果好坏直接影响油的质量和榨油效果。热处理的目的是破坏细胞壁，使蛋白质充分变性和凝固，同时使油的黏度降低，以及使油滴进一步凝集，以利于油脂从细胞中流出，也有利于提高毛油质量，为榨油提供有利条件。热处理的效果受水分、温度、加热时间和加热速度等因素的影响，其中最主要的因素是水分和温度。干法分离的玉米胚芽或胚的水分含量在12%以下时，蒸炒要加水。在热处理初期，温度要升得快而均匀，不必升得过高。热处理的全过程用时为40～50min，水分降至3%～4%。经过热处理的物料的温度在进行压榨前应尽量达到100℃。

（4）压榨。

压榨机有间歇式生产的液压式榨油机和连续式生产的螺旋榨油机两种，现在均采用可连续生产的螺旋压榨机，该设备靠压力挤压出油。要想获得很好的出油率，必须保证压力在69MPa以上。

干法分离的胚芽出油率不超过20%，毛油得率占玉米的1%～2%。湿法分离的胚芽出油率为40%～45%，对玉米的毛油得率为3%～3.5%。毛油经过沉淀，可作原料油出厂，毛油一般不适合食用，需经过精炼后成为食用油。

此外，优质玉米胚芽也可用于饼干、面包、糕点等烘培类食品及其他种类食品中。玉米胚芽来源广、量大、易获得，且价格便宜、营养丰富，可开发成多种功能性食品。随着健康理念的不断提升及对玉米胚芽营养价值认识的提高，以玉米胚芽为原料开发的产品的前景广阔。

2.4.4　玉米蛋白粉的综合利用

玉米通过湿磨法获得的粗淀粉乳再经分离后得到蛋白质溶液（即麸质水），该溶液通过离心或浓缩、脱水干燥后的物质，即为玉米蛋白粉，又称为玉米麸质粉。玉米蛋白粉中蛋白质含量较高（60%～75%），可用作植物或动物蛋白的替代品。但玉米蛋白粉除了含大量的蛋白质外，还含一定量的淀粉、纤维素和类胡萝卜素（为 200～400μg/g，主要有玉米黄色素、β-胡萝卜素、叶黄素、α-胡萝卜素、新黄质及金莲花黄素等成分）。

2.4.4.1　玉米黄色素

玉米黄色素是脂溶性色素，由玉米黄质、隐黄素和叶黄素等类胡萝卜素组分组成，属于异戊二烯类物质，是人体必需的一类化合物，在人体内可转化为维生素 A。维生素 A 具有保护视力、促进人体生长及发育和提高免疫的作用。玉米黄色素的提取方法主要有溶剂萃取法、酶解辅助提取法、微波辅助提取法、超声辅助提取法、超临界 CO_2 萃取法、树脂纯化法及高速逆流色谱法等。如 David 等采用超临界 CO_2 萃取技术对玉米蛋白进行脱色的同时把玉米黄色素提取出来了，且效果极为显著。

2.4.4.2　玉米醇溶蛋白

玉米醇溶蛋白是玉米籽粒中最主要的蛋白质组分，具有良好的韧性、疏水性、可降解性和抗菌性能等，广泛应用于食品、医药、纺织和造纸等工业。玉米醇溶蛋白可作为膜制剂，以喷雾的方式在食品表面形成一层涂层，起到防潮、防氧化的作用，从而延长食品的货架期。此外，如果将该种膜制剂喷洒在水果上，还可增加水果的光泽。玉米醇溶蛋白的提取方法主要有乙醇法、异丙醇法和超临界萃取法等。

2.4.4.3　玉米蛋白发泡粉

蛋白发泡粉是食品加工中不可或缺的纯天然食品添加剂之一，除可增加蛋白质营养成分外，还具有食品发泡、疏松、增白和乳化等功效，广泛应用于饮料、面包、糕点、冷饮等食品中。

制备玉米蛋白发泡粉的传统工艺流程为：玉米蛋白粉→液化→水解→脱色→干燥→蛋白发泡粉；改进后的工艺流程为：玉米蛋白粉→清洗→浸泡→研磨→加淀粉酶、氯化钙等液化→碘检→离心分离→加氢氧化钙水解→中和→脱色→脱臭→过滤→杀菌→干燥→成品。

2.4.4.4　玉米蛋白活性肽

玉米蛋白活性肽属于植物蛋白肽的范畴，易被人体吸收，尤其适用于肠胃不适人群。可作为蛋白强化的营养剂，制备运动训练用饮料及早餐饮料等高蛋白含量的饮料。

为了更好地实现玉米蛋白的功能特性、开发玉米蛋白产品、丰富玉米蛋白在医药卫生和食品加工中的应用途径，需要进一步分解玉米蛋白大分子，经定向酶切及特定小肽分离技术获得小分子多肽物质，将其制备成可溶性肽，增加其附加值。具体的生产工艺流程为：玉米蛋白粉→蛋白酶水解→灭酶→离心分离→脱苦、脱臭→酶解液→调味→罐装→杀菌→产品。

2.4.4.5　谷氨酸

玉米蛋白中的谷氨酸含量高，是生产谷氨酸、酱油和味精的良好原料。

从玉米蛋白中提取谷氨酸的工艺流程为：玉米蛋白粉→酸解→离子交换树脂脱色→洗脱液→精制→谷氨酸样品。

2.4.5 玉米心的综合利用研究

2.4.5.1 玉米心简介

玉米心是玉米果穗去籽脱粒后的穗轴，一般占玉米穗重量的 20%~30%，具有组织均匀、硬度适宜、韧性好、吸水性强、耐磨性能好等优点，是一种重要的可回收利用资源。玉米心的主要成分为纤维素、半纤维素、木质素和木聚糖，此外还含有粗蛋白、粗脂肪和矿物质等。玉米心经处理后可生产出重要的化工原料，如还原糖、木糖、木聚糖、多酚、多糖、糠醛、黄原胶、生物质活性炭、木质素、丁醇、2, 3-丁二醇、改性玉米心等高附加值产品。

2.4.5.2 玉米心综合利用的技术及研究技术

（1）制备还原糖。

玉米心中含有大量的纤维素、木质素、半纤维素、木聚糖等天然高分子物质，其中纤维素的含量最高，可以将其转化为容易利用的单糖，这不仅可以解决环境污染问题，还能获得良好的经济效益。罗鹏等以玉米心为原料，使用超临界 CO_2 及超声波辅助提取进行预处理，再用稀酸水解制备还原糖，结果表明两种预处理条件下对应的最大还原糖产率分别为 39.5% 和 38.4%，相比空白样品分别提高 13.3% 和 12.2%。这说明玉米心在超临界 CO_2 及超声波辅助提取的预处理后，其还原糖得率明显提高。

（2）生产木糖。

玉米心富含半纤维素，经预处理后水解可生成木糖。然而，玉米心结构复杂，纤维素、半纤维素和木质素相互缠绕形成网状结构，要对半纤维素进行水解，就必须破坏生物质的保护结构，对生物质进行预处理。研究表明，稀酸在常温条件下容易水解半纤维素，对纤维素和木质素的溶解性则很小，所以稀酸常被用来水解生物质生产木糖，这在一些生物质（如甘蔗、玉米秸秆和木材等）中已经得到应用。吴晓斌等对稀盐酸和硝酸水解玉米心生产木糖进行了研究，得到最适宜水解条件为温度 150℃，预处理时间 10min，酸质量分数为 1.0%；最适条件下 HNO_3 处理后的木糖浓度为 56.77g/L，产率为 96.31%；HCl 处理后的木糖浓度为 45.38g/L，产率为 76.99%。通过对比得出 HNO_3 对玉米心的水解效果要优于 HCl。此外，酶法也可提高木聚糖的产率，王东美等采用酶法降解经蒸汽爆破的玉米心半纤维素生产木糖，其产率高达 83.24%。

（3）生产木聚糖。

木聚糖是自然界中广泛存在的植物纤维中半纤维素的主要成分，它由木糖经 $\beta-1$, 4 糖苷键连接而成。木聚糖经酶水解可生成国际市场上急需的低聚木糖、木糖等功能食品。玉米心中木聚糖含量在 30% 以上，可作为生产木聚糖的优质原料。碱法提取木聚糖的研究报道较多。例如姚笛等采用碱法提取木聚糖，得到最优工艺为：NaOH 溶液的质量浓度为 25g/100mL、固液比为 1∶25（g/mL）、94℃抽提 3h，此条件下的提取率为 24.39%。徐艳阳等报道应用微波辅助法提取玉米心木聚糖的最佳条件为：粒度 80 目的玉米心，以体积分数为 2.0% 的硫酸溶液为提取溶剂，微波功率为 539W，微波时间为 5min，固液比为 1∶10（g/mL），此条件下的提取率达 30.21%。通常认为微波辅助法提取玉米心中木聚糖的提取率高、时间短。

（4）提取多酚。

多酚是一类广泛存在于植物体内的多元酚化合物，是一种非营养性生物剂，在保护人体不受自由基所致的氧化损伤方面有十分重要的作用，可直接影响蛋白质、脂质、碳水化合物和 DNA。赖富饶等研究了超声波辅助提取甜玉米心多酚的最优条件，结果表明超声辅助提取甜玉米心多酚最佳工艺条件为：固液比（g/mL）为 1∶15，乙醇浓度为 80%，提取温度为 40℃，超声功率为 200W，提取时间为 45min，此条件下所得提取液的总酚提取率为（2.61±0.09）%，因此可以采用一些辅助的方法从玉米心中提取多酚。

（5）提取多糖。

生物活性多糖参与各种生命活动，具有多种生物学功能。如多糖对机体有免疫调节作用，具有增强免疫力、抗肿瘤、降血糖、抗病毒、抗凝血、延缓衰老等方面的功能。近年来，对玉米心多糖的生物活性和药理功效已有一些报道，但对其提取工艺的研究还较少。通常采用碱法和酸法提取玉米心多糖。然而，一般的酸提、碱提工艺在一定程度上会破坏多糖分子结构，从而影响其生物活性和功能，且生产中使用大量酸、碱，对设备要求高，容易造成环境污染。张静文等对玉米心中水溶性多糖的热水浸提及纯化工艺和其单糖组成进行了研究，结果表明玉米心多糖的最佳提取工艺为：料水比为 1∶5（g/mL）、温度为 90℃、时间为 2.5h，玉米心多糖提取率可达 13.18%，确定其单糖组分主要为木糖、树胶醛糖和葡萄糖，这种方法污染小、提取率较高。

（6）制备糠醛。

糠醛是一种用途很广的基础有机化工原料，广泛应用于合成塑料、医药、农药等工业。目前我国糠醛生产工艺水平比较落后，一般是原料在硫酸或盐酸等催化剂的作用下水解，多缩戊糖转化为戊糖，戊糖再在高温下脱水环化生成糠醛，糠醛被水蒸气气提后再进行精制。这种方法存在能耗高、糠醛收率低、废水废气污染严重等问题，为了改变这种现状，许多科研工作者展开了相关研究。例如，李志松等采用二步法从玉米心中制备糠醛，并在水解过程中加入氯化钠作为助催化剂；在脱水环化过程中采用甲苯取代水蒸气气提甲苯作为糠醛的萃取剂，在氮气流的携带下，甲苯与生成的糠醛一同蒸出，减少了糠醛在反应器中的停留时间，有利于减少糠醛的副反应，提高糠醛的收率，并且可以减少水蒸气的用量，糠醛收率达到 85%。岳丽清等研究了三苯基磷在稀硫酸法水解玉米心制备糠醛中的应用，试验结果表明：随着三苯基磷用量的增加，糠醛收率明显提高，当三苯基磷加入量为玉米心总量的 0.25% 时，糠醛收率升至 86.0%，同传统工艺相比，糠醛收率提高了 20%~25%。由此可见，通过添加三苯基磷可大幅度提高糠醛收率。这些方法的优点是产物收率高，催化剂用量小，环境污染小，具有较好的应用前景。

（7）生产黄原胶。

黄原胶是由野油菜黄单胞菌以碳水化合物为主要原料，经通风发酵、分离提纯后得到的一种微生物高分子酸性胞外杂多糖，由于它的特殊大分子结构和胶体特性，而具有多种功能，可作为乳化剂、稳定剂、凝胶增稠剂、浸润剂、膜成型剂等，广泛应用于国民经济各领域。已有的研究报道中，黄原胶的发酵生产大多用蔗糖、淀粉水解液等成本相对较高的原材料，何海燕等则采用玉米心为碳源发酵生产黄原胶，通过正交设计确定优化的发酵条件为：发酵培养基蛋白胨浓度为 0.3%、柠檬酸含量为 0.01%、发酵液初始 pH 为 7、发酵温度为 33℃、发酵时间为 96h，在优化的发酵条件下黄原胶的产量可达 20.78g/L。因此，利用玉米心来生产黄原胶是黄原胶生产的另一重要途径，具有重要的意义。

（8）制备生物质活性炭。

活性炭在食品加工、医药、冶金、化工、农业、环保等方面具有广泛用途。活性炭的生产方法主要分为物理活化法和化学活化法。由于玉米心的主要成分是纤维素和木质素，所以玉米心活性炭的生产工艺同其他木质活性炭一样，主要是化学法，如磷酸活化法、氯化锌活化法、氢氧化钾活化法、碳酸氢钠活化法等。化学方法的优点在于制备的活性炭孔隙率大，且可通过调整活化剂的浓度生产不同孔径的活性炭，活化时间短，活化反应易控制，产物比表面积大。采用化学方法制备玉米心生物活性炭的研究报道较多。如简相坤等以玉米心为原料、磷酸为活化剂、硼酸为催化剂制备玉米心活性炭，得出最佳的水平组合是：磷酸与玉米心的质量比为 2∶1，硼酸的添加量为 4%，活化温度为 450℃，活化时间为 80min，添加硼酸比不添加硼酸制得的活性炭的 BET 比表面积、总孔容、微孔孔容和中孔孔容都大，硼酸没有改变整个活化过程，但有积极的催化活化作用。也有研究报道利用糠醛生产过程中产生的玉米心水解废弃物来生产活性炭。如龚建平等以玉米心酸水解制备糠醛的废弃物为原料，采用物理法和化学法相结合的方式制备活性炭，试验结果表明：向糠醛废渣制得的炭质原料中加入 2% 的灰分促融剂，在 900℃下进行水蒸气活化，活化后用 15% 的盐酸进行酸洗，极大地降低了物料中灰分的含量，可制得品质较好的活性炭，该研究提出了糠醛废渣制备活性炭的新工艺，即物理法与化学法相结合，在新的工艺中活性炭的制备过程被优化，并应用了去除灰分的新方法。这些研究都证明玉米心是制备生物质活性炭的优良原料之一。

（9）制备木质素。

木质素是一种天然有机高分子化合物，在自然界中，木质素的储量仅次于纤维素，而且每年都以 500 亿吨的速度再生。木质素广泛存在于木本植物、草本植物和维管植物中，在农作物的秸秆、果壳等下脚料中木质素的含量为 10%～25%。木质素及其衍生物具有多种功能，其应用前景十分广阔，如可作为分散剂、吸附剂/解吸剂、石油回收助剂、沥青乳化剂等。玉米心中木质素含量丰富，可以用来提取木质素。贾玲等以甲酸/乙酸水溶液为溶剂提取玉米心木质素，结果表明最优的反应条件为：甲酸与乙酸体积比为 4∶5，提取温度为 91℃，反应时间为 4h，在该条件下木质素产率的预测值为 67.91%，实验验证值为 70.16%。

（10）制备丁醇。

丁醇是优良的有机溶剂和重要的大宗基础化工原料，主要用于制备邻苯二甲酸、脂肪族二元酸及磷酸的正丁酯类增塑剂，这些物质广泛用于各种塑料和橡胶制品中，也是有机合成中制备丁醛、丁酸、丁胺和乳酸丁酯等的原料；此外，丁醇具有燃烧、储存及运输特性，是比乙醇更优越的下一代清洁生物燃料。玉米心富含纤维素和半纤维素，且价格低廉，是发酵生产丁醇的理想原料之一，林逸君等研究利用热纤梭菌与拜化梭菌偶联发酵玉米心生产丁醇，研究表明热纤梭菌和拜化梭菌偶联发酵能够有效地利用玉米心生产溶剂（产量为 16.0g/L），其中丁醇产量高达 8.75g/L，实现了直接厌氧降解玉米心并进一步发酵得到以丁醇为主的溶剂。

（11）制备 2，3-丁二醇。

2，3-丁二醇广泛应用于化工、食品、燃料和航空航天领域，是石油替代战略中的重要平台化合物。化学法生产 2，3-丁二醇是将石油裂解时产生的四碳类碳氢化合物在高温、高压下水解生产得到的，此方法难度大，生产成本高，过程烦琐，难以实现大规模工业化生产，从而限制了 2，3-丁二醇用途的开发。传统的 2，3-丁二醇发酵工业主要以玉米、小麦等粮食淀粉或甘蔗汁为原料，生产成本高，因此可以利用废弃物玉米心来制备 2，3-丁二醇。玉米心制备 2，3-丁二醇通常采用同步糖化发酵方法。蒋兴对玉米心同步糖化发酵生产 2，3-丁二醇进行了研究，结果表明采用同步糖化发酵生产 2，3-丁二醇可明显缩短生产周期，提高生产效率。玉米心中纤维素、半纤维素的己糖和戊糖可被产酸克雷伯氏菌发酵生成 2，3-丁二醇，当玉米心残渣质量浓度为 120g/L，同步糖化发酵 36h，2，3-丁二醇浓度可达 46.02g/L。彭晓培等利用玉米心生产 2，3-丁二醇，对同步糖化发酵系统中氮源控制的影响进行了研究，结果表明发酵过程中可以使用补氮控制及不同氮源组合方式来达到氮源结构优化目的，从而获得更高的产物转化率，利用分批补氮方式获得了 27.625g/L 的 2，3-丁二醇终产量，较单次投入酵母浸粉（21.273g/L）提高了 29.86%，利用酵母粉与尿素组合的方式获得了 28.582g/L 的 2，3-丁二醇终产量，较单独使用尿素（25.295g/L）提高了 12.99%。这些研究成果表明玉米心的生物转化与利用具有良好的应用前景。

（12）改性玉米心的制备。

玉米心表面有很多活性官能团，如羟基、羧基、氨基等，这些官能团可以与重金属离子发生离子交换吸附或化学吸附，此外玉米心的多孔结构使溶液很容易渗透到玉米心内部，因此玉米心吸附的速度较快。并且玉米心可用盐酸解吸再生，因此可以重复使用。通常认为玉米心如果不经过改性处理，对重金属的吸附容量不高，为了提高玉米心的吸附容量，有必要对其进行一定的改性。许多学者研究了改性玉米心在重金属污染物处理方面的应用。如严素定等采用 KOH、磷酸和柠檬酸对玉米心进行改性处理，制得 4 种改性玉米心 $MC^{-1} \sim MC^{-4}$，结果表明用 KOH 对玉米心改性时，最佳活化温度为 750℃；当溶液 pH 为 6、玉米心投加量为 5.00mg/mL、吸附剂种类为 MC^{-2} 时，改性玉米心对 Cd^{2+} 的吸附效果最佳。张庆芳等采用磷酸改性的玉米心吸附水中的 Cr^{6+}，研究表明改性玉米心对 Cr^{6+} 有很强的吸附性，其对 Cr^{6+} 的吸附率与吸附时间、溶液的 pH、Cr^{6+} 的初始浓度及温度等因素有关，其中 pH 对 Cr^{6+} 的吸附率有很大的影响。这些研究证实了改性玉米心可以用于处理低浓度重金属废水。改性玉米心对废水还具有一定的脱色功能，邹雪娟针对磷酸改性的玉米心对苯胺废水的脱色特性进行了实验研究，结果表明用改性玉米心处理苯胺废水时，其最佳条件是：吸附时间为 120min，pH 为 8，初始浓度为 150mg/L，此时对苯胺废水的脱色效果较好。

2.5　花生加工副产物综合利用

花生是我国主要的油料作物，国家统计局信息显示 2022 年我国花生产量 1830 万吨，占全球总量的 37%，居世界首位，花生在油料产业具有重要的地位。我国是花生的第一主产国、第一大消费国和第一大进口国。花生富含油脂、蛋白质、维生素及多种矿物质，营养全面，具有保护心脑血管、降脂、降糖、抗癌、抗衰老等保健作用。近几年，我国花生用于食品加工的比例在逐年提升，已接近年产量的 40%。目前，我国花生仍以榨油为主，花生加工会产生大量的花生粕、花生红衣、花生壳等副产物，这些副产物中富含酚类、蛋白质、糖类等营养成分，但目前利用率却较低。对这些副产物进行综合利用及精深加工，不仅可以延长产业链，提高花生的经济价值，还可以减少资源浪费，避免因副产物废弃而造成环境污染。对花生加工副产物的营养成分、活性物质组成进行分析，对花生加工副产物的综合利用及精深加工技术进行综述，以期为高值利用花生加工副产物资源，开发一系列花生精深加工产品提供理论依据与技术指导。

2.5.1 花生粕

花生粕是花生加工的主要副产物，为褐色块状或粉末状，含丰富的营养物质及活性成分。我国每年约有350万吨的花生粕产出，但目前花生粕资源并没有得到合理的利用，只有少量被加工成食品，大部分直接作饲料或肥料。采取先进工艺对花生粕内营养成分及活性物质进行有效提取，并将其应用于食品加工业，会显著提高花生粕的有效利用率，创造可观经济价值。

2.5.1.1 花生粕的营养组成

花生粕中蛋白质含量高，氨基酸种类齐全，富含维生素、矿物质、多糖、黄酮类、酚类、甾体类等活性成分，具有很好的营养价值。因榨油工艺不同，花生粕的营养组成及品质会有差异，热榨花生粕残油量低，蛋白质含量高，蛋白质变性较严重，冷榨花生粕残油量高，蛋白质含量相对较低，蛋白质变性程度低。花生粕营养成分组成见表2-5。

表2-5　花生粕主要营养成分

成分	蛋白质/(g/100g)	可溶性糖/(g/100g)	脂肪/(g/100g)	灰分/(g/100g)	水分/(g/100g)	必需氨基酸/(g/100g)	总氨基酸/(g/100g)	鲜味氨基酸/(g/100g)	总黄酮/(mg/100g)	维生素E/(mg/100g)	维生素B₁/(mg/100g)	维生素B₂/(mg/100g)
含量	49.1	31.50	2.30	4.50	6.30	13.36	37.50	20.56	109.50	0.871	0.237	0.282

2.5.1.2 花生粕的精深加工

1. 提取花生蛋白

花生粕中的花生蛋白保留了花生的大部分营养物质，营养较为完全，可吸收率超过90%，具有良好的加工特性，可在食品加工中广泛应用。合理开发和利用花生粕中的蛋白质资源，可丰富人们的饮食结构，满足人们的营养需求。目前世界各国都很重视花生蛋白的合理开发与利用，花生蛋白产品越来越多地被开发出来。碱溶酸沉、醇洗、反胶束萃取、等电点沉淀、超滤等是从花生粕中提取花生蛋白的常用方法。

（1）碱溶酸沉法。

碱溶酸沉法成本低、工艺简单、易于操作，适合工业化生产，且提取的蛋白质纯度高，被广泛应用于花生蛋白的分离提取。花生分离蛋白产品大都是采用碱溶酸沉法生产的。杨伟强等优化了碱溶酸沉法从花生粕中提取花生分离蛋白的工艺，产品蛋白质含量为95.65%。高丽霄等采用匀浆、超声或蒸汽闪爆技术对花生粕进行前处理，有效改善了花生蛋白产品的持水性、起泡性、乳化性等功能品质。碱溶酸沉法作为传统的提取花生蛋白的方法，具有操作简单等诸多优点，但在生产过程中却会产生废水，造成环境污染。

（2）醇洗法。

适宜的醇洗工艺可有效分离花生粕中的醇溶蛋白、可溶性糖、灰分等杂质，得到蛋白质含量较高的花生蛋白产品。现有的花生浓缩蛋白产品大都是采用醇洗工艺生产的。刘玉兰等以热榨花生粕和冷榨花生粕为原料，采用醇洗法制备花生浓缩蛋白，结果表明两种原料所制备的花生浓缩蛋白的蛋白质含量均超过 65%，与花生粕相比其营养价值得到了很大改善。醇洗工艺提取蛋白质不会造成环境污染，可有效降低浓缩蛋白残油量，同时获得花生多糖，但醇洗处理会造成蛋白质变性，影响蛋白质的加工特性。

（3）反胶束萃取法。

反胶束萃取法是一种新兴的蛋白质分离技术，可以有效避免蛋白质变性，保留其营养特性，近年来有许多研究者采用反胶束萃取技术从花生粕中提取花生蛋白，孙秀平等研究了不同电解质对反胶束技术萃取花生蛋白得率的影响，结果发现在反胶束萃取工艺中以 NaCl 和 KCl 溶液作为电解质提取花生蛋白的得率较高，分别为 50.19% 和 54.22%。张玲等对花生蛋白的前萃工艺进行优化，并确定了最优工艺，此工艺的蛋白质前萃率可达 61.2%。

2. 花生蛋白改性

无论冷榨还是热榨制油，都会使花生蛋白发生变性，降低其营养价值及功能特性，从而限制其在食品中的应用。实际生产中为进一步改善花生蛋白的功能特性，往往需要采取恰当的工艺对其进行改性，改性后的花生蛋白具有更好的营养价值及加工特性。物理改性、化学改性、酶法改性等为常用的蛋白质改性技术。

（1）酶法改性制备花生肽。

花生肽由 3~6 个氨基酸组成，不含胆固醇，氨基酸组成接近人体氨基酸组成，致敏性低，易消化，易吸收，具有降压、降脂、抗氧化、抗菌、抗疲劳、提高免疫力等功能。花生肽具有优秀的加工特性，食用安全，可应用于婴幼儿配方食品、营养食品、医用食品、运动员食品等，是一种"极具发展潜力的功能因子"。近几年，具有一定功能活性的花生短肽的制备引起国内外研究者的关注，具有较好 ACE 抑制活性和抗氧化活性的花生短肽陆续被制备出来，但由于生产成本过高、生理活性较低等因素，这些花生短肽的应用受到限制，提高短肽得率、提升短肽活性成为花生肽研究的重要方向。酶法水解是目前制备花生肽最常用的方法。

Ji 等采用碱性蛋白酶水解花生蛋白制备抗氧化性花生肽，并对产物氨基酸序列进行鉴定，确定 3 种抗氧化肽的氨基酸序列分别为 Thr-Pro-Ala、Ile/Leu-Pro-Ser、Ser-Pro。李瑞等分别采用复合蛋白酶、中性蛋白酶及碱性蛋白酶酶解花生粕制备花生肽，并对 3 种酶的酶解效果进行比较，发现复合蛋白酶的肽得率最高（85.96%），酶解效果最佳。此外，李润娇分别采用木瓜蛋白酶酶解冷榨花生粕和微生物发酵热榨花生粕制备两种花生蛋白胨，以蛋白胨得率和氨基氮含量为考察指标，通过单因素试验和正交试验对工艺条件进行优化，从而制备出生化试剂花生蛋白胨，为今后深入研究酶解花生粕制备微生物专用培养基产品提供理论和实验基础。

（2）发酵法改性制备花生肽。

发酵法是一种制备蛋白肽的新方法，将发酵生产蛋白酶及酶解生产大豆肽工艺相结合，可有效去除大豆肽中的黄曲霉素 B2，该方法成本低，工序简单，所制产品无苦味，口感良好，近年来越来越多地被用于多肽制备工艺中。

（3）复合改性制备花生肽。

热处理、机械处理、超声处理、微波处理等物理改性技术的成本较低，容易实现，但改性效果欠佳；磷酸化、酰基化、糖基化等化学改性技术的改性效果明显，但反应剧烈，条件要求较为苛刻，不易实现。在实际生产中，将物理改性、化学改性、酶法改性等技术复合进行蛋白质改性，不仅可以节省成本，而且安全性高、改性效果优异，应用范围越来越广。

为提高酶法制备花生肽的得率，改进花生肽抗氧化、降血压等作用，国内外学者采用超声、微波、水热等不同方法对花生粕及花生蛋白进行预处理，取得了较好的改性效果。马利华等采用超声波辅助酶法制备花生抗氧化肽，发现超声辅助酶解可显著提高花生蛋白水解度及花生肽产品的抗氧化性，产品的 DPPH 自由基清除率可达89.22%。江晨等通过研究证明微波辅助酶法、水热辅助酶法、高压均质辅助酶法等复合改性技术均可显著改善花生蛋白的营养及功能特性。

3. 制备花生多糖

花生粕中含有丰富的活性物质，如黄酮类、氨基酸、蛋白质、糖类、三萜或甾体类等化合物，其中多糖含量为32.50%。多糖为花生粕中的第二大营养成分，具有调节免疫、抗肿瘤、降糖降脂、延缓衰老等功能，在医疗保健、食品、动物养殖等领域有着广阔的应用前景。目前，我国的花生粕一般直接作为鱼和禽畜的饲料，没有进一步开发利用，造成了极大的资源浪费。花生多糖的提取方法有水提法、酸提法和碱提法等，传统水提法的多糖提取率较低且能源消耗大，酸/碱提取由于使用了有机溶剂，其安全性受到人们质疑。纤维素酶可破坏植物细胞壁，有利于其中有效成分的溶出，此外，使用纤维素酶提取花生多糖可以最大限度地避免多糖的污染和活性丧失，目前该法已经用于枸杞多糖、大蒜多糖的提取制备中。

任初杰等研究采用酸提法制备花生多糖，多糖得率为9.39%，在此基础上进一步研究得到了碱提法的最佳工艺，花生多糖得率为9.79%。薛芳等采用超声技术辅助碱提法制备花生多糖，多糖得率为13.78%。韩冰等分别优化了酶法及水提法制备花生多糖的工艺，优化工艺后的花生多糖得率分别为10.06%和10.24%。为提高多糖提取率，许多研究者采取多法联用技术制备花生多糖，取得了较好的效果。此外，以油脂加工企业热榨油后产生的花生粕为原料，提取其中的多糖成分并对其提取工艺进行优化，对提高花生粕资源的综合利用率和为工业副产物的利用提供了一条高效、可循环、环保低碳的途径，具有较大的现实意义。然而，目前我国有关花生多糖制备及其功能性的研究并不多，制备工艺仅处于实验阶段，还需进一步深入研究，以期获得规模化的生产工艺。

4. 花生粕在发酵食品中的应用

花生粕具有促进微生物生长发育和代谢的功能，能促进双歧杆菌的发酵，还能促进乳酸菌、霉菌及其他菌类的增殖，也能促进面包酵母的充气作用。因此，花生粕在发酵食品中的应用非常广泛，如生产酸奶、干酪、醋、酱油和发酵火腿等，此外，有效澄清后可用于生产酸性饮料、谷物营养饮品等，或者生产乳酸菌制剂，如片剂、冲剂、口服液和胶囊等。

5. 花生粕在蛋白饮料中的应用

白云云探索了水浸提法提取花生粕水溶性蛋白质（water-soluble protein from peanut meal, WSPP）的工艺条件，并通过稳定性试验确定了制备花生蛋白饮料的配方，为之后花生蛋白饮料的工业化生产奠定基础。

6. 花生粕在营养强化食品中的应用

花生粕是膳食结构中蛋白质的良好来源，在小肠黏膜被机体吸收利用，可以利用花生粕研制低肽食品，为通过普通饮食不能充分满足蛋白质需要的特殊人群如运动员、婴幼儿及老年人等补充蛋白质。花生粕中的蛋白质在酶的控制催化下，可用于生产针对老年人市场的新型营养强化食品和营养补充食品，如花生粕咀嚼片等。

2.5.2　花生红衣

花生红衣味甘、微苦，性平，有止血散瘀、消肿之功效，是治疗贫血和出血症的主要药物，兼有补肾养胃、润肺止咳、补中益气、清肠排毒的疗效，在《本草纲目》和《中华药典》等书中均有记载。现代药理研究表明花生红衣有止血作用，利用花生红衣（种皮）可制作具有止血功效的药物，如止血片、止血宁注射液、止血糖浆等。许多临床应用表明，花生红衣对多种出血症均有较好的疗效，可用于治血友病，类血友病，原发性及继发性血小板减少性紫癜，肝病出血症，术后出血，癌肿出血，胃、肠、肺、子宫等出血症，可煎汤服用或制成糖浆、片剂服用。

据了解，国内无论是用来榨油还是用来生产制品的花生加工厂中，绝大多数工厂对花生红衣似乎还没有进行开发利用，仅有小部分用于制药或生产食品中，大多数还是被用作饲料或被舍弃，产品附加值较低。目前，对花生红衣的研究主要集中在从中提取红衣色素和多酚类物质，对其性质的研究较少，对其功效的研究主要是抗氧化活性，也有对其在血小板减少方面的研究。研究花生红衣中活性物质的提取工艺，并将其应用于食品及医药行业，可提高花生的综合利用价值，促进相关产业发展。

2.5.2.1　花生红衣的营养组成

花生红衣具有丰富的营养成分，其主要营养组成为脂肪、纤维素、蛋白质，以及红衣色素、白藜芦醇、黄酮类等多酚类活性物质，红衣内铁、铜、钾、锌、钙、硒等微量元素含量也很丰富。花生红衣营养成分组成见表 2-6。

表 2-6　花生红衣主要营养成分

成分	纤维素	脂肪	蛋白质	灰分	丹宁	多酚类
含量/(g/100g)	37~42	10~14	11~18	8~21	7	15

2.5.2.2　花生红衣的精深加工

1. 花生红衣多酚

花生红衣中多酚类物质含量约 150mg/g，具有较强的抗氧化活性强，目前已有将花生红衣多酚作为抗氧化成分应用于植物油、饮料及肉制品中的研究，研究表明红衣多酚可明显延长产品保质期。对多酚类物质的提取、分离及构效研究由来已久，水法、有机溶剂法等是提取花生红衣多酚最常用的方法。

水法成本低，无污染，但多酚得率低，不适合工业化生产。水法提取花生多酚的相关研究较少。姚永志等对水法提取花生红衣多酚工艺进行了优化，确定了粗提花生红衣多酚的最优工艺：温度为 40℃，时间为 1h，液料比为 75%，多酚得率为 6.41%。Ballard 研究表明在

50.4℃条件下，水提 10.1min，红衣多酚得率可达 8.1%。

有机溶剂法得率较高，较适于产业化。提取花生红衣多酚可以选用的有机溶剂包括乙醇、甲醇、乙酸乙酯、丙酮等，考虑到安全性、提取成本等因素，目前研究者们大多选用乙醇作为溶剂进行红衣多酚提取研究。

为提高花生红衣多酚提取效率，微波、超声、酶技术辅助提取红衣多酚的研究越来越多，Ballard 等优化了微波辅助醇法提取红衣多酚的工艺，多酚得率达到 14.36%。刘翠等比较了乙醇提取、微波辅助提取、超声辅助提取和酶辅助提取中筛选出以超声波清洗器为发生装备的超声辅助提取法，结果表明超声辅助醇法提取效果最优，多酚提取率可达（85.62±0.52）%。

2. 花生红衣色素

天然食用色素具有安全可靠、毒副作用小、色调自然等优点，还具有一定的药理保健作用。天然食用色素的应用范围不断扩大，现有的天然食用色素种类远不能满足现代食品工业发展的需要。因此，开发新品种的天然色素，对原有天然色素的生产工艺进行改进，已成为添加剂行业非常迫切需要解决的问题。花生红衣色素是一种优良的天然色素，主要成分为黄酮类化合物，此外还含有花色苷、黄酮、二氢黄酮等，易溶于热水及稀乙醇溶液，主要用于西式火腿、糕点、香肠等食品的着色，为红褐色着色剂。开发利用花生红衣色素，具有较大的经济价值和社会效益。

（1）花生红衣色素提取的基本工艺流程。

花生红衣皮→清杂→预处理→萃取→过滤→真空浓缩→真空干燥→粉碎→花生红衣粉。

（2）酶法。

1982 年，日本的科学家在 35℃、pH 为 4.7 的条件下采用多酚氧化酶制取了花生红衣色素，提取率为 15%，该法得到的色素属于黄酮类物质，易溶于水，随着 pH 的减小，颜色从橙红色变为黄色，具有良好的耐热和耐光性，大多数金属离子对其影响不大，但多酚氧化酶来源不易，提取不方便。

（3）酸/碱处理法。

酸处理法提取花生红衣色素的过程较简便，提取率为 13%，得到的色素对热、酸、碱都很稳定，但是耐光性很差，通过全波段扫描发现色素在 280nm 处有最大吸收峰，而在可见光区没有最大吸收峰，因此推断该色素属于黄酮类物质，将其添加到香肠中，能明显降低香肠的氧化程度。

（4）BH 溶剂浸提法。

BH 溶剂浸提法提取花生红衣色素的基本流程：将花生红衣去杂（花生碎胚、残壳、砂土颗粒等）、称重，用水漂洗一遍，再用 BH 溶剂浸泡，进行二次萃取，真空浓缩后冷却至室温，再粉碎得到深紫红色、略带光泽的粉末状固体，即为红衣粉，得率一般为 10%～14%。BH 溶剂浸提工艺简单，操作方便，能耗较低，无污染，产品生产成本低，但含杂质较多，提取出来的花生红衣粉颜色呈紫红色，略带光泽，久存不变质，可直接添加到食品中。

（5）微波萃取法。

此法将微波萃取与乙醇提取相结合提取红衣色素，并得到最佳工艺条件：提取功率为 240W，提取溶剂为 65% 的乙醇，提取时间为 90s，料液比为 1∶25，色素提取率为 27.07%，色价为 33.58。将微波萃取用于花生红衣色素萃取的最大优点是提取时间大大缩短，且提取率较高，蛋白质等杂质含量低，色素提取溶液更加澄清透明。因此，微波萃取技术在天然食用色素的提取方面具有广阔的应用前景。

2.5.3　花生壳

作为花生加工的主要副产物之一，花生壳的利用率很低，大部分被当作燃料或直接被废弃，造成资源的极大浪费。花生壳中膳食纤维、黄酮类等成分丰富，可开发潜力巨大。如果对花生壳加以综合利用，经济效益非常可观。近年来，越来越多的研究人员对有效利用花生壳资源制备膳食纤维、提取黄酮类化合物、制备生物油及活性炭等方面进行了广泛研究，为花生壳资源的精深加工提供了可靠的技术支撑。

2.5.3.1　花生壳的营养组成

花生壳中主要含有纤维素、可溶性糖、蛋白质、脂肪、黄酮类化合物、维生素，还含有铁、钙、钾、镁、磷等矿物质。木犀草素为花生壳中的主要黄酮类化合物，具有抗病毒、抗氧化、抗过敏、抗肿瘤等多种功能。花生壳的营养组成见表 2-7。

表 2-7　花生壳营养组成

成分	蛋白质	脂肪	纤维素	半纤维素	可溶性糖	总黄酮	钙	钾
含量/(g/100g)	4.8~7.2	1.2~2.8	65.7~79.3	10.1	10.6~21.2	0.23~0.62	0.29	0.25

2.5.3.2　花生壳的精深加工

（1）制备膳食纤维。

膳食纤维被誉为人类"第七大营养素"，摄取充足的膳食纤维可预防和治疗多种疾病。花生壳中的纤维素含量超过 60%，是制备膳食纤维的优质、廉价原材料，目前以花生壳为原料制备膳食纤维的主要方法有酸碱法、酶法等。冯郁蔺等分别采用酸碱法及酶法从花生壳中提取膳食纤维，并优化得到最佳工艺，膳食纤维提取率分别为 75.8%、81.5%。Yu 等研究发现微波、超声辅助酸碱法、酶法提取膳食纤维的提取率显著高于酸碱法、酶法。

（2）提取黄酮类化合物。

目前，已有企业从花生壳中提取黄酮类化合物并生产出脉舒胶囊产品，该产品具有良好的降压、降脂效果。乙醇法是一种较传统的从花生壳中提取黄酮类化合物的方法，许晖等采用响应面法优化了乙醇法提取花生壳黄酮类化合物的工艺。为提高乙醇法的总黄酮提取率，范金波等分别采用微波、酶法、超声、超高压等技术辅助乙醇法提取花生壳黄酮类化合物，并对提取工艺进行优化，与传统乙醇法提取工艺相比，提取效率得到有效提高。

（3）提取天然黄色素。

从花生壳中提取的天然黄色素，可作为食品添加剂，具有一定的开发价值。陈为健等用乙醇浸提花生壳得到性能优良的天然黄色素。林棋和魏林海用微波萃取法提取花生壳中的黄色素，该方法萃取时间短，提取率高，溶剂用量少，具体做法是：以 pH 为 3，体积分数为 70% 的乙醇为提取剂，原料与提取剂配比为 1g∶5mL，微波辐射功率为 120W，时间为 240s。实验结果表明，所提色素属黄酮类色素，水溶性好，适用 pH 范围比较宽，尤其在碱性状态下效果最佳，对光、热稳定性好。李山等人利用超声波协助提取花生壳中的黄色素，确定其提取黄色素的最佳条件为：以70%的乙醇为提取溶剂、料液比为1∶9、超声波频率为20kHz、每次提取8min，提取2次，色素粗品收率为4.3%。与加热回流法、浸泡法比较，超声波提取方法具有效率高、时间短、节省能源等优点。

（4）作为食用菌培养基料。

目前，花生壳最多的应用是作为平菇、草菇、香菇、鸡腿菇、金针菇等食用菌的培养基料。据报道，用花生壳栽培食用菌的产量要比用棉籽壳、谷壳、木屑、稻草等的产量高一倍以上，而且食用菌的粗纤维含量、粗蛋白含量和无氮浸出物的比例等方面，都以花生壳为优。用花生壳制作食用菌培养基料的方法是：将花生壳粉消毒，拌入麦麸、过磷酸钙、尿素等，在菇床上铺平，播上菌种即可培养。用50%的花生壳、43%的棉籽壳以及部分配料制成的培养基栽培金针菇，不仅可节省棉籽壳，而且比纯棉籽壳培养基料的效益更高。

（5）制造食品容器。

农作物副产品如谷壳、各类秸秆（如棉秸、玉米秸、麦草、稻草、高粱秆、麻秆、烟秆等）、花生壳、甘蔗渣、玉米心等制成的一次性食品容器，具有成本低、无毒、无味、在野外能自然分解变成有机肥料的优点。这种一次性食品容器的生产工艺是将各类植物纤维粉碎后，加入少许添加剂、增硬剂和胶粘塑化剂混合，在低温低压下一次成型。所制产品强度好，手感合适，耐热水（100℃沸水，4h不渗漏、不变形），适于冷、热饮；微波穿透能力强，适用于制作微波加热的一次性餐具，也适用于冰箱冷冻；产品使用后弃于野外，在自然环境中可自然分解（温度越高，分解速度越快）为有机肥料，促进生态系统的良性循环。这种一次性食品容器是白色塑料的很好替代产品，其制作工艺简单，生产效率高，无污染，易形成规模生产，因此具有广阔的应用前景。

目前，花生副产物资源的综合利用与精深加工研究已经取得较好成果，所开发产品也越来越多，花生蛋白素肉、花生蛋白饮料、花生蛋白粉、花生短肽、原花青素等相关产品已经具有一定的产业化规模，但我国花生产业仍存在产业链短、竞争力弱等问题。一些花生副产物的精深加工技术仍处于小试或实验室阶段。采用多种创新技术手段对花生短肽、多糖、多酚、膳食纤维等营养健康产品的制备工艺进行优化扩大，进一步开发系列花生短肽、花生蛋白、茎叶提取物等花生副产物精深加工产品，并对关键技术进行集成与产业化示范，延长花生产业链，提升花生产品的附加值与竞争力，是未来花生副产物资源有效开发及综合利用的研究重点。

参考文献

［1］李桐徽．利用玉米黄浆水生产花生四烯酸培养条件的研究［J］．农产品加工（学刊），2014（2）：7-9．

［2］李小雨，马莺，王璐，等．发酵玉米黄浆水与废糖蜜生产单细胞蛋白的菌种特性研究［J］．食品工业科技，2011，32（6）：216-219．

［3］李晶，郑喜群，刘晓兰，等．玉米浆发酵液对杏鲍菇菌丝生长的影响［J］．黑龙江八一农垦大学学报，2021，33（6）：60-64．

［4］陆启明，陈志成，何爱丽，等．玉米淀粉加工副产物玉米蛋白粉的应用与开发［J］．食

品安全质量检测学报，2018，9（3）：467-474.

［5］DAVID M D，SEIBERJ N. Comparison of extraction techniques，including supercritical fluid，high-pressure solvent，and soxhlet，for organophosphorus hydraulic fluids from soil［J］. Analytical Chemistry，1996，68（17）：3038-3044.

［6］罗鹏，王恩俊，徐琴琴，等. 超临界二氧化碳及超声预处理促进玉米心水解制备还原糖研究［J］. 生物质化学工程，2012，46（5）：29-32.

［7］吴晓斌，刘晓娟，吕学斌，等. 采用稀盐酸和硝酸水解玉米心产木糖及其优化［J］. 化学工业与工程，2013，30（2）：1-6.

［8］王东美，刘桂艳，李春，等. 响应面法优化酶解蒸汽爆破玉米心产木糖［J］. 林产化学与工业，2010，30（5）：76-80.

［9］姚笛，马萍，王颖，等. 响应面法优化玉米心中木聚糖的提取工艺［J］. 食品科学，2011，32（8）：111-115.

［10］徐艳阳，李美玲，隋思瑶，等. 微波辅助提取玉米心中木聚糖条件优化［J］. 食品研究与开发，2010，33（10）：59-63.

［11］赖富饶，李臻，吴晖，等. 甜玉米心多酚的超声提取工艺优化［J］. 现代食品科技，2012，28（1）：52-56.

［12］张静文，张凤清，张培刚，等. 玉米心多糖的提取及其单糖组成研究［J］. 食品工业科技，2010（3）：242-244.

［13］李志松，易卫国. 玉米心制备糠醛的研究［J］. 精细化工中间体，2010，40（4）：53-55.

［14］岳丽清，肖清贵，王天贵，等. 三苯基磷在玉米心制备糠醛中的应用［J］. 化工进展，2012，31（5）：1103-1108.

［15］何海燕，覃拥灵，唐媛媛，等. 玉米心发酵产黄原胶及醇析工艺优化研究［J］. 食品科技，2012，37（12）：256-259.

［16］简相坤，刘石彩，边轶. 硼酸催化制备玉米心活性炭工艺研究［J］. 中南林业科技大学学报，2012，32（10）：198-202.

［17］龚建平，邓先伦，朱光真，等. 玉米心水解制糠醛的废渣制备活性炭新工艺研究［J］. 林产化学与工业，2010，30（6）：97-101.

［18］贾玲，邓晋丽，王亚飞，等. 有机酸水溶液提取玉米心木质素及其性质［J］. 精细化工，2013，30（6）：628-633.

［19］林逸君，闻志强，朱力，等. *Clostridium thermocellum* 与 *Clostridium beijerinckii* 偶联发酵玉米棒芯产丁醇［J］. 高校化学工程学报，2013，27（3）：444-449.

［20］蒋兴，夏黎明. 利用玉米心同步糖化发酵产2，3-丁二醇的研究［J］. 林产化学与工业，2013，33（2）：91-94

［21］彭晓培，张翠英，李维，等. 氮源控制对玉米心残渣同步糖化发酵生产2，3-丁二醇的影响［J］. 酿酒科技，2013（5）：37-40.

［22］严素定，罗代华，田一博. 不同改性玉米心对含镉污水的处理效果［J］. 湖北农业科学，2012，51（4）：702-704.

［23］张庆芳，杨国栋，孔秀琴，等. 改性玉米心吸附水中 Cr^{6+} 的研究［J］. 广东化工，

2009，36（4）：122-124.

[24] 邹雪娟．改性玉米心对苯胺废水脱色处理的实验研究［J］．兰州工业高等专科学校学报，2011，18（6）：56-59.

[25] 杨伟强，禹山林，袁涛．碱提酸沉法制取花生分离蛋白工艺研究［J］．花生学报，2008，37（4）：12-17.

[26] 高丽霄，刘冬，徐怀德，等．高温花生粕中花生蛋白提取工艺研究［J］．食品工业科技，2012，33（5）：273-276.

[27] 刘玉兰，高经梁，张慧茹，等．醇洗花生浓缩蛋白的营养生理学探讨［J］．中国粮油学报，2015，30（1）：60-64.

[28] 孙秀平，陈军，陈锋亮，等．不同电解质溶液对反胶束萃取花生蛋白的影响［J］．中国粮油学报，2012，27（9）：76-79.

[29] 张玲，梁妍，郑小武，等．响应面法优化反胶束提取花生粕蛋白前萃工艺［J］．粮食与油脂，2017，30（9）：59-63.

[30] JI N, SUN C, ZHAO Y, et al. Purification and identification of antioxidant peptides from peanut protein isolate hydrolysates using UHR-Q-TOF mass spectrometer［J］. Food Chemistry, 2014, 161（3）：148.

[31] 李瑞，王旭，胡立新．酶解制备花生肽［J］．食品研究与开发，2010，31（9）：174-177.

[32] 李润娇．花生粕制备生化试剂蛋白胨的工艺研究［D］．济南：山东师范大学，2014.

[33] 马利华，宋慧，陈学红，等．超声波—复合酶耦合法制备花生粕抗氧化肽研究［J］．食品研究与开发，2017，38（17）：60-65.

[34] 江晨，林荣丽，毕洁，等．微波辅助酶解花生粕同步提取多糖和抗氧化肽的工艺研究［J］．花生学报，2017，46（1）：44-52.

[35] 任初杰，姚华杰，王承明，等．酸提花生粕多糖工艺研究［J］．食品科学，2007，28（9）：128-132.

[36] 薛芳，颜瑞，王承明．超声辅助碱提取花生多糖的研究［J］．食品科学，2008，29（8）：158-163.

[37] 白云云．花生粕中水溶性蛋白的提取及花生蛋白饮料的研究［D］．太原：山西大学，2016.

[38] 姚永志，王子涵，左锦静．水作溶剂提取花生红衣多酚物质的研究［J］．现代食品科技，2006，22（4）：110-112.

[39] Ballard T S. Optimizing the extraction of phenolic antioxidant compounds from peanut skins［D］. Virginia：Virginia Polytechnic Institute and State University，2008.

[40] BALLARD T S, MALLIKARJUNAN P, ZHOU K, et al. Microwave-assisted extraction of phenolic antioxidant compounds from peanut skins［J］. Food chemistry, 2010, 120（4）：1185-1192.

[41] 刘翠，石爱民，刘红芝，等．超声辅助法制备花生红衣的多酚类物质［J］．中国食品学报，2016（12）：141-150.

[42] 冯郁蔺，贾花芹，郑战伟，等．花生壳中水不溶性膳食纤维的响应面法优化提取［J］．

中国油脂，2011，36（5）：71-73.

[43] YU L, GONG Q, YANG Q, et al. Technology optimization for microwave-assisted extraction of water soluble dietary fiber from peanut hull and its antioxidant activity [J]. Food Science & Technology Research，2011，17（5）：401-408.

[44] 许晖，孙兰萍，张斌，等. 响应面法优化花生壳黄酮提取工艺的研究 [J]. 中国粮油学报，2009，24（1）：107-111.

[45] 范金波，周素珍，郑立红，等. 微波辅助提取花生壳总黄酮工艺参数的优化 [J]. 中国食品学报，2013，13（11）：55-60.

[46] 陈为健，黄魁，杨聪明，等. 花生壳中黄色素的提取及性能研究 [J]. 福州师专学报，1999（6）：39-41.

[47] 林棋，魏林海. 微波萃取花生壳天然黄色素及其稳定性研究 [J]. 食品科学，2002（12）：32-35.

[48] 李山，滑宁，陈涛. 超声波协助提取花生壳中黄色素的实验研究 [J]. 化学与生物工程，2006（2）：34-35.

第3章 蔬菜加工副产物综合利用

3.1 蔬菜加工副产物综合利用的概况

3.1.1 概述

蔬菜加工是农产品加工重要的一部分，但其产生的副产物一直处于被忽视的状态。大量的蔬菜剩余物质和废弃物不仅造成资源浪费，还对环境造成负面影响。因此，研究和开发蔬菜加工副产物的利用途径对可持续农业和环境保护至关重要。蔬菜加工副产物包括果皮、种子、茎叶、花、根等，其组成和性质取决于不同蔬菜种类和加工工艺。常见的副产物包括果蔬汁渣、果蔬渣滓、果蔬皮屑等。据统计，我国果蔬加工业的副产物高达数亿吨。这些副产物基本上没有被开发利用，不仅污染环境，而且浪费资源，因为这些副产物中仍然含有丰富的蛋白质、氨基酸、果胶、膳食纤维、多酚类化合物、维生素等营养成分。因此，如何对果蔬产品进行综合利用，使果蔬加工副产品变废为宝，提高附加值，是我国果蔬加工业需要解决的主要问题。

3.1.2 蔬菜加工副产物的可利用成分

果蔬加工副产物的主要成分有糖分、纤维素、半纤维素及矿物质，刘松毅等对北京市某农贸市场的垃圾做了调研，其中大部分为果蔬垃圾，通常占垃圾总量的90%以上，其pH较低（4.46），含水量高（81.71%），还含有各种营养元素，因此容易腐败变质。就蔬菜渣来说，大多数属于高纤维、低蛋白、高含水量物质，如果处理不当，造成堆积，在高温雨季极易发生腐烂变质，传播疾病；在有害微生物的作用下，能产生大量的热量和 NH_3、H_2S、CO_2、CH_4、C_2H_4 等化合物，对农业生态环境造成严重污染。我国每年果蔬废弃物产量可达果蔬总产量的25%~30%，有1亿多吨的水果和蔬菜废弃物被丢弃。如木瓜的加工过程约产生木瓜总重50%的废弃物。果蔬加工废弃物中含有一定量的可利用成分，例如，番茄残渣中含粗蛋白22.6%~35.6%、粗脂肪2.2%~3.2%、粗纤维20.8%~30.5%、粗灰分3.1%~7.4%和无氮浸出物19%~32%，如能合理利用这些废弃物，不仅能创造一定的经济价值，还能在一定程度上解决因处理不当而造成的环境污染问题。

3.1.3 蔬菜加工副产物的利用途径

目前，蔬菜加工副产物主要作为动物饲料或者被填埋，深加工得很少。如前所述，蔬菜加工副产物富含有机物，含有抗氧化物质、果胶、膳食纤维、天然色素等功能性成分。因此，无论是从资源合理利用、活跃经济的角度，还是从环境保护、低碳生活的角度，蔬菜加工副产物的综合利用都是非常必要的。目前，蔬菜加工副产物综合利用的途径主要包括制造膳食纤维、提取色素和抗氧化物质等几个方面。

3.1.3.1　制造膳食纤维

在蔬菜加工过程中约有 1/3 的原材料被剔除，蔬菜是人们饮食中膳食纤维的主要来源，在其废弃物中膳食纤维含量也较丰富。如甘薯废渣中含有 20%~30% 的膳食纤维，是制造膳食纤维产品的良好原料来源。美国谷物学家定义的膳食纤维是由可食性植物的一部分或类似的碳水化合物组成，能抗人体小肠消化吸收，同时对人体有有益的生理效应，如降血糖、降低人体胆固醇以及润肠通便等，此外还可预防心脏病和癌症等。膳食纤维具有较好的保健性能，适合做食品添加剂、保健品或者辅助药品。目前，通过膳食纤维减肥越来越受到人们的关注，将其开发成新型功能性减肥产品是一个好的发展方向，果蔬废弃物中含有的果胶、膳食纤维都是制造减肥产品的潜在资源。

提取膳食纤维的方法主要有酶法、发酵法、热水提取法和化学提取法等。例如以甘薯渣为原料，采用药用真菌液态发酵，对甘薯渣进行膳食纤维的制取，在摇床水平，采用甘薯渣 9%、麸皮 0.8% 的培养基发酵 4 天后，发酵液中的膳食纤维含量可达到 29.63g/L，膳食纤维产量得到较大提高。废渣的利用不仅在很大程度上缓解了果蔬残渣造成的污染问题，还能扩展废弃物产品开发和应用领域，同时产生更大的经济效益与社会效益。目前，国内外提取膳食纤维的方法以化学法为主，虽然成本低，但对膳食纤维产品的理化性质和生理功能有一定影响。积极探索采用较为温和的工艺方法和高新技术提取分离膳食纤维，以进一步提高膳食纤维的品质，是将来膳食纤维提取分离与利用研究中值得重视的方面。

3.1.3.2　提取色素

植物中的色素均为天然色素，大多为花青素类、黄酮类、类胡萝卜素类化合物，对人体无毒无害，具有一定的营养价值和生物活性。从果蔬加工副产物中提取的这些色素可作为良好的保健品材料和调味品，在食品工业中主要用作着色剂，并被大多数人所接受。

提取色素的方法很多，主要有超声波辅助提取法、微波萃取法、有机溶剂法、膜分离法等。传统的溶剂萃取法具有耗时长和耗能大的缺点，且成品中溶剂易残留，影响产品的安全性，现在科研工作者正积极开发提取效率高、得率高并且环境友好（不使用或极少使用有机溶剂）的提取方法。紫甘薯渣是紫甘薯淀粉提取过程中产生的副产物，含有丰富的紫色素。以新鲜紫甘薯渣为原料，采用微波萃取法提取其中的紫色素，在 pH 为 2 的盐酸水溶液、料液比为 1∶5（g/mL）、温度为 70℃、时间为 5min、功率为 600W 的条件下，紫色素的吸光度值为 0.791，提取效果较好。紫山药皮中含有大量的花青素，因而呈现出鲜艳的玫瑰色，而且具有很强的抗氧化性和一些独特的保健功效。以吸光度为指标，在提取温度 70℃、提取时间 1.5h、料液比 1∶8、提取剂浓度 30% 的条件下，对紫山药皮中的花青素进行提取，提取率最高可达 0.647%。

3.1.3.3　提取抗氧化物质

无论是花青素、黄酮类等多酚类物质，还是维生素 C，均具有抗氧化作用，能清除人体内的自由基，预防心血管疾病，提高人体免疫力。提取抗氧化成分的方法主要有溶剂法、微波辅助法、超声波辅助法、超临界萃取法等。我国对葛根资源的研究和利用主要是从葛根中提取淀粉和黄酮类化合物，随后对葛根渣中的抗氧化物质进行提取，以蒸馏水为溶剂，在料液比 1∶40（g/mL）、回流时间 2h、回流温度 95℃ 的条件下，提取出的抗氧化物质对 O_2^- 的清除率为 73.65%，抗氧化能力强，为葛根渣的综合利用提供了依据。

3.1.4 蔬菜加工研究现状分析

保持蔬菜及其加工品的安全和质量是人们追求的指标之一，也是蔬菜在贮存、运输及流通过程中必须解决的问题。虽然蔬菜保存方式已由早期的盐腌、蒸煮、酸渍等发展到低温气调、冷藏、灭菌等加工保鲜技术，但目前的蔬菜贮运、保鲜及深加工技术还远远不能满足蔬菜生产发展的需要，尤其是在绿色蔬菜品质的保持方面问题更为突出。目前绿色蔬菜的采后加工消费方式主要有鲜食蔬菜、蔬菜罐头、脱水蔬菜 3 类，其品质问题主要有以下几点：作为绿色蔬菜的主要消费方式，鲜食蔬菜最大限度地为人们提供了多种功能营养成分，但由于蔬菜水分含量偏高，导致其品质劣变快、不易贮藏。每年由于采后处理措施不当或加工技术有限导致蔬菜腐烂变质、原料浪费给经济、资源和环境造成了严重影响。目前，鲜食蔬菜在采后没有经过有效的采后预处理（个别情况是简单的去腐叶、洗净处理），直接采用编织袋、塑料袋和有孔塑料筐等简单包装后，就进入后期的储运销售过程。叶菜、果菜在采摘、运输、装卸过程中存在无法避免的肩挑体扛、野蛮装卸等问题，极易造成蔬菜外部损伤，加速腐烂并造成包括颜色品质在内的品质劣变，极大地缩短了贮藏期。一般情况下，多数叶类蔬菜保鲜期为 5 天左右，果类和根茎类菜为 20~30 天。由于蔬菜本身附加值较低，一些储藏效果好的食品保鲜技术如低温气调保鲜技术、无菌包装技术、减压贮运技术等的相对成本较高，在蔬菜加工中的推广难度大。

为了克服鲜食蔬菜易腐烂、安全性差的缺点，提高绿色蔬菜的利用率和附加值，在绿色蔬菜的采后加工产品中，一些热加工产品（如蔬菜罐头，半加工预制菜肴，蔬菜汁等）和脱水蔬菜产品等应运而生。热加工技术虽然可以杀灭和抑制产品中的有害微生物，但其颜色品质、营养价值及风味质地也都会发生不同程度的劣变。特别是蔬菜的呈色物质对热加工敏感导致产品色泽不能很好地保持，这也造成了相比其他蔬菜加工品，绿色蔬菜加工品较少的情况。此外，罐头制品存在口味差、可接受性不高、营养功能性低等问题，已不能满足人们对健康蔬菜的要求。脱水蔬菜耐贮藏，但存在口感差、营养物质损失等问题，而且成本和能耗都比较高。因此在蔬菜加工领域需要一些既能很好地保持绿色蔬菜的颜色品质也能迅速有效地杀死有害微生物、节省能源、提高产品营养和满足感官质量指标要求的新型加工技术。

我国是农业生产大国，2023 年我国生鲜蔬菜生产总量达到 7.91 亿吨。绿色蔬菜在加工和贮藏期间由于物理伤害、生物氧化等原因造成的颜色劣变问题，对绿色蔬菜产品的感官品质造成了严重影响，消费者的接受度下降或者拒绝购买，制约了绿色蔬菜的销售和加工产业的发展。因此，如何对绿色蔬菜进行保绿、护绿，已成为在加工和贮藏阶段绿色蔬菜加工产业发展必须解决的问题。除了新型的加工技术和绿色蔬菜的护绿问题，对蔬菜产品及其加工副产物的综合利用、营养物质提取、保健功效研究等方面的工作还很多，真正实现蔬菜产品加工水平的质的飞跃还需要继续加大对蔬菜加工产业的保障投入、科研攻坚，通过加工水平的提升带动蔬菜产业链的升级。

3.1.5　蔬菜加工技术的发展趋势

通过精深加工的蔬菜产品，不仅可以大大提高蔬菜产品附加值、提高产品市场价值，还可以将其制作成储存时间长的蔬菜制品以缓解蔬菜产品供需的短期市场性矛盾。样式繁多的蔬菜产品能很好地增强消费者购买欲，进而增加不同消费阶层对蔬菜产品的需求总量。

（1）提高原料的利用率。

由于常规蔬菜种植、加工的利润较低，所以提高原料的利用率、增加产品科技附加值和营养附加值成了企业增加利润、降低生产成本的重要途径。生物技术以其巨大的发展潜力越来越成为研究的热点。

（2）改进工艺，实现大规模生产。

许多传统的工艺因受生产效率、产品质量、原料利用率等的限制，产品生产的规模化水平较低，迫切需要引进、更新先进成熟的操作加工技术，促进企业或企业联盟的规模化生产。

（3）注重营养安全。

现在人们对蔬菜产品的要求逐步提高，不仅要吃得饱更要吃得好、吃得健康。消费者对蔬菜加工品营养功效的关注度越来越高，购买者希望产品中含有较高的营养因子，同时也希望原材料中所含的营养素尽可能多地保留下来并在储存期间有较好的稳定性，因此各种新的灭菌技术和保藏技术日益受到关注。

（4）天然原料的保存。

近些年，食品生产中违法添加食品添加剂或是使用工业原料对食品材料进行加工处理的食品安全问题频频出现，人们对食品安全的关注度也达到了前所未有的高度。人们希望在产品中尽可能少地添加合成的添加剂，即使是经过毒理试验证实是安全的添加剂。食品生产企业越来越多地使用天然提取物，而天然提取物的稳定性较差、工艺指标要求高，因此天然提取物的相关问题研究也会是一个重要方向。

（5）科技含量高的加工新技术应用。

利用先进的加工生产工艺和高水平的加工技术，如膜分离技术、微生物发酵法、高温短时杀菌技术、高压水煮杀菌法、超高压加工法、无菌包装技术等，对蔬菜进行加工、对营养物质进行提取纯化，应用新型包装材料，小体积独立包装可减少包装、贮藏及运输过程中的人工费用和损耗。比较典型的例子就是越来越受欢迎的蔬菜浓缩汁的加工销售。

（6）蔬菜功能成分研究提取。

在对蔬菜营养成分进行分析的前提下，从蔬菜中分离、提取、纯化、浓缩天然植物化学成分，并制成蔬菜制品销售，或作为改善产品风味、提高营养价值、替代人工合成物质的辅料添加到各种食品中，以改善产品质量。

（7）蔬菜粉加工。

通过打浆、灭菌、高温烘干等步骤制成的蔬菜粉末可以与其他食物原料混合加工，也可以做成调和蔬菜粉冲剂。

（8）新鲜蔬菜加工。

采取控温冷藏、低温预处理、气调包装等形式，避免热加工处理，保证不削弱蔬菜质量，只适当采用去皮、切割、分级择拣、修整等处理，通过保持蔬菜活体植株的呼吸作用，实现新鲜、快捷、方便的产品消费目标。

3.2 根菜类加工副产物综合利用

3.2.1 概述

根菜类蔬菜是以膨大的肉质根为食用部位的一类蔬菜的统称，包括十字花科、伞形科、薯蓣科、菊科、藜科等多个科属的多个蔬菜品种。根菜类蔬菜按解剖结构的不同分为三类：一是萝卜型，包括萝卜、根芥菜、芜菁、甘蓝等；二是胡萝卜型，包括胡萝卜、美洲防风、根芹菜；三是甜菜类。近年来，随着种植业结构的调整，社会消费需求的增加以及较高经济利益的驱动，根菜类蔬菜的种植面积逐渐增加。据统计，目前我国萝卜种植面积在100万公顷以上，在各类蔬菜种植面积中居前3位，出口量在出口蔬菜中也位居前列。胡萝卜是世界上最为重要的蔬菜品种之一，目前我国胡萝卜种植面积在40万公顷以上，占世界总种植面积的40%左右，总产量占世界总产量的1/3，是当之无愧的世界第一大胡萝卜生产国和主要出口国。

当前，农产品加工业在我国国民经济发展中的作用越来越重要。我国是农业大国，粮油、畜禽等产品总量多年居世界首位。但是，由于农产品加工业起步较晚，导致农产品加工副产物大部分未得到有效利用，副产物综合利用水平较低，不仅造成了资源浪费、效益流失，而且污染了环境，甚至影响农业的可持续发展。因此，加强农产品加工副产物的综合利用应引起各级政府和有关部门的高度重视。

3.2.2 胡萝卜加工副产物综合利用

胡萝卜（daucus carrot），又称甘荀，是伞形科胡萝卜属二年生草本植物。以其肉质根作蔬菜食用。胡萝卜富含糖类、脂肪、挥发油、胡萝卜素、维生素 A、维生素 B_1、维生素 B_2、花青素、钙、铁等营养成分，据研究资料报道，每100g 胡萝卜中含蛋白质约0.6g、脂肪约0.3g、糖类7.6~8.3g、铁约0.6mg、维生素 A 原（胡萝卜素）1.35~17.25mg、维生素 B_1 0.02~0.04mg、维生素 B_2 0.04~0.05mg、热量150.7kJ，另含果胶、淀粉、矿物质和多种氨基酸。常见胡萝卜品种中，根呈球状或锥状，颜色为橘黄色、白色、黄色或紫色。各类品种中尤以深橘红色品种的胡萝卜素含量最高，胡萝卜是一种质脆味美、营养丰富的家常蔬菜，素有"小人参"之称。

通常，胡萝卜的食用部位是肉质根，胡萝卜叶则当作废弃物进行处理。其实，胡萝卜叶同萝卜叶一样，具有很高的食用和综合开发价值。随着胡萝卜加工产业的不断发展，不可避免地产生了大量的胡萝卜加工副产物，目前，胡萝卜的加工主要是进行胡萝卜汁的加工，加工过程中会产生大量的胡萝卜渣副产物。据报道胡萝卜浓缩汁生产过程中产生的胡萝卜皮渣占原料的30%~50%，在胡萝卜加工过程中一些发霉、完整性遭破坏的胡萝卜也会被剔除。这些副产物或被丢弃，或被当作饲料使用，不仅污染环境，而且限制了胡萝卜更深层次的加工利用。因此，如何更有效地利用胡萝卜加工副产物，提高胡萝卜的经济效益和生态效益，同时为农民致富增收提供新的途径，已成为胡萝卜加工产业亟待解决的问题。

3.2.2.1　胡萝卜皮渣中果胶的提取

目前天然果胶原料主要为苹果渣、柑橘皮、甜菜废粕、向日葵盘等，而胡萝卜皮渣中果胶含量也很可观，可以作为果胶生产的来源。果胶的传统提取方法有酸提醇沉法、酸提盐沉法。两种方法各有优缺点，酸提醇沉法生产工艺简单，所得果胶纯度高、色泽好，但乙醇用量大、生产成本高；酸提盐沉法采用铝盐或高价铁盐作沉淀剂，生产成本低，但果胶纯度低，颜色较深。采用超声波辅助提取法提取胡萝卜中的果胶，在超声波频率为 26kHz、功率为 300W、提取液 pH 为 2、温度 80℃、料液比 1∶35（g/mL）、提取时间 30min 时，果胶得率最高，果胶凝胶单元数为 70.54。闪式提取技术和超高压技术是近年来新型的提取技术，利用闪式提取技术对柚皮中的果胶进行提取，得出提取柚皮果胶的最优工艺：提取液 pH 为 1.24，提取电压为 156V，提取时间 240s，料液比 1∶50（g/mL），果胶得率为（20.92±0.17）%。利用高静压技术对橙皮果胶进行提取，得出高静压技术提取橙皮果胶的最优条件：在 55℃、500MPa 下保压 10min，果胶得率最高为 21.11%。闪式提取、高静压等技术具有提取时间短、得率高的优点，为胡萝卜皮渣中果胶的提取提供了新的思路。

胡萝卜皮渣中果胶的提取工艺流程图如图 3-1 和图 3-2 所示。

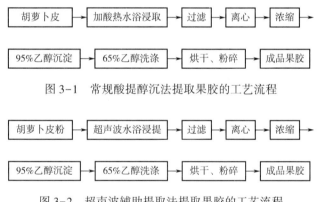

图 3-1　常规酸提醇沉法提取果胶的工艺流程

图 3-2　超声波辅助提取法提取果胶的工艺流程

3.2.2.2　胡萝卜渣膳食纤维的提取

胡萝卜渣营养丰富，含有多种维生素、矿物质，特别是膳食纤维含量非常高，胡萝卜渣的营养组成成分分析结果见表 3-1，由表 3-1 可知，胡萝卜渣中含有丰富的膳食纤维，其含量为 11.49%。因此，胡萝卜皮渣除了可作传统的饲料用外，还可以进行膳食纤维的开发。

表 3-1　胡萝卜渣组成成分

成分	水分	蛋白	脂肪	淀粉	矿物质	膳食纤维	果胶
含量/%	85.4	1.09	0.30	1.20	0.52	11.49	2.02

膳食纤维对人体健康有很多重要作用，如促进胃肠蠕动、影响糖和脂质代谢、促进排便、增强细菌活力、对结肠内容物解毒、维持肠道生态系统平衡和保证肠道黏膜完整性等，因此

有营养学家已将膳食纤维列为继蛋白质、淀粉、脂肪、矿物质、维生素、水之后的第七大营养素。

膳食纤维可分为水溶性膳食纤维和水不溶性膳食纤维两种。水溶性膳食纤维是指不能被人体消化道的酶消化，可溶于温、热水并可被其重量 4 倍的无水乙醇沉淀的那部分非淀粉类多糖，主要是植物细胞内的储存物质和分泌物，以及部分微生物多糖和合成多糖，其组成主要是一些胶类物质；而水不溶性膳食纤维是指不能被人体消化道的酶消化，且不溶于热水的非淀粉类多糖，主要成分是纤维素、某些半纤维素、木质素、原果胶、壳聚糖和植物蜡等。由此可见，现代意义上的膳食纤维已完全脱离了"粗"的形象，与传统意义上的"粗纤维"完全不同。

（1）工艺流程（图 3-3）。

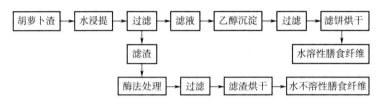

图 3-3　胡萝卜渣膳食纤维提取工艺流程

（2）操作要点。

1）胡萝卜渣水溶性膳食纤维提取的最佳工艺参数。

提取时间为 60min，提取液料比为 40∶1（mL/g），DH 值为 1.5，提取温度为 80℃，在此条件下，水溶性膳食纤维提取率可达 70%。

2）胡萝卜渣水不溶性膳食纤维提取的最佳工艺参数。

酶法处理最佳酶解条件：先用淀粉酶水解胡萝卜渣中的淀粉，加酶量为 0.60%，时间为 60min，pH 为 7.0，温度为 75℃。再用中性蛋白酶分解胡萝卜渣中的蛋白：加酶量为 0.30%，时间为 60min，pH 为 7.0，温度为 70℃。

胡萝卜渣水不溶性膳食纤维最佳工艺参数：液料比为 40∶1，pH 为 3.5，温度为 90℃，时间为 80min，在此工艺条件下，胡萝卜渣水不溶性膳食纤维提取率可达 80.25%。

3.2.2.3　胡萝卜低糖果脯的加工工艺

传统的果脯加工工艺会添加大量白砂糖，从而保证食品的口感与保质期。这里介绍一种低糖胡萝卜果脯加工工艺，利用木糖醇代替一部分白砂糖，添加一定量柠檬酸，并使用了冻结技术，成品颜色橘红有光泽，口感软硬适中有嚼劲，外形晶莹剔透略有透明感，甜度适中且饱满度好。

（1）工艺流程（图 3-4）。

图 3-4　胡萝卜果脯加工工艺流程

（2）操作要点。

1）原料选择及预处理。

选用新鲜、颜色鲜亮、直径在 3cm 左右的胡萝卜，清洗干净去蒂去皮后，切成长 5cm、厚度为 8mm 左右的胡萝卜条。

2）烫漂。

漂烫液组成：0.1%氯化钠、1%柠檬酸钠、0.5%柠檬酸。将切好的胡萝卜条在 80℃ 条件下漂烫 5min，结束后立即用冷水冷却，以钝化氧化酶，防止色泽劣变，加快脱水和渗糖。

3）冻结。

将经漂烫处理的胡萝卜条封入保鲜袋，置于电冰箱中，在 −18℃ 下冻结，冻结时间以 6h 为佳。如果冻结时间过短，达不到软化组织的效果；而冻结时间过长，则会导致解冻后胡萝卜条质地过于软烂，使成品失去韧性。

4）糖煮。

将自然条件下解冻的胡萝卜条加到浓度为 40%的糖煮液（蔗糖：木糖醇＝1：1）中煮沸 10min。

5）常温糖渗。

糖煮后在常温常压下糖渗 8h，使胡萝卜果脯组织内的糖液平衡稳定。

6）干燥。

糖渗后，将胡萝卜果脯置于电热鼓风干燥箱中干燥 6～7h，温度为 60℃，直至胡萝卜果脯表面不黏手为止。

7）上胶衣。

将果脯置于 0.8%的明胶胶体溶液中浸泡 2min，捞起沥干，继续干燥 1～2h 即可。

3.2.2.4　胡萝卜脆片的加工工艺

油炸脆片酥脆可口，但普遍存在高热量、高油脂、色泽暗淡、营养损失大等问题。为了解决油炸脆片带来的潜在健康隐患，这里简要介绍一种非油炸胡萝卜脆片加工工艺，产品口感酥脆、绿色健康、低脂低热量。

（1）工艺流程（图 3-5）。

图 3-5　胡萝卜脆片加工工艺流程

（2）操作要点。

1）胡萝卜切片。

选择外观好、表皮光滑的胡萝卜，洗去表面附着的泥沙及其他杂质。用切片机将胡萝卜切成 3mm 薄片。

2）护色、烫漂、浸渍。

使用复合护色剂（0.25%植酸、0.5%柠檬酸、0.3%氯化钙和 1.5%氯化钠）对胡萝卜片护色 10min，防止发生褐变，保持营养，然后对其进行漂烫（90℃，热烫 6min），漂烫后用凉水冷却再置于浸渍液（用糖和麦芽糊精调制，糖度为 12 度）中浸渍 20min。

3）流化干燥。

将浸渍好的胡萝卜片沥干水分，置于流化干燥室中，最佳工艺条件为：流化温度65℃，空气流量149.5m³/h，干燥时间30min。

4）微波干燥。

将流化干燥后的胡萝卜片均匀平铺于微波干燥设备中，最优工艺参数为：微波功率450W，微波干燥时间为60s，由流化转到微波干燥时的初始湿基含水率为50%。

5）焙烤。

将微波干燥后的胡萝卜片放入焙烤设备中，设定温度80℃，焙烤时间20min。所得胡萝卜脆片含水率为5%，脆度和色泽均佳。

3.2.3 萝卜加工副产物综合利用

萝卜又名芦菔、莱菔等，是十字花科一年生或二年生草本植物，食用部分为其肉质的根类。作为我国重要的蔬菜之一，常被人们用来制成各种佳肴。因其适应性强、易栽培、产量高、价格低廉等优点，在广东、河北、安徽、浙江、山东等地广泛种植。萝卜口感脆嫩、甜辛适宜，富含碳水化合物、蛋白质、纤维素等多种营养成分，是日常生活中上好的食材。《本草纲目》中记载："莱菔根叶皆可生、可熟可道、可酱、可鼓、可醋、可腊，乃蔬菜中最有利益者"，在民间更有"冬吃萝卜夏吃姜，不劳大夫开药""十月萝卜小人参"等俗语，可见萝卜具有极高的食用和药用价值。现代科学研究发现，萝卜中的萝卜苷在黑芥子酶的催化作用下产生莱菔子素（Sulforaphene，4-甲基亚磺酰基-3丁烯基异硫氰酸酯），莱菔子素是一种异硫氰酸酯，具有抗癌、抗氧化及抗菌作用。萝卜提取物中含有一种生物活性很强的芥子油苷［4-（methylthio）-3-butenylisothiocyanate］，已被证明有突出的抗癌、抗氧化、抗菌、抗突变能力。

萝卜原产我国，各地均有栽培，品种极多，常见的有红萝卜、青萝卜、白萝卜、水萝卜等。我们通常食用萝卜的根部，萝卜叶则被浪费。萝卜加工主要以腌制加工为主，腌制加工过程中，将会产生大量的萝卜叶、萝卜皮等加工副产物，这些副产物同样含有丰富的营养成分。

3.2.3.1 萝卜叶综合利用

萝卜叶为十字花科植物萝卜的根生叶，现代营养学研究发现，萝卜叶的营养成分在许多方面都高于萝卜。现代药理学研究表明，萝卜叶具有促进胃肠蠕动、治疗胃溃疡、抗氧化、降血压及降血糖等活性。Kim等报道萝卜叶中含有丰富的多酚和黄酮类成分，分别为52.48mg/100g干重和100.80mg/100g干重。多酚是广泛存在于植物体内的次生代谢产物，具有很好的抗氧化活性，可清除自由基并抑制自由基的产生，多酚还具有多种生物活性，如抗肿瘤、抗心血管疾病、抗辐射等。民间俗语说"萝卜缨子是个宝，止泻止痢效果好。"萝卜叶的膳食纤维含量很高，可预防便秘、结肠癌，其味道有点辛辣，带点淡淡的苦味，可以帮助消化、理气、健胃，还有润肤养颜的作用。下面介绍脱水萝卜叶的加工工艺。

（1）工艺流程（图3-6）。

图3-6 脱水萝卜叶工艺流程

（2）脱水萝卜叶原料要求。

1）从萝卜上切下来的萝卜叶应 6h 内运入工厂进行预处理加工。

2）萝卜叶来自无公害种植基地，保证脱水产品质量。

3）萝卜叶来自加工萝卜基地和直接鲜销的萝卜基地。

（3）工艺流程要点。

1）原料选择。

选用新鲜不变质的萝卜叶，剔除病虫叶、黄斑叶和枯叶。

2）清洗。

萝卜叶放入洗涤槽中，充分洗涤，洗尽泥沙、虫卵、异物。

3）切段。

将清洗后的原料切去直径大于 8mm 的茎部，剩余部分切成 10cm 的段，不足 10cm 的嫩叶和幼茎也可作为产品。切段时要求菜板清洁。

4）烫漂。

烫漂液按水 1000kg、苏打 1.7kg、食盐 30kg 的比例配好，并调 pH 为 8。因叶绿素在碱性条件下水解生成叶绿酸、甲醇、叶酸醇，这些生成物与碱作用生成叶绿酸钠盐，呈更加鲜艳、稳定的绿色。烫漂温度一般为 95~100℃，烫漂时间为 1~1.5min。

5）冷却。

冷却可迅速降低原料温度，终止烫漂过程，减少不良的化学反应，冷却后的温度应在 8℃以下。

6）压榨。

将冷却的原料稍作沥水，以 300kg 烫成半成品为一批，进行压榨。压榨后半成品质量应为烫前半成品质量的 45% 以下。

7）称量、拌料。

将压榨后半成品按 1 份 20kg 称好倒在操作台上，拌入事先称好的白砂糖 1.6kg、食盐 3.4kg，人工拌匀，再装入内衬塑料袋的白色周转筐中，袋口折好，尽快装入冷藏室。转运时注意袋口不能敞开。

8）渍贮。

将拌料后的萝卜叶放入低温库，库温 0~5℃，保证库房卫生，贮放时间不得超过 7 天。渍贮 24h 后即可脱水。

9）脱水。

先用 80~85℃的高温干燥 2h，高温干燥后，降低干燥温度至 65~75℃，再干燥 4~6h，视产品含水量质量要求，可以适当延长干燥至 8h。

10）包装。

经过两次挑选，除去异物、变色叶、毛发等，称量、装入塑料内封，然后送入 0~5℃的库房中进行贮藏。库房要求干燥卫生。

（4）脱水萝卜叶产品质量标准。

1）感官指标。

色泽：呈鲜绿色，复水后萝卜叶呈鲜绿色，无焦黄叶及黄叶，汤汁为绿色，色泽均匀。

规格：成品为卷叶状，复水后长度为 1.5~2.0cm。

2）理化指标。

水分≤10%；亚硝酸盐含量（以 NO_2^- 计）≤4mg/kg；亚硫酸盐（以 SO_2 计）≤100mg/kg。

3）微生物指标。

细菌总数<100000CFU/g，大肠菌群<100MNP/100g，致病菌不得检出。

4）重金属残留。

砷（以 As 计）≤1.0mg/kg；铅（以 Pb 计）≤0.5mg/kg；镉（以 Cd 计）≤0.1mg/kg；汞（以 Hg 计）≤0.02mg/kg。

5）其他指标应符合 NY/T 1045—2014《绿色食品　脱水蔬菜》标准要求。

3.2.3.2　酸辣酱泡萝卜皮加工技术

（1）酸辣酱泡萝卜皮工艺流程（图 3-7）。

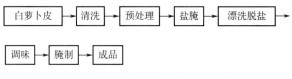

图 3-7　酸辣酱泡萝卜皮加工工艺流程

（2）操作要点。

1）清洗。

将白萝卜皮倒入清洗槽中，用流动水（或吹洗、或水料逆流方式）将泥沙、草屑等杂物清洗干净。

2）预处理。

将清洗干净的白萝卜皮分切，切成大小一致的萝卜皮。

3）盐腌。

将切分好的萝卜条用6%~8%的食盐腌制3~5h，去除部分水分，消除萝卜皮异味。

4）漂洗脱盐。

盐腌后的萝卜条放入漂洗池中，进行脱盐处理，脱盐过程中换2~3次清水，将萝卜皮的盐浓度脱至1%~2%。

5）调味。

用陈醋、鲜辣椒、大蒜、姜、白糖、酱油、生抽、泡菜进行调味。

6）腌制。

将萝卜皮装入腌制缸中，密封腌制3天以上，即可得成品。

3.2.3.3　青萝卜皮中芥子油的提取技术

（1）工艺流程（图 3-8）。

图 3-8　青萝卜皮中芥子油的提取工艺流程

（2）操作要点说明。

1）将青萝卜皮倒入清洗槽中，将泥沙、草屑等杂物清洗干净。

2）对清洗干净的青萝卜皮进行热风干燥，干燥温度为 65~75℃。

3）将干燥后的青萝卜皮粉碎为 40~60 目大小的颗粒。

4）将萝卜皮粉放入超临界 CO_2 萃取釜中，用循环热水加热预热器，将萃取釜和与之连接的分离器的温度调至 40~60℃。

5）将储罐中的 CO_2 经计量泵注入预热器后生成超临界气体，再经过计量器的计量后进入 CO_2 萃取釜。当 CO_2 经过料层时，萝卜皮粉中的芥子油便溶于超临界 CO_2 气体中，此时使萃取压力稳定在 26~28MPa。

6）将超临界 CO_2 连同它所溶解的物质经分离器分离出来，而具有一定压力的 CO_2 则返回 CO_2 储罐中循环使用，如此循环萃取分离，直至萝卜皮粉中的芥子油分离完全即可停止分离，从萃取器下部的阀门放出芥子油粗品。

7）利用短程分子蒸馏将上述萃取出来的芥子油粗品纯化。分子蒸馏装置的工作条件是：进料速度 1.8~2.0mL/min，真空度 100~150Pa，加热温度 50~55℃，冷却温度 1~4℃，转速 250~280r/min。

3.2.3.4　五香萝卜的加工工艺

（1）工艺流程（图 3-9）。

图 3-9　五香萝卜加工工艺流程

（2）操作要点。

1）选料。

选用皮细、洁白、脆嫩、甘甜、不空心的新鲜白圆萝卜。

2）配料。

鲜萝卜 100kg、食用盐 14kg、酱油 12.5kg、糖色 1.25kg、香料 75g、糖精 12.5g、味精 20g、安息香酸钠 25g、清水 12kg。

3）腌坯。

初腌：将洗干净的鲜萝卜入缸或入池，每 100kg 原料第一次加盐 6kg，一层萝卜撒一层盐，一般下层撒盐 20%，中间 30%，上层 50%。复腌：一般经 4 天初腌后，将萝卜捞出，沥干后再复腌，加余下的 8kg 盐。腌制方法与初腌相同，但封面盐要留 35%。翻料：复腌 2 天后，进行翻缸或翻池，将上层的萝卜翻到下层。

4）成品腌制。

切制：将萝卜咸坯在原卤内淘洗干净，捞出并沥干后，切成 0.4cm 厚、腰子状的萝卜片。压卤：将切好的萝卜片放入冷开水中淘洗干净，上榨压卤，至折率为 50% 左右，以利于萝卜片吸收五香酱油液汁。炒色煮料：将炒制糖色用的饴糖放入锅内加热熬化，边加热边不停地搅拌。配制五香酱油：将按比例配备的酱油、香料加清水放入锅内煮沸后，加入配备的糖精、味精、糖色搅拌均匀，随即离火。

5）浸泡处理。

第一次浸泡：将压去卤水的萝卜片抖散后放入缸内，按比例加入五香酱油，拌匀，使之均匀地吸收液汁。翻缸：浸泡第二天，将萝卜片翻到空缸内，将五香酱油均匀地浇在萝卜片上，连续翻 5 天后起缸晒片。晒片：将五香萝卜片从酱油卤中捞出沥干，放在芦帘上晾晒至重量为成坯的 50%。第二次浸泡晒片：将晒过的五香萝卜片加入原五香酱油中进行第二次浸泡，每天翻缸 1 次。装坛封制：将晒制成熟的五香萝卜片放入缸内回潮一夜，使成品干湿统一，然后加入安息香酸钠，搅拌均匀，以防霉变。

3.2.4　红薯副产物加工综合利用

红薯又名甘薯、地瓜、番薯等，为旋花科一年生植物。红薯在我国的大部分省市都有种植，资源十分丰富。红薯在生长过程中会产生大量的茎藤，茎藤上长有大量红薯叶。我们在利用红薯资源时，主要是利用生长在地下的块根，大量的红薯叶和嫩藤尖没有得到充分利用，造成巨大的资源浪费。

3.2.4.1　红薯叶综合利用技术

红薯叶，即红薯地上茎顶端或两侧的嫩叶。研究发现，红薯叶具有增强免疫力、延缓衰老、降血糖、通便利尿、解毒和防止夜盲症等保健功能。《本草求原》也有记载红薯可"凉血活血，宽肠胃，通便秘，去宿瘀脏毒"。据中国预防医学科学院检测，红薯茎叶和芹菜、甘蓝、菠菜、白菜、油菜、韭菜、黄瓜、南瓜、冬瓜、莴苣、茄子、萝卜、番茄 13 种蔬菜相比，其蛋白质、脂肪、纤维素、碳水化合物、钙、铁、磷、胡萝卜素、维生素 C、维生素 B_1、维生素 B_2、烟酸 12 项的含量均居首位。据分析，每 100g 鲜红薯叶含蛋白质 2.28g、脂肪 0.2g、糖 4.1g、钾 16mg、铁 2.3mg、磷 34mg、胡萝卜素 6.42mg，维生素 C 32.00mg。因此，亚洲蔬菜研究中心已将红薯叶列为高营养蔬菜品种，称其为"蔬菜皇后"。近年在欧美地区、中国及日本等地也掀起一股"红薯叶热"。现在，用红薯叶制作的食品越来越多样化，例如以番茄和红薯叶为主要原料的新型复合饮料制品。以红薯茎叶为主要原料开发的保健酒、挂面、保健茶、饮料，以及保健醋、红薯茎叶罐头和红薯叶糕等。

1. 速冻红薯叶的加工技术

（1）工艺流程（图 3-10）。

原料采收 → 预处理 → 漂烫 → 冷却 → 装盘 → 速冻 → 包装 → 冷藏

图 3-10　速冻红薯叶加工工艺流程

（2）操作要点。

1）原料采收。

选择红薯藤顶部 3~4 张、宽大、青绿色、叶柄长 10cm 以内、无病虫害的红薯叶进行采收。

2）预处理。

将采收好的新鲜红薯叶用流动清水清洗干净，然后用白纱线将洗净的红薯叶每 10~20 张扎成 1 束，用篮筐盛装，叶柄朝下。

3）漂烫。

用加入 0.01%~0.02% 小苏打的漂烫液进行漂烫，漂烫液温度为 95~100℃，先将红薯叶叶柄漂烫 5~10s，然后将红薯叶叶片漂烫 5~6s，防止漂烫得过度。

4）冷却。

将漂烫过后的红薯叶立即移入流动冷却水中冷却，迅速将叶片中心温度降到 10℃ 以下，防止叶片软烂。

5）装盘。

解除扎线，将红薯叶叶片清理整齐，轻轻压去叶片部分的水分，按照每盘净重 500g 进行装盘。

6）速冻。

先将冻结机预冷至 -25℃ 以下，然后放入红薯叶盘，在 -30~-35℃ 的冻结温度下将原料中心温度快速降低至 -18℃ 以下。

7）包装。

冻结完毕的红薯叶在 5℃ 以下的低温包装车间进行包装。

8）冷藏。

包装好的红薯叶在 -20~-25℃ 条件下进行冷藏保存。

2. 红薯叶保健茶的加工技术

（1）工艺流程（图 3-11）。

鲜叶 → 清洗 → 摊青 → 剪切 → 杀青 → 揉捻 → 烘干 → 产品

图 3-11　红薯叶保健茶加工工艺流程

（2）操作要点。

1）鲜叶采摘和清洗。

选择鲜绿的红薯嫩叶，即红薯植株顶端从上往下数 1~5 片叶，要求叶片直径为 3~4cm，叶片新鲜、色泽光亮、嫩绿、无色斑、无病虫害，叶片完整，叶脉纹路清晰。将采摘的鲜叶清洗干净。

2）摊青。

将红薯嫩叶摊开，置于室内阴凉通风处 5h，在摊青过程中保持其含水量不低于 70%。

3）剪切。

因红薯嫩叶较大，直接加工对成品的形状不利，因此在摊青后，要进行剪切加工，去除较粗硬的叶脉，剪掉叶梗，将叶片剪切成 2cm×1.5cm 的长形条，保证成品形状均匀。

4）杀青。

杀青环节是决定红薯叶茶品质优劣的关键。杀青分作两步，可保证红薯叶茶的品质。第一步蒸制：将红薯叶置于蒸锅中，足汽蒸制 30s，此步骤可去除红薯叶中的青草味；第二步炒制：炒制次数为 4 次，设定炒锅温度 210℃，投放叶量 20kg/h，每次炒制时间间隔 2min，每 2min 揉捻 1 次，保证红薯叶茶成品口味清香，无焦煳味，同时经揉捻加工可保证成品的外形和叶底。

5）揉捻。

杀青后进行捻揉加工，使红薯叶茶成品紧缩成条，并能最大程度地保持茶的香气和滋味。捻揉过程中要注意控制叶量、揉捻的力度和时间。由于红薯叶鲜嫩，叶片较薄，每次的投入量要少，揉捻时先轻揉 2~5min，再加大力度，最后再减轻捻揉力度，以降低红薯叶细胞组织的破坏率。充分保证茶叶条紧致有力、形状规格统一，并留住红薯叶茶的清香味。

6）烘干。

将经揉捻后的红薯叶茶置于锡箔纸上，厚度为 1cm，再放入烘干机中，烘干温度以 80℃为佳，除湿干燥，以利于红薯叶茶成品的贮藏，提高成品茶的品质。

3. 红薯叶休闲小食品加工技术

（1）工艺流程（图 3-12）。

图 3-12　红薯叶休闲小食品加工工艺流程

（2）操作要点。

1）原料采收。

选择成熟适度、叶片宽大、无病虫害的鲜嫩红薯叶进行采收。

2）预处理。

去除新鲜红薯叶中的烂叶、枯叶和泥沙等杂质，然后用 1%的盐水浸泡 10h，捞出清洗干净。

3）漂烫。

预处理好的红薯叶先用 1%的碳酸钠溶液浸泡 8min，然后放入 3%的食盐水（用小苏打调 pH 为 8）中，在 95~100℃下漂烫 60~90s，之后迅速冷却。

4）腌渍。

将漂烫后的红薯叶在 10%~15%的食盐水（含 0.2%氯化钙）中腌渍 4~5 天。

5）脱盐。

腌渍后的红薯叶用清水进行脱盐漂洗，然后沥干。

6）配料。

调味料配方组成（按红薯叶总量计）：八角 0.2%、老姜 0.4%、丁香 0.08%、白胡椒 0.05%、小茴香 0.1%。以上香辛料粉碎后装袋，加水煮沸 2h，冷却后按红薯叶总量加入 0.02%的乳酸乙酯、0.02%的乙酸乙酯、0.01%的乙酸戊异酯，制备为调味料。

调味汤汁制备，在上述调味料基础上，按照红薯叶总量比例加入白糖 20%、食盐 2%、食用白醋 1%、芝麻 0.1%、辣椒油 1%、味精 0.2%、姜粉 0.1%、脱氢醋酸钠 0.02%，拌匀。

7）包装。

调配好的红薯叶定量装入复合包装袋中，真空封口包装。

8）杀菌。

在 121℃条件下杀菌 15min。

4. 红薯叶软罐头加工技术

（1）工艺流程（图 3-13）。

图 3-13　红薯叶软罐头加工工艺流程

（2）操作要点。

1）原料采收。

选择成熟适度、叶片宽大、脆嫩碧绿、无污染、无腐烂、无病虫害的红薯叶进行采收。

2）预处理。

去除新鲜红薯叶中的烂叶、枯叶、杂草和泥沙等杂质，再用清水清洗干净。

3）护色。

预处理好的红薯叶先在 0.05% 的碳酸钠和 0.3% 的氢氧化钙溶液中进行护色，直至产生泡沫时取出，再用流动水将红薯叶上的残液洗净、晾干。

4）腌制。

先按照红薯叶重量称取食盐 5%~18%、氯化钙 0.1% 和抗坏血酸 0.1%，充分混合均匀，制成腌制用盐。然后，在腌制坛底铺一层配制的腌制用盐，再按照一层红薯叶一层腌制用盐进行铺放，层层压实，直至装满，坛口再撒上一层腌制用盐，密封。腌制的前一周内，每天翻缸 1 次，防止红薯叶内部发热，达到腌制均匀的目的。腌制一周后，将红薯叶压紧，再腌制一个月的时间。

5）脱盐。

用清水对腌制结束的红薯叶进行脱盐漂洗，至红薯叶盐含量在 5%~6%。

6）脱水。

采用压榨法去除红薯叶中的部分水分，便于后续调味工艺。

7）调味。

每 100kg 红薯叶加丁香粉 100g、胡椒粉 60g、姜粉 45g、红辣椒末 600g、白糖 1500g、食盐 1000g、味精 150g、酱油 80mL、山梨酸钾 25g，将调味料与辅料充分混合，反复拌匀。

8）包装。

采用尼龙、铝箔、聚乙烯复合袋包装，真空封口。

9）杀菌。

采用巴氏杀菌技术，杀菌公式为：（5min—30min—5min）/85℃，杀菌结束后迅速冷却到 40℃ 以内。

3.2.4.2　红薯渣综合利用技术

目前，我国红薯加工产品主要有红薯片、红薯饼、红薯脯、红薯饮料、红薯淀粉。红薯主要用于淀粉加工，在淀粉加工过程中，将会产生大量的副产物——红薯渣，占原料的 10%~14%，红薯渣的主要成分是淀粉和膳食纤维，其中膳食纤维的含量在 25% 左右。目前，一部分红薯渣直接被当作养殖的廉价饲料使用，另外大部分作为废渣被抛弃，造成了环境污染。因此红薯渣的综合深加工也值得开发。红薯渣的综合深加工开发利用方式主要是制备膳食纤维。目前，南昌大学在利用红薯渣加工膳食纤维方面有较深入的研究，并且在江西三清山绿色食品有限公司建立了红薯渣膳食纤维生产线，实现了产业化。下面介绍一下红薯渣膳食纤维提取技术。

（1）工艺流程。

红薯渣膳食纤维生产工艺流程如图 3-14 所示。

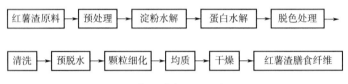

图 3-14 红薯渣膳食纤维生产工艺流程

（2）操作要点说明。

1）红薯渣原料预处理。

先将红薯渣原料粉碎，粉碎粒度为 30~40 目，然后按照红薯渣重量的 8 倍加水，充分搅拌后静置一定时间，去除浮在上层的红薯皮等杂质。

2）淀粉水解。

将去杂预处理后的红薯渣在 80℃ 条件下保温 30min 进行红薯渣淀粉糊化；随后温度降低到 60~65℃，按照重量的 1% 加入 α-淀粉酶进行 1h 的酶解作用。

将酶解后物料的温度降到 60℃，pH 调节到 5.0，按照重量的 0.8% 加入糖化酶进行半小时的酶解反应。

3）蛋白质水解。

物料中的淀粉经淀粉酶和糖化酶作用后，水解为小分子糖类物质，物料中还存在一定的蛋白质需要水解，蛋白质水解条件：将 pH 调节到 10.0，在 60℃ 下保温 15min。

4）脱色处理。

先用 2.5% 的过氧化氢溶液脱色处理 2h，再用 1.5% 的过氧化氢溶液脱色处理 1h。

5）清洗、预脱水。

用清水清洗上述处理后的物料，然后采用离心脱水设备进行预脱水。

6）颗粒细化。

脱水处理后的物料用胶体磨磨碎到颗粒粒度为 100 目。

7）均质。

用高压均质机在 30~40MPa 压力下进行均质。

8）干燥。

均质后的细纤维颗粒进行喷雾干燥，喷雾干燥条件为进口温度 195℃，出口温度 90℃。

（3）红薯渣膳食纤维粉产品品质质量。

1）感官品质。

灰白色、粉末状，无异味，口感细腻。

2）理化指标。

砷（以 AS 计）≤0.5mg/kg，铅（以 Pb 计）≤0.5mg/kg，黄曲霉毒素 B1<10μg/kg。

3）微生物指标。

菌落总数<750CFU/g，大肠杆菌<30MPN/100g。

3.3　茎菜类加工副产物综合利用

3.3.1　概述

茎菜类蔬菜是指以嫩茎或变态茎为食用部位的一类蔬菜的统称，按其可食用部位分为以榨菜、莴笋、竹笋等为代表的地上茎，和以菊芋、马铃薯、莲藕等为代表的地下茎两种。地上茎蔬菜是以新鲜的茎供人食用，采摘后若放置较长时间容易变得不新鲜，导致品质变差，适宜加工成罐头贮藏或者进行深加工处理。而马铃薯、菊芋耐贮藏，能常年供应。茎菜类蔬菜富含营养，其茎部含有丰富的纤维素、维生素和矿物质等营养成分。然而，在茎菜类的加工过程中会产生大量的副产物，如菜叶、汁液、茎菜类渣等。这些副产物如果得不到有效利用，不仅会浪费资源，还会对环境造成污染。因此，对茎菜类的加工副产物进行综合利用具有重要的意义。茎菜类汁液可以用于饮料、调味品等食品加工中；茎菜类渣可以用于生产纤维素、生物质燃料等化工领域；茎菜类提取物则具有抗氧化、降血糖、降血脂等医药保健作用。茎菜类加工副产物的综合利用具有广阔的应用前景和较高的经济价值。未来，应进一步加强茎菜类加工副产物的研究，探索更多的利用方式和处理技术，为茎菜类产业的可持续发展做出贡献。

3.3.2　榨菜副产物综合利用

榨菜是一种草本植物，被子植物门，双子叶植物纲，体常被单毛、分叉毛、星状毛或腺毛。花两性，通常呈总状花序，果为角果。榨菜是芥菜的一类，如九头芥、雪里蕻、猪血芥、豆腐皮芥等，是一种半干态非发酵性咸菜，以茎用芥菜为原料腌制而成，是中国名特产品之一，主要有重庆榨菜和浙江榨菜，产品鲜、香、嫩、脆，含有丰富的营养成分，在国内外享有盛誉，与欧洲酸菜、日本酱菜并称世界三大名腌菜。但是，榨菜加工中只利用了青菜头，绝大部分副产物——榨菜叶被弃用，不但造成了资源浪费，而且污染了周边环境。榨菜叶柔软多汁，具有一定的硬度，叶片较薄，叶茎肉厚且含有丰富的维生素、膳食纤维、水分和矿物质等营养物质，具有较好的综合利用价值。榨菜叶中大量元素和必需微量元素含量如表 3-2 所示，主要有益元素及含量如表 3-3 所示。

表 3-2　榨菜叶中的大量元素和必需微量元素含量

成分	大量元素/(g·kg^{-1})						必需微量元素/(mg·kg^{-1})					
	N	P	K	Ca	Mg	S	Fe	Mn	Zn	B	Cu	Mo
含量	38.9	3.8	42.3	27.6	2.3	6.3	1282	189.3	75.55	15.8	4.85	0.06

表 3-3　榨菜叶中的有益元素及含量

成分	Si	Ni	Sr	Co	Se
含量/(mg·kg^{-1})	3900.00	1.54	25.40	2.01	0.06

因此，大力加强榨菜副产物综合利用关键技术研究，利用榨菜副产物开发新产品，提高榨菜资源利用率已成为当务之急。根据榨菜叶的特点，可以开发以下 4 类新产品：脱水蔬菜类、腌制类、菜汁类、色素类等。

3.3.2.1 榨菜叶泡菜加工技术

1. 泡菜生产加工原理

泡菜加工过程是一系列复杂的物理、化学和生物变化过程，泡菜的风味主要归功于 3 个方面的作用：①泡渍过程中食盐的渗透作用；②泡渍过程中微生物的发酵作用；③香辛料抑制有害微生物生长并给泡菜增加了色、香、味。

（1）渗透作用。

泡菜水是以食盐为主，以糖类、酒精、香辛料等物质为辅的水溶液。食盐为强电解质，渗透力强，渗透的过程实质是物质交换的过程，通过物质交换把蔬菜中的水、气体置换出来，使蔬菜细胞渗透了呈香、呈味的有益成分并恢复了膨压。泡菜水中的糖类和酒精等物质，也具有一定的渗透作用。

（2）发酵作用。

泡菜生产过程是微生物的一种发酵过程，微生物的发酵原理对泡菜的保藏和风味的形成起到了决定性的作用。泡菜泡渍包括以下 3 个发酵过程。

1）乳酸发酵。

乳酸发酵是蔬菜泡渍过程中最主要的发酵作用，是乳酸菌将糖类物质转化成主要产物为乳酸的生物化学过程。乳酸发酵因发酵生成的产物不同可分为两类：一类为同型乳酸发酵，主要生成物为乳酸；另一类为异型乳酸发酵，生成物不仅有乳酸，还有乙醇、醋酸等。

2）酒精发酵。

酒精发酵是蔬菜泡渍过程中，酵母菌利用蔬菜中的糖分作为基质，把糖转化为酒精的生物化学过程。酒精发酵生成少量的乙醇，乙醇可与发酵过程中生成的有机酸发生酯化反应生成酯类，这是泡制品特有的香气来源之一，同时，乙醇的生成也增强了泡渍品的耐贮藏性。

3）醋酸发酵。

醋酸发酵是蔬菜泡渍过程中，好气性的醋酸菌或其他细菌将糖类物质和酒精转化为醋酸的生物化学过程。醋酸菌具有氧化酒精生成醋酸的能力。

$$CH_3CH_2OH（乙醇）+O_2 \xrightarrow{醋酸菌} CH_3COOH（醋酸）+H_2$$

少量的醋酸有利于泡渍品品质的提高，醋酸和乳酸都是基本的呈味物质，而且在醋酸发酵的同时产生酯类，尤其是芳香酯产得多的醋酸菌对泡渍过程是十分有利的。

（3）香辛料和调味料的作用。

我国民间在制作盐渍菜（如泡菜）时，常要加入一些香辛料，如生姜、辣椒、花椒等，再加入一些调味料，如醋、酱、糖液等。它们不但起到了调味作用，而且本身还有不同程度的防腐作用。

2. 榨菜叶泡菜生产工艺流程（图 3-15）

图 3-15 榨菜叶泡菜生产工艺流程

3. 操作要点说明

（1）预处理。

新鲜收割的榨菜叶，人工剔除黄叶、烂叶、老茎。

（2）清洗。

将预处理好的榨菜叶用清水清洗干净，去除泥沙、草屑等杂物，然后晾干表面水分。

（3）初腌。

将清洗干净的榨菜叶加入 3%~6% 的食盐，拌匀压实，初腌 1~2 天，目的是利用食盐渗透压除去菜叶中的水分、渍入盐味和杀灭腐败菌。

（4）调配。

初腌脱水后的榨菜叶加入香辛料、调味料，放入泡菜坛中，加入泡菜液进行泡渍。根据不同滋味，可以加入葱、蒜、姜、辣椒、八角、花椒、糖等物质。

（5）泡渍。

加入盐浓度为 6%~8% 的泡菜水后，表面加 0.5%~1.0% 的高度白酒，密封泡菜坛，泡渍 6~10 天即可。

3.3.2.2　榨菜叶菜汁饮料加工技术

（1）工艺流程（图 3-16）。

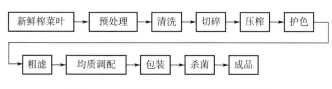

图 3-16　榨菜叶菜汁饮料加工工艺流程

（2）操作要点说明。

1）预处理。

新鲜收割的榨菜叶，人工剔除黄叶、烂叶。

2）清洗。

用清水将预处理好的榨菜叶中的泥沙、草屑等杂物清洗干净。

3）切碎。

把清洗干净的榨菜叶切断，大小为 5~10cm。

4）压榨。

在 60~70℃ 条件下，利用榨汁机将榨菜叶碎叶榨汁，榨汁过程中利用高温破坏多酚氧化酶等的活性，防止发生酶促褐变。

5）护色。

菜汁中加入 0.2% 的维生素 C 和 0.2% 的柠檬酸进行护色，防止菜汁在后续加工过程中发生褐变。

6）粗滤。

粗滤工艺可去除菜汁中的部分蔬菜渣等物质，达到均匀的目的。

7）均质调配。

加入白砂糖、柠檬酸、黄原胶、羧甲基纤维素、其他果蔬汁、香精等物质进行调配，混合均匀后进行高压均质。

8）杀菌。

采用高温瞬时杀菌。

3.3.2.3 脱水榨菜叶加工技术

（1）工艺流程（图3-17）。

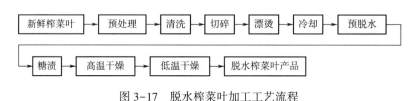

图3-17 脱水榨菜叶加工工艺流程

（2）工艺流程要点说明。

1）预处理。

选用新鲜无变质的榨菜叶，剔除腐烂叶、病虫害叶、黄斑叶、枯叶，同时切除榨菜叶梗部。预处理后的榨菜叶全是绿色的叶子，少梗茎。

2）清洗。

将预处理好后的榨菜叶倒入清洗槽中，洗净泥沙、草屑等杂物。清洗后的榨菜叶应该是墨绿色。

3）切碎。

将清洗干净的榨菜叶整理好，送入切菜机，切成1.0~2.0cm的段。

4）漂烫。

切碎后的榨菜叶通过传送带送入漂烫槽中漂烫。

漂烫条件：漂烫液中添加2.0%~3.0%的食盐，同时加入约1.5%的小苏打调节pH为7.8~8.0；漂烫液温度为90~95℃；漂烫时间为60s。

5）冷却。

漂烫后的榨菜叶立即送入冷却槽中进行流水冷却，迅速降低漂烫后榨菜叶的温度，减少不良的化学变化，确保中心温度冷却至25℃以下，然后分装到纱布袋中。

6）预脱水。

冷却后榨菜叶分装到纱布袋中，进行预离心脱水，以利于后面糖渍工艺和热风脱水工艺。

7）糖渍。

预脱水后的榨菜叶加入2.0%~3.0%的葡萄糖，用拌料机拌匀，糖渍30~40min。

8）高温干燥。

糖渍后的榨菜叶送入干燥床中，先用80~85℃高温干燥2h。

9）低温干燥。

高温干燥后，降低干燥温度至65~75℃，再干燥6~8h。

（3）脱水榨菜叶产品质量标准。

1）感官指标。

色泽：呈鲜绿色，复水后榨菜叶呈鲜绿色，无焦黄叶及黄叶，汤汁为绿色，色泽均匀。

规格：成品为卷叶状，复水后长度为 1.5~2.0cm。

2）理化指标。

水分≤10%；亚硝酸盐含量（以 NO_2^- 计）≤4mg/kg；亚硫酸盐（以入 SO_2 计）≤100mg/kg。

3）微生物指标。

细菌总数<100000CFU/g、大肠菌群<100MNP/100g、致病菌不得检出。

4）重金属残留。

砷（以 As 计）≤1.0mg/kg；铅（以 Pb 计）≤0.5mg/kg；镉（以 Cd 计）≤0.1mg/kg；汞（以 Hg 入计）≤0.02mg/kg。

5）其他指标应符合 NY/T 1045—2014《绿色食品　脱水蔬菜》标准要求。

3.3.2.4　利用榨菜叶加工霉干菜

霉干菜，又称乌干菜，是一种物美价廉的传统蔬菜加工产品，主产于浙江绍兴、萧山、桐乡等地和广东惠阳一带。浙江产霉干菜以细叶或阔叶雪里蕻腌制。广东产霉干菜以一种变种芥菜腌制。此外，江苏、安徽、福建等地也生产霉干菜。在腌菜中，霉干菜营养价值较高，其胡萝卜素和镁的含量尤为突出。其味甘，可开胃下气、益血生津、补虚劳。绍兴霉干菜除了用作佐餐外，还作为各式菜肴的辅料，常用来清蒸、油焖、烧汤、烤笋、烧鱼、炖鸡、蒸豆腐等，其味隽美，开胃增食。在夏天，用霉干菜配上一撮嫩笋干作汤料，有生津止渴、解暑防痧、恢复体力的功能。干菜焖肉是一道典型的绍式名菜，《中国菜谱》中记载此菜由霉干菜和五花肉组成，配以绍酒、糖等佐料，先焖后蒸而成。

（1）工艺流程（图 3-18）。

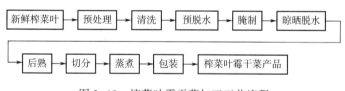

图 3-18　榨菜叶霉干菜加工工艺流程

（2）工艺流程要点说明。

1）预处理。

选用新鲜无变质的榨菜叶，剔除腐烂叶、病虫害叶、黄斑叶、枯叶。

2）清洗。

将预处理好后的榨菜叶放入清洗槽中，洗净泥沙、草屑等杂物。

3）预脱水。

将组织细嫩、清洗干净后的新鲜榨菜叶摊放在竹席上或挂在绳索上晾干水分，至重量为鲜菜重的 40% 时入池或缸进行腌制。

4）腌制。

按每 100kg 原料加盐 3kg 的比例，将盐均匀撒在菜面上。入池时一般铺一层榨菜叶撒一层盐，每层菜叶均应适当踩压，厚度以每层 30cm 为宜。池底最初 5~6 层菜少放 10% 的食盐，留作盖面盐，将菜池装满后，再将盖面盐撒在菜面上，并密封好。夏秋季节气温较高时腌制

7~8 天，冬天气温较低时腌制 15~20 天。

5）晾晒。

榨菜叶腌制完成后应及时起池，并再次清洗晾晒，此次晾晒应脱去 75%~80% 的水分。

6）后熟。

第 2 次晾晒后的菜坯应立即放入干净的菜池、缸或坛中密封后熟。按每 100kg 菜坯加食盐 3kg 的比例，腌制呈密封。后熟时间：气温高需 6~7 天，气温低需 15~20 天。后熟后取出即为半成品，可直接上市，也可用聚乙烯膜包好置于阴凉干燥处，长期存放而不变坏。

7）切分。

后熟好的半成品切分为 1~2cm 的长度。

8）蒸煮。

切分后的榨菜叶霉干菜可蒸煮后继续晾干。经过蒸煮的霉干菜色泽更加美观，香气也更为浓郁，可采用小袋分装上市。

3.3.2.5 榨菜叶腌菜加工技术

榨菜叶也可进行腌制，加工成为营养丰富、味道鲜美、风味独特的上乘小菜。

（1）工艺流程（图 3-19）。

图 3-19　榨菜叶腌菜加工工艺流程

（2）工艺流程要点说明。

1）预处理。

选用新鲜无变质的榨菜叶，剔除腐烂叶、病虫害叶、黄斑叶、枯叶、老叶。

2）清洗。

将预处理后的榨菜叶放入清洗槽中，洗净泥沙、草屑等杂物。

3）晾晒。

将清洗干净后的新鲜榨菜叶摊放在竹席上或挂在绳索上，在阳光下晾晒，晒至全部萎蔫时即可进行腌制。

4）腌制。

按每 100kg 加 2kg 食盐的比例，向晒蔫的菜叶中加入食盐，并用双手进行揉搓，揉至菜叶出水使盐溶化后，即可将菜叶逐层放入缸内，用石块压实并倒入卤汤。

卤汤的配制是根据腌菜容器的需要量，将水放入锅内，加盐，再加适量的花椒、五香粉、辣椒粉等调料，煮沸 10min 即可。卤汤晾凉后倒入菜缸以淹没菜面，然后盖严缸口，3 天后翻缸一次，10 天后即可食用。也可将腌菜一直浸泡于盐水中，食用时随时取出作小菜或炒食，久存不变味，可常年食用。

3.3.2.6 榨菜叶酸菜加工技术

（1）榨菜叶酸菜工艺流程（图 3-20）。

图 3-20　榨菜叶酸菜加工工艺流程

（2）操作要点说明。

1）预处理。

选用新鲜无变质的榨菜叶，剔除腐烂叶、病虫害叶、黄斑叶、枯叶、老叶。

2）清洗。

将预处理好后的榨菜叶放入清洗槽中，洗净泥沙、草屑等杂物。

3）晾晒。

将清洗干净后的新鲜榨菜叶摊放在竹席上或挂在绳索上，在阳光下晾晒，晒至全部萎蔫时即可进行腌制。

4）切分。

后熟好的半成品切分为 5~10cm 的长度。

5）装坛腌制。

将切分好的菜叶装坛腌制。

6）注盐水。

加入 4%~5% 的食盐溶液，覆盖整个菜面。

7）接种发酵。

榨菜叶酸菜的最优发酵剂接种量为：肠膜明串珠菌 3%、短乳杆菌 1%、植物乳杆菌 1%，发酵时间 5~8 天。

3.3.2.7　榨菜酱油加工技术

榨菜酱油是以腌制榨菜块浸渍出的盐水为原料，并辅以各种适量的香辛料如八角、山奈、茴香、肉桂、甘草、花椒、老姜等经过熬制浓缩而成，整个生产过程不制曲、不发酵，生产工艺与配制酱油的生产工艺接近，产品既具有酱油的咸鲜及醇厚口感，又具备榨菜独有的清香口味，风味独特，是凉拌菜和面条的调味佳品。榨菜酱油是在配制酱油基础上形成的新型调味料，但是与配制酱油又有一定的区别。在产品内在质量指标上，两者各有不同；在食用方法上，榨菜酱油更多地应用于佐餐。近年来随着榨菜酱油生产规模的扩大，榨菜酱油产业发展较快，生产量和销售量与日俱增，目前榨菜酱油的产量已经达到每年 10 万吨。

（1）工艺流程（图 3-21）。

图 3-21　榨菜酱油加工工艺流程

（2）操作要点说明。

1）榨菜腌制盐水。

榨菜腌制盐水质量标准应符合表 3-4 的质量要求。

表 3-4 榨菜腌制盐水质量标准

标准种类	项目	指标
感官特性	色泽	淡黄色
	气味	具有榨菜腌制盐水固有气味，无不良气味
	状态	澄清，无杂质
	滋味	具有榨菜腌制盐水固有滋味，无异味
理化指标	可溶性固形物/（g/100mL）	3.50
	总酸（以乳酸计）/（g/100mL）	0.90
	食盐（以氯化钠计）/（g/100mL）	5.00
卫生指标	亚硝酸盐（以 $NaNO_3$ 计）/（mg·L^{-1}）	10

2）自然沉淀去杂质。

将榨菜腌制盐水放置于沉淀池中，静置 24h 以上，让榨菜菜梗、菜叶等杂质沉淀下去，取上层澄清的榨菜腌制盐水。

3）配料。

在沉淀去杂后的榨菜腌制盐水中加入八角、山柰、茴香、肉桂、甘草、花椒、老姜等辅料。

4）熬制浓缩。

将榨菜腌制盐水与辅料一起在锅中煮沸，熬制 12h 以上，使榨菜腌制盐水浓缩 1.5 倍左右。

5）过滤。

将熬制浓缩过后的榨菜腌制盐水过滤，去除辅料渣等杂质，达到澄清效果。

6）调味。

向过滤后的榨菜腌制盐水中添加砂糖、精盐、味精、水解植物蛋白质、肌苷酸及鸟苷酸等调味料进行调味。

7）包装

榨菜酱油采用瓶装、灌装和塑料软包等形式包装成产品进入市场。

3.3.3 莲藕加工副产物综合利用

藕，又称莲藕，属莲科植物根茎，可餐食也可药用，含有丰富的碳水化合物、维生素等，每 50g 藕中含有淀粉 5~10g、水分 40.0~44.5g、维生素 C 12.5~27.5mg。莲藕中的鞣质有助于食欲不振者增进食欲。莲藕也是药用价值相当高的植物，它的根、茎、叶、花、须、果实皆可滋补入药，莲藕不仅可作为鲜销蔬菜，其深加工食品也受到了人们的喜爱。《本经逢原》中记载莲藕治虚损失血，吐利下血。又血痢口噤不能食，频服则结粪自下，胃气自开，便能进食，这也充分证明了藕的食疗效果。我国莲藕资源丰富，种植面积达 13.3 万公顷。通常我们在菜市场里买到的藕，其实是莲藕的地下茎。莲藕的地下茎肥大，有节，中间有一些管状小孔，折断后有丝相连。地下茎在土壤中 10~20cm 的深处横生细长如手指粗的分枝，称为"莲鞭"。生长后期，莲鞭先端数节的节间明显膨大变粗，成为供食用的藕，首先抽生的较大的藕是主藕，主藕节上分生 2~4 个子藕。藕微甜而脆，可生食也可做菜，而且食用和药用价值相当高。

莲藕叶子，通称为荷叶，为大型单叶，从茎的各节向上抽生，具长柄，叶片开始细卷，以后展开，近圆形，全缘，绿色。荷叶含有莲碱（roemerine）、原荷叶碱（pronuciferine）和荷叶碱（nuciferine）等多种生物碱及维生素 C、多糖，有清热解毒、凉血、止血的作用。

莲藕花通称荷花，着生于部分较大立叶的节位上，花单生，花冠由多瓣组成，两性花，果实通称莲蓬，其中分散嵌生的莲子是真正的果实，属小坚果，内具种子一粒，自开花至种子成熟需 30~40 天。

莲藕的加工制品主要是藕粉和盐渍藕，在一些藕加工业较发达的地区，还有莲藕汁饮料、速冻藕片、莲藕罐头、清水藕、盐水藕、藕脯等加工制品。

藕粉加工一般要经过清料、磨浆、洗浆、漂浆、干燥五道工序，在加工过程中会产生大量的莲藕渣副产物。副产物莲藕渣主要包括藕节、莲藕皮、榨汁后的藕渣等，这些副产物没有得到好的开发利用，往往作为废弃物，严重污染了环境，也制约着莲藕经济价值的提高。莲藕渣含有水分 70.42%、蛋白质 1.38%、脂肪 0.51%、淀粉 3.54%、膳食纤维 21.14%，莲藕渣的综合利用方式包括提取黄酮类物质、提取功能性多糖、制备膳食纤维等。莲藕产业中，荷叶、莲房也是重要的副产物，同样具有很好的综合利用价值。

3.3.3.1　水溶性莲藕渣多糖提取

（1）工艺流程。

水溶性莲藕渣多糖的制备工艺流程图见图 3-22。

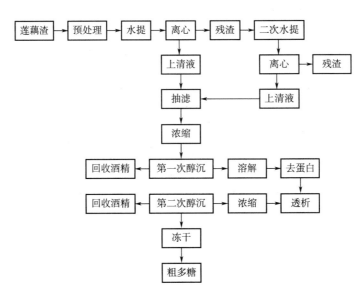

图 3-22　水溶性莲藕渣多糖制备工艺流程

（2）操作要点。

1）预处理。

将湿藕渣冷冻干燥，防止其腐败变臭，以延长保质期，粉碎后过 40 目筛，常温下密封贮藏，备用。

2）水提。

高温水提：莲藕渣在料液比为 1：15、温度 90℃条件下浸提 3h，之后离心收集上清液，残渣再进行二次水提。

超声水提：莲藕渣在料液比为 1：15，频率为 59kHz，功率为 169W，温度为 25℃下超声波提取 3h，之后离心收集上清液，残渣再在超声仪器中进行二次超声波提取。

3）二次水提。

高温水提的残渣在料液比为 1：10、温度为 90℃的条件下再次浸提 3h，之后离心，合并两次浸提后离心的上清液。超声水提残渣用去离子水（料液比为 1：10）溶解后，在超声仪器中按第一次的提取条件进行二次超声波提取。

4）第一次醇沉。

采用 80%~95% 的酒精按照 4：1 的比例进行第一次醇沉，时间为 12h。

5）第二次醇沉。

经过一次醇沉后的提取物，再用 95% 的酒精进行第二次醇沉。

6）纯化。

采用 Sevag 方法去除沉淀物中的蛋白质杂质，然后用透析方法去除小分子物质。

7）冻干。

纯化后的提取物用冷冻干燥机进行冻干，即得莲藕水溶性粗多糖样品。

3.3.3.2 莲藕渣膳食纤维的制备工艺

（1）工艺流程。

莲藕渣膳食纤维有 3 种制备方法：碱化学法、酶-碱化学法和酶法。碱化学法得到的膳食纤维色泽相对深，酶法提取的成本相对较高且得率较低。不同提取方法对膳食纤维的溶胀性影响显著。莲藕渣膳食纤维 3 种制备方法的工艺流程如图 3-23 所示。

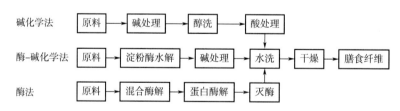

图 3-23 莲藕渣膳食纤维 3 种制备方法的工艺流程

（2）碱化学法工艺过程说明。

1）莲藕渣预处理。

将藕残渣干燥后粉碎至大小为 60 目左右。

2）碱处理。

用 2% 的 NaOH 溶液，料液比为 1：20，于 90℃下水浴处理 2h。

3）醇洗。

以 25% 的乙醇冲洗残渣，过滤，至洗出液无色为止。

4）脱色。

使用一定浓度的 H_2O_2 水溶液，料液比为 1：20，于 25℃ 下脱色 2 次，每次 30min。

5）水洗。

去离子水冲洗残渣，过滤，至洗出液呈中性，冷冻干燥后得到莲藕渣膳食纤维。

（3）莲藕渣膳食纤维的其他制备工艺条件介绍。

1）水提醇沉法。

料液比为 1：15，水提温度为 80℃，水提时间为 90min。

2）酸水解法。

柠檬酸酸解，料液比为 1：20，pH 为 1.5，温度为 80℃，水提时间为 90min。

3）碱-蛋白酶水解法。

碱液浓度为 5%，碱提温度为 70℃，碱提时间为 90min，酶用量为 0.3%，酶解温度为 40℃，酶解时间为 90min。

3.3.3.3　莲藕果蔬汁的制备工艺

（1）工艺流程（图 3-24）。

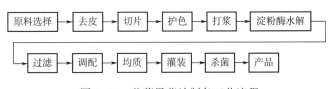

图 3-24　莲藕果蔬汁制备工艺流程

（2）操作要点。

1）原料选择。

选择新鲜、洁白、表面无损伤的莲藕，再挑选新鲜、无损伤的葡萄、樱桃、黄瓜，将葡萄、樱桃、黄瓜榨汁。

2）去皮、切片、护色。

为了防止莲藕氧化变黄，莲藕切块后需要浸泡在清水中。

3）打浆。

莲藕与水按照 1：2 的比例放入榨汁机中打浆。

4）淀粉酶水解。

将 α-淀粉酶溶解，再加入莲藕粗汁中，酶解一定时间后煮沸灭酶，过滤得到澄清的莲藕汁。

5）调配。

向一定量的莲藕汁中加入相同质量但是浓度不同的葡萄浓缩汁、樱桃浓缩汁、黄瓜浓缩汁，以 3 种浓缩汁的不同浓度以及白砂糖的含量进行配比得到果蔬汁，然后在 50℃、17MPa 的条件下进行均质得到稳定的果蔬汁。

6）灌装杀菌。

将得到的果蔬汁进行灌装，然后在 110℃ 下杀菌 1min，从而得到成品。

3.3.4 藠头加工副产物综合利用

藠头（*Allium chinense G.Don，Monogr.*）又称薤，属百合科、葱属多年生宿根性草本植物。藠头富含蛋白质和人体所需的多种矿物质、维生素等，具有开胃、去腥、顺气、保护心血管系统健康、抗菌抑菌、抗癌防癌、抗氧化和增强免疫力等功效。经过腌渍的藠头，颗粒整齐，金黄发亮，香气浓郁，肥嫩脆糯，鲜甜而微带酸辣，具有增食欲、开胃口、解油腻和醒酒的作用，是佐餐的佳品。干制藠头入药可健胃、轻痰，治疗慢性胃炎。

藠头是我国长江中下游地区的特色蔬菜资源，在江西、湖南、湖北和云南等地均有广泛的种植。藠头叶丛生，中空，细长，有不明显的棱角，浓绿色，微带蜡粉，鳞茎繁殖，可熟食，以腌渍加工和罐头加工为主。藠头加工后，将产生大量的副产物根须和茎叶，这些副产物常没有被利用而被直接当作废物丢弃。其实，藠头加工后的根须和茎叶具有藠头本身独特的风味和营养价值，是值得进行综合开发利用的蔬菜副产物资源。藠头茎叶所含的基本营养成分如表 3-5 所示，藠头茎叶中所含的有益元素及其含量如表 3-6 所示，藠头茎叶中所含的维生素及其含量如表 3-7 所示。

表 3-5　藠头茎叶基本营养成分含量（每 100g）

成分	水分	蛋白质	脂肪	碳水化合物	粗纤维
含量	68.00g	3.40g	0.40g	26.00g	0.90g

表 3-6　藠头茎叶中有益元素含量（每 100g）

成分	钙	磷	钠	镁	铁	锌	硒	铜	锰	钾
含量	211.56mg	75.71mg	21.77mg	170.07mg	17.07mg	1.77mg	0.78μg	0.04mg	4.56mg	212.93mg

表 3-7　藠头茎叶中维生素含量（每 100g）

成分	维生素 B_1	维生素 B_2	维生素 B_3	维生素 C	维生素 E	胡萝卜素
含量	0.08mg	0.14mg	1.00mg	36.00mg	0.58mg	0.09μg

3.3.4.1 藠头茎叶膳食纤维加工技术

（1）工艺流程（图 3-25）。

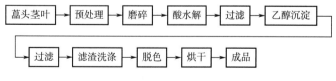

图 3-25　藠头茎叶膳食纤维制备工艺流程

（2）操作要点。

1）原料预处理。

新鲜藠头茎叶用清水清洗干净，剔除枯叶、黄叶，晾干。

2）磨碎。

将预处理好的薤头茎叶磨碎至 40 目大小。

3）酸水解。

将磨碎后的薤头茎叶用稀硫酸进行酸水解。水解条件：料液比为 1：15、稀硫酸 pH 为 3、水解温度为 90℃、水解时间为 90min。

4）过滤。

将酸水解后的物料过滤。

5）乙醇沉淀。

过滤后的物料用无水乙醇进行沉淀，再过滤得到滤渣。

6）洗涤脱色。

纤维提取物用 6%～8% 的 H_2O_2、在 45～60℃ 条件下漂白脱色 10h，然后用去离子水洗涤干净，过滤后的滤渣离心脱水。

3.3.4.2　薤头茎叶调味粉加工技术

（1）工艺流程（图 3-26）。

图 3-26　薤头茎叶调味粉加工工艺流程

（2）操作要点。

1）原料预处理。

新鲜薤头茎叶用清水清洗干净，剔除枯叶、黄叶，晾干。

2）烫漂、护色。

将预处理好的薤头茎叶进行漂烫和护色工艺，保证产品的色泽翠绿。漂烫条件：漂烫液中添加 1.5% 的食盐，同时加入约 1.5% 的小苏打调节 pH 为 8.0～8.5，漂烫液温度为 90～95℃，漂烫时间为 30～60s。

3）冷却。

漂烫后的薤头茎叶立即用预冷过的清水进行冷却，迅速降低漂烫后茎叶的温度，减少不良的化学变化，确保中心温度降至 25℃ 以下，然后分装到纱布袋中。

4）预脱水。

将冷却后分装在纱布袋中的薤头茎叶放入离心脱水设备中预脱水，以便后续低温干燥工艺的有效进行。

5）低温干燥。

预脱水后的薤头茎叶采用 55～65℃ 的温度干燥。

6）粉碎。

干燥后的薤头茎叶用植物粉碎机粉碎到 60 目左右大小。

3.3.4.3　薤头茎叶调味品加工技术

薤头茎叶具有类似大蒜、葱的特征风味成分，可用于制作新型调味品，如风味酱、豉、蒜粉、蒜泥等产品。

（1）工艺流程（图 3-27）。

图 3-27　藠头茎叶调味品加工工艺流程

（2）操作要点。

1）原料预处理。

新鲜藠头茎叶用清水清洗干净，剔除枯叶、黄叶，晾干。

2）烫漂、护色。

将预处理好的藠头茎叶进行漂烫和护色工艺，保证产品的色泽翠绿。漂烫条件：漂烫液中添加 1.5% 的食盐，同时加入约 1.5% 的小苏打调节 pH 为 8.0~8.5，漂烫液温度为 90~95℃，漂烫时间为 30~60s。

3）配料。

根据不同风味的调味料，在漂烫后的藠头茎叶中加入酱油、辣椒、红糖、辛香料、味精、食盐等调味辅料。

4）煮沸调配。

将配料后的物料放入蒸煮锅中，煮沸 5min，并不断搅拌，然后加入一定比例的豆瓣酱，继续煮沸 30min 以上，将藠头茎叶煮烂，充分与其他调味辅料混合，并保持有藠头茎叶特有的香味，最后，加入一定比例的植物油，增加藠头茎叶调味料的风味。

5）磨碎。

调配完成后的藠头茎叶调味料用磨碎设备微磨，以保证产品外观的细腻品质。

6）均质。

磨碎后的藠头茎叶调味料用高压均质机均质，保证产品的均匀性和稳定性。

7）灌装、杀菌。

均质后的藠头茎叶调味料用玻璃瓶或马口铁罐灌装，封口后进行高温杀菌，杀菌条件：121℃，20min，杀菌后立即冷却到室温。

3.3.4.4　盐渍藠头加工技术

（1）工艺流程（图 3-28）。

图 3-28　盐渍藠头加工工艺流程

（2）操作要点。

1）原料采收。

藠头原料的理想采收季节为每年的 6 月上旬至 6 月底。藠头原料要求鲜嫩、颗粒饱满、肉质呈白色、无绿色、无紫红色、无病斑、无机械伤、无双心藠头。藠头采收的质量标准是横径 1.3~1.5cm、长度 6~7cm，细根长度不超过 1cm。采收时应注意防止日晒，存放时间不超过 3 天，堆放高度不超过 1m，储存场所应具备良好通风条件。

2）腌制。

加工时用自来水或井水将藠头冲洗干净，滤水后下池腌制，每 100kg 新鲜藠头加盐 6.5~7kg，按一层藠头放一层盐的方法铺放，不要铺得凹凸不平，腌满池后，用无毒塑料薄膜将池内腌制的藠头盖好，并留有一定的空隙，放竹垫垫好，再均匀压上重石。使藠头在干净卫生的环境下自然发酵，腌制时间为 30~50 天。

3）两切。

藠头两切分为根部修整与尾部修整。根部修整：剔除 2~3 层内质皮，使中心的位置在切面中心，切面平整、光滑，切后呈淡黄色或粉黄色，切面与根部的中心线垂直。尾部修整：切面与尾部中心线垂直，切面平整、光滑，长度与直径比约为 1∶1.2。

4）分级。

藠头的大小决定了脱盐、热渍等后续加工过程的时间长短，因此藠头的分级步骤必不可少。藠头分级可以采用筛子筛分的方法，也可以根据单位重量（0.5kg）的藠头个数来确定。藠头筛分标准：大、中、小的直径范围分别为 2.4~2.8cm、2.1~2.4cm、1.9~2.1cm；藠头单位重量（0.5kg）分级法：大级、中级、小级、细级、花级的数量分别为 40~60 个、60~80 个、80~110 个、110~130 个、130~200 个。

5）脱盐。

藠头适宜的食用盐浓度在 5% 左右，所以腌制后的藠头均需进行水漂脱盐处理。采用流动清水对藠头进行脱盐。脱盐还可除去异味。流动水可以加热至 60~65℃，每 2h 换水 1 次，当藠头中盐含量降至 5% 左右时即可停止脱盐。

6）复白。

藠头的色泽直接影响其感官质量，可通过选择腌制工艺来改善腌制藠头的色泽。唐春红等的研究发现，长时间（1 个月以上）腌制后，湿腌法腌制的藠头色泽好于干腌法，分次加盐法腌制的藠头色泽更好。藠头在脱盐的过程中色泽虽有所变白，但还达不到感官质量的要求，需进一步复白。周治国等采用漂白剂、食用酸、清水对藠头进行系统的漂白试验，结果发现冰醋酸的效果最好，以 2% 的冰醋酸效果为最佳。当冰醋酸浓度在 2% 以上时，会加速藠头的质地软化，使其失去脆度。

7）热渍、装袋、杀菌。

将各种香辛料按比例配制并放入水中搅拌均匀，再于夹层锅中加热至 80~83℃，维持 1.5h，然后加入 30% 的白砂糖，溶化后过滤，向滤液中加入 1.5% 的冰醋酸和 0.05% 的苯甲酸钠，即得糖醋香液。将藠头与香液按 1∶1 比例混合，在 80~83℃ 下进行热渍，时间为 3~6min（级别不同，热渍时间不同），热渍后自然冷却或水冷，之后装袋杀菌。杀菌温度为 85℃，杀菌时间在 20min 以上。

3.4　叶菜类加工副产物综合利用

3.4.1　概述

蔬菜可提供人体必需的多种维生素、矿物质、碳水化合物、膳食纤维、有机酸、芳香物质等营养成分。此外，叶菜类蔬菜含钙、铁丰富，且吸收率较高。但蔬菜季节性、区域性强，且含水量高，易变质腐烂，不易运输。因此，对蔬菜进行深加工，不仅可以延长其贮藏期，有利于保存运输，调剂蔬菜的淡旺季，做到均衡供应，而且可以改进蔬菜风味，增加花色品种，满足人们对蔬菜副食品日益增长的需求。我国作为一个农业大国，蔬菜的总产量位居世界前列，对蔬菜深加工的研究更是具有深远的意义。当前，叶菜类副产物的利用方式主要有 3 种：一是进行包括堆肥处理以及沤肥处理的肥料化处置方式；二是制作成饲料，通过脱水烘干将废弃物制成黄粉虫、蚯蚓等养殖用的蔬菜粉、颗粒饲料等；三是食品化处理，对蔬菜营养物质提取和纯化，在保障质量的情况下，进行蔬菜精深加工。

3.4.2 白菜加工副产物综合利用

白菜，在中药学中称为"菘"，具有活动肠胃，去除胸中堵塞烦闷，消食下气，治瘴疟，止热邪、咳嗽等作用。白菜富含纤维素、钙、铁、钾、维生素 A、维生素 C 等多种营养物质，除作为蔬菜供人们食用之外，还具有利肠通便、消食健胃、防癌抗癌、预防心血管疾病等药用价值。

3.4.2.1 白菜干加工技术

（1）工艺流程（图 3-29）。

图 3-29 白菜干加工工艺流程

（2）操作要点说明。

1）选料。

选用菜叶为深绿色、有白纹、菜质脆硬的白菜为原料。一般多用不包心的白菜，以 11 ~ 12 月采收的白菜为好。

2）整理。

用刀削除菜根和老帮，除去枯黄老叶和病虫害叶。

3）洗菜。

在流动清水中洗净，除去泥沙等杂质。

4）煮菜。

将白菜一棵一棵地放入沸水中，经几分钟煮沸，待菜从嫩绿色转变为深绿色时，用竹夹夹出煮好的白菜，同时投入未煮的白菜。夹出的菜先沥去水汁，再薄薄地摊在竹箩内散热。

5）日晒。

将散热后的白菜，从叶端劈成两叉，然后在竹竿搭成的晾晒竿上曝晒。日晒一天后，菜的表面即起皱纹。傍晚时将菜与晾晒竿一起搬入通风的室内，不能堆放在一起。第二天再搬到室外曝晒。如此连晒 2 ~ 3 天，即成白菜干。100kg 鲜白菜可晒 6 ~ 7kg 白菜干。

6）压块、包装。

按菜身的大小，将晒好的菜每 5 ~ 6 株捆成一束。菜头与根颠倒叠放于打包机上，加压成块，装入内衬塑料薄膜的食品袋中，封好袋口，即可外运或贮存。一般可贮存 3 ~ 4 个月。

7）质量要求。

要求菜身干硬、结实，菜帮呈乳白色，菜叶呈深绿色，嫩脆，带有甜味。

3.4.2.2　蒜味白菜加工技术

（1）工艺流程（图 3-30）。

图 3-30　蒜味白菜加工工艺流程

（2）操作要点。

1）原料选择。

选择没有腐烂、变质的新鲜白菜和大蒜。

2）原料处理。

将白菜一层层剥开，除去表面的菜叶；大蒜去皮、去残，分别清洗干净。

3）切块晾晒。

将洗净后的白菜帮切成 1~2cm 的小块，称重记录，然后摊放到干净的筐箩、席子等上（切忌用塑料等不透气的材料，以免腐烂），选择无风、晴朗的天气晾晒，至手抓菜块成一团、松开手又散开的程度，一般春季晾晒 2~3 个中午即可。

4）拌料、装缸。

将大蒜切成碎末，按 10kg 鲜菜、250g 食用盐、200g 蒜的比例倒入腌缸内，边倒白菜，边混入盐和蒜。

5）封缸发酵。

入缸后，前两天早、中、晚各充分混合 1 次，以促使盐粒溶化，第三天开始即可用塑料封缸保存。春季阳光下大约发酵 20 天，背阴处约 1 个月即可发酵好。家庭制作也可用罐头瓶等玻璃容器拧紧瓶盖密封发酵。

6）包装贮藏。

成品蒜味白菜包装多用无毒塑料或玻璃瓶封存，放入阴凉、干燥的仓库贮藏。

3.4.3　叶菜类副产物提取叶绿素

叶绿素是一类存在于所有光合作用植物以及一些细菌和藻类中的天然色素，其含量高于自然界中的其他色素。叶绿素具有鲜艳的绿色，是绿色着色剂的潜在替代物。此外，叶绿素具有广泛的药理学性质，如抗氧化、抗菌、抗炎、抗增殖、除臭和促进伤口愈合等。尽管叶绿素具有诸多优点，但它的疏水性和加工过程中的不稳定性限制了它在食品工业中的应用。叶绿素在贮存和加工过程中极易受到热、光、氧、酸和酶的作用而降解，导致食物的颜色变化。

叶绿素是植物体内光合作用的重要物质，它对植物的生长发育有重要作用。叶绿素的提取是生物学研究中的一个重要步骤，一般有以下 3 种方法。第一种是硫酸-醋酸-乙醇提取法。这种方法需要将研究材料放入硫酸-醋酸-乙醇混合溶液中，在 50℃ 下搅拌，使细胞膜受到破坏，叶绿素被释放出来。然后，将混合液过滤，加入氢氧化钠中和溶液，再用乙醇沉淀，即可得到叶绿素沉淀。第二种是流体力学萃取法。该方法需要将研究材料放入混合液中，加入一定浓度的酒石酸钠，搅拌使细胞膜受到破坏，叶绿素被释放出来。然后，将混合液过滤，加入氢氧化钠中和溶液，再用乙醇沉淀，即可得到叶绿素沉淀。第三种是酸解法。该方法需要将研究材料放入硝酸溶液中，搅拌使细胞膜受到破坏，叶绿素被释放出来。然后，将混合液过滤，加入氢氧化钠中和溶液，再用乙醇沉淀，即可得到叶绿素沉淀。以上是 3 种常用的提取叶绿素的方法，它们都是利用细胞膜受到破坏，叶绿素被释放出来，然后用乙醇沉淀，即可得到叶绿素沉淀，从而实现叶绿素的提取。

3.4.4 叶菜类副产物在化妆品中的应用

3.4.4.1 抗氧化剂

自由基在化学上也称为游离基，是含有一个不成对电子的原子团，正是因为含有不成对电子，所以自由基就到处夺取其他物质的一个电子，使自己形成稳定的物质，这种现象也叫作氧化。过量的自由基会诱发机体过度氧化，损害机体的组织和细胞，进而导致衰老，所以需要抗氧化，抗氧化就要清除自由基。菜叶多酚是一类含有多酚羟基的化学物质，也是一种天然抗氧化剂，其结构中的羟基较易氧化，从而提供质子与自由基结合，因此具有较强的抗氧化能力。菜叶多酚的抗氧化特性可以通过以下 4 种途径实现：①直接清除自由基；②诱导氧化的过渡金属离子络合；③激活细胞内抗氧化防御系统；④抑制脂质过氧化反应。

菜叶多酚的抗氧化能力是人工合成抗氧化剂二丁基羟基甲苯、丁基羟基茴香醚的 4~6倍，是维生素 E 的 6~7 倍，维生素 C 的 5~10 倍，且用量少（0.01%~0.03% 即可起作用）。

3.4.4.2 美白作用

菜叶提取物可清除自由基，减少黑色素的沉积，清除黑色素产生所必需的氧元素，抑制酪氨酸酶活性，限制黑色素从黑素小体到角质细胞的转移，从而整体调亮肤色。还可通过剥离角质层加速角质层的更新。

除了抗氧化、美白功效之外，菜叶提取物还具有保湿功效，因为多酚分子中含有多元醇结构，从而具有吸湿性（吸收空气中的水蒸气），还可以抑制透明质酸酶的活性。含有多酚的护肤品对皮肤有良好的附着能力，并且可使粗大的毛孔收缩，使松弛的皮肤紧致而减少皱纹，从而使皮肤显现出细腻的外观。

3.5 花菜类加工副产物综合利用

3.5.1 西蓝花

西蓝花（*Brassica oleracea* L. var. *italica Plench*），又名青花菜、绿菜花、木立花椰菜、茎椰菜等，属十字花科（cruciferae）芸薹属甘蓝种中的一个变种，由甘蓝演化而来，属一年生宿根草本植物，原产于地中海东部沿海地区，于 19 世纪末 20 世纪初传入中国。西蓝花的栽培历史较短，但适应性强，较易栽培，发展较快，自改革开放后，在上海、昆明等地引种成功，之后很快推广到全国各地，目前已成为我国主栽的蔬菜品种之一。近年来，西蓝花在我国的种植面积不断增加，且越来越受消费者的青睐，仅日本每年的进口量就高达 20 万吨，而我国浙江台州地区西蓝花的出口量也达上万吨，是我国重要的出口创汇蔬菜之一。西蓝花是一种高呼吸强度的蔬菜，在 20℃ 条件下测得其呼吸速率高达 140mg $CO_2kg^{-1} \cdot h^{-1}$，比番茄、辣椒等蔬菜高 5 倍左右，因而在采后贮藏过程中，西蓝花的代谢过程仍十分旺盛，再加上组织含水量高，花球表面幼嫩，缺乏保护层，西蓝花极易褪绿黄化、褐变、萎蔫失水，从而失去其原有的品质，致使营养成分丢失，功能下降，降低其商业价值。随着人民生活水平的不断提高，人们对农产品品质的关注度日益上升，西蓝花的品质也逐渐成为其影响市场竞争力和市场价格的重要因素。除去对西蓝花的采后贮藏品质的研究之外，对西蓝花的烹饪加工方式的研究也很重要，不恰当的烹饪加工方式会导致西蓝花中营养物质的过度损失，此类研究对于营养配餐的制作及科学的家庭烹饪有一定的参考价值。

3.5.1.1　西蓝花营养价值

西蓝花中的营养成分不仅全面且含量高，包括蛋白质、矿物质、碳水化合物、多糖、维生素、萝卜硫素等，居甘蓝类蔬菜之首，并因其形似头冠而被美誉为"蔬菜皇冠"。西蓝花中含有丰富的维生素 C、多酚、萝卜硫素及胡萝卜素等物质，具有较强的自由基清除能力和防癌抗癌功效，故被誉为高档保健蔬菜。营养学分析表明，西蓝花的营养价值远高于一般蔬菜，每 100g 食用部分（花球）中包含水分 89g、蛋白质 3.6g、碳水化合物 5.9g、膳食纤维 1.2g、糖类 3.6g、胡萝卜素 10μg、维生素 B_1 0.01mg、维生素 B_2 0.05mg、维生素 C 113mg、维生素 E 0.08mg，且含有丰富的矿物质元素（如钙、钾等）。西蓝花中维生素 C 的含量相当于大白菜的 4 倍，番茄的 8 倍，芹菜的 15 倍，居十字花科之首，并且胡萝卜素、B 族维生素以及钙、铁、钾等矿物质含量也比其他甘蓝类蔬菜高。

据文献报道，如果人体坚持每天摄入一定数量的十字花科蔬菜，癌症的发生率可降至 50% 左右，且十字花科蔬菜的食用量与癌症的发生率呈明显的负相关，这引起人们广泛的关注和极大的兴趣。尤其是西蓝花，近年来在西方国家作为一种具有抗癌功能的蔬菜而备受关注。西蓝花含有丰富的维生素 K，可防止骨质蛋白羧化不良，法国圣德田尚莫内大学研究人员表示，长期待在太空站工作的航天员可借此避免骨质流失问题；此外，维生素 K 对高血压和心脏病也有调节和预防的作用。西蓝花中存在酚类化合物、类胡萝卜素及类黄酮等物质，其中酚酸和类黄酮具有抗氧化能力，而类胡萝卜素又可预防白内障，降低因衰老引起的黄斑变性的发生率，降低冠心病的发生率。孕妇若食用富含叶酸的西蓝花，其胎儿发生先天性缺陷的概率将减少。

3.5.1.2　西蓝花副产物加工意义

近年来，由于国内外市场的强劲需求，我国花菜类蔬菜种植面积逐渐扩大，主要种植区域为福建、浙江、江苏、山东、河北、东北、甘肃，其他省份也有种植，但缺少规模性。在西蓝花成熟采摘时期，其可食用的花球部位仅占整个植株生物量的 30% 左右，而剩下的约 70% 的茎叶部分产品，往往在农业生产上被忽视。据测算，全国每年可产生约 2.0×10^7 吨的茎叶副产品。这些茎叶副产品如果不合理利用、随意堆砌，会对当地的水体和空气造成一定的污染，也会造成大量资源的浪费。因此，如何合理高效地利用这些农业副产品是一个很有意义的问题，开展对花菜类副产品的深入研究和对其功能性物质进行开发利用具有重要的现实意义。西蓝花主要以鲜销为主，加工主要以花球部分鲜切后速冻为主，在加工过程中，将会产生大量的茎和叶等加工副产物，这些副产物同样含有丰富的营养成分与功效成分，而这些活性成分有应用于功能食品、营养补充剂、保健医药等产业的巨大潜能。

3.5.1.3 西蓝花副产物利用价值

西蓝花富含蛋白质、脂肪、碳水化合物、食物纤维、维生素及矿物质。其中维生素 C 含量较高，每 100g 中含维生素 C 85～100mg，比大白菜高 4 倍，胡萝卜素含量是大白菜的 8 倍，维生素 B_2 的含量是大白菜的 2 倍。白、绿两种菜花的营养、作用基本相同，绿色的胡萝卜素含量较白色的高些。西蓝花具有多种功效：①抗癌防癌：西蓝花含有抗氧化、防癌症的微量元素，长期食用可以减少乳腺癌、直肠癌及胃癌等癌症的发病概率；②清化血管：西蓝花是含类黄酮最多的食物之一，类黄酮除了可以防止感染之外，还是最好的血管清理剂，能够阻止胆固醇氧化，防止血小板凝结成块，因而减少心脏病与中风的危险；③缓解淤青：有些人的皮肤一旦受到小小的碰撞和伤害容易变得青紫，西蓝花含有丰富的维生素 K，可缓解这种现象；④帮助肝脏解毒：丰富的维生素 C 能够增强肝脏解毒能力，并能提高机体的免疫力，可防止感冒和坏血病的发生。

3.5.1.4 西蓝花叶的综合利用

作为西蓝花加工的副产物之一的西蓝花叶粉，含粗蛋白 23.0%、粗纤维 7.40%、粗脂肪 4.25%、粗灰分 12.2%、钙 1.76%、总磷 0.59%，无污染，无农残，细菌及重金属指标均达到国际饲料标准。西蓝花叶粉中氨基酸含量丰富且较平衡，含蛋氨酸 0.43%、赖氨酸 1.25%、色氨酸 0.32%、苏氨酸 0.83%，可与其他植物性饲料配合使用，将达到较理想的饲粮氨基酸比例，为家禽提供优质的蛋白质资源。1kg 西蓝花叶粉产品与 0.5kg 鱼粉的粗蛋白含量相当，其营养价值远高于被誉为"牧草之王"的苜蓿草，是目前新发现的植物性饲料中少见的营养价值高、安全、绿色的新型饲料。经浙江大学动物科学学院饲养认证，西蓝花叶粉的饲养效果显著，可显著提高兔、猪、牛、羊、鸡、鸭等动物的生产性能和肉、蛋、奶品质，尤其适于生产无公害、绿色、健康的畜禽产品。

西蓝花叶粉中的维生素含量很丰富，维生素 C、维生素 D、类胡萝卜素、叶酸等的含量都较高。研究认为：蛋黄颜色的深浅取决于家禽从饲粮中摄取的类胡萝卜素的数量和种类，家禽自身不能合成用于形成和改善蛋黄颜色的类胡萝卜素物质，需从外界摄入。西蓝花茎叶粉中含有的类胡萝卜素高达 187mg/kg，大量的类胡萝卜素被吸收后沉积在蛋黄中，蛋黄颜色显著提高；此外维生素 D 与钙的吸收利用、转运关系密切，经快速干燥调制的西蓝花茎叶粉是很好的维生素 D 来源，使得钙的吸收利用率高，从而提高蛋壳质量。

从以上西蓝花叶的营养成分分析可知，西蓝花叶是一种很有综合利用价值的副产物，下面以西蓝花叶粉加工技术为例，介绍西蓝花叶的综合加工利用。

1. 西蓝花叶粉加工工艺流程

新鲜西蓝花叶→挑选→清洗→切分→热烫→冷却沥水→干燥→粉碎→筛分→西蓝花叶粉样品。

西蓝花叶在干燥之前的前处理有部分差异，如采用热风或微波干燥的西蓝花叶在沥干后可直接进行干燥；采用真空冷冻干燥的西蓝花叶应提前在低温下做预冻处理；采用喷雾干燥的西蓝花叶在沥干后需加适量水均质（水与西蓝花叶之比为 4：1）。

2. 西蓝花叶干燥参数

西蓝花叶热风干燥参数设置：温度 60℃、时间 6.5h、物料厚度 80mm。微波干燥参数设置：功率 320W、时间 15min、物料厚度 80mm。真空冷冻干燥参数设置：预冻温度−20℃，预冻时间 10h，物料厚度 80mm，真空度 0.1kPa，冷却温度−60℃，升华干燥温度和时间分别为−10℃和 10h，解析干燥温度和时间 15℃和 4h。喷雾干燥参数设置：进口温度 160℃，出口温度 68℃，进料流速 500mL/h。干燥后的西蓝花叶采用万能粉碎机粉碎。

3. 西蓝花叶粉加工原料要求

（1）从西蓝花上切下来的新鲜叶片，无发黄、腐烂问题，6h 内运入工厂进行预处理加工。

（2）西蓝花叶来自无公害种植基地，保证脱水产品质量。

（3）西蓝花叶来自加工西蓝花基地和直接鲜销的西蓝花基地。

4. 工艺流程要点说明

（1）预处理。

选用新鲜无变质的西蓝花叶，剔除腐烂叶、病虫害叶、黄斑叶、枯叶。

（2）清洗。

将预处理好的西蓝花叶倒入清洗槽中，用流动水（或吹洗、或水料逆流方式）清洗，清洗时，须将西蓝花叶没入水中抖动，洗净泥沙、草屑等杂物。

（3）切分。

将清洗干净的西蓝花叶整理好，送入切菜机，切成 1.5~2.0cm 的段。

（4）漂烫。

切分后的西蓝花叶由传送带送入漂烫槽中漂烫。

漂烫条件：漂烫液中添加 3.0%的食盐，同时加入约 1.7%的小苏打调节 pH 为 8.0；漂烫液温度为 95~100℃；漂烫时间为 60~90s。

（5）冷却。

漂烫后的西蓝花叶立即送入冷却槽中用流水冷却，迅速降低漂烫后西蓝花叶的温度，减少不良的化学变化，确保中心温度降至 25℃以下。

（6）干燥。

可选用不同的干燥设备进行干燥，干燥参数可参考上述第 2 点西蓝花叶干燥工艺参数。

（7）粉碎。

4 种干燥方式制备的西蓝花叶粉可根据用途的不同使用不同孔径的筛子进行筛分，如可用孔径为 0.90mm（80 目）的筛子进行筛分，然后密封包装后保存。

3.5.1.5 提取硫代葡萄糖苷

硫代葡萄糖苷（又名萝卜硫苷，glucosinolate，GLS）是十字花科植物特有的一类含氮和硫的亲水性阴离子次生代谢物质，是一种由甘氨酸和氨基酸衍生的甘氨酸侧链组成的含硫糖苷。硫代葡萄糖苷有其基本的结构，1970 年 Marsh 和 Waser 使用 X 射线对硫代葡萄糖苷的结构进行分析，发现其基本结构为一分子 β-D-葡萄糖与 S 以硫苷键相连于中心 C 上，一个硫化肟基团和一个氨基酸侧链 R 基团分别连于中心 C 的另一侧，其基本分子式为 [R-C（S-GLS）NO-SO$_3$]（图 3-31）。根据侧链 R 基团（氨基酸前体的结构）的不同，硫苷可分为：

①脂肪族硫苷：R 基因来源于蛋氨酸、异亮氨酸、亮氨酸或缬氨酸；②吲哚族硫苷：R 基因来源于色氨酸；③芳香族硫苷：R 基因来源于苯丙氨酸或络氨酸。近年来，从十字花科蔬菜中鉴定出的萝卜硫苷化合物高达 137 种。

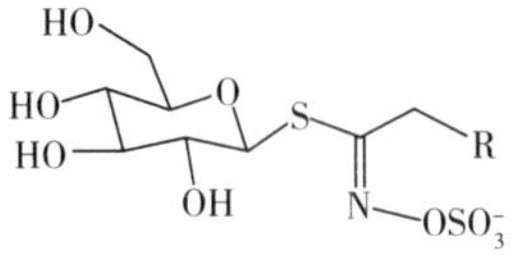

图 3-31　硫代葡萄糖苷的基本结构

西蓝花中的硫代葡萄糖苷（又名萝卜硫苷）本身没有抗癌活性，但当其组织破裂时，藏在细胞溶酶体内的黑芥子酶被释放出来，催化水解萝卜硫苷，将其降解成以高浓度的硫苷衍生物异硫氰酸酯（又名萝卜硫素）为主的多种活性物质，从而具有抗癌功效。但萝卜硫素分子中存在不稳定结构，在空气中或受热时易降解而失活，不易制取，通常以萝卜硫苷形式制备产品。因为人体和动物胃肠道中的各种细菌具有同样的水解酶，可以使萝卜硫苷转化成抗癌活性成分。

目前有人用乙醇作为溶媒提取西蓝花中的硫代葡萄糖苷，利用重量法测定其中硫代葡萄糖苷的含量，西蓝花花蕾中硫代葡萄糖苷的含量最高，达到 39.90μmol/g；花茎中为 18.28μmol/g；叶中为 11.86μmol/g。

随着对硫苷研究的深入，从植物中分离纯化硫苷的方法已被大量文献报道。经过整理，提出方法大致可分为以下 4 类：①采用沸水及甲醇、乙醇等有机溶剂提取植物中的硫苷；②以葡聚糖凝胶柱作为固定相，以 K_2SO_4 作为流动相，采用自动柱层仪或自动色谱仪分离制备得到硫苷结晶粗品，但是该分离方法所用的试剂昂贵，对设备的要求也比较高；③利用溶剂萃取法除去样品中的大部分干扰物质，然后使用弱阴离子交换剂作为吸附剂得到硫苷粗品，最后用制备液相色谱仪对样品进一步分离纯化，该方法的不足之处在于要用到各种硫苷标准品来进行定量和定性，而大部分的硫苷标准品在市场上较难得到，这就使得硫苷的鉴定存在很多困难；④通过酸性 Al_2O_3 色谱柱或 RP-C$_{18}$ 硅胶柱进行分离提纯，此方法可以用于分离和检测结构比较复杂的硫苷组分，还可以直接和质谱联用鉴定出硫苷的分子量信息，但仪器设备成本较高（利用逆流色谱技术分离纯化硫苷可以批量提取硫苷，但所需溶剂的量也较大）。

下面简要介绍醇提和水提两种提取硫代葡萄糖苷的方法，进一步的纯化方法在此不做介绍。

1. 乙醇提取硫代葡萄糖苷工艺流程

西蓝花茎叶粉→过筛（60 目）→脱脂→加入乙醇→ 70℃恒温水浴提取 20min →抽滤→收取滤液→减压浓缩→冷冻干燥→西蓝花叶粉样品。

工艺流程要点说明：

（1）脱脂工艺。

按料液比（1∶1.5）~（1∶2）的比例加入正己烷，置于室温下脱脂。

（2）乙醇提取的料液比可根据工艺的需要设置为（1∶5）~（1∶15），提取用的乙醇浓度可设置为 70%~95%。

（3）恒温水浴提取时间可根据工艺需要适当延长。

（4）收集滤液后剩下的滤渣可再次加入乙醇进行第二次和第三次浸提，合并滤液后进行下一步操作。

（5）减压浓缩。

可通过旋转蒸发仪进行低温减压浓缩，并回收乙醇。

2. 热水提取硫代葡萄糖苷

西蓝花茎叶粉→过筛（60 目）→加水（料液比为 1∶20）→ 50℃水浴搅拌提取 30min →冷却→离心（4000r/min）10min →取上清液→浓缩→冷冻干燥→样品

3.6　果菜类加工副产物综合利用

3.6.1　果菜类简介

茄果类蔬菜是我国蔬菜的重要组成部分，在我国市场流通的茄果类蔬菜主要是栽培番茄、普通栽培茄和一年生辣椒。据 2020 年联合国粮食与农业组织（FAO）统计，番茄、茄子、辣椒 3 种茄果类蔬菜在全世界的播种面积为 $8.9 \times 10^6 hm^2$，在我国的播种面积达到 $2.697 \times 10^6 hm^2$，占全世界播种面积的 30.3%，全世界的产量为 27763.2 万吨，我国的产量达 12169.3 万吨，占全世界总产量的 43.83%，我国已成为茄果类蔬菜最大的生产及消费国。在果蔬类蔬菜生产加工中也产生了大量的副产物，若只是将其当作废弃物处理，不仅会对环境造成污染，同时也浪费其经济价值。本节以番茄为例，阐述其加工副产物的综合利用。

3.6.2　番茄加工副产物的营养成分

3.6.2.1　一般营养成分

番茄皮和番茄籽中都含有较多的蛋白质，番茄皮中还含有较多的膳食纤维，番茄籽中含有较多的油脂。番茄皮、番茄籽的一般营养成分分析见表 3-8。

表 3-8　番茄皮、番茄籽的一般营养成分　　　　　　　　　单位:%干基

原料	蛋白质	脂肪	粗纤维	总糖	灰分
番茄皮	9.61	2.90	77.54	6.72	3.23
番茄籽	20.29	24.98	27.03	21.31	6.39

3.6.2.2　矿物质元素

番茄皮和番茄籽含有人体必需的矿物质元素。番茄籽中的主要元素为钾、镁、钙、铝，其次是铁、钠、银、锰。番茄皮中的主要元素是钾、钙、镁、钠，其次是锰、铁、铝、锌。番茄皮、番茄籽中人体必需的矿物质元素含量分析见表 3-9。

表 3-9　番茄皮、番茄籽中人体必需的矿物质元素　　　　　单位：µg/g

原料	钾	钠	钴	锶	铝	铬	钙	镁	铁	铜	锌	锰	铅
番茄皮	4827	418	2.06	26.5	23.1	6.18	4975	1266	78.9	7.36	26.9	211	1.77
番茄籽	9746	187	0.79	63.2	28.2	4.87	1346	2897	203	7.90	36.9	47.4	—

3.6.2.3 氨基酸

番茄皮中的氨基酸主要有谷氨酸、天冬氨酸、亮氨酸、精氨酸，限制氨基酸是蛋氨酸和组氨酸。番茄籽中含有较多的蛋白质，是很好的食品与饲料蛋白质的资源。番茄籽中除了色氨酸外，含有所有其他的必需氨基酸。含量较多的氨基酸为谷氨酸、天冬氨酸、精氨酸、亮氨酸和赖氨酸，含量最少的氨基酸是蛋氨酸和组氨酸。番茄籽与番茄皮中的氨基酸组成基本一致（表3-10）。

表 3-10　番茄皮、番茄籽中氨基酸含量　　　　　　　　　　　　　　　　　单位:%

氨基酸种类	番茄皮	番茄籽
Asp	1.57	2.67
Thr	0.64	0.85
Ser	0.74	1.16
Glu	2.31	4.92
Gly	0.84	1.11
Ala	0.78	0.77
Val	0.82	1.04
Met	0.22	0.33
Ile	0.72	1.00
Leu	1.09	1.53
Tyr	0.61	0.96
Phe	0.68	1.01
Lys	0.92	1.53
His	0.25	0.49
Arg	1.00	2.03
Pro	0.58	1.01

3.6.3　番茄加工副产物综合利用

番茄是世界上大部分地区都在种植的大宗蔬菜，最早种植于16世纪的南美洲。2010—2021年，全球番茄产量从1.5亿吨增长至1.9亿吨，而我国番茄产量从约4700万吨增长至约6800万吨，为全球第一大番茄生产国。全球每年有近1/4的番茄被加工成番茄酱、番茄罐头、番茄粉等产品。番茄加工后产生3%~8%的副产物，按这个数据推算全球每年产生120~320万吨副产物。番茄副产物干燥后主要为皮渣（包括皮和籽），其中皮占42%~45%、籽占55%，其他组分不到3%。番茄皮渣中含有碳水化合物、蛋白质、脂肪、纤维素和矿物质等，还含有丰富的维生素E、维生素C、类胡萝卜素、类黄酮、和酚类等抗氧化物质，具有较好的开发潜力。目前，番茄加工副产物主要作为饲料使用，在食品中作为配料以及进行深加工的应用较少。因此，根据番茄加工副产物的成分特性，对其进行利用开发具有重要意义。根据现有研究，番茄加工副产物可以进行食品化、饲料化、肥料化以及能源化等方面的应用。

3.6.3.1　番茄皮渣

作为番茄加工中的副产物，番茄皮通常会以皮渣混合物的形式存在，其中含有大量的番茄红素、酚类物质、纤维素等功能成分，具有很好的开发利用前景。除了提取番茄红素外，还可以将番茄皮加工成可降解塑料。目前，有关番茄皮渣的综合加工利用技术与方法还在不断开发与更新中。

3.6.3.2　番茄籽

番茄籽中含有优质的油脂和蛋白质，被广泛应用于榨油和提取活性蛋白质。番茄籽油被《中华人民共和国食品安全法》和《新食品原料安全性审查管理办法》列为新品原料，从而作为一种新型植物油走向市场，其含有丰富的番茄红素、亚油酸，以及其他多种天然抗氧化活性物质，具有多种生理功能，如其中含有的亚油酸具有扩张血管、防止血栓形成等潜在功能；番茄红素具有预防动脉粥样硬化、高血压和高脂血症的功能活性；维生素能够延缓衰老和抗氧化；天然抗氧化活性物质则具有提高肠道的抗氧化能力、润肠通便的功效。因此，番茄籽油有望被开发为特种优质保健植物油，从而大幅度提高番茄副产物的附加值。

番茄籽蛋白也具有较多良好的食品加工性能。在面包粉中加入番茄籽蛋白，能够有效提高面包中各种氨基酸，尤其是赖氨酸和蛋氨酸的含量，营养强化作用明显；同时，还具有减少面包水分的散失、延长货架期、延缓淀粉老化、改善面包口感等作用。此外，番茄籽蛋白也具有降低血液中胆固醇含量的作用，特别是显著降低血浆中胆固醇和低密度脂蛋白胆固醇的含量。总体而言，番茄籽蛋白不仅具有良好的营养价值，还能作为食品加工的配料，在保健食品、医药行业有着较好的应用潜力。

3.6.3.3　番茄秆

根据相关检测结果，番茄秆中含有机质 37.64%、全氮 1.79%、全磷 0.36%、全钾 1.98%、纤维素 27.2mg/kg、木质素 26.3mg/kg，C/N 比值为 20.98，比白菜、菠菜、生菜、花椰菜等的 C/N 比值高。与玉米秸秆（C/N 比值 35.59）、大豆秸秆（C/N 比值 14.65）相比，番茄秆非常适用于发酵。目前，随着我国加快低碳资源循环利用体系的建立，番茄秆等重要的废弃物资源不断被开发应用于更多的场景，在肥料化利用、食用菌生产、沼气生产等方面均有相关研究。

3.6.3.4　番茄副产物食品化利用

1. 番茄红素的提取

番茄红素是成熟番茄的主要色素，是一种不含氧的类胡萝卜素，是番茄中重要的功效性成分，主要存在于番茄果肉和果皮中，遇光、热易分解。这是因为番茄红素的分子中含有 11 个共轭双键和 2 个非共轭双键，容易在加工条件下发生氧化和异构化降解。在类胡萝卜素中，番茄红素的抗氧化活性最强。番茄红素清除自由基的功效远胜于其他类胡萝卜和维生素 E，其淬灭单线态氧的速率常数是维生素 E 的 100 倍，是迄今为止在自然界中发现的最强抗氧化剂之一。

目前番茄红素的主要提取方式包括有机溶剂提取法、超声辅助提取法、超临界流体萃取法等。如果加工方法选择不当会严重影响番茄红素的生物活性与生物利用率。实际生产中，应尽可能地选用有助于提高终产品中番茄红素含量和生物利用率的方法与技术。热、光、氧、金属离子等因素诱导的氧化作用是导致番茄红素在加工过程发生降解的主要原因。如蒸煮、罐装、油炸、巴氏杀菌、干燥脱水等热处理均会显著降低产品中番茄红素含量与抗氧化功能。然而，经过热加工的番茄制品中番茄红素的生物利用率高于新鲜番茄。这是因为热处理诱导了番茄红素的异构化反应，使其从反式构型变为顺式异构体，后者的生物利用率高于前者；同时热处理破坏了番茄细胞的细胞壁结构，促进了细胞内番茄红素的释放。高压处理、脉冲电场处理、超声处理以及使用气调包装或添加抗氧化剂等，也能在一定程度上提高番茄制品中的番茄红素含量和生物利用率。

（1）工艺流程。

利用番茄皮渣提取番茄红素的工艺流程如图 3-32 所示。

图 3-32　番茄红素提取工艺

（2）操作要点说明。

1）番茄皮渣预处理。

将番茄皮渣倒入提取容器中，按照料液比为（1∶25）~（1∶30）加入蒸馏水，然后调节 pH 至 7.5~8.5。

2）复合生物酶酶解。

按番茄皮渣重量的 0.05%~0.15% 加入复合生物酶，搅拌均匀，将提取容器温度加热到 45~60℃，反应 4~6h。

复合生物酶配方：中性蛋白酶、中性纤维素酶和碱性果胶酶按重量比为 1∶1∶1 组成，其中中性蛋白酶活性为 10^5U/g 以上，中性纤维素酶活性为 10^4U/g 以上，碱性果胶酶酶活性为 $5×10^4$U/g 以上。

3）灭酶。

复合生物酶反应完后，将温度上升到 70~75℃，保温 10~15min 进行灭酶。

4）离心过滤洗脱。

离心脱水得到的富集物用无水乙醇洗脱，再冷却到 4℃ 浓缩结晶，最终得到番茄红素粗品。

5）超临界 CO_2 萃取分离。

将番茄红素粗品在温度 30~45℃、压力 30MPa 条件下，进行超临界二氧化碳萃取分离，得到番茄红素晶体。

6）番茄红素产品。

无水乙醇提取浓缩结晶得到的番茄红素粗品的纯度在 10% 左右，经过超临界二氧化碳萃取分离得到的番茄红素晶体的纯度在 95% 左右。

2. 膳食纤维的提取

膳食纤维主要存在于番茄皮渣中，是番茄加工副产物的主要成分，其在番茄皮中的含量可达 80% 以上。通过酶解和酸碱处理均可实现番茄中膳食纤维的分离提取（图 3-33）。其中，酶解法更为常用，所得膳食纤维的纯度更高，其加工条件温和（通常为 60℃ 左右），但耗时较长（通常需要 6h 以上）。常用的酶类主要有纤维素酶、糖化酶、淀粉酶和蛋白酶。酸碱法提取膳食纤维则较为简单、快速，但是需要高浓度的酸碱溶液，对设备的要求比较高，废液处理的环保压力较大。同时，酸碱法能够提高膳食纤维的膨胀性和持水性；酶解法可减少膳食纤维产品中粗蛋白、粗脂肪和淀粉等杂质的含量，所得产品的色泽和持油力较好。在选择番茄膳食纤维的提取方法时，应综合考虑产物的提取速度、纯度、特异性，以及产品品质等诸多因素。

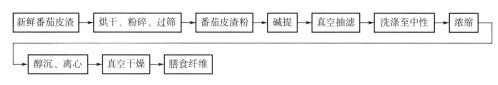

图 3-33　膳食纤维提取工艺

3. 番茄籽油的提取

番茄籽油是从番茄籽中提取精炼的天然优质食用油。番茄籽油属高亚油酸食用油，并富含番茄红素、维生素 E 和胡萝卜素（维生素 A 的前体）。以新鲜番茄籽制取的、未经深度精炼的番茄籽油，因含番茄红素和各类油溶性维生素，对前列腺癌、消化道癌、宫颈癌、皮肤癌等疾病有明显的预防和抑制作用。常用番茄籽油，可调节人体的生理功能和人体发育，并可防止细胞老化，增强皮肤弹性，起到润肤美容的作用。

目前用于提取番茄籽油的方法主要有压榨法、水酶法、超临界萃取法、有机溶剂浸提法等。压榨法较为传统，所需设备简单，但是出油率低、残油率高、费时费力，正在被一些新兴的工艺所取代；有机溶剂浸提法是大工厂常用的方法，油脂得率高、成本低，但是所得油脂通常还需要进一步精炼；超临界萃取法能够最大程度地保留油脂中的生物活性成分，而且出油率高，但所需设备昂贵，对技术人员操作技术的要求较高。水酶法则是采用蛋白酶和淀粉酶进行处理，反应条件温和，能够较好地保护油脂活性成分，而且可以去除油脂中的蛋白质等杂质，但是在提取过程中容易形成乳液，不利于油脂的提取。

（1）工艺流程（图 3-34）。

番茄籽经超微粉碎机粉碎后，过 60 目筛，再加入正己烷（1∶6，m/V），于恒温振荡培养箱中常温振荡浸提 4h，振荡速率 120r/min，提取 3 次，然后将混合提取液在 4000r/min 下离心 10min，取上清液，在 50℃下旋转蒸发至溶液为油状，回收正己烷，得得番茄籽油。

图 3-34　番茄籽油提取工艺

（2）操作要点说明。

1）预处理。

预处理工艺如图 3-35 所示。①清理。番茄酱厂产生的番茄籽一般与番茄皮混在一起，制油过程中如果有番茄皮的存在，则会影响出油率和油品质量。因此，在清理过程中应尽量将番茄皮分离出来，清理后番茄籽中含皮率应控制在 2% 以下。②软化。一般软化水分为 10%~12%，温度为 60~65℃，软化时间为 15~20min。③轧坯。番茄籽比较坚硬，轧坯能有效破坏番茄籽的细胞组织结构，有利于浸出时油分子向溶剂中扩散。轧坯后的坯厚一般为 0.25~0.30mm。

图 3-35 番茄籽预处理工艺

2）加热调节。①加热。加热工艺对于籽油萃取有利，其原理：分配于种子整体中的油滴是超显微的大小，当温度升高时结合成大滴，从而从种子整体中流出更快；种子中的油是以含蛋白质的乳胶形式存在，加热种子可以促使蛋白质变性、乳胶遭到破坏使油流出。在用番茄籽制油时一般采用蒸炒使其加热。②调节。调节就是使种子达到水分与温度的最佳状态，以此可使种子在之后的加工工序中获得最大产油量。每种种子都有它们自己的条件，需重复进行试验获得最佳参数。张晓东等人将温度控制为 110℃，出料水分控制在 4%~6%。

3）溶剂萃取工艺流程。

溶剂萃取番茄籽油的工艺流程如图 3-36 所示。

图 3-36 溶剂萃取番茄籽油的工艺流程

浸出工艺是在浸出罐内进行的，浸出罐是一种压力容器。溶剂或混合油的打入、打出是间歇的。番茄籽是一种中等含油作物，一般按逆流四浸工艺进行，第一遍、第二遍、第三遍分别用上一罐浸出的第二遍、第三遍、第四遍的混合油浸泡，第四遍用新鲜溶剂浸泡，每遍浸泡 30min。

4）压榨提取。

经压榨工序后获得压榨油和压榨饼。压榨饼应采用溶剂萃取及逆流四浸工艺继续制油，最终产物为蛋白粉，可用于饲料。而压榨油中含有很多杂质如种子微粒、微粉等，必须经过精制以最大限度除去外来杂质。其最重要的操作：一是利用沉降槽、振动筛与离心机等把油从固体中分离；二是把以前未被除去的微粒以及悬浮于油中的微粒分子分离出去，通常用压滤机滤去油体中的微粒。

5）番茄籽油的精炼。

番茄籽油的精炼是对毛油进行处理、使其更适合食用的深加工工序，主要由脱胶、脱酸、脱色、脱臭工序组成。番茄籽油中的胶质主要是磷脂，通常采用磷酸脱胶法去除其中的胶成分。传统的碱炼法脱酸快速、高效，适合于各种低酸值的油脂。加碱量应根据毛油酸值来计算或以小试确定，碱液浓度应视毛油酸值而定。番茄籽油的脱色采用吸附法，脱色剂为活性白土，用量为油脂的 1.5%~2.0%，操作真空度为 93.3~96.0kPa，温度为 85~100℃，时间为 20~30min。将脱色油转移到脱色锅中进行脱臭，保持锅内绝对压力在 1.3kPa 以下，脱臭温度为 170~180℃，脱臭时间为 3~8h。脱臭完毕，将油冷却到 70℃以下再泵出过滤，即为精制成品油。

（3）番茄籽油的特性。

番茄籽油的主要脂肪组成成分见表3–11。

表 3-11　番茄籽油的主要脂肪组成

脂肪成分	肉豆蔻酸	花生酸	油酸	棕榈酸	亚麻仁酸	硬脂酸	十四烯酸	苏子油酸
含量/%	0.1~0.2	0.2~0.3	21~25	14~16	51~56	45~55	0.5~0.6	1.5~2.0

番茄籽油的理化性质见表3–12。

表 3-12　番茄籽油的理化性质

指标	碘值/ （g/100g）	皂化值/ （mgKOH/g）	色泽	相对密度 （15℃）	折光指数 （25℃）	透明度
测定结果	112~124	186~194	Y35. R4	0.920~0.925	1.470~1.474	澄清透明

3.7　其他蔬菜加工副产物综合利用

3.7.1　马铃薯加工副产物综合利用

马铃薯是一种分布广泛、适应性强、产量高、容易栽培的作物，2008 年后，国际上把马铃薯作为粮食的重要组成部分。但是，在我国传统意义上还是把马铃薯定位为蔬菜类作物。我国马铃薯种植面积与产量已跃升至世界首位，随着马铃薯产量的逐年上升，马铃薯淀粉和淀粉深度加工越来越受到重视，马铃薯淀粉产业发展迅速，反过来有效促进了马铃薯种植业发展。

3.7.1.1　马铃薯渣膳食纤维制备工艺

（1）工艺流程（图 3-37）。

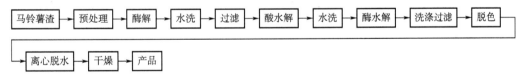

图 3-37　马铃薯渣膳食纤维制备工艺流程

（2）操作要点。

1）预处理。

将鲜马铃薯渣粉碎，然后用 1∶8 的热水漂洗，除去泡沫后，搅拌为糊状。

2）酶解。

向预处理好的马铃薯渣中按重量比的 1.0% 加入 α-淀粉酶，在 50~60℃ 条件下酶解 12h。

3）水洗。

酶解结束后用水充分洗涤，除去酶解后的小分子糖类物质，直到洗涤水清澈为止，然后过滤得到去除了淀粉后的物料。

4）酸水解。

向酶解过滤后的物料中加入6%～8%浓度的硫酸，在80℃条件下，酸水解3h，将剩余的其他糖类物质充分酸解为小分子物质，然后用清水充分洗涤干净，至溶液为中性。

5）碱水解。

向酸水解后的物料中加入5%的NaHCO$_3$溶液，在60℃条件下碱水解2h，除去原料中的蛋白质和脂肪类物质。

6）洗涤过滤。

碱水解后的物料用清水充分洗涤干净，至溶液为中性，然后过滤得到纤维提取物。

7）脱色。

纤维提取物用6%～8%的H$_2$O$_2$、在45～60℃条件下漂白脱色10h，然后用去离子水洗涤干净，过滤后的滤渣离心脱水。

8）干燥。

离心脱水后的提取物在80℃条件下进行干燥，然后粉碎至80～100目大小，即为马铃薯渣膳食纤维产品。

3.7.1.2　马铃薯渣单细胞蛋白（SCP）生物发酵饲料加工技术

（1）工艺流程（图3-38）。

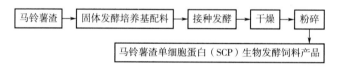

图3-38　马铃薯渣单细胞蛋白生物发酵饲料加工工艺流程

（2）操作要点。

1）固体发酵培养基配料。

70%的马铃薯渣和30%的麸皮混合后，再按总重量加入2%的尿素和1.5%的硫酸铵，混合均匀，补充一定量的水分，使培养基含水量在35%～45%。

2）接种发酵。

菌种选取黑曲霉和SCP混合菌种。接种和发酵条件：配料后，先接种2%，在30℃条件下水解3h，然后接种4%，并添加0.01%的α-淀粉酶，在40～45℃条件下处理3～4h，最后，将物料温度降低至28℃，接种SCP混合菌种，复合菌种发酵55～60h。

3）干燥。

在50～60℃条件下将发酵后的物料水分烘干。

4）粉碎。

利用粉碎机将发酵后的物料粉碎，粉碎至颗粒大小为20～40目。

（3）产品技术指标。

粗蛋白质含量≥12%。

3.7.1.3　马铃薯酥糖片加工技术

（1）工艺流程（图 3-39）。

图 3-39　马铃薯酥糖片加工工艺流程

（2）操作要点。

1）选薯切片。

选择新鲜、无病虫害、重量为 50~100g 的马铃薯，将表皮泥土洗净，再放在 20% 的碱水中并用木棒不断地搅动脱皮。待全部脱皮后，捞起冲洗一遍，沥干备用。切片可按需要切成厚 1~2mm 的菱形或三角形薄片，切后浸在清水中，以免表面的淀粉变色。

2）煮熟晾晒。

将浸在水中的薄片捞起并投放到沸水中煮至 8 成熟时，立即熄火捞出晾晒。在此工序中一定要掌握好火候，使马铃薯片熟而不烂。晾晒时，晴天可放在阳光下晒干，阴雨天可烘干（温度控制在 30~40℃）。晒或烘干的标准以一压即碎为准。

3）油炸上糖衣。

将晒干或烘干的马铃薯片放入沸腾的油锅里油炸，投入量可依据油的多少而定。在油炸过程中，要用勺轻轻荡动，使之受热均匀，膨化整齐。当炸马铃薯片呈金黄色时，迅速捞起沥干油分。然后倒入融化的糖液中（化糖时应尽量少放水，糖化开即可），不断地铲拌且烧小火暖烘，使糖液中的水分完全蒸发。当马铃薯片表面形成一层透明的糖膜时，盛起冷却，此时即为成品。

4）包装。

完全冷却后立即包装，以 250g 或 500g 为单盒装或袋装，彻底密封，可保存 1~2 年。

3.7.2　芦笋加工副产物综合利用

芦笋又名石刁柏、龙须菜，百合科（liliaceae）天门冬属（asparagus），多年生宿根草本植物，其嫩茎风味独特，深受许多国家和地区消费者的欢迎，是收益颇高的创汇农产品。芦笋不仅含有丰富的蛋白质、维生素、氨基酸和黄酮类物质，而且含有锌、铁、锰、钼、铬和硒等多种矿物质元素，具有很高的营养价值和药用价值。芦笋具有低糖、低脂、高维生素和高纤维素的特点，是符合现代营养学要求的保健食品。

3.7.2.1　芦笋罐头加工技术

（1）工艺流程（图 3-40）。

图 3-40　芦笋罐头加工工艺流程

（2）操作要点。

1）原料选择。

选择色泽呈白色、乳白色，粉头，笋尖紧密不松散，形态完整、竖直和粗细均匀，无机械损伤和硬化纤维组织，直径为 1.20~1.60cm 的新鲜白芦笋作为加工原料。

2）清洗。

芦笋在不锈钢槽中浸泡 2~3min，再用气泡清洗机冲去泥沙、杂质，加入消毒液的有效含氯量为 20~30mg/L。

3）去皮。

用专用的小刀在距笋尖 50mm 处向基部方向进行去皮，去皮部分不少于整条芦笋的 1/3，幼嫩者仅去表皮，粗老者去除粗纤维，去皮后要求芦笋圆润均匀、无棱角、无漏刀、无残皮和无斑点。

4）预煮、冷却。

采用连续预煮冷却机进行预煮。预煮用的水选用软水，用浓度为 0.03% 的柠檬酸护色，水温为 80℃。预煮时，笋尖向上，基部在下，先将靠近基部的 2/3 放入水中煮，然后将笋尖放入水中煮，以免笋尖煮烂，鳞片松散，影响品质。预煮后笋肉由白色变为乳白色，煮至笋肉稍透明后，立即用冷水快速冷却到 36℃ 以下。

5）装罐。

选用 7106 涂料罐（净重 397g）作为加工用罐。空罐洗净，沸水消毒，沥干水分。整条芦笋装罐时要求笋尖一律向上，段级芦笋装罐时要求粗细搭配均匀，每罐装入 20% 以上的笋尖，其中白尖数不少于全罐的 10%，笋尖一律放在上面。

6）灌汤。

装罐后立即灌注罐液，汤汁温度要求在 80℃ 以上，灌汤后立刻密封。

7）排气、封罐。

装罐后、密封前采用加热排气法将罐内顶隙的气体排除。当罐头中心温度为 73~76℃ 时，立刻密封。在真空封罐机上封罐时，真空度应为 39.99~53.32kPa。

8）杀菌。

采用静止高压杀菌技术。杀菌后采用分段冷却法冷却至 40℃。

3.7.2.2 芦笋芹菜复合饮料加工技术

（1）工艺流程（图 3-41）。

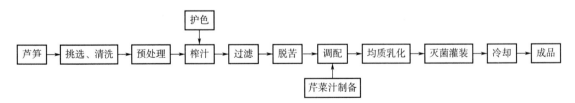

图 3-41 芦笋芹菜复合饮料加工工艺流程

（2）操作要点。

1）挑选、清洗。

以芦笋采收过程中产生的下脚料为原料，对原料进行挑选清洗，剔除腐烂、霉变、虫害的部分，用清水将泥沙等杂质去除干净，存放在阴凉仓库中备用。

2）预处理。

研究不同的预处理对出汁率的影响，选出出汁率最高的预处理方案。

3）榨汁和护色。

用螺旋压榨机榨汁，往汁液中及时添加护色剂并搅拌均匀，以降低生产过程对汁液本色的破坏，比较不同添加剂对成品色泽的影响，确定最佳护色方案。

4）过滤。

依次用 50 目和 80 目的滤布对物料进行过滤。

5）脱苦。

芦笋皮中的呋甾烷皂角苷等苦味物质严重影响了芦笋汁的口感，又考虑到芦笋中的苦味物质具有一定的药用价值，因此从包埋、调味角度进行技术处理，研究消除芦笋汁中苦味成分不良影响的最佳途径。

6）调配。

芹菜摘叶洗净，切段榨汁，沸水浴 5min，取清汁待用。将芹菜汁按比例添加到芦笋汁中，加入适量白砂糖、乙基麦芽酚、黄原胶调配，通过正交试验确定最佳配方。

7）均质乳化。

添加 0.02% 的消泡剂，以便于消除本加工工序产生的泡沫。将调配好的物料用高建剪切乳化机循环处理 20~35min，使物料中的成分高效分散。

8）灭菌灌装。

将微波灭菌机与无菌灌装机连用，控制流量和调节微波功率，灭菌条件：温度为 95℃，处理时间为 3~5min。用已清洗、灭菌过的 250mL 的玻璃瓶进行定量灌装、封口。

9）冷却

将封装后的产品喷淋冷却，装箱放入冷库，检验后即为合格成品。

3.7.2.3　浓缩芦笋原汁加工技术

（1）工艺流程（图 3-42）。

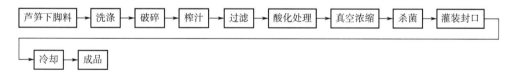

图 3-42　浓缩芦笋原汁加工工艺流程

（2）操作要点。

1）原料选检。

采用滞留时间不超过 24h 的鲜芦笋皮、段，剔除杂质、烂笋。

2）清洗。

用自来水洗净污物等杂质。

3）破碎。

用旋风式多刀破碎机将笋皮、笋段破碎。

4）榨汁。

用螺旋榨汁机榨汁，榨汁率应在60%以上。

5）过滤。

用滤网孔径为0.4mm的过滤机过滤，除去纤维。

6）酸化处理。

天然芦笋原汁酸度大致在5.0~5.5，pH在5.5~6.0。用柠檬酸将原汁调理酸化至pH为（3.9±0.1）。

7）真空浓缩。

将酸化处理过的原汁真空浓缩至24°Brix，为了便于浓缩，在原汁浓缩过程中可酌量添加消泡剂。若当日原汁较少，原汁可隔日浓缩，但须加温至100℃再降温，保存在锅内，次日合并浓缩。

8）杀菌。

在真空浓缩机内升温至100℃，杀菌时间至少3min。

9）灌装。

灌装时保持全满状态，罐上部不能有空隙，灌装温度在93℃以上，灌装后立即封口，放入冷却槽，用流动水冷却至品温在40℃以下。

3.7.3 冬菜加工副产物综合利用

冬菜是一种半干态发酵型腌制品，因其加工制作多在冬季而得名。按种植加工地域可将其分为四川冬菜、天津冬菜、北京冬菜、上海五香冬菜等，我国冬菜以天津冬菜和四川冬菜为代表。冬菜以芥菜为原料，花椒、八角等香辛料为辅料，经晾干、脱水、腌制、密封、后熟发酵等工序制成。通过微生物发酵形成的氨基酸、醇类、醛类、酯类等成分，使冬菜具有独特的酱香味，不仅香气浓郁、味道鲜美、质地爽脆，还富含氨基酸、维生素和矿物质等营养成分，具有开胃健脑的作用，深受消费者喜爱。悠久的历史、独特的风味、成熟的加工技术和良好的社会声誉使得冬菜产业持续稳定发展，冬菜产量逐年增长。目前，冬菜的烹饪方式主要是炒制、蒸制、拌菜、炖汤、做馅料等，精深加工产品较少，工业化程度低，产品附加值低，严重阻碍了冬菜产业的进一步发展。

3.7.3.1 冬菜猴头菇香辣酱加工技术

（1）工艺流程（图3-43）。

图3-43 冬菜猴头菇香辣酱加工工艺流程

（2）操作要点。

1）原料预处理。

选择形态完好、颜色均匀、无腐烂变质的冬菜，用清水洗净，沥干水分后，切成3mm×3mm的均匀碎粒备用。挑选颜色金黄、质地均匀、无破裂霉变的干猴头菇，于0.6%的NaCl溶液中浸泡1h，用清水除去表面泥沙等杂质，沥干水分，切成3mm×3mm的均匀碎粒备用。小黄姜、大葱、蒜、郫县豆瓣酱等剁成碎末备用。

2）配料。

按照试验基础配方，准确称取各原辅料备用。

3）炒制。

开启电磁炉，向锅中倒入菜籽油，大火加热至150℃，转小火使温度降至100℃左右，加入大葱，炸至表面金黄时捞出，加入姜末、蒜末、八角、桂皮、香叶、小茴香，炸出香味后去掉香辛料渣，加入郫县豆瓣酱，不断翻炒至郫县豆瓣酱散发出香味时，加入辣椒粉，待炒出香辣味且颜色红亮时加入冬菜、猴头菇，小火炒制5min，辣椒粉炒制时间不宜过长，避免出现焦糊味。最后按比例加入白砂糖、花椒粉、五香粉、盐、鸡精调味，继续翻炒1min，关火冷却，炒制过程中均使用小火不断翻炒，避免糊锅。

4）包装、杀菌。

将炒制好的冬菜猴头菇香辣酱冷却后装入真空包装袋中，定量200g，真空密封后于100℃水浴中灭菌20min，杀菌完成后采用分段冷却的方法冷却至室温。

3.7.3.2　冬菜肉酱调料加工技术

（1）工艺流程（图3-44）。

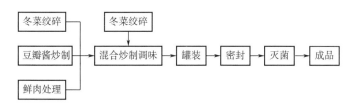

图3-44　冬菜肉酱调料加工工艺流程

（2）操作要点。

1）冬菜整形。

将冬菜用切菜机切碎成3mm×3mm的碎粒，备用。

2）鲜肉处理。

用绞碎机将肉绞碎成3mm×3mm×3mm大小的颗粒，再将瘦肉末油炸脱水增香，沥干。

3）添加剂处理。

将乳酸链球菌素、双乙酸钠分别用冷开水溶解备用，比例均为10∶1（水∶添加剂），避免搅拌不均。

4）豆瓣酱的炒制。

先将大块豆瓣和辣椒片粉碎，将菜籽油（菜籽油∶豆瓣酱为1∶1）倒入智能电炒锅中，加热后，倒入粉碎的豆瓣酱，炒制到香味四溢、油色发亮、起泡，备用。

5）混合炒制调味。

将菜籽油加热后，加入冬菜脱水，然后依次加入其他原辅料，调味，搅拌均匀。

6）灌装。

趁热灌装，每瓶质量在230g左右，盖面油厚5~8mm，上方顶隙8~10mm。

7）灭菌。

采用中温灭菌方式，灭菌温度为90℃，灭菌时间为20min。

3.7.4 香菇加工副产物综合利用

香菇不仅营养丰富，而且味道鲜美。研究发现，香菇的鲜味是来自一些不易挥发的氨基酸、肽和核苷酸类含氮化合物。特别是香菇提取液中含较多的能产生鲜味的 5′-鸟苷酸以及产生香味的风味物质，这些呈味成分与多种氨基酸相互作用，便产生了香菇特有的鲜味和香气。

3.7.4.1 香菇素柄牛肉干的加工技术

（1）工艺流程（图 3-45）。

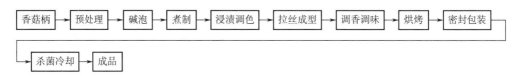

图 3-45　香菇素柄牛肉干加工工艺流程

（2）操作要点。

1）原料预处理。

将香菇柄洗干净，去除霉变、虫蛀的香菇柄，再放进清水中浸泡 30min 软化，然后剔除菇脚黏附的杂物及粗老部分。

2）碱泡。

由于香菇柄纤维比较坚韧，须将其软化才能获得较好的口感。用 4.0%～6.0% 的 $NaHCO_3$ 溶液浸泡菇柄 4～5h，使粗纤维软化，再用清水漂洗至中性。

3）煮制。

软化后的香菇柄用热水煮制 2～3min。

4）浸渍调色。

用焦糖色素或酱油浸渍香菇柄，使色泽与牛肉干色泽相近。

5）拉丝成型。

将调色好的香菇柄用专用香菇拉丝机进行拉丝，将香菇纤维拉成类似牛肉干的外形。

6）调香调味。

在拉好丝的香菇柄中，加入食盐、砂糖、味精、料酒、酱油、辛香料、牛肉香料等浸渍 12h 左右，再将全部物料加入锅中煮沸 2min，边煮边用锅勺轻轻捣压，至物料收汁。

7）烘烤。

调味好的香菇柄先在 80℃ 下烘烤 1h，然后改用 60° 烘烤至产品含水量适中。

8）包装。

产品用真空包装机抽真空包装。

9）杀菌。

包装后的产品在 100° 的沸水中加热杀菌 10～15min，杀菌结束后用冷水冷却至 30℃ 左右。

3.7.4.2 香菇丝的加工技术

（1）工艺流程（图 3-46）。

图 3-46　香菇丝加工工艺流程

（2）操作要点

1）浸泡。

去除残碎菇柄中的杂质及染病、腐烂等部分，再将菇柄放进重量为其两倍的清水中，添加适量醋，浸泡 24 小时后捞起撕成丝状，并放入水槽中以流动的水洗涤，再取竹筛过滤，沥干。

2）干燥。

香菇丝搁通风光照处晒干，也可送入烘房，在 50~55℃ 温度范围内焙烤，待其水分降至 18% 以下时取出备用。

3）配粉料。

按淀粉 80%、白糖 10%、精盐 4%、胡椒粉 3%、鲜辣椒粉 2%、味精 1% 的比例备齐粉料，然后充分混合，兑适量水调匀。粉料重量一般以香菇丝重量的 10%~15% 为妥。

4）油炸。

大锅内盛菜籽油，加热升温至 150℃，香菇丝与粉料混合后，分次倒入大丝捞子中，置锅内油炸。注意要不停地抖动丝捞子，使香菇丝受热均匀，并防止其相互黏接。炸至金黄、酥脆时捞出，不可油炸过度或不足。

5）分装。

成品冷却后按 200g 或 250g 称重，装进食品塑料袋中，用封口机密封包装即可。经上述方法制得的多味香菇丝，呈金黄色丝状、香脆酥松、甜中带辣、风味独特，是一种老幼皆宜的方便小食品。这种食品既可使菇柄增值，又适宜贮存和长途远销，经济效益显著。

3.7.4.3　香菇罐头的加工技术

（1）工艺流程（图 3-47）。

图 3-47　香菇罐头加工工艺流程

（2）操作要点。

1）原料的选择及处理。

选择的菇体必须新鲜、未开伞、未破碎、厚实、大小适中（菌盖直径 3~4cm）。菇体要及时浸泡到 pH 为 3~4（0.1% 柠檬酸调节）、含 2% 的食盐溶液中。剪去菌柄下部木质化程度较高的部分。然后用清水洗干净。

2）烫漂。

将菇体放入 5% 的盐开水中热烫 8~10min，具体时间视菇体的厚薄而定，一般以熟至透心、外观呈半透明状为宜，热烫结束后捞起，再迅速放入冷水中冷却。这时如果香菇来不及加工，可先将其腌制成半成品，具体做法：将烫漂后的菇体放在 pH 为 3~4、含 0.15% 的明矾和18%左右的食盐溶液中。为减轻脱盐困难，可将盐浓度降低至5%左右，再加入0.1%的山梨酸钠和0.05%的苯甲酸钠的混合物，同时调节pH为3~4。装罐时再用清水漂洗盐分和化学防腐剂。

3）装罐。

将烫漂后的菇体装罐，加入含0.5%~1%的食盐和0.1%%L-抗环血酸钠的填充液。液面到罐口留有0.8cm的顶隙。如果用塑料铝箔包装则留相应大小的空隙。

4）高温杀菌。

杀菌前必须先进行加热排气，以防爆瓶，然后封罐，在121~127℃高温下杀菌20min左右，再迅速冷却至40~50℃。如果采用塑料铝箔包装，则要将罐装物加热至70~80℃，趁热装袋封口，然后杀菌。

3.7.4.4 脱水香菇加工技术

（1）晒干法。

香菇采收前2天停止向菇体喷水，并选择晴朗天气，当花菇、厚菇生长至五成到七成熟（菌膜部分破裂）或冬菇、薄菇生长至七成到八成熟（菌膜已破、菌盖沿未完全展开）时采收。用手捏住菇柄基部，轻力旋起菇体。采收后的鲜菇按大小厚薄分级，将柄朝下摊放在晒筛上，筛上可衬垫遮阳网，以吸收更多热量。晒筛与地面倾斜成30°夹角，斜面朝太阳，以接受阳光直射，并随太阳移动调节晒筛朝向，3~5个晴天即可晒干鲜菇。晒干时间越短，干菇质量越好。此时香菇含水量约为20%，高于干菇13%的标准含水量，而且香菇的香味必须经过50℃以上温度的烘烤才会产生。因此，先将鲜菇晒至半干，再以热风强制脱水，是香菇干制作业中较为经济有效的方法。

（2）烘干法。

烘干设备的性能必须满足香菇干燥脱水工艺的要求，能根据工艺需要调节干燥空气的温度和流速，目前主要采用烘干箱作为香菇的烘干设备。采收的鲜菇要及时整理，并在3~4h内移入烘箱。据菇体大小厚薄、开伞与不开伞分类上筛，菌褶统一向上或向下均匀整齐排列，把大、湿、厚的香菇放在筛子中间，小菇和薄菇放在上层，质量较差的菇和菇柄放入底层。整个干燥过程分为4个阶段：①预备干燥阶段，即香菇刚入箱粗脱水阶段。温度要控制在30~50℃，将水分降至75%。晴天采收的香菇的起始温度若为40℃，则粗脱水时间为3~4h即可；雨天采收的香菇的起始温度若为30℃，则粗脱水时间宜为4~5h。在此期间因香菇湿度大、细胞尚未杀死，温度不能长时间低于35℃，且应开大进风口和排风口，使湿气尽快排出，温度均匀上升，要求每小时升高1~2℃。②干燥阶段。香菇中的水分继续蒸发，且逐渐进入硬化状态，外形趋于固定，干燥程度达80%左右。温度由50℃慢慢、均匀地上升至55℃，需8~10h。此阶段应调小进风口和出风口。③后干燥阶段，也称定形阶段。香菇水分蒸发速度减慢，菇体开始变硬，对干菇形状起决定作用，温度保持在55℃，需3~4h。④完成阶段。烘箱内温度由55℃上升至60℃，并保持1h左右，可杀死虫卵，直到香菇内部湿度与表面湿度一致，含水量为11%~13%，香菇表面色泽光滑。

（3）注意事项。

①鲜菇不能堆叠放置，以免影响香菇干燥速度和菇体间脱水的均匀度。②干燥作业应在晴天进行，晴天空气的相对湿度低，有助于减少干燥时间。③干燥程式应根据鲜菇的不同情

况设定。如薄菇与雨淋菇的菌褶常呈倒伏状，对此类菇可先作日晒预干处理，至菌盖有光泽与菌褶立起，再转入常规干燥处理。④严格控制各个阶段的烘干温度。温度低，干菇菌褶泛白；温度过高，菌褶过黄或焦黄。烘干过程的温度也不可忽高忽低，否则干菇表面无光泽。⑤干菇适当回潮后装袋。烘干后立即装袋，会使干菇破碎，影响外观，应待干菇适当回潮后再分级装袋，储藏堆放时应防止干菇挤压破碎。

参考文献

[1] 胡向东，李娜，何忠伟．中国萝卜产业发展现状与前景分析 [J]．农业生产展望，2012（10）：35-37．

[2] 赵璞，刘李峰．我国萝卜产业发展现状分析 [J]．上海蔬菜，2006（2）：4-6．

[3] 宋建新，张进文，聂承华．河北省蔬菜品种对策及发展现状 [J]．中国蔬菜，2007（1）：5-8．

[4] 郐东翔，张泽伟，韩鹏，等．河北省蔬菜产业发展现状透析与展望 [J]．北方园艺，2013（1）：184-187．

[5] 王光亚．食品成分表 [M]．北京：人民卫生出版社，1999（5）：26-27．

[6] 林文庭，洪华荣．胡萝卜渣膳食纤维提取工艺及其性能特性研究 [J]．粮油食品科技，2008，16（6）：56-59．

[7] 李福枝，刘飞，曾晓希，等．天然类胡萝卜素的研究进展 [J]．食品工业科技，2007，28（9）：227-232．

[8] 郑瑶瑶，夏延斌．胡萝卜营养保健功能及其开发前景 [J]．包装与食品机械，2006，24（5）：35-37．

[9] 吕爽．胡萝卜中 β-胡萝卜素的提取、纯化及其稳定性研究 [D]．西安：陕西师范大学，2007．

[10] 张学杰，赵永彬，尹明安．胡萝卜干渣中类胡萝卜素的超临界 CO_2 萃取技术研究 [J]．食品工业科技，2006（2）：154-156．

[11] 孙雅君．胡萝卜果胶及其高效提取技术研究 [D]．咸阳：西北农林科技大学，2007．

[12] 钱立生．胡萝卜水不溶性膳食纤维的提取工艺研究 [J]．安徽农业科学，2013，41（8）：3641-3643．

[13] 杜江，耿新．植物性食品加工副产物的综合利用和开发的现状 [J]．食品工业科技，2012（2）：410-414．

[14] 李兰，王秀娟．莲藕的营养价值与食用方法 [J]．生命的化学，2020，40（8）：24-25．

[15] 张雁，钟敏芳，张鹏程，等．莲藕多糖的提取及其抗氧化活性 [J]．食品科学，2016，37（24）：132-137．

[16] 蒋光祥，黄茂林，王丽红，等．红薯渣的营养价值及其开发利用 [J]．食品研究与开发，2013，34（1）：1-4．

[17] 范双喜，陈湘宁．我国叶类蔬菜采后加工现状及展望 [J]．食品科学技术学报，2014，32（5）：1-5．

[18] 陈嘉佳, 李璐, 余元善. 发酵蔬菜抗氧化活性的研究进展 [J]. 中国酿造, 2022, 41 (1): 456.

[19] 周冰洋, 吕嘉栎, 伍金金, 等. 不同条件无接种发酵蔬菜的显微表征与抗氧化活性 [J]. 现代食品科技, 2020, 36 (10): 70-72.

[20] 何欢, 李硕, 李红霞. 化妆品中 10 种美白活性成分使用现状及分析 [J]. 日用化学品科学, 2022, 45 (12): 32-35.

[21] 杨婷婷, 李杰, 吉伟佳, 等. 高效液相色谱法测定美白化妆品中 12 种美白功能物质的含量 [J]. 中国化妆品, 2022, 58, (12): 86-91.

[22] 罗孝平, 张海晖, 段玉清, 等. 萝卜叶乙醇提取物不同极性部位对果蝇寿命的影响 [J]. 食品工业科技, 2018, 39 (20): 66-71.

[23] 宋科新, 邹蒙, 王霜鑫. 芹菜叶色素提取及其对棉织物的染色 [J]. 中国酿造, 2021, 38 (10): 42-46.

[24] 李鑫, 王秋芬, 缪娟, 等. 莴笋叶制备多孔碳材料的优化设计及储锂性能 [J]. 材料工程, 2022, 50 (4): 53-61.

[25] 郭世豪. 不同加工方式对西蓝花茎叶汁风味的影响 [D]. 杭州: 浙江工商大学, 2020.

[26] 郭世豪, 吕霞敏, 黄建颖. 预处理加工对西蓝花茎叶汁挥发性成分的影响 [J]. 核农学报, 2021, 35 (6): 1347-1355.

[27] NORAH O-SHEA, ELKE K ARENDT, EIMEAR GALLAGHER. Dietary fibre and phyto-chemical characteristics of fruit and vegetable by-products and their recent applications as novel ingredients in food products [J]. Innovative Food Science & Emerging Technologies, 2012 (16): 1-10.

[28] 尚德军, 王军. 番茄红素研究现状与展望 [J]. 检验检疫科学, 2004 (2): 59-61.

[29] 刘润好. 改性番茄皮渣膳食纤维理化性质及其应用 [D]. 重庆: 西南大学, 2011.

[30] 林文庭. 番茄渣膳食纤维酶法提取工艺及其特性研究 [J]. 中国食品添加剂, 2006 (5): 51, 55-57.

[31] 董海洲, 张绪霞, 刘传富, 等. 番茄籽油的提取研究 [J]. 中国粮油学报, 2007 (6): 113-117.

[32] 朱敏敏, 王永瑞, 刘文玉, 等. 水酶法提取番茄籽油酶法破乳工艺的研究 [J]. 食品工业, 2018, 39 (4): 20-23.

[33] 李俊玲. 红薯茎叶功能性成分分析及其饮料的研制 [D]. 咸阳: 西北农林科技大学, 2008.

[34] 杨勇, 詹永, 祝卢艺, 等. 利用冬菜副产物研制新型复合调味汁 [J]. 中国调味品, 2011 (2): 75-77.

[35] 杨文晶, 许泰百, 冯叙桥, 等. 果蔬加工副产物的利用现状及发展趋势研究进展 [J]. 食品工业科技, 2015, 36 (14): 379-383.

[36] 张姚杰. 西蓝花茎叶生物活性及活性成分研究 [D]. 金华: 浙江师范大学, 2017.

[37] 付玉梅, 尧梅香, 周明. 西蓝花中萝卜硫苷提取及抗氧化性研究 [J]. 化学工程师, 2023 (4): 104-109.

第4章 水果加工副产物综合利用

水果的传统定义是指多汁且有甜味的植物果实，是对部分可以食用的植物果实和种子的统称。顾名思义，水果含有较多的水分，除此之外，水果还含有糖分、有机酸、维生素、矿物质及微量元素。水果营养丰富，是我们的重要营养源，可调节体内代谢、预防疾病、增进健康。世界水果的种植和生产集中在亚洲发展中国家、欧盟、美洲大陆。目前全世界已有170多个国家生产水果，中国、印度、巴西、美国、意大利等20多个国家为主产国。世界产量较大的新鲜水果有柑橘、苹果、梨、香蕉、芒果、葡萄等。我国是世界上果树起源最早、水果资源以及水果种类最为丰富的国家之一，水果总产量居世界首位。水果产业是我国种植业中仅次于粮食、蔬菜的第三产业，在我国国民经济中占据着重要的地位。

水果在我国的地域分布较为分散，热带及亚热带水果椰子、芒果、菠萝、桂圆、荔枝、柚子、香蕉等在低温下会发生冻害，因而只分布在华南地区。柑橘、枇杷等亚热带水果能耐轻寒，但在-9℃及以下低温时仍会发生严重冻害，一般只分布在秦岭—淮河以南地区。秦岭—淮河以北的温带地区则盛产苹果、梨、柿子、葡萄等温带水果。我国长城以北和新疆北部地区，因为冬季过于严寒，苹果等温带水果难以生长。

水果分类的依据不同，各个水果的归属有所差异。根据味性的差异，水果可以分为寒性、中性和温热性水果。如西瓜、梨、柑、橘等属于寒性水果，适合热性体质的人食用，苹果、葡萄、香蕉等属于中性水果，适合多数体质人食用，而荔枝、樱桃、龙眼、板栗等属于温热性水果，一般适合寒性体质的人食用。

在园艺学上，根据构造和特性，水果大致分为仁果类、核果类、柑橘类、浆果类、瓜果类以及热带及亚热带水果类。

（1）仁果类。

这类水果属于蔷薇科。果实的食用部分为花托、子房形成的果心，所以从植物学上称为假果，如苹果、梨、沙果、山楂、木瓜等。

（2）核果类。

这类水果的食用部分是中果皮。因其内果皮硬化而成为核，且果核一般较大，故称为核果类，如桃、杏、李、梅等。

（3）浆果类。

浆果类水果的外果皮为一层表皮，中果皮及内果皮几乎全部为柔软多汁的浆质，故称浆果，如葡萄、草莓、蓝莓等。

（4）瓜果类。

瓜果类水果的果皮在老熟时形成坚硬的外壳，内果皮为浆质，如西瓜、哈密瓜、甜瓜等。

（5）柑橘类。

外皮含油泡，表面油光，由若干枚子房联合发育而成，食用部分为若干枚内果皮发育而成的囊瓣，如柑、橘、橙、柠檬、柚等。

（6）热带及亚热带水果类

这类水果主要生长在热带及亚热带地区，属炎热气候下成长的水果，如香蕉、菠萝、芒果、荔枝等。

此外，不同种类的水果的营养成分及原料加工特性有所差异，但总的来说，水果加工具有以下4个特点。

1）水果原料营养成分的丰富性

果蔬除含有75%～90%的水分外，还含有各种化学物质，某些成分还是一般食物中所缺少的。果蔬所含的这些化学成分构成了果蔬的固形物，根据化学成分的功能不同，这些物质通常分为4类：营养物质（碳水化合物、脂肪、蛋白质及氨基酸类、维生素、矿物质等）；色素类物质（叶绿素、花青素、类胡萝卜素、黄酮类物质）；风味物质（糖、有机酸、芳香类物质等）；质地因子（果胶类物质、纤维素及半纤维素、水分等）。正是这些丰富的物质成分构成了果品的色、香、味、形等基本品质，而不同水果的具体成分的含量差异也影响了水果的营养特性以及后期的加工工艺。

2）水果组织结构的多样性

水果是由不同的细胞组成的，细胞的形状、大小随果品种类和组织结构的不同而不同，细胞的直径一般为10～100μm，细胞由细胞壁、细胞膜、液泡及内部的原生质体组成，它们的性质和结构与果蔬的加工有一定的关系，如核果类的果皮基本上由几层厚壁细胞组成，与果肉之间有薄壁细胞组织，除李子外，较少含有蜡粉，易采用碱液去皮；仁果类果肉靠近种子部位有一周维管束，它是外界养分、水分输送的通道，在加工中有一定的影响，仁果类种子深藏于整个种腔中，种腔外为一层厚壁的机械组织，在加工中易对品质造成影响，应全部除去；浆果类是一类多汁、浆状且柔嫩的果品的总称，该类水果不耐贮藏，适宜制作果汁和果酱。

3）成熟上市时间的集中性

水果成熟、收获的季节性很强，绝大多数果品一年产一季，上市集中，如果销售渠道不通畅，常常会造成果品滞销，价格下降。果品大量滞销，加上果品的不耐贮藏性，常常会对果农造成重大的经济损失，如杨梅、枇杷的主产区在长江以南，收获期只有短短的一个月左右，即使现代的物流交通便捷，但仍然会造成大量的鲜果因为采后不能及时销售，损失严重，果品的保鲜及深加工产业是解决这一问题的有效途径。

4）采后果品的不耐贮藏性

水果原料的易腐性的表现主要是变质、变味、变色、分解和腐烂。目前，果蔬采后损失为总产量的40%～50%，有些发展中国家还要高，达到80%～90%。由于果品含有丰富的营养成分，所以极易造成微生物感染；同时，采后呼吸作用也会造成变质、变味等不良影响，具体表现在以下3方面。

呼吸作用引起品质劣变：果实采摘后，尽管果实脱离了母体，但它依旧是有生命的活体，呼吸作用的机制就是在酶的参与下，果实机体中的营养成分被氧化分解为简单的物质，并伴随能量释放的动态过程。呼吸作用意味着营养物质的分解、消耗，水分的损失，致使品质劣变。果实的呼吸分为有氧呼吸和无氧呼吸，由于无氧呼吸会产生乙醇、乙醛等物质，所以贮藏保鲜过程中遵循的原则就是将果品的呼吸尽量控制在有氧呼吸的最低水平，且不让果品产生无氧呼吸。

化学反应引起的品质劣变：采后呼吸作用的进行伴随着一系列的化学反应，这些化学变化会造成果品色泽、风味的变化。这类变化源于水果内部本身化学物质的改变（如水解）或水果与氧气接触发生作用，也可能是水果与加工设备、包装容器等接触发生反应。色泽变化包括酶促褐变、非酶褐变、叶绿素和花青素在不良处理条件下变色或褪色、胡萝卜素的氧化等；风味变化主要是由果蔬的芳香物质损失或异味产生引起的；果蔬中果胶物质的水解会引起果蔬软烂而造成品质败坏，而维生素受光或热分解的损失，不仅造成了风味的变化，而且使营养损失。

微生物引起的腐烂：水果营养丰富，是微生物生长繁殖的良好基地，极易滋生微生物。果蔬败坏的原因中微生物的生长繁殖是主要原因，由微生物引起的败坏通常表现为生霉、酸败、发酵、软化、腐烂、变色等。

随着果业发展的规模化和集约化，果业种植面积和产量逐渐增加，水果加工量快速增加，水果副产物产量也随之大量增加。水果副产物含有丰富的高价值营养成分，若不加以合理利用，不仅会造成资源的浪费，还会引起环境污染。因此，对水果副产物的开发利用既可以提高农产品的附加值，增加经济效益，变废为宝；又可以消除污染源，保护环境，从而确保我国水果产业持续、快速、稳步地发展。

4.1　我国水果副产物综合利用的研究及应用

4.1.1　水果副产物资源及其分类

4.1.1.1　水果副产物资源

水果副产物包括落果、残次果和加工后剩余的果皮、果渣、果核、种子、叶、茎、根等下脚料以及加工废水等。在水果种植、贮运和加工过程中，往往会产生大量的副产物。国家统计局数据显示，2023 年全国水果总产量预计超过 3 亿吨左右，水果副产物的数量也高达上亿吨，其中蕴含了大量宝贵的财富。以苹果为例，2023 年全国总产量会在 3500 万~3700 万吨（国家统计局数据），粗略估计苹果副产物的产量超过百万吨。改革开放初期，由于缺乏应用技术的深入研究和大力推广，使苹果副产物资源优势不但未能得以发挥，反而带来了环境污染的问题。近些年来，通过加强技术的研发，利用苹果副产物开发出系列副产品，如果胶、膳食纤维、微生物发酵饲料等，逐渐形成了苹果副产物综合利用的产业链。此外，还可从柑橘皮中提取香精油、果胶、苧烯和黄酮等，从菠萝皮中提取蛋白酶和粗纤维，用富含糖分的水果皮渣酿酒、酿醋或加工制成动物饲料等。农产品副产物资源的高值化、无废弃开发已成为未来农副产品加工业的发展方向。

4.1.1.2　水果副产物资源分类

（1）非食用部分。

除可食用的果实外，有很多果树或水果的其他部分如叶、茎、花、根等也可以作为水果副产物加以利用，例如，香蕉树的茎叶中可溶性碳水化合物及多种维生素含量丰富，特别是叶中有较高含量的粗蛋白和纤维素。香蕉皮中含有比较丰富的微量元素，粗蛋白和粗脂肪的含量也比较高，通过加工处理后可用在饲料、造纸、医药等行业。

（2）落果和残次果。

很多水果在生长发育和成熟过程中会因生理或外部环境的原因产生一定量的落果，如果能及时收集利用这些落果，可以最大程度地挽回果农的经济损失。有的水果采前落果的功能性成分含量更高，如柑橘采前落果的果胶、类黄酮等成分比成熟果实更高，用于提取这些成分的成本更低。水果采摘后品质参差不齐，经过分级筛选后实现优质优价。但分选后不宜鲜销或加工的残次果又称为等外果，其中多数虽然外观不佳，但是口感风味不错，而且其营养价值并无太大损失，去掉腐烂、损坏的部分后还可以进行榨汁或制成果脯等产品。

（3）加工副产物。

果蔬加工副产物是指在果蔬加工过程中产生的副产物，如果皮、果核、果渣、种子等。我国是水果生产大国，水果产量连年增加，其加工副产物也越来越多，尤其是果皮在整个水果中占较大比重，是水果加工副产物中的主要部分。以我国四大水果苹果、香蕉、梨、柑橘为例，果皮的比例分别为10%～15%、35%～41%、11%～16%、16%～23%。果蔬加工副产物的主要成分有糖分、有机酸、维生素、酚类、黄酮类、蛋白质、脂肪、原果胶、纤维素、半纤维素及矿质元素等，如柑橘皮、苹果皮就是提取食用果胶的最佳原料。

4.1.2 水果副产物资源利用现状

4.1.2.1 水果副产物的直接利用

水果在加工过程中会产生大量副产物。通过对这些副产物的综合利用，既可以增加附加值，提高水果加工的经济价值，增加社会财富，又可减少把这些副产品当作垃圾处理的负担和环境污染。如菠萝是罐头和果汁产品的重要制作原料，但用菠萝加工罐头时，大约只利用了40%的果肉，剩下的不规则碎果肉、果心、果眼以及菠萝在削皮、修整和切片时产生的自流汁往往被压榨加工成菠萝汁而加以利用，而且压榨后的渣主要是木质纤维，是制纸和胶合板的理想原料。

目前，水果加工中产生的各种副产品基本上被综合利用，而且有些水果的副产品实现了资源化多层次利用。如柑橘类的果皮中含有果胶5%左右、橙皮苷2%～3%、精油0.5%、色素、维生素以及钾、钙、铁等微量元素等。因此，柑橘皮首先可以用来提取香精油，随后提取果胶和黄酮类等功能性成分，一些成分甚至还可作为混浊剂、杀虫剂、抗菌剂。把柑橘皮渣进行发酵，还可以产生乙醇、甲烷等。柑橘类果皮也可以直接用作果脯、果酱、果茶、果冻等食品的原料，还可以制作成重要的中药和食品调味剂——陈皮。还有研究直接将苹果渣加工成苹果粉，不仅感官指标良好，而且苹果粉中含有丰富的果糖、蔗糖和果胶，具有较高的生物活性，可应用于面包业和糖果点心业。通过研究开发水果的多种产品形式，提高水果副产品资源的加工附加值，更能提高这些资源的社会和市场接受度。表4-1中列出了5种主要品类的水果的综合加工产品形式。

表 4-1 5 种主要水果的综合加工产品形式

水果类	部分	产品
苹果	果皮或果渣	果蜡、果丹皮、果酱、果胶、苹果粉、膳食纤维片或饮料、饲料等
	果肉	苹果汁、罐头、果酒、果醋等
	果心	籽油等
柑橘	果皮或果渣	橘皮饮料、陈皮、果酱、膳食纤维片、果胶、精油、苧烯、类黄酮等
	果肉	果汁、果酒、果醋、罐头、汁胞等
	籽	籽油、柠檬苦素等
梨	果皮或果渣	多酚、梨油等
	果肉	榨汁、罐头等
	果心	饲料等
葡萄	果皮或果渣	色素、无色多酚、堆肥、饲料等
	果肉	榨汁、葡萄酒等
	籽	籽油、原花青素等
	茎或枝条	堆肥、食用菌栽培基质等
香蕉	香蕉皮或树叶	入药、果胶、膳食纤维、饲料、叶绿素铜钠盐等
	果肉	果脯、饮料、脆片等

4.1.2.2 水果副产物有效成分提取

（1）膳食纤维。

膳食纤维是植物中难以在人类的小肠中被消化吸收、在大肠中会被全部发酵分解的可食部分或类似的碳水化合物。随着人们对自身饮食习惯的认识，膳食纤维作为一种具有缓解糖尿病和肥胖等流行病症状的功能性食品基料受到越来越多的关注。很多研究者致力于从植物资源特别是从果蔬加工后的下脚料中寻找并开发膳食纤维，如以柠檬皮渣为原料，以乙醇为溶剂，分别在不同温度下制备具有较高营养价值的柠檬膳食纤维，并同时提取维生素 C 和黄酮类成分；利用苹果加工下脚料生产苹果膳食纤维的设备投资小、生产成本低、产品质量稳定。

水果副产物中可溶性膳食纤维的主要成分是果胶。果胶具有抗菌、止血、消肿、解毒、降血脂、抗辐射等作用，还是一种优良的药物制剂基质。目前，全世界的果胶年需求量逐渐增大，大部分商品果胶都是从柑橘皮或苹果皮中提取的，也有一些研究者尝试从其他水果副产物中获得果胶，比如用硫酸提取和酒精沉淀法从猕猴桃皮渣中制备果胶，但得率仅为 4% 左右，也有学者以提取蛋白酶后的菠萝皮渣为原料，采用类似方法获得果胶。水果皮渣中果胶的提取方法较多，主要包括酸提取乙醇沉淀法、离子交换法、酸提取盐沉淀法及微生物法等。目前从水果副产物中提取果胶的企业如山东安德利果胶公司已经具有较大规模，但仍需要更多的专业化企业，才能充分利用我国几十万吨的水果副产物。

（2）油脂。

水果副产物中的油脂包括皮精油、果肉（汁）油以及种籽油。水果皮精油中最具代表的柑橘皮精油存在于外皮细小油胞中，世界年产量高达 4 万吨，是目前产量最大的天然香精油，被广泛应用于调味剂、饮料、食品、化妆品、烟酒制品、肥皂、医药制品及杀虫剂的生产。柑橘皮精油中的化学成分有上百种，其中 85% 是苧烯，苧烯去污能力极强，是"超级清洁剂"，广泛用于电子和航空工业的清洁工作中，同时也可用于合成高级有机化合物。有学者认为鳄梨油是化妆品的天然优质原料，含大量的不饱和脂肪酸和丰富的维生素，特别是维生素 E 及胡萝卜素，对紫外线有较强的吸收力，是护肤、防晒、保健化妆品的优质原料。另外，柑橘、葡萄等水果种籽中的油具有其他农作物种籽油所没有的特性，非常适合应用于化妆、食品及药品中。以柑橘皮精油为例，油脂的提取方法有 5 种：蒸馏法、冷榨法、浸提法、吸附法和超临界流体萃取法，其中超临界流体萃取法提取的精油往往因其萃取条件温和而具有较高的品质。

（3）功能性物质。

水果副产物中含有大量的功能性成分如多酚类、维生素、有机酸等，对人体健康具有特殊保健功能，如维生素、多酚类具有抗氧化作用，能清除人体内的自由基，预防心血管疾病，提高人体免疫力。有报道从杏和木瓜皮渣中分别提取维生素 E、熊果酸和齐墩果酸等活性物质。目前，为了提高水果副产物中活性物质的提取效果，研究者往往采用微波、超声等物理辅助方式。有学者采用超声波辅助方法分别提取温州蜜柑皮渣中的总酚和山楂皮渣中的总黄酮，发现超声波辅助不仅能加快总黄酮的提取耗时，还能提高黄酮的抗氧化能力。这些功能性成分的提取不仅提取物本身对人体健康具有积极意义，同时还能提高水果加工产业的附加值。

4.1.2.3　水果副产物生物质转化

水果副产物中功能成分的提取因成本较高且也会留下大量残渣造成污染而制约了其在工业上的大规模生产，然而将水果副产物直接作为饲料又有可能不利于动物的消化吸收，但若将其进行生物转化发酵生产饲料、肥料、燃料、有机酸、酶制剂等从而提高其利用价值，不仅可减少巨大的资源浪费，而且能为发展水果产业另辟蹊径。

（1）发酵生产果酒或果醋。

利用水果资源酿酒最典型的当属葡萄酒，葡萄酒在世界各地都受到了极大的欢迎并逐渐形成了悠久而深厚的葡萄酒文化。目前国内也出现了一些苹果酒和柑橘酒企业，但是国外市场目前广泛关注的猕猴桃酒和梨酒，在国内市场还尚未有较大规模和影响的品牌上市。随着人们生活水平的提高，高档低度保健型果酒已逐步被国内消费者接受，具有一定的开发前景和市场潜力。

食醋是人们日常生活中不可缺少的调味品，传统的食醋是以大米、玉米等淀粉类食物为主要原料酿制而成，其工艺复杂、成本高，不仅消耗大量的粮食，而且营养、风味、口感逐渐不能满足人们越来越高的要求。以水果代替粮食通过微生物发酵，可以保留水果中的矿物质元素，调节人体的钾钠平衡，保护心血管。此外，果醋一般具有水果的特殊芳香和色泽，具有不同于一般醋饮的口感、风味、外观，更受市场欢迎。近年来，果醋作为一种保健调味品，在欧美、东南亚以及日本风靡一时，产品种类繁多、用途广泛。早在 20 世纪 90 年代，国内曾掀起醋酸饮料的一段热潮，醋酸饮料被认为是继碳酸饮料、饮用水、果汁和茶饮料的第 4 代饮料。目前国内开发的果醋或果醋饮料种类主要有苹果、柑橘、猕猴桃、山楂等，有学者甚至以菠萝皮渣为主要原料，采用半固态发酵和二次补糖工艺，对菠萝皮渣的酒精发酵和醋酸发酵工艺进行研究，以确定最优酿造工艺参数和实现菠萝皮渣果醋的高效生产。然而，我国果醋总体产量较少，产品品质不理想，多数为醋酸和果汁、蜂蜜调配而成，口感和风味不尽人意。

（2）果渣发酵产柠檬酸和酶制剂。

柠檬酸作为重要的化工原料，被广泛应用于食品、医药、精细化工等行业中，需求量越来越大。我国目前生产柠檬酸的主要原料为薯干和玉米，但由于该类粮食的种植面积以及粮食安全政策的调整，生产柠檬酸的原料成本上升很快。以苹果、柑橘等水果榨汁后的废渣为主要原料，发酵生产柠檬酸，既充分利用了果渣中丰富的还原糖、纤维素和半纤维素资源，又开辟了一条低成本生产柠檬酸的新途径。同样，许多酶制剂的生产都以微生物发酵方式为主，选用农业废弃物作为发酵培养基的碳源是降低生产成本、高效利用资源的理想方式。而且很多微生物分泌的酶制剂都为诱导酶，在较高浓度底物的诱导下能够大幅度提高目标酶制剂的产量。因此，富含果胶的水果皮渣是微生物发酵生产果胶酶系的优良培养基材料。

（3）发酵生产饲料蛋白、肥料。

水果加工废渣含维生素、果糖等可溶性营养成分，很适合用作发酵基质，发酵后可用作饲料。发酵后粗蛋白含量增加，粗脂肪和灰分含量也大幅提高，同时消除了其中的抗营养因子，饲喂效果和经济收益比鲜用和烘干用有较大提高。有学者以菠萝皮渣为原料生产蛋白饲料，选出了最佳的菌种组合，最优条件下饲料中粗蛋白含量达到 17.8%。柑橘皮渣含有大量糖分，是生产发酵饲料的理想原料，中国农科院柑桔研究所自 20 世纪 90 年代便开始柑橘皮渣发酵饲料的研究，研制的柑橘皮渣发酵饲料的生物活性物质含量高，饲喂奶牛效果好，产奶量大幅度提高，并成功地将该技术在重庆万州地区进行了示范推广，不仅解决了皮渣处理难题，而且为企业创造了利润。水果皮渣中有机质、氮、磷、钾等植物需要的营养元素含量较高，皮渣肥料同时具有给植物提供养分和改良土壤的功效。有学者利用高温纤维菌和果胶菌进行高温堆肥发酵，可无害化处理柑橘皮渣生产有机肥，适量添加能够提高烤烟种植的烟叶产量和品质。

（4）发酵生产乙醇或沼气。

利用水果皮渣并通过微生物发酵生产燃料乙醇是一种安全可再生的方法，生产的乙醇可以作为可枯竭能源——石油的替代品。以柑橘皮渣为原料，通过酶或酸水解成可发酵糖液，再通过糖酵解途径由发酵乙醇的微生物转化为乙醇，提取脱水到体积分数为 99.5% 即得到燃料乙醇。还有一些报道利用微生物发酵柑橘皮渣同时生产燃料乙醇和其他产品，如糖蜜和饲料。有学者在厌氧及恒温条件下，利用葡萄皮渣作为发酵原料，采用批量发酵工艺生产沼气，研究了产生沼气的工艺条件且获得了较好的成效。

4.1.3　水果副产物综合利用存在的问题及建议

4.1.3.1　重视、解决水果副产物的农药残留问题

目前，水果农药残留问题不仅是农产品安全问题，同时也在一定程度上限制了水果副产物的再利用。应大力提倡水果规范化和无公害化生产；避免工业生产的"三废"对果园环境的污染；政府应加强引导农民科学施用农药，避免或降低农残量，并积极开展农药残留监测

工作。多方位、全过程地监管水果副产物中的农药将有利于我国水果副产物的综合利用。

4.1.3.2　加大水果副产物利用技术的实用性

水果副产物综合利用技术的实用性体现在技术的可放大和多集成两方面。国内的一些研究所和高校在实验室对水果副产物综合利用进行了小批量的研究，工业化放大的可行性研究和技术推广效益的认证还不够，这在一定程度上制约了水果副产物的综合利用。此外，目前多数研究主要集中在单一技术方案，往往忽视了资源利用的效益最大化，应该大力研发成套的多技术集成、覆盖水果及其副产物加工全过程的技术体系。

4.1.3.3　重点研究现代生物技术在水果副产物综合利用中的应用

生物技术是引导未来农业生产的重要学科。发酵工程、酶工程、基因工程、生物信息技术在水果副产物的产品开发、生物转化、活性物质的提取与分析检测上的运用，必将提高水果副产物资源的利用率。

4.2　苹果加工副产物综合利用

苹果是落叶果树的主要栽培树种之一，也是世界上果树栽培面积较广、产量较多的果树品种之一，在世界上80多个国家形成了规模种植及生产，它与柑橘、葡萄、香蕉一起被称为世界四大果树。苹果由于生态适应性较强，果品营养价值高，广受大众青睐。在苹果的营养组成中，总糖为10%~17%、苹果酸为0.3%~0.6%、蛋白质和氨基酸为0.3%~0.4%、矿质占干重的0.2%~0.3%、维生素C含量可达30mg/100g，还含有维生素A、维生素B_2等。苹果的耐贮性好，供应周期长，世界上相当多的国家都将其列为主要消费果品而大力推荐。

苹果的加工产品以浓缩汁、果酱、苹果片等为主，我国苹果由资源优势向经济优势转化的主要途径是加工浓缩苹果汁。然而苹果在加工过程中会产生大量的副产物，苹果副产物是指苹果被加工成罐头、果汁、果酱和果酒等剩余的下脚料，主要由果皮、果核和残余果肉组成，经测定，在苹果渣皮中果皮、果肉占96.2%，果籽占3.1%，果梗占0.7%。

苹果加工产业每年产生的苹果鲜渣占鲜果重量的25%~30%，除少量的苹果鲜渣被用于深加工或直接当作堆肥处理外，绝大部分被遗弃，由于鲜苹果渣水分含量在70%~80%，极易腐败变质，既污染环境又造成资源的浪费。苹果渣中含有一定量的蛋白质、糖分、果胶质、纤维素、半纤维素、维生素和矿质元素等成分。为了充分利用苹果渣资源，净化环境，增加果农、苹果加工企业的经济收益，苹果加工副产物的综合利用具有减少环境污染、变废为宝、提高苹果加工产值的作用，这对苹果深加工产业的健康可持续发展具有重要意义。

近年来，许多食品科研人员开始重视苹果渣资源综合利用方面的研究，在苹果渣开发利用领域做了大量的科研工作，为实现苹果渣资源化利用奠定了基础。利用和转化苹果渣具有多种途径，如发酵酒精、制取果胶、提取多酚、生产酶制剂、提取香精和色素、生产低聚糖、发酵柠檬酸、制取膳食纤维等。

4.2.1　苹果渣提取果胶

苹果皮渣及残次果、风落果都能用于提取果胶，苹果皮渣中果胶的含量可达10%~15%。

一般从苹果皮渣中提取果胶的方法是酸水解法（图 4-1）。

（1）工艺流程。

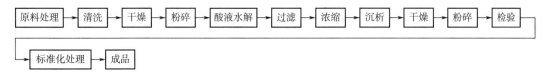

图 4-1　酸水解法的工艺流程

（2）操作要点。

1）原料处理。

苹果皮渣原料来源于苹果浓缩汁厂或罐头厂，一般新鲜的苹果皮渣含水量较高，极易腐烂变质，要及时处理。将苹果皮渣清洗去杂后，在温度为 65~70℃的条件下烘干，烘干后粉碎到 80 目左右待用。

2）酸液水解。

向粉碎后的苹果皮渣粉末中加入为皮渣粉末重量 8 倍左右的水，再用盐酸调节 pH 为 2~2.5 进行酸解。在 85~90℃下，酸解 1~1.5h。

3）过滤。

酸解完毕后进行过滤，去渣留液。

4）浓缩。

将过滤液在温度为 50~54℃、真空度为 0.085MPa 下浓缩。

5）沉析（酒精沉析法）。

浓缩后得到的浓缩液要及时冷却并进行沉析。按 1∶1 的比例向冷却后的浓缩液中加入 95%的乙醇，待沉析彻底后，过滤或离心分离，脱去乙醇并回收得到湿果胶。

6）干燥。

将所得湿果胶在 70℃下真空干燥 8~12h，然后粉碎到 80 目左右，即得果胶粉。必要时可添加 18%~35%的蔗糖进行标准化处理，以达到商品果胶的要求。

4.2.2　苹果渣提取膳食纤维

对于膳食纤维，不同的专业机构的定义侧重点有所差异，AACC 膳食纤维专业委员会将膳食纤维定义为：膳食纤维是指能抑制人体小肠消化吸收而在人体大肠中部分或全部酵解的植物性可食用成分，主要为碳水化合物及其类似物，包括多糖、寡糖、木质素以及相关的植物性物质。而根据联合国粮农组织（FAO）的定义，膳食纤维是指能用公认的定量方法测定的人体消化器官所固有的消化酶所不能分解的食用动植物的构成成分。现在普遍接受的简单概念是：膳食纤维包括植源性的原生态非消化性碳水化合物和木质素；功能纤维包括有益于人体生理的非原生态非消化性碳水化合物；总纤维是膳食纤维和功能纤维的组合。

膳食纤维是继蛋白质、碳水化合物、脂肪、维生素、矿物元素和水之后的第七大营养素。根据在水中的溶解性，膳食纤维分为非水溶性膳食纤维和水溶性膳食纤维。非水溶性膳食纤维包括纤维素、木质素、某些半纤维素等；水溶性膳食纤维包括果胶、植物胶等。膳食纤维能够平衡人体营养，调节机体功能，对预防及治疗糖尿病、高脂血症及肥胖症等疾病具有重要作用。苹果渣中的膳食纤维主要是多糖类碳水化合物，一般为非晶形，无甜味，难溶于冷水，可溶于热水、酸、碱或盐溶液，不溶于乙醇、丙酮、正丁醇、乙醚、乙酸乙酯等有机溶剂。

（1）工艺流程（图4-2）。

图4-2　从苹果渣中提取膳食纤维的工艺流程

（2）操作要点。

1）原料的处理。

将苹果皮渣清洗去杂后，在温度为65～70℃的条件下烘干，烘干后粉碎到80目左右待用。

2）漂洗。

用苹果皮渣重量10～20倍的温水（不超过40℃）浸泡苹果皮渣，时间以1～2h为宜，同时加入为1%～2%的淀粉酶，使苹果渣中的淀粉水解为糖，便于漂洗除去。

3）脱色。

由于苹果渣富含花青素，对膳食纤维的色泽有一定影响，故应除去。目前常用的脱色方法有酶法和化学法。酶法：加入0.3%～0.4%的花青素酶，调整pH为3～5，加热至55～60℃，40min。化学法：可使用的脱色剂包括H_2O_2、Cl_2或漂白粉等。脱色完成后漂洗过滤除去溶液即可。

4）干燥、活化处理。

滤渣干燥至含水量为6%～8%后进行功能活化处理。活化处理是制备高活性、多功能膳食纤维的关键步骤，没有经过活化技术的膳食纤维无生理活性。目前常用的活化技术为螺杆挤压技术，挤压条件为：入料水分为191.0g/kg，末端温度为140℃，螺杆转速为60r/min。经活化处理后的苹果膳食纤维的水溶性增加，功能作用加强。

4.2.3　苹果渣制作青贮饲料

苹果渣经过适当加工处理即可用作畜禽的饲料。苹果渣的营养价值较高，适口性好，各种畜禽都喜欢食用。据分析，风干的苹果渣粉含粗蛋白3%～5%、粗脂肪5%～7%、粗纤维13%～16%、无氮浸出物65%～75%。苹果渣中的赖氨酸是玉米粉的1.7倍，精氨酸是玉米粉的2.75倍，其消化能为11388kJ/kg，代谢能为9337kJ/kg。1.5～2.0kg的苹果渣粉相当于1.0kg玉米粉的营养价值。利用苹果渣制作青贮饲料，不仅可以变废为宝，而且可以大大降低饲养成本，增加经济效益。

（1）工艺流程（图4-3）。

图4-3　苹果渣制作青贮饲料的工艺流程

（2）操作要点。

1）原料的选择。

苹果渣的选择必须严格按照青贮原料的条件来进行，这是制作青贮饲料成败的关键。具体要求是：新鲜多汁，最好选用果品加工厂 1~2 天内生产的新鲜果渣；果渣要无污染、无霉变；对混入土石块、瓦片、塑料薄膜等杂质的果渣，必须进行清杂处理后才能使用。

2）初步处理。

新鲜苹果渣的含水量都在 80% 以上，比青贮原料的适宜含水量（60%~70%）还要高一些。降低苹果渣含水量一般采用的方法有：一是依靠自身重量或增施重物压挤，促使果渣中的水分流失一部分；二是在新鲜果渣中加入适量的干料，以降低其含水量。可把干野草铡成 1~3cm 长的段，加入量可按每 100kg 果渣加入 15~20kg 干料来计算，也可加入适量的小麦麸皮，以提高果渣的营养价值，降低水分含量。

3）装填压实。

装填之前，先在窖底铺上一层生石灰，灰上再铺一层垫草，然后将处理后的苹果渣逐层铺平，每铺 20~30cm 厚时踏实一次，不要等装满后再踏，以免影响青贮质量。每立方米装料 500~600kg。应尽量缩短装填时间，最好在 3~5 天之内装完，以利于生产出优质的青贮饲料。待原料装至高出窖口 1m 左右时，即可停止装填，进行封埋。

4）封埋。

在封埋窖口时，要求做到不透气、不渗水，料中不能混入泥土等杂质。因此，应先在原料上盖一层塑料薄膜，然后再压上 15~20cm 厚的湿麦秸或湿稻草，草上再压 30~50cm 厚的土。土层表面要压实拍平，密封顶隆起形成一个馒头形，以便排水。

5）管理。

封埋窖口后，青贮窖内要防止雨水流入及空气进入，以防引起腐烂。并且要在青贮窖口周围挖好排水沟，以便排水之用。还要经常检查窖顶下陷情况，如发现有裂缝，应及时用土封严踏实。苹果渣经过 35~40 天的密闭发酵后，即成青贮饲料。

6）成品。

一般来说，优质的苹果渣青贮饲料，应具有香味，呈绿色或黄色，并且质地紧密，层次分明，可饲喂牛、羊等家畜。

4.2.4　苹果渣发酵生产柠檬酸

柠檬酸是广泛应用在食品、医药、精细化工等行业中的一种重要的化工原料，近年来，由于经济增长迅速，对柠檬酸的需求量也越来越多。目前，国外生产柠檬酸的主要原料是糖蜜。在我国生产柠檬酸的主要原料是玉米和薯干，加工技术主要采用的是深层发酵。此外，还有研究通过深层发酵精淀粉来制取柠檬酸。制取柠檬酸的原料越来越广泛，以苹果渣为主要原料发酵生产柠檬酸也是可行的，而且还具有一定的优越性，一方面微生物能将苹果渣中含有的纤维素、半纤维素和还原糖等成分转化利用，另一方面由于苹果渣原料价格低廉，从而也降低了柠檬酸的生产成本。

（1）工艺流程（图 4-4）。

图 4-4　苹果渣发酵生产柠檬酸的工艺流程

（2）操作要点。

苹果渣发酵生产柠檬酸的关键是筛选或诱变得到优良的菌种，使其适合苹果渣发酵生产柠檬酸。有的学者通过激光诱变的方法，选育出了适合柠檬酸发酵的黑曲霉突变株，同时结合复合纤维素酶酶解苹果渣，从而提高发酵底物中还原糖的含量，然后进行液态深层发酵生产柠檬酸，酶解后还原糖含量可提高到 36.3%，提高了单位苹果渣制得的柠檬酸产量，总糖的利用率可达到 80%。

4.2.5　苹果渣发酵生产苹果醋

苹果醋澄清透明、风味清爽，含有 93 种营养成分。苹果醋具有延缓衰老、软化血管、预防心脑血管疾病、美容养颜等多种医疗保健作用，是一种价廉物美、老少皆宜的保健功能饮料。充分利用苹果渣中的营养成分，选择合适的发酵工艺生产苹果醋，既增加了苹果的经济附加值，又降低了生产成本，提高了苹果的综合经济价值。

（1）工艺流程（图 4-5）。

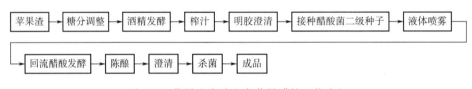

图 4-5　苹果渣发酵生产苹果醋的工艺流程

（2）操作要点。

1）糖分调整。

当苹果渣糖分含量达不到发酵酒精度的要求时，可通过补加蔗糖来调整糖度。先将蔗糖与水按 1∶4 的质量比调和，然后用蒸汽加热至 95~98℃，杀菌 20~25s，过滤并冷却至 50℃时加入灭菌的苹果渣中，然后将糖浓度调至 12% 左右。

2）酒精发酵。

将湿苹果渣在 80℃下灭菌 30min，再冷却至 24℃，加入 8% 的驯化酵母培养液，搅拌均匀，密封发酵，温度控制在 30℃ 左右，发酵 72h 左右再终止酒精发酵。

3）榨汁、澄清。

苹果渣在酒精发酵后经压榨得到的发酵醪用明胶澄清。

4）醋酸发酵。

接种 10% 的醋酸菌二级种子液，在 37℃ 恒温条件下喷雾回流发酵 4~5 天。具体操作：将发酵醪以雾化方式喷入空气中与氧气充分接触进行有氧发酵，并在泵的作用下使发酵醪处于不断循环的状态。

5）澄清。

醋酸发酵结束后，果醋再用明胶澄清，并在 95℃ 下高温杀菌 15min。

6）灌装、杀菌。

将苹果醋灌装、密封，85℃灭菌 20min，然后冷却至室温，即为成品。

4.3　柑橘加工副产物综合利用

柑橘是世界和我国产量第一的水果，据联合国粮农组织（Food and Agriculture Organization of the United Nations，FAO）统计数据，2019 年全球柑橘种植面积为 $9.9×10^6hm^2$，总产量达 1.58 亿吨。我国是世界柑橘的主要起源地，4000 多年前就有栽种柑橘的文字记载，目前柑橘的种植面积与产量均居世界第一。2010~2019 年，我国柑橘种植面积从 $2.025×10^6hm^2$ 增至 $2.62×10^6hm^2$，产量从 2581.7 万吨增至 4584.5 万吨，增幅分别高达 29.38% 和 77.58%。

我国柑橘的种植区域主要集中在湖南、广西、重庆、江西、广东、四川、福建、浙江、湖北 9 个省、自治区和直辖市，这 9 个省、自治区和直辖市的柑橘种植面积占全国柑橘总种植面积的 92.29%，产量占全国总产量的 94.73%。从产量变动角度看，2010 年以来我国柑橘产量整体大幅增长，广西、湖南、湖北是当前我国产量前三的柑橘主产区；2015 年以来广西柑橘种植面积大幅增加、产量居首位，特别是 2019 年其柑橘产量占全国 24.53%。从产量增长率占全国总产量的变动角度看，2010 年以来产量增长率最快的是广西，达到 259.03%，其次是贵州、云南和重庆，而上海、江苏、甘肃和浙江甚至出现负增长趋势，其他省、自治区和直辖市的产量增长率在 11.03%~87.14%。

4.3.1　柑橘副产物资源的种类

柑橘副产物资源包括柑橘落果、疏果、残次果和加工产生的皮、渣、种子等下脚料与废水等。这些柑橘副产物资源富含果胶、类黄酮、类胡萝卜素、类柠檬苦素、香精油和辛弗林等功能性成分，其高效、高值利用已成为柑橘产业的重点发展方向。

（1）生理落果、疏果和残次果。

柑橘属植物易成花，但坐果率较低，一般为 3%~5%，丰产树可达 10% 左右，低产树则通常不到 1%。各种类、品种间的落花、落果和落蕾比率不同：宽皮橘以落果为主，占落花落果总数的 83%~97%；橙类以落蕾落花为主，占落花落果总数的 69%~77%。柑橘生理落果有两次明显高峰期，第一次发生在 5 月上中旬（花谢 1~2 周），幼果从果梗处脱落，落果数量多，占总落果数的 73%~99%，时间短而集中；第二次落果高峰期出现在 6 月上旬，幼果枯黄后从蜜盘处脱落，至 6 月下旬后才基本停止脱落，落果较大，占总落果数的 0.02%~27%。柑橘品种多、栽培广，每年都需进行疏花疏果，产生的大量花、果仅有少部分被加以利用，大部分被丢弃。中药枳实的原料就是柑橘类幼果或者生理性落果，其主要功能性成分包括类黄酮和生物碱等，因具有抗氧化、抑菌、抗肿瘤等多种生理作用而被广泛应用于制药行业。与成熟柑橘相比，柑橘生理落果和疏果中类黄酮、辛弗林和类柠檬苦素含量更高。经分选后不宜鲜销或加工的残次果虽外观不佳，但其营养和功能性成分并无二致，仍可用于提取制备功能性成分。

（2）加工副产物。

柑橘加工副产物是指在柑橘加工过程中产生的皮、渣、种子等下脚料。据美国农业部最新统计数据，从 2008 年至 2021 年，橙类一直是柑橘种类中年产量最高的类别，2010 年全球橙类年产量达到历史最高峰，为 5597.4 万吨，占柑橘总产量的 61.9%；巴西是全球最大的橙类柑橘生产国，年产量为 1441.0 万~2260.3 万吨，占全球甜橙总产量的 32.0%~40.3%；美国的橙类柑橘年产量为 352.0 万~828.1 万吨，占全球甜橙总产量的 9.9%~16.3%；中国的橙类柑橘年产量为 590 万~760 万吨，占全球甜橙总产量的 10.5%~14.6%。在柑橘加工业发达的国家，如美国和巴西，大部分橙类被用来加工，其中巴西的橙类加工量常年居世界首位，加工量高达 947.0 万~1709.5 万吨，加工比为 64.3%~77.0%；其次是美国，加工量为 201.0 万~661.4 万吨，加工比为 57.0%~79.9%；全球橙类平均加工比为 37.0%~47.6%。宽皮柑橘产量仅次于橙类，自 2008 年起，全球宽皮柑橘年产量呈逐年上升的态势，2020 年全球宽皮柑橘总产量为 3306.0 万吨。我国是全球最大的宽皮柑橘生产国家，从 2008 年到 2020 年，宽皮柑橘产量从 1265 万吨增至 2312 万吨，占全球总产量的 63.6%~69.9%。宽皮柑橘的其他主要生产国家和地区依次是欧盟，产量为 283.0 万~347.0 万吨；日本的产量为 84.6 万~112.4 万吨；土耳其的产量为 75.6 万~175.0 万吨；摩洛哥的产量为 53.2 万~138.0 万吨；相比于橙类，宽皮柑橘的年加工量较低，全球加工总量仅为 138.4 万~168.0 万吨。我国是世界上宽皮柑橘加工的主要国家和地区，年加工量为 48 万~66 万吨，占全球加工总量的 35.9%~47.7%；其次是欧盟，其加工量占全球的 21.2%~35.1%。据国家统计局统计，2019 年我国柑橘产量 4584.5 万吨，按照柑橘皮渣占柑橘全果重的 30%~50% 计算，年产柑橘皮渣超过 1300 万吨。

（3）加工废水。

柑橘果汁和罐头加工是目前柑橘加工废水的主要来源，如果实清洗、橘皮软化、酸碱脱囊衣等加工单元会产生大量废水。以柑橘罐头加工为例，我国柑橘罐头企业每生产 1 吨橘片罐头需用水 30 吨，这些水大部分变成了加工废水。这些废水中的有机质含量高，部分化学需氧量（chemical oxygen demand，COD）超过 10000mg/L，同时废水中还有大量果胶物质，生物处理难度大。柑橘罐头加工用水贯穿全部加工流程，不同环节排放水质情况各有不同，COD 从 100~5000mg/L 不等。其中排放废水量较大的主要有 4 道工序，分别为酸碱处理、果囊输送、分级和果囊检验，所排废水量分别占总废水量的 20%、20%、20% 和 15%。果囊输送水、分级水和果囊检验水的 COD 在 300~500mg/L，酸碱处理水 COD 在 1500mg/L 以上。研究发现，通过分析柑橘罐头生产过程中各工序用水量以及排放水的感官和理化指标，采用适量用水、分类用水和循环用水等过程优化措施，确定系统性节水方案，方案实施应用后每吨产品耗水量降幅高达 41.27%，节水效果突出，经济与生态效益显著。

4.3.2 柑橘副产物资源利用现状

4.3.2.1 直接利用

橘皮中果胶为 15%~20%、橙皮苷为 2%~3%、香精油为 0.5%~2%，此外还有一定量的色素、维生素以及钾、钙、铁等微量元素，可直接用于加工果脯、果酱、果茶、果冻等食品。Casimir 等报道了整果与果肉浆质混合生产柑橘饮料的方法，可根据不同需要添加果汁浆质及果皮等破碎原料，从而获得品质较佳的果汁饮料。单杨在国内率先分析了柑橘全果制汁及果粒饮料的技术现状及产业化应用情况，并对我国全果制汁及果粒饮料的发展前景进行了展望。杨颖等发现高能球磨能显著降低脐橙全果果浆的粒径，且其流变特性与球磨处理时间密切相关。橘皮经低温干燥后加工成陈皮是其直接利用的一条重要途径，以橘壳为容器制备橘普茶，即先将柑橘果肉掏空，干燥后填充普洱茶，兼具柑橘和普洱茶的功效与风味。Qi 等采用顶空固相微萃取气相质谱法分析了 19 种橘皮复配黑茶挥发性成分的差异，鉴定出 68 种风味活度值大于 1 的挥发性化合物。

4.3.2.2 功效成分的提取与制备

1. 制备果胶

果胶是一类广泛存在于植物细胞内的寡糖和多聚糖的混合物，主要由不同酯化度的半乳糖醛酸以 α-1，4-糖苷键聚合而成，常带有鼠李糖、阿拉伯糖、半乳糖、木糖、海藻糖、芹菜糖等中性糖。果胶具有良好的增稠、稳定、胶凝、乳化等功能特性，同时作为一种天然大分子酸性多糖，具有降血脂、降胆固醇、抗辐照、吸附重金属离子、润肠通便等作用，已广泛应用于食品、医药、化工等行业。Kurita 等采用酸化提取的柑橘果胶的黏度和分子量较高，中性单糖含量显著升高，甲基化程度和半乳糖醛酸含量均降低。传统酸提醇沉法因大量使用无机酸，易产生酸废水，造成环境二次污染；超声波、微波等物理场辅助提取技术，可有效缩短提取时间、降低能耗和增加果胶得率。Fishman 等发现微波加压辅助提取技术有利于柑橘果胶快速溶出，但长时间微波暴露导致果胶分子降解。Su 等采用表面活性剂结合微波辅助提取柑橘果胶，得率高达 32.8%，半乳糖醛酸质量分数为 78.1%、酯化度为 69.8%、分子量为 $2.862×10^5$。亚临界水提取是通过调节温度来控制水的介电常数，实现不同极性化合物的快速萃取；该方法不使用酸、碱和催化剂，且可在数秒到数分钟内完成，是一种绿色高效的提取方法。Wang 等用亚临界水从橘皮中提取果胶，其最大得率为 21.95%，且分子量、半乳糖醛酸含量、酯化度和中性单糖组成均受亚临界水温度的影响。柑橘加工废水因含有大量果胶也是提取回收果胶的重要来源。Chen 等报道了一种从柑橘罐头加工废水中规模化回收果胶多糖的方法，酸性废水和基本加工用水中果胶多糖的回收率分别为 0.30% 和 0.45%。柑橘加工废水中除了果胶多糖外，还存在低聚糖和类黄酮物质，其含量分别为 11mg/mL 和 3mg/mL。此外，柑橘皮渣经过提取果胶后，其残余物与聚乳酸模压成型，可制备成可完全降解的育苗钵。

2. 制备类黄酮

类黄酮化合物广泛存在于柑橘属植物中，不同类型及品种的柑橘所含类黄酮化合物的种类和分布各不相同。柑橘类黄酮中含量最高为黄烷酮，多以糖苷形式存在。张菊华等发现宽皮橘和橙类果皮中橙皮苷含量最高，达 13.0g/kg，椪柑、砂糖橘、南丰蜜橘、贡柑、瓯柑的多甲氧基黄酮含量较高，平均含量超过 1.0g/kg；新橙皮苷主要存在于香柠檬、葡萄柚和苦橙汁中，而芸香糖苷则主要存在于香柠檬、橙子、宽皮柑橘和柠檬果汁中；柚子中的类黄酮化合物主要是柚皮苷、橙皮苷、新橙皮苷、柚皮芸香苷等黄烷酮糖苷类，其中柚皮苷占 80% 以上。Ma 等研究了超声提取条件对椪柑中橙皮苷的影响，发现提取溶剂、超声频率与提取温度是影响橙皮苷得率的主要因素。Inoue 等以 V（二甲基亚砜）：（甲醇）= 1：1 的混合溶剂为提取溶剂，室温下微波辅助萃取柑橘幼果皮 30min，橙皮苷含量高达 58.6mg/g，是成熟果皮的 3.2 倍。许玲玲等报道了酶解法提取陈皮中橙皮苷的最佳工艺条件为料液比 1：40、果胶酶用量为 3.2%、pH 为 3.0、酶解温度为 45℃、酶解时间为 2.3h，橙皮苷得率为 5.4%。张锐等研究了亚临界水提取陈皮中的橙皮苷，提取温度为 140℃、提取时间为 45min、液料比为 20mL/g，提取率达 79.3%。Cheigh 等用亚临界水提取橘皮中的橙皮苷，提取温度为 160℃、提取时间为 10min，橙皮苷含量达 72.0mg/g，得率分别比采用乙醇、甲醇和热水提取的高 1.9，3.2 和 34.2 倍。

柚皮苷传统提取工艺的产品纯度低，需要多步重结晶法纯化，溶剂、能量和单耗大幅增加。李炎等采用超滤法从柚皮中提取分离柚皮苷，在超滤压力为 0.15~0.25MPa、循环通量为 180L/h、料液 pH 为 9~10、温度为 50℃的条件下，产品纯度高达 95%。陈仪本等用鲜柚皮质量 4 倍的加水量，在 50℃条件下用 Ca（OH）$_2$ 调节 pH 为 7~7.5 浸提 3h，总柚皮苷抽提率为 2.95%~4.75%。贾冬英等用原料质量 25 倍的 70%的乙醇、在 60℃条件下保温浸提 1h，两步结晶法所得柚皮苷精制品纯度为 90.01%。董朝青等在提取温度为 90℃、浸提溶剂为 70%乙醇、提取时间为 90min、液固比为 25∶1mL/g 的条件下提取 3 次，柚皮苷提取率达 83.32%。吴红梅等采用饱和石灰水对柚皮渣进行前处理，再用 5mol/L 的氢氧化钠溶液调节 pH 为 13，在 60℃下提取 180min，抽滤并浓缩静置，结晶干燥后柚皮苷粗品得率为 4.9%。

3. 制备类胡萝卜素

部分类胡萝卜素是人体组织器官的重要组成成分，如叶黄素是视网膜黄斑的组成成分，摄入不足可能会导致老年性黄斑衰退症；以 β-胡萝卜素为代表的一大类约 50 种类胡萝卜素则是维生素 A 的来源，具有抗氧化、抗癌、保护眼睛、保护皮肤等多种功效。Rosenberg 等采用 D-柠檬精油提取橘皮类胡萝卜素，优化了料液比、颗粒大小、提取时间和温度，从 1kg 瓦伦西亚橘中可得 4.5g 粗色素浓缩液。李佑稷等确定提取橘黄色素最佳工艺条件是以 pH 为 5.0、体积分数 99.7%的无水乙醇为提取溶剂，按 1g 橘皮粉加 8mL 提取剂的比例投料，在 65℃浸提下 5h。Kumar 等采用纳米磁珠固定化的纤维素酶和果胶酶对橘皮进行催化水解，与游离态催化相比，在 pH 为 5.0、50℃条件下经固定化酶催化后的类胡萝卜素提取率增加了 8~9 倍。Montero-Calderon 等优化确定了超声辅助提取橘皮活性成分的工艺，在 400W 超声功率、50%乙醇水溶液的条件下提取 30min，总类胡萝卜素得率为 0.63mg/100g。Ndayishimiye 等采用超临界二氧化碳法从柑橘副产物中优化提取类胡萝卜素，最佳提取工艺条件为 25.196MPa、温度 44.88℃、橘皮与柑橘种子的入料质量比为 1.91，类胡萝卜素为 1.983mg/g 油状物。Murador 等基于离子液体和超临界萃取从橘皮中提取类胡萝卜素，并对其成分进行表征，共鉴定出 10 种游离类胡萝卜素、12 种单酯类、11 种双酯类、20 种脱辅基类胡萝卜素和 8 种脱辅基酯类。

4. 制备类柠檬苦素

类柠檬苦素是一类三萜系衍生物，以游离苷元和配糖体形式存在于柑橘属植物组织中（种子中含量最高）。苷元主要存在于未成熟种子和果实，而配糖体则主要分布于成熟种子和果实。以游离苷元形式存在的类柠檬苦素不仅水溶性差，而且味苦，是大多数柑橘类水果的苦味物质之一，也是柑橘类果汁及其他加工制品产生"后苦味"的原因。类柠檬苦素的代表物主要有柠檬苦素和诺米林，在柑橘中的含量超过 6mg/kg。类柠檬苦素配糖体水溶性好、无苦味，且仍保留与其相应苷元相似的生理活性，可作为配料用于加工制造多种功能性食品。

橙汁加工副产物中类柠檬苦素苷元占整果总量的 50%，是橙汁中含量的 2 倍。每加工 1

吨内含 500mg/kg 类柠檬苦素苷元的橙类，加工副产物中含有 0.45kg 柠檬苦素苷元。据美国农业部统计，2020~2021 年全球橙类加工量为 1980.5 万吨，其副产物中约含 8900 吨柠檬苦素苷元。柑橘汁加工副产物通过加工（压榨）可获得单萜柠檬烯，剩余残渣可用来水解提取柑橘果胶，通过压榨获得的汁液可浓缩获得糖浆（通常含有 1300~5000mg/kg 的柠檬苦素苷元）。Schoch 等报道了一种从柑橘糖浆中回收多种柠檬苦素苷元的方法，该法采用阳离子交换树脂进行脱色，阴离子交换树脂被用来从含多种带负电的化合物的混合液中分离柠檬苦素苷元，最后采用苯乙烯-二乙烯基苯树脂对柠檬苦素苷元进行富集以去除水溶性杂质。Yu 等采用超临界二氧化碳从葡萄柚糖浆中提取柠檬苦素配糖体（主要为柠檬苦素-17-β-D-吡喃葡萄糖苷），最佳提取条件为压力 48.3MPa、温度 50℃、V（乙醇）:V（二氧化碳）= 1:9、时间 40min、流量 5.0L/min，得率为 0.61mg/g 糖浆。通过对柑橘种子进行梯度提取获得柠檬苦素游离苷元和配糖体，也可采用缓冲溶液从柑橘种子中选择性获得，还可采用超临界流体进行萃取。

5. 制备香精油

香精油存在于柑橘外皮细小油胞中，为果皮鲜重的 0.5%~2.0%；据估算，全球柑橘香精油年产量高达 4 万吨，是目前产量最大的天然香精油。柑橘香精油中包含了萜烯类、倍半萜烯类、高级醇类、醛类、酮类和酯类等含氧化合物，具有令人愉悦的独特芳香风味，并具有抗氧化、抑菌等作用。可通过蒸馏法、浸提法、热榨法、冷榨法及超临界萃取法等来提取制备柑橘香精油。与水蒸气蒸馏法相比，冷榨法在室温下操作，其香气更接近鲜橘果香，色泽为淡黄色，成分中含有较多醇类和较少柠檬醛。与传统提取方法相比，超临界 CO_2 萃取技术具有萃取率高、操作参数容易控制、操作温度低、能保留香精油的有效成分及不需要浓缩步骤等优点。柑橘香精油主要成分是萜烯烃类化合物，其对香气贡献较小，且易氧化变质而直接影响精油的品质，因此在生产上一般通过真空浓缩（减压蒸偏）除去这类物质。付复华等采用超临界 CO_2 萃取技术分离大红橙油中的萜烯类物质，可将目标萜烯类物质的相对含量降至 73.84%。微胶囊技术是实现精油产品缓释功能的重要技术手段之一，蒋书歌等以吐温 80 为乳化剂，去离子水为水相，通过相转变法制备纳米乳，其平均粒径为 10~20nm，粒径分布较均匀。

目前，从柑橘皮中提取香精油大多采用压榨法或冷压法。柑橘香精油既可采用整果磨皮法，即在果汁压榨之前，对柑橘进行磨皮取油，典型设备如布朗国际公司的榨汁机；也可采用无瓤半果法，即果汁提取之后压榨提油的方法，典型设备如美国食品机械化学公司（FMC）的 PJE 榨汁机。根据柑橘果皮精油含量的不同，FMC 榨汁机的出油率为 0.15%~0.44%，分离得到的香精油质量高、易于精炼；若 FMC 榨汁机调整得当，对柑橘皮精油的回收率可达果皮精油质量分数的 55%~60%。

6. 制备辛弗林

辛弗林（synephrine）在酸橙幼果中含量最高，具有提高新陈代谢、增加热量消耗、氧化脂肪、减肥的功效，其结构和内源性神经递质、肾上腺素及去甲肾上腺素相似，已广泛应用于医药、食品等行业。辛弗林存在 3 个不同结构或位置的异构体形式［对位（p-）、间位（m-）、邻位（o-）］，其中 p-辛弗林的植物性来源主要是芸香科柑橘属植物，p-辛弗林和 m-辛弗林可通过化学方法合成，o-辛弗林则只能化学合成。p-辛弗林在柑橘幼果中含量较高，随着果实成熟含量降低；p-辛弗林在果肉、果汁、干燥橘皮中的质量分数分别为 0.20~0.27mg/g、53.6~158.1μg/L、1.2~19.8mg/g。

提取辛弗林主要采用超声提取或回流加热提取。吴崇珍等采用乙醇溶液冷浸法和回流法提取枳实中的辛弗林，选用 95% 的乙醇回流提取 3 次，每次 1.5h，辛弗林的平均含量为 4.38mg/g。沈莲清等比较了乙醇回流和盐酸超声两种方法对个青皮中辛弗林的提取效果，结果表明乙醇回流法得率最高为 6.28mg/g，而盐酸超声法得率最高为 5.86mg/g。陈志红等采用水溶液微波破壁法提取枳实中的辛弗林，辛弗林的含量为 9.36mg/g、相对提取率达 98.1%。张璐等采用超声波辅助乙醇浸提法对枳实中辛弗林的提取工艺进行优化，得到最佳工艺条件：颗粒度为 30 目、乙醇体积分数为 67.90%、液固比为 12∶1mL/g、提取时间为 16min、超声功率为 420W，在此条件下辛弗林的提取量为 5.87mg/g。Fan 等使用分子印迹固相萃取技术选择性提取枳实中的辛弗林，通过富集、纯化和洗脱得到纯度质量分数为 87.5% 的辛弗林，其中分子印迹聚合物由辛弗林标准品、功能性单体甲基丙烯酸和乙二醇二甲基丙烯酸酯按物质的量比例 1∶4∶20 组合而成。李玲等以辛弗林为模板分子，通过沉淀聚合法制备辛弗林分子印记聚合物，并利用分子印迹固相萃取技术对辛弗林进行精制，其质量分数由 1.93% 提高到 93.34%，提取率为 73.90%。张海龙等采用不同分子截留量的超滤膜对枳实提物液进行超滤分级分离，再用 D3520 大孔吸附树脂吸附分离超滤透过液中的色素，然后用反渗透浓缩及冷冻干燥，获得纯度质量分数为 89.61% 的 L-辛弗林冻干粉。张菊华等报道了辛弗林与橙皮苷的工业化联产工艺：枳实原料经粉碎后经 pH=0.3 盐酸溶液浸提，滤液采用 Dowax 50（H⁺）强酸阳离子交换、真空浓缩得到辛弗林；滤渣采用碱提酸沉的方法制得橙皮苷；联产工艺获得的橙皮苷纯度 95.0%~98.0%、提取率为 24.0%~28.0%，辛弗林纯度 20.0% 以上，工业化提取率 3.0‰ 以上。

7. 柑橘皮色素物质的制备

从柑橘皮中提取得到的色素，可代替或部分代替人工合成色素用于食品的着色，该类色素的主要成分是胡萝卜素及类胡萝卜素，它们均具有良好保健功能，添加到食品中既可提高食品的营养价值，又具有一定的功能性，此外橘皮中含有的维生素 E，可防止癌细胞的生长，尤其能够治疗皮肤癌，具有延迟细胞衰老和增强人体免疫力的功效。

4.3.2.3　生物质的发酵转化

1. 制备乙醇

利用水果皮渣通过微生物发酵生产燃料乙醇是一种安全且可再生的替代化石能源法。柑橘皮中含有丰富的 D-柠檬烯，会抑制酵母生长，因此在进行固态发酵前，要去除 D-柠檬烯。Wikins 等采用蒸汽爆破法对橙皮进行前处理，可除去橙皮中 90% 的 D-柠檬烯，然后用酿酒酵母进行糖化和固态发酵，橙皮在 37℃ 下发酵 24h 后的乙醇浓度达到峰值。Boluda-Aguilar 等同样采用蒸汽爆破法对柠檬皮进行前处理，然后用酿酒酵母对其进行糖化和发酵以产生乙醇和半乳糖醛酸，每吨鲜柠檬皮可生产超过 60L 的乙醇。Choi 等也采用蒸汽爆破（150℃、10min）对橘皮进行前处理，然后用酵母进行糖化和发酵处理以生产乙醇。Oberoi 等报道了两步法、水解结合发酵橙皮生产乙醇的方法，橙皮在 121℃ 下、经质量分数为 0.5%~1.0% 的酸初次水解 15min 后，产生大量羟甲基糠醛和醋酸，糖含量显著降低；初次水解后的橙皮残基经质量分数为 0.5% 的酸二次水解，随后接种酵母在 pH 为 5.4、温度为 34℃ 的条件下发酵

15h，乙醇得率为 0.25g/g 干基橙皮，单位容积生产率达 0.37g/(L·h)。

2. 制备柠檬酸

柠檬酸作为重要的化工原料，需求量日益增大；目前我国生产柠檬酸的主要原料为薯干和玉米，由于粮食类种植面积及粮食安全政策调整，导致柠檬酸的原料成本大幅上涨。以柑橘榨汁后的废渣为主要原料发酵生产柠檬酸，既充分利用了果渣中丰富的还原糖、纤维素和半纤维素，又开辟了一条低成本生产柠檬酸的新途径。Hamdy 采用黑曲霉发酵以橙皮为主要基质的培养基生产柠檬酸，结果表明橙皮基质通过黑曲霉在水分质量分数为 65%、基质载量为 20%、起始 pH 为 5.0、温度为 30℃、旋转速率为 250r/min 的条件下发酵 72h，同时采用甘蔗糖蜜对培养基进行强化，获得的柠檬酸最大产量达 640g/kg 橙皮。Torrado 等采用黑曲霉对橙皮进行固态发酵产生柠檬酸，最高产量为 193mg/g 干橙皮。Rivas 等发现在温度为 130℃、料液比为 8.0g/mL、每千克培养基添加 40mL 甲醇的条件下，水解液中的可溶性糖能够有效地转化为柠檬酸，最高浓度为 9.2g/L，容积生产率为 0.128g/(L·h)，可溶性糖得率为 0.53g/g。Deveci 等在柱状生物反应器中利用黑曲霉对柑橘废弃物水解液进行发酵生产柠檬酸，并对其工艺进行了优化，生产效率高达 41.86%。

3. 制备饲料

柑橘皮渣含有丰富的碳水化合物、脂肪、维生素、氨基酸和矿物营养成分，可作为微生物发酵的基质；同时，还含有大量的纤维素、木质素和果胶类生物大分子物质，采用酶法处理能将其降解为微生物可利用的小分子物质，生产附加值较高的单细胞蛋白饲料。余海立等以柑橘皮渣为原料，通过超微粉碎进行前处理，采用双酶法降解纤维素与微生物发酵法生产蛋白饲料，在 50℃时，果胶酶添加量 0.06g/100g、纤维素酶添加量 0.02g/100g、pH 5.0 的条件下酶解 1.0h，可得还原糖含量适宜、酵母利用度高的皮渣液；再调节该酶解液 pH 至 4.0，酵母接种量为 10.0%，35℃发酵 5 天，得可溶性蛋白质质量浓度为 101.9mg/L 的高蛋白饲料。李赤翎等优化酵母发酵柑橘皮生产饲料的较佳发酵工艺为培养温度 30℃、培养基起始 pH 为 5、培养时间 4 天，发酵后每克干基柑橘皮渣的酵母细胞数达 9.26 亿个，粗蛋白质含量显著上升至 28.06%。Tripodo 等采用果胶酶对柑橘皮渣进行液化处理，与其他农业废弃物相比，液化后的柑橘皮渣具有良好的可消化性、蛋白质含量也非常可观。Zhou 等以橘皮废物为原料，通过果胶降解和粗纤维降解协同作用，显著增加了蛋白质含量。

（1）柑橘皮渣制备蛋白饲料的加工工艺流程（图 4-6）。

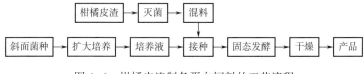

图 4-6　柑橘皮渣制备蛋白饲料的工艺流程

（2）操作要点。

混合培养基配方中以橘渣为主，适当添加微生物生长所需的其他有机或无机碳源和氮源，使微生物能充分利用培养基中的物质，并为其创造适宜的培养条件，以达到最好的生长效果。

所选的有机物要优选那些价格低廉、含纤维较多的物质，如麸皮、统糠等。

对于生产单细胞蛋白饲料的技术来说，菌种无疑是发酵首先要考虑的问题。菌种筛选直接决定了发酵的成败和发酵效果的优劣。菌种性能对发酵产品的质量、柑橘皮渣的转化利用率、发酵条件的控制起到决定性的作用。

所选菌种必须符合以下条件：①安全、无毒副作用。②菌种遗传性能稳定，能在较长时期保持优良的性能。③生长、繁殖速度快，以尽可能地缩短发酵周期。④能充分分解、利用柑橘皮渣，能够在柑橘皮渣等纤维含量较高的培养基质上较好生长。⑤接种微生物具有错综复杂的相互关系，所选菌株应具有一定的协同、促生长作用。

柑橘皮渣发酵蛋白饲料中除含有丰富的蛋白质外，还含有多种游离氨基酸及小分子的麸皮、尿素、硫酸铵、较多酶类、维生素、无机元素以及少量核酸类物质。所以利用柑橘皮渣发酵生产的饲料是一类营养丰富优质的蛋白质饲料。

4. 制备有机肥

柑橘皮渣中除含大量水分外还含有丰富的有机质、氮、磷、钾等植物所必需的营养元素，兼具营养植物和改良土壤的双重作用，可广泛应用于农林业生产；柑橘皮渣有机肥具体是指以柑橘皮渣为主要原料配合其他农业生产有机废物，如谷壳、稻草、秸秆等，通过微生物作用发酵无害化处理生产有机肥。Guerrero 等发现将干燥后的橙类果浆、果皮废弃物按比例添加到样品土壤后，土壤有机质及 N、P、K 的含量及莴苣平均产量均呈增加趋势。Tuttobene 等发现采用干橙皮作为有机肥的硬质小麦的产量与施传统氮肥的产量类似，达 3.63t/hm²，且比传统氮肥更有助于硬质小麦的生长；重复喷洒高剂量（8kg/m²）有机肥则抑制硬质小麦的生长导致减产，而施用低剂量（4kg/m²）可产生最大效益。Meli 等研究了柑橘皮渣对土壤化学成分和微生物的影响，发现土壤中引入柑橘皮渣 20 个月后有助于改良土壤，尤其有助于增加土壤中有机质的含量和微生物的数量。Gelsomino 等对柑橘皮渣进行堆肥处理，经 5 个月的有氧呼吸生物转化，柑橘皮渣达到合理水分且无危害植物的毒性，可作为有机肥被添至苗圃作物培养基质或大田中。Wang 等研究了柑橘皮堆肥接种微生物的理化特性和细菌群落结构变化，发现中试规模堆肥的高温阶段比实验室规模堆肥长 20 天；碳/氮、有机物、水分、果胶和纤维素含量随堆肥过程而降低，但 pH、可溶性蛋白质和总养分却呈相反趋势；接种微生物提高了细菌群落的丰富性和多样性，多样性指数在 21 天达到峰值。

4.3.2.4 柑橘皮粉的加工技术

柑橘皮粉是一种良好的增量填料，可作为香味剂、着色剂及食用纤维广泛应用在果酱、冰淇淋、雪糕、酸奶、糕点、饼干等食品配料中，既可以改善食品的组织结构，又能提高食品的风味及口感，尤其是加入到冷冻食品中，可以很好地提高冷冻食品的胶凝力和保型性，并能延长食品的保藏期。因为柑橘渣中含有较丰富的蛋白质等重要成分，所以经过清洗、晾干、粉碎等简单的处理制成的柑橘皮粉也是一类非常有价值的饲料添加剂。

柑橘皮粉加工工艺流程如图 4-7 所示。

图 4-7　柑橘皮粉加工工艺流程

4.3.2.5 柑橘果酒的加工技术

（1）柑橘果酒加工工艺流程（图4-8）。

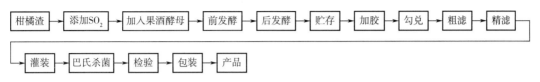

图4-8 柑橘果酒加工工艺流程

（2）工艺要点说明。

由于柑橘果汁含糖量较低、含酸度较高，糖酸比例不利于酵母发酵，所以发酵前先用白砂糖和柠檬酸调节果汁的糖酸比，使糖度达到22%、酸度降到0.5%~0.6%，将调节好的果汁静置24h，有利于色素及果渣的充分沉淀，随后装入容器中，在15~20℃的温度下发酵1~3个月。另外，发酵后的柑橘果酒一般酒精度较低，发酵后根据口味习惯，加入适量的食用酒精进行勾兑以提高酒精浓度。将调节好的柑橘果酒过滤、装罐、密封后在70~75℃下巴氏灭菌10~16min，然后降温冷却，即得透明、橙色、味浓、具特有橘香味的柑橘果酒。

4.3.2.6 柑橘皮休闲食品的加工技术

柑橘皮含有大量对人体有益的维生素C、胡萝卜素、蛋白质、糖类和多种微量元素，营养价值很高。用柑橘皮加工生产的休闲小吃，色泽橙黄，富有弹性；口感细腻，有一定的嚼劲，不粘牙；滋味清甜、温和，风味独特，女士和儿童很爱吃；且其产品加工成本低、销路畅，市场潜力较大。

1. 柑橘果丹皮加工技术

柑橘果丹皮既具有柑橘芳香，同时还带有些许苦味，其原因主要是加入了部分柑橘果皮。

（1）柑橘果丹皮加工工艺流程。

柑橘果丹皮加工工艺流程如图4-9所示。

图4-9 柑橘果丹皮加工工艺流程

（2）工艺要点说明。

1）原料预处理。

采用成熟或未成熟柑橘果实，除去种子，果肉进行脱苦，但允许带有少量苦味。

2）打浆。

将带少量果皮的柑橘果肉在打浆机内打浆。

3）浓缩。

把柑橘果浆置于不锈钢锅或夹层锅直接加热或蒸汽加热浓缩，最好使用真空浓缩或夹层锅蒸汽加热，首先蒸发部分水分，然后加入白糖，按原料量的50%加入白糖，并加入2倍质量的增稠剂海藻酸钠，海藻酸钠要事先加水、加热制成均匀的胶体，并按照原料所含的酸分适当加入柠檬酸，使其总酸量达0.5%~0.8%，然后加热浓缩至果浆呈浓厚酱体，其固形物为 55%~60%，最后可适当加入少量柑橘香精以增强其芳香味。

4）摊皮烘烤。

将柑橘酱摊开，厚度在 2mm 左右，然后放入烤房烘烤，在 60~70℃条件下烘到半干状态。

5）趁热揭皮。

从烤房取出后趁热将块状柑橘酱揭起，否则将不易分离。

6）切片、干燥、包装。

将柑橘皮切成方形或圆形饼状，把分切好的成品再送入烤房干燥，使含水量控制在 5%左右。干燥后，将柑橘皮包成小袋或筒式（颇似饼干包装）包装。

2. 柑橘皮脯的加工技术

（1）柑橘皮脯加工工艺流程（图 4-10）。

图 4-10　柑橘皮脯加工工艺流程

（2）工艺要点说明。

用清水将新鲜的橘皮洗净，再切成长 5cm、宽 0.5cm 的长条。用 10%的食盐水浸泡 1~2 天，脱去苦味。然后将橘皮条放入沸水中煮数分钟，以煮透为度。糖煮 5min 后再浸渍 24h 捞出，沥干糖液，放入烘箱式烘房烘烤，温度控制在 60~70℃，干燥至含水量降至 20%以下再取出。然后根据所需口味，加入适量加调味粉翻拌均匀即可。

4.3.3　柑橘副产物资源利用存在的主要问题

4.3.3.1　副产物资源综合利用率偏低

我国相关科研单位开展了大量柑橘副产物资源综合利用方面的研究，部分企业也建成了柑橘果胶、类黄酮、香精油和辛弗林等的规模化生产线。如与湖南省农业科学院等单位进行产学研合作：烟台安德利果胶有限公司创制五大系列果胶产品；涟源康麓生物科技有限公司的主打产品——新橙皮苷二氢查尔酮（neohesperidin dihydrochalcone，NHDC），已占据国内 50%的市场份额，并以 70%的出口额居全国榜首。然而，由于柑橘加工产业集聚度不高、多分散等不利因素，目前柑橘副产物资源利用主要集中于单一成分，缺乏对其全组分的梯次链式转化利用，直接导致综合利用率不高和资源浪费，严重制约产业的可持续健康发展。

4.3.3.2　关键技术和核心装备缺乏

我国虽已形成柑橘果胶、类黄酮、辛弗林、香精等的提取制备工艺与产业布局，但仍存在行业集中度低、规模小而散，部分关键核心装备仍依赖进口，单机多、自动化成套装备少、原始创新不足、高质量技术供给不够等问题。另外，加工副产物利用后产生的二次废渣、废水缺乏有效利用的关键技术与集成装备，直排后对环境影响大；如提取制备柑橘果胶的传统方法是酸提醇析工艺，该工艺过程会产生大量的废水、废气，若不进行合理处理，会造成环境的二次污染。

4.3.3.3　高附加值功能型产品略少

目前，虽然利用柑橘副产物资源提取制备了果胶、类黄酮、香精油、色素等多种成分，并开发了相应的产品；但是，这些产品大多是一些中间体或中间产品，如我国只有极少数公司掌握了酰胺化果胶产品改性关键技术，因此生产所需的酰胺化果胶仍需从斯比凯可（CP-Kelco）等国外公司大量进口。此外，现阶段利用柑橘副产物资源制备的产品，其功能特性还有待进一步挖掘，尤其对人体的健康功效需开展更深入的研究。

4.3.4　柑橘副产物资源利用的发展趋势

4.3.4.1　绿色低碳利用

柑橘副产物资源综合利用的关键核心共性技术是实现绿色低碳化。21 世纪，随着高效分级、物性修饰、非热加工、亚临界萃取、膜分离、节能干燥、发酵工程、酶工程、细胞工程等现代食品绿色加工与低碳制造技术的创新发展，高新技术已经成为引导新时代农业生产的重要技术手段之一，是跨国农产品-食品加工企业参与全球化市场扩张的核心竞争力和实现可持续发展的不竭驱动力。如采用热泵等节能干燥、生物合成、生物酶法加工、系统节水等技术，使柑橘副产物的产品开发、生物转化、活性成分提取的生产过程更加绿色低碳、节能减排，产品更营养健康。

4.3.4.2　高效高值利用

柑橘副产物资源除传统地用作生产乙醇、饲料、肥料等的基料外，还可被用作功效成分（配料）的提取来源。如柑橘生理落果和疏果可用来提取制备类黄酮、NHDC、果胶、辛弗林、圣草次甘、类柠檬苦素等；罐头加工产生的废水，可对其中富含的果胶进行回收利用。此外，可以通过结构修饰、微胶囊包埋等手段将提取制备的功能性成分制备成价值更高的产品，如果胶进行酰胺化改性制备酰胺化果胶，或通过定向降解制备小分子果胶；多甲氧基黄酮如川陈皮素、橘皮素和甜橙黄酮等可通过乳液体系进行稳态化递送，解决其生物利用度低的难题；香精油则可通过微胶囊进行包埋，实现缓释并防止氧化。

4.3.4.3　综合循环利用

对柑橘废弃物中的有用物质进行有效的闭环利用，实现零排放；通过推广先进适用的环保技术并配套环保设施设备，加大废弃物处理力度，杜绝二次污染，实现清洁化生产。坚持资源化、减量化、可循环发展，促进综合利用加工企业与合作社、家庭农场、农户有机结合，促使种养业主体调整生产方式，使副产物更加符合循环利用要求和加工原料标准；通过技术指导和科技服务，把柑橘副产物制作成饲料、乙醇、肥料等产品，实现综合利用、循环发展、转化增值、优化生态的目标。

4.3.5　提升柑橘副产物资源利用率的建议

4.3.5.1　加强科技攻关

建议科技与产业主管部门进一步推进柑橘副产物资源利用关键技术及配套装备研发的立项支持，重点加强对资源利用高值化、生产能力规模化、环境绿色友好化等核心技术与关键装备的研究与开发，进一步强化成果的转化应用与示范带动。如基于肠道微生物宏基因组学与人类营养代谢组学探索柑橘副产物功效成分对健康靶向的影响，开展功能因子高通量筛选与绿色制备、功能因子稳态化及靶向递送技术研究，开发系列高品质产品，实现柑橘副产物资源综合利用由低效、低值、分散利用向高效、高值、规模利用的转变。

4.3.5.2 制定专项规划

贯彻新发展理念，发挥规划引领作用，营造良好、宽松、健康的发展环境，编制柑橘副产物资源综合利用专项发展规划，并与农产品加工业规划、农业发展规划和经济社会发展规划的有关方案相衔接；提高产业集中度、增强国际竞争力，把资源优势变为产业优势、经济优势。着力聚焦柑橘副产物资源重点领域、主攻方向和关键环节，研究提出最经济、最有效的突破路径；着力集成、示范和推广一批高效高值综合利用成熟技术设备装备，通过工程、设备和工艺的组装物化，在相关重点地区、企业试点推广，完善产品标准、方法标准、管理标准及相关技术操作规程等；实现清洁化生产、绿色化发展。

4.3.5.3 强化财政投入

落实"生态中国""健康中国"战略，修正现有副产物综合利用的财政投入政策（从属于农产品加工业投入政策的附属品）。建议参照柑橘产地初加工等相关政策，形成相对独立的柑橘副产物资源综合利用财政投入机制，包括财政补贴、技术改造、新产品开发、技术创新、产业示范、项目倾斜、贷款贴息等；建立柑橘副产物资源收集、处理和运输的绿色通道，保障有效供应和及时加工；稳定投入、长期支持，实现综合利用、转化增值、环境治理。

4.4 浆果类水果加工副产物综合利用

浆果是肉质果的一种，其外果皮、中果皮、内果皮均呈肉质化，充满汁液，并内含一粒或多粒种子。在我国，像葡萄、草莓、蓝莓都属于久负盛名的鲜食浆果，均含有丰富的碳水化合物、有机酸、维生素及无机盐，并以其特殊的口感和抗氧化作用成为现在追求健康饮食的现代人的首选水果。浆果由于受自身的生物学特性和生理特性的限制，其耐藏性和流通性远逊于其他一些水果品种，加之贮藏技术不完善、运输和市场销售条件差等诸多不良因素的制约，使浆果在贮藏和销售中损耗极大，货架寿命短，这与消费者对浆果需求的迫切性相矛盾，因而新鲜浆果的包装技术问题日趋突出。

4.4.1 葡萄加工副产物的综合利用技术

我国是葡萄种植大国，葡萄加工过程中产生的副产物十分庞大，这对生态环境造成了巨大的负担。葡萄通常被大量地加工成葡萄酒、葡萄干、葡萄汁、罐头、果冻、蜜饯等产品。在葡萄的加工品中，葡萄酒、葡萄干的产量占90%以上。在葡萄制汁、酿酒的过程中，会产生大量的葡萄皮渣、酒脚、葡萄籽等副产物，这些副产物都可以进行综合利用，制备出具有营养价值和保健功能的产品。从葡萄皮中可提取花青素、葡萄皮红色素、白藜芦醇、芳香物质、果胶等。葡萄籽中有价值的物质主要是葡萄籽油和葡萄籽提取物，前者是高级保健用油，后者是高效抗氧化剂。从葡萄皮渣、酒脚、白兰地蒸馏后的废渣中可提取出酒石酸。因此，积极开展葡萄副产物的研究，化废为宝，具有一定重要的经济和社会意义。

4.4.1.1 葡萄枝条的利用

栽培葡萄属于葡萄科（vitaceae juss.）葡萄属（*vitis* L.），为多年生木质藤本或攀援灌木，生长过程中需要对枝条进行整形修剪，以维持一定的产量和质量。但修剪下的枝条，除极少部分留作扦插外，大部分枝条被废弃或焚烧，产生大量有毒物质和温室气体，造成环境污染，破坏生态平衡。葡萄茎中富含木质素、纤维素和半纤维素，经处理后可以成为良好的可再生有机能源。

1. 堆肥化处理

随着农业的可持续发展，堆肥化处理植物源性有机物料的技术及其堆肥应用研究得到广泛重视。可以利用自然界中丰富的微生物菌群，有效地对葡萄枝条进行生物降解，并将其转化成营养丰富的有机质肥料或土壤调理剂，还可以杀灭葡萄枝条上的病菌，阻止病菌的传播和污染。葡萄冬剪枝条是一种良好的堆肥化基质，无论是在不同的初始碳氮比（Carbon to Nitrogen ratio，C/N ratio）条件下堆制，还是与不同比例的羊粪联合堆制，都能成功地完成堆肥化过程。由于葡萄枝条存在 C/N 较高及固体颗粒大等问题，使得葡萄枝条不能直接用于堆肥化处理。将葡萄枝条切碎至直径为 20mm，添加颗粒较细、含 N 量较高的无机物或有机物，如尿素、鸡粪等，可有效解决上述问题，实现枝条的高效堆肥。王引权等研究证明添加无机 N 素比不加无机 N 素能更快地获得成熟稳定和富含作物所需营养的优质生态有机肥或土壤改良剂。刘小刚从腐烂的葡萄枝条上分离筛选出高效的枝条木质素降解菌，提高了葡萄枝条木质素的降解效率，为枝条堆肥、牲畜饲料的加工等多项葡萄枝条综合利用方面提供了依据。研究表明调节 C/N、翻堆次数、添加复合菌剂可以加速木质素、纤维素等有机碳物质的降解，有利于堆肥后期形成腐殖质类物质，提高腐熟程度，其中复合菌剂的添加量是影响总有机碳降解和腐殖质产生最重要的因素。

2. 作沼气能源

沼气资源作为一项极具应用前景的新能源，其开发利用对解决我国农村能源供应紧张的问题具有重要意义。葡萄栽培产生的废弃枝叶和葡萄酒生产中产生的皮渣、污水等废弃资源均可投入沼气池中，作为发酵原料。在葡萄园中建沼气池，这些资源发酵制取沼气后，能够满足葡萄园日常用电。沼渣和沼液可当作肥料还于田中，沼渣作基肥、沼液作追肥，沼液还可用于叶面喷肥和病虫防治，为葡萄生长提供营养，同时提高了葡萄根系对养分的吸收能力，减轻了叶面病虫害的发生，促进了葡萄产量的增加和品质的提升。范荣霞研究表明，施用沼渣、沼液肥对促进葡萄生长发育、增加产量、提高品质的效果显著，可减少因长期使用化肥而造成的土壤板结现象。邵志鹏认为沼液中含有各类氨基酸、赤霉素、糖类和核酸等生理活性物质，它们对葡萄的生长发育有调控作用。另外，把沼气池和青料贮存池结合，青料贮存池内较高的温度能够保证寒冷地区在冬季也能顺利产生沼气，从而提高沼气池的产气效率。

3. 功能性物质提取

（1）提取多酚物质。

葡萄枝条中多酚物质种类较多，其中含量最高的是单宁，不同葡萄品种间各物质含量具有显著性差异。研究表明提取物中的总酚、总黄酮和单宁的含量均与其清除自由基的能力呈正相关，这说明葡萄枝条具有潜在的开发价值。中国野生刺葡萄枝条具有较高的酚类物质含量和抗氧化性能，其总还原力与总酚、总黄酮、原花色素含量有较高的相关性（$R^2 > 0.9$），是具有良好开发前景的天然抗氧化剂及生物药品基料。孙玉霞等以冬季修剪的一年生葡萄枝条为试材，采用溶剂提取法，在提取温度为 70℃、料液比为 1∶16.5（m/V）、乙醇水溶液体积分数为 50% 的条件下，提取液中多酚的实际含量可达 14.126mg/g。高园等则利用超声波辅助技术从葡萄枝条中提取多酚类物质，并确定最佳工艺参数：体积分数 60% 乙醇溶液为提取液、料液比为 1∶12（m/V）、超声波提取时间为 30min、于 20℃ 条件下浸提 2 次，此条件下多酚类物质的提取率为 97.38%。在葡萄枝条粗提物的研究基础上，对其进行分离纯化并对其他具有生物活性的物质进行研究，可以进一步提高葡萄枝条的应用价值。张静等对 4 种大孔吸附树脂进行筛选，通过静态和动态实验对从葡萄枝条中提取的葡萄多酚类物质进行分离纯化研究，确定 ML-1 树脂为最理想的大孔吸附树脂，从而为多酚类物质的分离提取提供了更为有效的方法。

（2）其他物质提取。

葡萄枝条还富含木质素、纤维素及多种矿物质元素，可用于提取膳食纤维，或通过微生物降解获得多种生物制品。纤维素可以用于纤维的生产，木质素水解得到的多酚类物质可进一步加工制成抗氧化物质和微生物抑制剂，半纤维素可以用于提高可发酵性糖的含量或用于食品添加剂的生产。此外，利用葡萄枝条生产出的活性炭粉剂具有很好的孔度，可作为白葡萄酒的澄清剂，具有重要的商品开发价值。

4. 作饲料

富含纤维素、半纤维素、木质素的秸秆等农业有机物一直是牲畜饲料的重要组成部分。将葡萄枝条作为家畜的饲料，可充分利用葡萄枝条的营养并拓宽家畜饲料的来源。然而，木质素的难降解性及其对纤维素的保护作用阻碍了牲畜对葡萄枝条的消化吸收，所以需要木质素降解菌的帮助，从而提高这些农业有机物的利用率。收集废弃葡萄枝条，简易加工后作为饲草，极大程度上缓解了饲草短缺的问题，并减少了养殖成本。

5. 食用菌栽培基质

食用菌具有很强的木质纤维素降解能力，其生长过程中会产生木质纤维素降解酶，对原料中的木质纤维素进行分解利用，以供应其子实体的生长及呼吸作用的能耗。废弃葡萄枝条作为食用菌的栽培基质，一方面可高效实现葡萄枝条的生物学效益和生物转化率，避免了葡萄园枝条修剪带来的环境污染和资源浪费；另一方面可扩大食用菌的原料范围，为葡萄园带来附加的经济效益。目前已经有葡萄枝条栽培杏鲍菇、白玉菇、香菇、秀珍菇及双孢蘑菇的研究，还有研究在葡萄架下建畦，采用葡萄枝屑与玉米心混合栽培基质培养平菇，同样获得了良好的产量和生物转化率。陈娇娇等利用不同配方的葡萄枝生料栽培姬菇，通过对比实验筛选出最佳配方比，姬菇菌丝生长速率快、菌丝洁白、强壮，菇形良好，肉质厚实，产量和生物转化率高，具有很好的经济价值。黄卓忠等以葡萄枝屑为主料，筛选出适合毛木耳栽培的培养基配方，为葡萄种植业废弃物资源化利用及开拓食用菌栽培原料应用范围提供了科学依据。王玉民等用葡萄枝培养料栽培黑木耳杂交 99 菌株，筛选出以葡萄枝屑为培养料的最佳栽培料配方，为葡萄产区以葡萄枝屑培养料栽培黑木耳，提高产量、改善品质和增加收益提供了技术指导和理论依据。食用菌栽培后剩余的菌糠中含有大量的菌丝蛋白，并且仍有部分菌丝未吸收的养分，是较好的农肥，可回归到葡萄园中，实现葡萄园资源的循环利用，还可用来加工饲料、二次栽培食用菌、作为燃料和能源材料和作为土壤改良剂和修复剂等，为果农带来另外的附加经济效益。

4.4.1.2　葡萄加工过程中皮渣的利用

在葡萄酒的酿造过程中，有 20%～30% 的葡萄残渣产品，包括除梗破碎产生的果梗，压榨后的皮渣，以及转罐、陈酿过程产生的酒泥沉淀等，其中各成分的含量因葡萄品种而异。葡萄皮渣中功能性成分如天然色素、膳食纤维、有机酸、以亚油酸为主的多不饱和脂肪酸和具有抗氧化能力的多酚类化合物等的回收提取越来越受到重视，在抗癌和防治心血管疾病等方面有着卓越的效果，以葡萄皮渣为原料生产的保健品具有巨大的发展潜力。

1. 皮渣的发酵再利用

酿制产生的葡萄皮渣主要有两类，一类是白葡萄酒酿造过程中，榨汁后未经发酵的葡萄皮渣，该类葡萄皮渣可采用再发酵法制取酒精；另一类是发酵后的红葡萄酒皮渣，直接蒸馏可获得部分酒精。葡萄皮渣调整糖酸比、pH 后发酵，发酵结束后蒸馏除去酒头、酒尾，留中间，得到的酒精可以直接加入葡萄酒中增加酒度，或者密闭于橡木桶中陈酿，适当调配成优良白兰地。葡萄皮渣中加入糖浆，并补充适当的酒石酸后，可用于酿造桃红葡萄酒。

此外，葡萄皮渣中含有大量抗氧化物，如类黄酮、黄酮醇、花青素和可溶性单宁等，用葡萄皮渣酿造的醋不仅能够开胃健脾、解腥祛湿，而且具有很高的医疗价值，所以利用皮渣再发酵制备食醋、果醋以及多酚功能性饮料的研究较多。利用酒精浸提葡萄皮渣中的多酚物质，然后接种醋酸菌发酵；或者以玉米、麸皮为原料，酒精发酵后再加入葡萄皮渣进行醋酸发酵，经调配制得的葡萄果醋兼具了营养、保健、食疗等功能。

2. 提取膳食纤维

葡萄皮渣中富含膳食纤维、多酚、天然色素等植物营养成分，是优质的抗氧化膳食纤维资源。膳食纤维（dietary fiber，DF）对人类健康有积极的作用，在预防人体胃肠道疾病和维护胃肠道健康方面功能突出。Tseng 等的研究表明，葡萄皮渣可被作为提取抗氧化膳食纤维的原料（antioxidant dietary fiber，ADF）。在增加奶酪和色拉中膳食纤维和总多酚含量的同时，还可以延缓其在冷藏过程中的脂质氧化现象，证明了葡萄皮渣提取物可以作为功能食品的组分发挥促进身体健康和延长食品货架期的双重功效。Mildner-Szkudlarz 等研究发现，皮渣可以作为膳食纤维和多酚类物质的优良资源库并应用于饼干的生产中，10% 比例的皮渣可以显著提高饼干的膳食纤维含量，使饼干表现出较高的抗氧化能力。

膳食纤维的提取方法主要有机械物理法、化学分离法、酶法、微生物发酵法和膜分离法五种。基于考虑保持膳食纤维纯度和生理活性的要求，一般采用酶法和发酵法活化皮渣中的膳食纤维，使可溶性膳食纤维（soluble dietary fiber，SDF）的含量得以提高。许多研究多关注于葡萄皮渣膳食纤维提取工艺的优化，如筛选酶法最适菌株，以及对化学试剂法、酶法、微生物发酵法制取葡萄皮渣膳食纤维的工艺进行优化。普通粉碎后的葡萄皮渣纤维粉颗粒较大、口感粗糙，不利于在食品生产过程中加以利用。因此，陶姝颖等采用超微粉碎和挤压超微粉碎技术对葡萄皮渣纤维进行物理或化学改性，有效增加了葡萄皮渣 SDF 的含量，使其在满足食品加工需要的前提下提高功能特性。

3. 提取多酚类物质

葡萄酒学中多酚可分为色素和无色多酚两大类，其中色素主要有花色素和黄酮两类，无色多酚主要分为酚酸（苯酸类和苯丙酸类）、聚合多酚（儿茶素和原花色素）及单宁（缩合单宁和水解单宁）等。葡萄含有丰富的多酚类物质，主要分布在果皮和种籽中，红葡萄果皮中的多酚主要有花色素类、白藜芦醇及黄酮类，葡萄籽中的多酚主要为儿茶素、槲皮苷、原花青素、单宁等。它们具有多种生理功能和药理作用，如具有抗氧化性、能消除体内自由基、抗衰老、降血脂、降血压、预防心血管疾病、抗癌防癌、抑菌等作用，在油脂、食品、医药、日化等领域具有广阔的应用前景。

（1）提取色素。

葡萄色素属于天然花色苷类色素，主要存在于葡萄皮中，包括花青素、甲基花青素、牵牛花素、锦葵色素及花翠素等，葡萄色素安全无毒且含有一定的营养成分，可作为食品及化妆品等的着色剂。葡萄色素在酸性条件下色泽鲜艳，着色力强，安全性高，还有一些有益的生理功能，可广泛应用于饮料、糖果、糕点等食品工业，而且葡萄色素具有抗氧化和清除自由基的作用，具有一定的药用与保健价值。研究证明该色素在酸性条件下对热、光、常见金属离子、食品添加剂、碳水化合物等物质具有良好的稳定性，具有开发应用价值。近几年的研究仍关注于葡萄色素提取工艺的优化，雷静等以酿酒葡萄皮渣为原料，采用超声波提取方法，在单因素试验的基础上，通过正交试验确定了酿酒葡萄皮渣色素提取的最优条件：料液比为 1：10（m/V）、pH 为 3.0、超声波温度为 60℃、超声波提取时间为 40min，该提取条件下，酿酒葡萄皮渣色素提取液在波长 520nm 处的吸光度为 0.812。

（2）提取无色酚酸。

葡萄中的无色多酚如白藜芦醇、原花青素、单宁等对保护心血管系统、清除自由基、抗氧化、抗突变、抗癌、抗辐射、促进细胞增殖等都有很好的生物学活性。

白藜芦醇（resveratrol，Res）是一种含有芪类结构的非黄酮类多酚化合物，具有显著的抗氧化、抗自由基作用，此外，研究发现白藜芦醇还具有多种生物学作用，如抗肿瘤、心血管保护、植物雌激素作用、防治骨质疏松和对肝脏的保护作用等。研究表明不同葡萄品种间白藜芦醇含量差异较大，且不同组织部位白藜芦醇含量差异也较大，其含量由高到低的顺序为果梗>叶片>果皮>种籽>叶柄。常用的提取白藜芦醇的方法主要为有机溶剂提取、酶法辅助提取、超声波提取法以及超临界萃取等。近几年国内对白藜芦醇提取工艺的优化进行了大量的研究，李婷等对影响酶法提取的酶解温度、酶解时间、浸提温度、浸提时间和浸提次数 5 个因素进行考察，得出最佳提取工艺条件为：葡萄皮渣与纤维素酶的质量比为 1000：1，在 60℃条件下酶解 90min，酶解后加入乙酸乙酯，在 30℃条件下浸提 0.5h，浸提两次。在此条件下，白藜芦醇得率为 0.93mg/g。王彪等比较了乙醇回流法、纤维素酶法和超声波法 3 种提取工艺提取酿酒葡萄皮渣中的白藜芦醇，超声波法提取率高于乙醇回流法和纤维素酶法。超声波法提取酿酒葡萄皮渣中白藜芦醇的最优工艺条件为：乙醇体积分数为 80%、料液比为 1：15（m/V）、提取温度为 70℃、提取时间为 5min，在此条件下白藜芦醇的提取率达到 0.3125%。国外学者对白藜芦醇的抗衰老功能进行了研究与证明，并研究了白藜芦醇的抗病毒和保护心血管等功能活性。

4. 葡萄籽的深加工

（1）提取葡萄籽油。

在葡萄酒生产过程中，会产生占葡萄总量3%的葡萄籽，分离压榨后的皮渣含有1/2的葡萄籽。葡萄籽含油量为14%~17%，其主要成分为亚油酸、亚麻酸等多种不饱和脂肪酸，以及甾醇、多羟基芪类化合物如白藜芦醇等。其中亚油酸是主要的功能性成分，是人体必需脂肪酸，含量在70%以上，此外，葡萄籽油还含有少量（≤1%）亚麻酸，也是一种人体必需脂肪酸，必须通过饮食摄入。葡萄籽油具有很强的抗氧化能力，研究表明其抗氧化效果显著高于维生素C、维生素E。葡萄籽油系油脂提取物，对人体安全无毒、无副作用，并在降低血脂胆固醇、软化血管等方面有特殊功效，具有保健作用，且因其高温加热无烟的特性，使其成为高级烹饪油。

葡萄籽油的提取方法主要有压榨法、溶剂法、微波辅助提取、超声波辅助提取、膨化浸出提取、生物酶法、超临界CO_2萃取法。常温压榨的挤压过程中易形成高温使不饱和脂肪酸分解，因此冷压榨是目前较常用的方法，在低于87℃的温度下对物料进行压榨，可以避免制油过程对油脂营养成分的破坏，最大限度地保留葡萄籽油及冷榨饼中的生物活性功能成分。溶剂法因其简易方便而被广泛应用，但溶剂残留往往会带来食品安全隐患。微波、超声波辅助提取能提高葡萄籽油的提取率，减少提取时间，但设备所需成本较高，难以实现大规模工业生产。将生物酶法与超临界CO_2萃取结合使用成为近些年萃取的新趋势，在萃取前先用相关细胞壁降解酶处理，破坏细胞壁，从而提高葡萄籽的出油率。

（2）葡萄籽提取物。

葡萄籽提取物（grape seed extract，GSE）中含有丰富的多酚类物质、矿物质、蛋白质、氨基酸、维生素等，具有潜在的开发价值。近几年关于副产物的研发已经不再局限于简单处理后做饲料、肥料以及提取葡萄籽油上，关于GSE的理化性质的研究及深加工已经逐渐引起人们的重视，例如葡萄籽蛋白、多肽、多糖的提取等。提取葡萄籽油后的饼粕是一种优质蛋白质资源，含有谷氨酸、甘氨酸、丙氨酸等多种氨基酸，包含了人体必需的8种氨基酸，其中缬氨酸、精氨酸、蛋氨酸、苯丙氨酸的含量都相当于大豆蛋白中的含量，因此可以继续加工提取葡萄籽蛋白。水解葡萄籽蛋白质还可得到生物活性多肽，如抗氧化肽、抑菌肽和表面活性肽等，具有较强的抗氧化、清除自由基的作用，且易被人体消化吸收。宋春梅等采用热水浸提法对葡萄籽多糖进行提取，确定最佳工艺条件：提取温度为95℃、液料比为40g/L、提取时间为3h，在此条件下的多糖含量为1.36%。

4.4.1.3 葡萄酒泥的利用

酒泥是葡萄酒酿造过程中产生的副产物，主要成分有微生物（主要是酵母菌残体）、少量酒石酸盐晶体、无机物以及色素沉淀等。酒泥可用于提取多种有效成分，也可用作肥料、饲料。此外，酒泥还可以用来蒸馏白兰地，优质陈酿的酒泥还可以用来改良酒的品质。

1. 利用葡萄酒泥提取酒石酸

酒石酸是一种用途广泛的多羟基有机酸，广泛应用于医药、食品、精细化工等行业。酒泥中的酒石酸含量为100~150kg/t（即每吨酒泥可提取100~150kg的酒石酸），数量十分可观，因此可以以富含酒石酸氢钾的酒泥为原料提取酒石酸。从酒泥中提取酒石酸的工艺操作为：首先浸提，发酵蒸出酒精，经后处理、转化、酸解；其次进行脱色、浓缩、结晶；最后将所得的纯白色结晶性粉末在低温条件下烘干，即得符合右旋酒石酸的各项质量指标的成品。米思等从毛葡萄酒泥提取L（+）-酒石酸工艺中的酸浸和沉降两个技术参数进行优化，结果得出酸浸的最佳工艺参数为：温度为82℃、时间为7min、37%的盐酸8mL（以100mL毛葡萄酒泥计）；沉降的最优工艺参数为：$CaCl_2$质量浓度为50g/L、pH为6.64、反应时间为2.4h。在此条件下，毛葡萄酒泥中L（+）-酒石酸的实际酸浸提量为41.63g/L，实际提取回收率可达 87.64%。利用含有丰富的酒石酸钾的酒泥来生产酒石酸，不仅成本低，而且得到的全部为右旋酒石酸，能很大程度地满足市场的需求，提高经济效益。

2. 在传统农畜业中的应用

葡萄酒副产物饲料主要有皮渣饲料、核渣饲料以及酵母蛋白饲料三大类。葡萄发酵后，沉淀于桶底的酒泥因富含酵母，其蛋白质含量在 20% 左右，磷含量在 0.5% 左右，钙含量较高。经离心分离得到的酵母，经压滤、烘干后，蛋白质含量在 85% 以上，质量高且利于畜禽消化吸收，可用来生产酵母蛋白饲料，是一种较好的精饲料。此外，酒泥中还含有可溶性糖、维生素、矿物质、氨基态氮、挥发酸及纤维素等丰富的营养物质，是一项值得开发的饲料资源。酒泥因含有残留乙醇、木质素、单宁（鞣酸）和果胶等抗营养因子，使其在畜禽日粮中的用量受到很大限制。研究结果表明，微生物能对酒泥中的木质素、单宁和果胶等物质进行有效降解，将为解决上述物质在饲料中的抗营养作用提供方案。

酒泥中不含有任何对人类身体有毒、有害的物质，是很好的绿色有机肥原料。葡萄酒泥含有大量的营养物质，有机质含量也非常丰富，远高于芝麻饼和鸡粪，而且 pH 较低，非常适合盐碱地施用，可作为良好的有机肥源进行开发利用，酿酒葡萄酒泥经发酵后制成有机或有机无机复混肥，以底肥或追肥方式施用于大田作物（鲜食玉米）及果树（桃、冬枣）上，结果显示在等养分含量下，酒泥施用效果明显优于一般复合肥（对照），对果实的增大以及品质的提高都表现出较好的作用。

4.4.2 蓝莓加工副产物的综合利用技术

蓝莓果实具有独特的生物活性功能和一定的药用价值，这使得蓝莓在国际市场上成为一种经济作物，与此同时蓝莓加工业也十分注重其综合利用。蓝莓除了鲜食外，一般加工成果浆、果汁或浓缩汁。在蓝莓汁加工过程中，很多生物活性成分如花色苷和绿原酸等残留在皮渣中。

随着国内的广泛种植，蓝莓产量增长迅速，但其成熟季节主要集中在 7 月、8 月，受到市场价格、销售渠道的影响，鲜销蓝莓数量有限，加之蓝莓极不耐贮藏，因此需要发展蓝莓深加工产品来解决这些问题。蓝莓果渣和蓝莓叶是蓝莓果汁加工产生的副产物，这些副产物中也含有丰富的花青素，是提取花青素的重要原料来源。蓝莓花青素作为一种天然的食用色素，安全、无毒，而且具有一定营养和药理作用，在食品、化妆、医药等方面有着巨大的应用潜力。

蓝莓花青素提取工艺流程如图 4-11 所示。

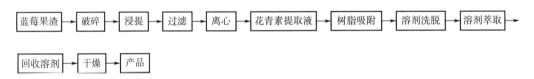

图 4-11　蓝莓花青素提取工艺流程

目前，对蓝莓花青素提取技术的研究主要集中于提取溶剂的选取和配比以及提取方法的改进等方面。刘仁道等研究了丙酮-水-甲酸、乙腈-乙酸、乙醇-水-乙酸、甲醇-水-乙酸以及含有盐酸的甲醇 5 种溶剂对蓝莓花青素的提取效果,结果表明不同的有机溶剂和酸种类的提取效果差异甚大,甲醇–水–乙酸的提取效果最好。目前蓝莓花青素的提取方法有水提取、有机溶剂提取、超临界流体提取和酶辅助提取等方法。水提法成本低,但提取率差,原料利用率不高,资源浪费严重;有机溶剂提取易对环境及操作者产生危害,所以通常选用无毒的乙醇结合其他辅助方法提取。

王秀菊等以蓝莓发酵后的皮渣为研究对象,研究了醇提法提取花色苷的最佳提取工艺,发现每 100g 蓝莓酒渣可提取花色苷 626mg,同时还对蓝莓酒渣中花色苷的理化性质进行了分析,发现该色素在 520nm 处有最大吸收波长,对温度具有一定耐性,但不耐室外强光,在 pH 为 4 以下时为亮红色,蔗糖和葡萄糖对其温度稳定性影响较小,但维生素 C 会破坏其稳定。孟宪军等采用纤维素酶法和超声波辅助法从已提取花色苷后的蓝莓残渣中提取多糖,发现除去花色苷的蓝莓残渣中多糖的含量与蓝莓果中多糖的含量相差不大,在优化条件下蓝莓多糖的得率可达到 2.33%。刘玮等利用废弃的蓝莓果渣提取纯化总黄酮,树脂纯化后的蓝莓果渣中黄酮的纯度从 10.5% 提高到了 53.5%,增加了 3.8 倍。

另外,蓝莓加工副产物中还含丰富的膳食纤维。因此,将蓝莓加工副产物进行综合利用既能减少环境污染,又能产生很好的经济效益。但是,目前关于蓝莓酒渣、果渣等加工副产物的研究有限,主要集中在蓝莓渣中花色苷、黄酮及多酚类物质的成分分析和提取,而有关蓝莓加工副产物的直接应用报道较少。

4.5　亚热带及热带水果加工副产物综合利用

4.5.1　荔枝加工副产物的综合利用技术

我国是荔枝的原产地,也是世界第一大荔枝生产国,种植面积约占世界总面积的 80% 以上。据国家荔枝龙眼产业技术体系各综合试验站的调研,2023 年全国荔枝种植总面积为 790.12 万亩,预计荔枝产量为 329.43 万吨。其中,广东荔枝种植面积为 396.99 万亩,预计产量为 179.66 万吨。随着荔枝加工业的发展,荔枝汁和荔枝酒等适合现代消费市场的产品的加工量越来越大。在荔枝汁和荔枝酒的加工过程中,会产生大量的荔枝壳和荔枝核等副产物。荔枝壳富含花青素等活性物质,具有很高的开发利用价值。荔枝核是传统中药材,含有多种功效成分,是开发药品和功能食品的良好原料。近几年来,广大科技工作者对荔枝壳和荔枝核的化学成分、生物活性等进行了较多的研究,总结了国内外在该领域的进展,并提出了荔枝副产物产业化利用的新思路。

4.5.1.1　荔枝加工副产物的组成特性

荔枝的品种繁多,不同的品种其果壳和果核占全果的比例有较大差别,尤其是荔枝核的大小差别较大。目前用于加工的荔枝品种主要是黑叶和淮枝,其果壳和果核占鲜果的比例均为 15% 左右。

在荔枝加工中,剥壳和去核是非常重要的操作单元。现阶段,工业生产中有两种剥壳去核方式,一种是先剥壳后去核,荔枝壳和荔枝核是分开的;另一种是剥壳和去核同时进行,荔枝壳和荔枝核混在一起。

4.5.1.2　荔枝加工副产物的化学成分

1. 荔枝壳的化学成分

（1）花青素。

大多数荔枝品种的新鲜果实呈现鲜艳的红色，这主要是因为荔枝壳含有较多的花青素。Prasad等利用薄层色谱首先报道了荔枝的红色可能是矢车菊素和天竺葵素的混合物。Lee等利用HPLC证实了荔枝果皮存在的大量红色色素是花青素，主要有矢车菊素-3-芸香二糖苷、矢车菊素-3-葡萄糖苷和锦葵素-3-葡萄糖苷。Rivera Lopez等研究了荔枝成熟过程中果皮花青素的变化，发现绿果仅含锦葵素-3-乙酰葡萄糖苷和聚合色素，而成熟果实含矢车菊素-3-芸香二糖苷、矢车菊素-3-葡萄糖苷和锦葵素-3-乙酰葡萄糖苷。Sarni-Manchado等利用低压液相色谱、高压液相色谱、紫外分析、质谱和核磁共振技术研究发现，荔枝壳中的酚类物质主要包括4种色素，即矢车菊素-3-芸香糖苷、矢车菊素-3-葡萄糖苷、槲皮素-3-芸香糖苷（芦丁）和槲皮素-3-葡萄糖苷，以及聚合原花青素（单宁）、表儿茶素、原花青素 A_2。Zhang等从荔枝壳中纯化得到矢车菊素-3-芸香糖苷单体。

综合现有研究结果可知，荔枝壳中的花青素类主要以糖苷的形式存在于荔枝果壳中，主要有矢车菊素 3-芸香糖苷、矢车菊素-3-葡萄糖苷、矢车菊素-3-半乳糖苷、天竺葵素-3-葡萄糖苷、天竺葵素-3,5-双葡萄糖苷、锦葵色素-3-乙酰葡萄糖苷以及它们的聚合体。

（2）其他成分。

宋光泉等对荔枝果皮提取物进行了GC/MS分析，鉴定出酯、饱和脂肪酸、桥环、环醚等22种化合物，其中石竹烯含量最高。在所检化合物中大多数化合物具有较高的化学活性，与荔枝果皮褐变的化学反应有关。乐长高等利用GC/MS测定了荔枝壳中的挥发性成分，发现有93个成分，鉴别了其中的33个成分。杨宝等采用乙醇溶液提取荔枝壳中的黄酮类物质，经过色谱纯化和波谱解析，鉴定了表儿茶素、原花青素 B_2 和原花青素 B_4 等黄烷醇类物质。谢阳等通过乙醇提取、色谱纯化后进行质谱分析，并与标准品对照，从阴干的荔枝果壳中分离到根皮苷。

2. 荔枝核的化学成分

在一般化学成分方面，鲜荔枝核含水分（24.1%）、淀粉（40.7%）、粗纤维（24.6%）、蛋白质（4.9%）、还原糖（2.5%）、氨基酸、脂肪酸、矿物质等，在脂肪酸中含量最高的是油酸（29%）和荔枝酸（28%），其次是亚油酸（19%）。

李宝珍等对荔枝核淀粉的理化特性进行了研究，发现荔枝核淀粉颗粒多呈椭圆形或多角形，平均粒径为12.6μm，有明显的黑十字且交叉点在颗粒中心，颗粒晶体结构为C型，起糊温度为85.3℃，热稳定性好，黏度峰值为177BU，支链淀粉和直链淀粉含量分别为88.8%和11.2%。汤桂梅等测得荔枝核淀粉中支链淀粉含量为97.61%，直链淀粉含量为2.39%。

丁丽等从荔枝核中分离得到原儿茶醛、原儿茶酸、表儿茶素、原花青素 A_1 和 A_2、芦丁等化合物。Prasad等从荔枝核的50%乙醇提取物中鉴定出5种酚类化合物，分别是没食子酸、原花青素 B_2、没食子酸儿茶素、表儿茶素和表儿茶素没食子酸酯。此外，荔枝核油脂类成分中主要有油酸乙酯（50%）、棕榈酸乙酯（4%）、9-十六碳酸乙酯（2%）、二氢苹婆酸乙酯（15%）、顺式-7,8-亚甲基十六烷酸乙酯（13%）、顺式-5,6-亚甲基十四烷酸乙酯（1%）

等环丙基脂肪酸乙酯类。

4.5.1.3　荔枝加工副产物的保健作用

1. 荔枝壳

有文献记载，荔枝壳具有调理痢疾、血崩（女性月经不调的一种）、湿疹等功效。民间认为食用荔枝过多会导致"上火"，可以利用荔枝壳水提取液治疗。Wang 等发现荔枝壳提取物有抑制肝癌细胞和乳腺癌细胞生长的作用，主要机制可能是诱导肿瘤细胞的凋亡。Zhao 等提出从荔枝壳中提取的类黄酮具有免疫调节功能。王庆华等发现荔枝壳提取物能够抑制酪氨酸激酶活性，可用于美白用品的开发。

2. 荔枝核

荔枝核为一味传统中药材，中医认为荔枝核味甘、涩，性温，归肝、肾经，具有行气散结、祛寒止痛之功，用于寒疝腹痛、睾丸肿痛，还用于胃脘痛、妇女气滞血瘀腹痛等症。现代药理学研究表明，荔枝核具有降血糖、调血脂、抗病毒、护肝等多种药理作用。

（1）降血糖。

荔枝核的降糖作用一直是人们关注的热点。楼忠明等利用四氧嘧啶诱导的糖尿病小鼠模型，研究了荔枝核总皂苷提取物的降血糖作用，发现荔枝核总皂苷提取物具有较强的降低糖尿病小鼠血糖的功能，且其降血糖效果优于优降糖与黄连素。梁丹等也利用该模型发现荔枝核水提取物具有良好的降血糖作用。

（2）降血脂。

宁正祥等发现荔枝种仁油可显著降低高血脂大鼠血液中的总胆固醇浓度和低密度脂蛋白胆固醇浓度，同时增加高密度脂蛋白胆固醇含量，使高密度脂蛋白胆固醇/总胆固醇含量比值显著提高，这说明荔枝种仁油对改善血脂水平、防止心血管疾病可能有良好的保健作用。郭洁文等发现荔枝核皂苷能显著改善高脂血症脂肪肝致胰岛素抵抗模型大鼠的总胆固醇和甘油三酯水平。

（3）护肝活性。

曾文铤等报道荔枝核颗粒对慢性乙型肝炎有较好的治疗作用。肖柳英等报道荔枝核对小鼠免疫性肝炎及急性肝损伤有保护作用。

（4）抗病毒。

荔枝核提取物和荔枝核总皂苷对体外乙肝病毒均有抑制作用，荔枝核黄酮类化合物具有抗体外呼吸道合胞病毒和流感病毒的功能。王辉等研究了荔枝核提取物对柯萨奇 B_3 病毒、呼吸道合胞病毒和单纯疱疹病毒 1 型和 2 型的体外抗病毒活性，发现它不能抑制柯萨奇 B_3 病毒在宿主细胞内的增殖，但对呼吸道合胞病毒、单纯疱疹病毒 1 型和 2 型表现出明显的浓度依赖性抗病毒活性。

（5）抗肿瘤活性。

肖柳英等报道荔枝核提取物能够抑制 EAC、S180 及肝癌荷瘤小鼠实体瘤的生长，其主要机制可能是升高动物体内的 Bcl-2 水平及促进癌细胞的凋亡。

4.5.1.4　荔枝加工副产物综合开发利用思路

对荔枝壳和荔枝核等副产物进行深加工开发利用，可以提高荔枝的综合价值，减少环境污染，促进荔枝深加工和荔枝产业的健康发展。由于荔枝壳和荔枝核均含有丰富的活性物质，而且荔枝核中还含有大量的淀粉，因此必须对其进行多层次分级利用才能充分利用其价值，增加经济效益。为此，我们在研究的基础上提出了荔枝加工副产物综合利用技术路线（图4-12）。

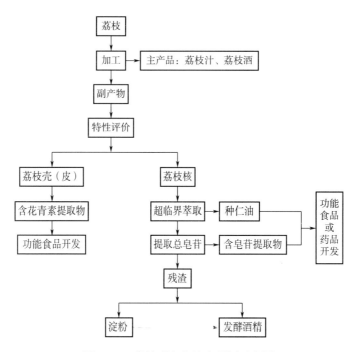

图4-12　荔枝副产物综合利用示意图

根据该技术路线图，利用荔枝壳可以开发出富含花青素和其他酚类物质的提取物，是降血脂功能食品的良好基料；利用荔枝核可以开发出荔枝核油、荔枝核皂苷、荔枝核淀粉和酒精等产品，其中荔枝核油和荔枝核皂苷是开发功能食品和药品的良好原料。

为了更好地开发利用荔枝加工副产物，需要解决如下问题。

（1）荔枝壳和荔枝核中功能成分的高效提取工艺技术。

荔枝壳中的主要成分之一是花青素，花青素性质活泼，同时荔枝壳中还含有丰富的酶，在没有提取以前花青素极易发生结构变化。此外，荔枝壳中花青素含量较低。因此需要通过研究寻找一种低成本、高效率、切实可行的提取荔枝壳中化青素的技术。荔枝核中油脂含量较低，不能采用传统压榨法，需要利用超临界二氧化碳萃取或亚临界提取技术，获得高质量的荔枝核油脂。

（2）荔枝壳和荔枝核中功能成分的稳态化技术。

从荔枝加工副产物中提取的功能成分多为具有多个酚羟基的化合物，这些化合物的性质比较活泼，容易氧化，需要利用现代微胶囊化等先进技术进行活性基团的保护，实现其稳态化，延长产品的保质期。

（3）功能食品配方和安全评价。

尽管荔枝壳和荔枝核都含有较高的生物活性物质，但单一提取物的生物活性与现有市场销售的同类产品相比不容易显出独特的效果，因此需要与其他来源的生物活性物质配合，以得到功能显著、副作用小的功能食品。由于荔枝壳并不是传统食品资源，荔枝核也仅作为中药材使用，因此在利用荔枝壳和荔枝核提取物开发功能食品时需要进行全面的安全评价试验，以确保产品的安全性。

（4）荔枝核淀粉高效生产酒精技术。

由于荔枝核主要含支链淀粉，还有大量的酚类物质，采用通用工艺发酵生产酒精的转化率较低，需通过研发前处理技术、优化发酵工艺配方等手段，实现淀粉向乙醇的高效转化。

4.5.2　菠萝加工副产物的综合利用技术

菠萝（*ananas comosus*）学名凤梨，属凤梨科（*bromeliaceae*）凤梨属（*ananas*）多年生单子叶常绿草本果树，是热带、亚热带名果之一，其气味芳香，果肉甜脆，含丰富的糖、蛋白质、多种维生素及矿物质，具有健脾益胃，增强食欲，调理咽炎、胃炎和消化不良等疾病的功效。目前，菠萝主要用于罐头或果汁的加工，但在加工过程中几乎有 50%~60% 的菠萝皮和渣未被利用，其加工副产物同菠萝果实一样，含有丰富的汁液、风味和营养成分。近年来，菠萝的专业化种植、标准化生产、采后商品化处理、综合利用和市场营销等日益受到重视，菠萝产业开始走上了综合利用和产业化经营的道路，菠萝的综合开发新产品菠萝蛋白酶、菠萝纤维、菠萝凉果、菠萝饲料、菠萝酒和菠萝生物有机肥等正在逐渐形成规模生产，进入国内外市场。

菠萝果实加工副产物主要是果皮渣，占全果重的 50%~60%，其营养成分见表 4-2。若不对菠萝皮渣加以利用，既浪费资源，又严重污染环境。此外，在菠萝的收获过程中会产生大量的菠萝叶。

表 4-2　菠萝皮渣（风干果渣）的营养成分及含量

成分	含量/%
水分	11.50±0.20
粗蛋白	7.60±0.12
粗脂肪	2.40±0.03
灰分	5.43±0.11
粗纤维	27.70±1.01
无氮浸出物	45.37+1.65

4.5.2.1　菠萝叶的利用

在菠萝的收获和去皮过程中，会产生诸如果皮、树冠、叶子和果核等副产品，它们占新鲜菠萝重量的 30%~35%，即全球每年能够产生约 7640 万吨的菠萝副产物。尽管菠萝叶中的纤维具有优异的性能，但由于缺乏突出的应用成果，回收利用菠萝叶废料的工作也难有动力，大多数农民仍将废料丢至垃圾填埋场或在露天场地焚烧。垃圾填埋场中有机废物的分解会释放出难闻的气味和温室气体，如甲烷和二氧化碳。因此，寻找可持续的方法来促进菠萝废料的再利用变得极为重要。

菠萝收果后，每亩可用于提取纤维的叶片有 5~10 吨，如果全部利用，那么全国年产菠萝叶纤维约 7.5 万吨，超过剑麻和大麻，与亚麻相当，而且提取纤维后的菠萝叶渣含有丰富的营养和有机质，是饲料、沼气和有机肥的优质原料。近年来，国内外高校、科研院所等单位对菠萝叶纤维利用的相关技术开展了阶段性研究，但均没能实现菠萝叶纤维功能性纺织品的产业化生产。经过 20 多年的技术攻关，中国热带农业科学院农业机械研究所（以下简称农机所）重点解决了菠萝叶纤维的提取工艺技术与配套设备、工艺纤维精细化处理技术，依据纤维特性集成纺织产品织造技术，首次实现了菠萝叶纤维提取的规模化、纤维精细化加工处理的工业化和功能性纺织品的商品化。此外，新加坡国立大学 Hai M. Duong 等将从菠萝叶废料中提取的菠萝叶纤维转变成高度多孔的气凝胶，以用于高价值的工程应用，来促进市场对农业废料的重新利用。菠萝气凝胶是基于活性炭和二亚乙基三胺来制备和改性的，具有多孔结构，孔隙率为 91.1~96.4%，密度为 32.2~92.6mg/cm³。该菠萝气凝胶具有出色的乙烯吸附能力，在大气压下的最大吸附能力为 1.08mmol/g，超过了商用乙烯吸收剂的吸附能力（0.157mmol/g）。此外，该菠萝气凝胶还显示出良好的镍离子吸附能力，最大吸附容量为 0.835mmol/g。

4.5.2.2 菠萝皮渣利用现状

1. 菠萝蛋白酶的提取

菠萝蛋白酶（bromelain）是从菠萝果实和茎中提取分离的蛋白质水解酶，为浅黄色，属于巯基蛋白酶。按照不同的分离部位，菠萝蛋白酶可分为两类，分别是来自菠萝果中的果菠萝蛋白酶（EC 3.4.22.33）和来自菠萝茎、皮渣中的茎菠萝蛋白酶（EC 3.4.22.32）。1891年，Marcano 第一次发现菠萝蛋白酶的存在，开启了菠萝蛋白酶的研究之路。Heinicke 等于 1957 年从菠萝茎中分离出菠萝蛋白酶，从而实现了菠萝蛋白酶的商品化生产。由于菠萝蛋白酶中含有多种不同的蛋白水解酶组分，对很多多肽和蛋白质均具有催化水解的活性。目前，菠萝蛋白酶已广泛应用于食品、化工和医药等领域，其中医药领域对菠萝蛋白酶的酶活、纯度和含量要求更高，每 1mg 菠萝蛋白酶的效价不少于 800U，且要求铁离子含量不能超过 20mg/kg。

用菠萝皮渣提取菠萝蛋白酶的工艺简单，提取率较高，可以解决资源的二次污染和浪费问题；选用干净的菠萝皮，去杂、在清水中漂洗三次，沥干，冷冻，然后用高速组织捣碎机打浆，过滤，取滤液，滤渣加入乙醇中进行二次浸提，过滤，合并滤液，在滤液中加入0.05% 的苯甲酸钠防腐，冷藏备用，再在滤液中加入 4% 的白陶土，10℃ 下吸附 20min，静置过夜，加入碳酸钠饱和溶液调节 pH 至 6.5~7.0，再加入 50% 的硫酸铵，搅拌 30min，进行洗脱。将洗脱液离心，取沉淀溶解，然后加入 14% 的 NaCl 调节 pH 至 7.0，0℃ 下离心，洗涤沉淀，得到菠萝蛋白酶。

2. 提取果胶

果胶是植物细胞壁的重要组成部分，具有降血糖、降血脂的功效，可用作天然耐酸的凝胶剂，我国《食品安全国家标准 食品添加剂使用标准》（GB 2760—2014）中规定：生产中可适量使用果胶。根据甲氧基酯化度高低，可将果胶分为高酯果胶和低酯果胶，而自然界中的果胶一般以高酯果胶存在，高酯果胶降低酯化度可得到低酯果胶。低酯果胶较高酯果胶更容易应用于工业生产，其凝胶条件宽泛，对糖浓度、pH 要求不严格，在多价金属离子交联下可凝胶，且有更低的含糖量，约为 30%，可满足消费者对于低糖的需求。

菠萝皮渣中低酯果胶含量高。杭瑜瑜等采用纤维素酶法提取干菠萝皮渣中的果胶，并将超声波作为辅助手段，主要工艺流程：预处理后的干皮渣→机械粉碎→加酸溶解→加酶酶解→

过滤→减压浓缩→静置→离心分离→醇洗→真空干燥→果胶，通过对上述试验工艺和条件的不断摸索，得到最佳工艺参数：超声波功率为 507W、10mL 提取液中纤维素酶添加量为 0.51g，果胶提取率约为 2.5843%。经理化分析测得该果胶酯化度为 47.99%，属于低酯果胶的范畴，可用作低糖或无糖食品的增稠剂，以改善食品品质和增加食品的稳定性。姚春波等采用纤维素酶辅助酸法从菠萝皮渣中提取果胶，并与直接酸法提取的果胶含量进行对比，发现前者的提取率明显高于后者。

3. 制备纳米纤维素水凝胶

纳米纤维素水凝胶是以纳米纤维素为主要原料，以交联方式形成的具有强亲水保水性的三维网络结构，具有生物相容性和生物可降解性，可应用于医药、农业、化妆品等领域，是一种应用前景广阔的高分子材料。罗苏芹等改良原来的方法，以海藻酸钠、纳米纤维素晶体（菠萝皮渣制得）为原料，制备了纳米纤维素晶体悬浮液，加入交联剂最终通过交联作用制得水凝胶。纳米纤维素水凝胶在菠萝皮渣领域中的报道为相关研究人员开展菠萝皮渣功能性研究提供了方向。

4. 发酵畜禽饲料

（1）单一乳酸菌青贮发酵。

青贮饲料是由乳酸菌在厌氧条件下发酵植物秸秆、茎叶、谷壳等而成，乳酸菌通过自身代谢活动将植物中的糖类变为乳酸，乳酸积累到一定浓度时，其他微生物的活动受到抑制，有助于延长饲料保存期限，提高饲料的消化吸收率。青贮发酵过程中秸秆等物料的含糖量稍低，供乳酸发酵可利用的营养物质有限，故在实际生产中会配合其他底物发酵。虽然应用乳酸进行饲料发酵的优势诸多，但是也有限制因素，如菌种培养设备投资大、菌种保存条件严苛等，大部分乳酸菌菌种都需要从专门的菌种保藏研究所购买，这就使得菌种性质单一，饲料品质差，保存期限短。

有资料显示，菠萝皮渣富含糖类、纤维素等碳水化合物，可以为乳酸菌提供充足碳源。因此从菠萝皮渣中分离乳酸菌菌株并将其应用于辅助稻草青贮发酵便显得很有必要。全林发等尝试在鲜稻草青贮发酵时添加不同含量的菠萝皮渣，研究发现添加菠萝皮渣之后，乳酸菌数量增多，青贮效果好，同时饲料品质提高。香换玲等以此为切入点从菠萝皮渣中分离出生长性能良好的乳酸菌菌株。目前关于此乳酸菌在菠萝皮渣辅助稻草青贮的过程中仍有许多问题需要解决，如发酵所需菌株量、温度、湿度、水分等环境因素的控制、增效多少等。

（2）复合发酵饲料。

为进一步提高菠萝皮渣的发酵效能，研究人员采用多菌种进行复合发酵。如龚霄等通过复合菌种发酵菠萝皮渣的试验发现，菠萝皮渣中的钙、磷元素由无机态转化为有机小分子形式，能提高畜禽对钙和磷的吸收利用率。杨正楠等经测定发现，复合发酵后菠萝皮渣 TCA 可溶蛋白（小分子肽和游离氨基酸）含量由 0.54% 提高到 0.86%，且在皮渣发酵 24h 后，TCA 可溶蛋白含量变化与粗蛋白含量变化相反，二者呈此消彼长的态势，这说明微生物将粗蛋白大分子分解为小分子氨基酸和小分子肽，进一步解释了发酵饲料中蛋白质吸收率高的原因。钟灿桦等采用绿色木霉和产朊假丝酵母复合菌种对菠萝皮渣进行固态发酵，对粗蛋白理化分析后得出，复合菌发酵菠萝皮渣所得粗蛋白含量高于单一菌种发酵。梁耀开等在既有研究的基础上进一步探究菠萝皮渣生产蛋白饲料的发酵条件，最终确定当根霉和产朊假丝酵母混合比例为 6：4，混合菌种接种量为 10%，以菠萝皮粉、麸皮、尿素、硫酸铵、磷酸氢二钾制成的固态发酵培养基厚度为 3cm，料水比 3：7 时，此条件下理化分析得出粗蛋白含量高达 18.72%。

（3）吸附重金属。

我国工业迅速发展的同时带来了重金属污染问题，科研人员发现菠萝皮渣能够吸附重金属。陈清兰将菠萝皮渣用 $KMnO_4$ 处理后，发现改性的菠萝皮渣对 Cu^{2+} 的吸附率由 45.6% 提高到 96% 以上，说明在特定条件下处理菠萝皮渣会提高其吸附重金属的性能。马沛勤等用皂化后的菠萝皮渣进行 Zn^{2+} 吸附对比实验，即制备 3 组 15mL 的 40mg/L、60mg/L、80mg/L、100mg/L、120mg/L 的 Zn^{2+} 标准溶液，将 pH 调至 6 后，向试管中分别加入菠萝皮渣、纤维素（从菠萝皮渣中提取）、活性炭各 0.3g，混合均匀后在 40℃ 下静置 2h，测定吸光度，对比吸附效果。相关测定数据表明，在低浓度范围内，尤其是在 Zn^{2+} 浓度为 40mg/L 时，菠萝皮渣和纤维素对 Zn^{2+} 的吸附力高于活性炭；Zn^{2+} 浓度高时，三者吸附效果差别不大。实验数据还证明菠萝皮渣中起吸附作用的主要是纤维素。该试验还利用红外光谱仪和电子显微镜分别对菠萝皮渣表面和化学官能团进行分析，研究后发现有吸附能力的化学基团为 —OH、C＝O、C—O，皮渣表面有大量的褶皱和细微小孔，这说明皂化菠萝皮渣对锌的吸附是化学吸附和物理吸附共同作用的结果。

4.5.3　香蕉副产物的综合利用技术

香蕉属于芭蕉科芭蕉属，是世界四大水果之一，也是栽培最为广泛的热带水果。香蕉含有丰富的营养成分，具有缓解便秘、烦渴、醉酒、发烧及高血压等功效。在香蕉果实成熟采摘后，会遗留香蕉树的地下球茎、地上假茎以及叶鞘、叶片等 75% 左右的香蕉副产物，这些副产物中也都含有丰富的营养。香蕉皮中含有丰富的果胶、低聚糖、纤维素、半纤维素、木质素等功能成分，还含有丰富的脂肪和蛋白质。而香蕉的茎和叶中含有多种维生素以及较高含量的可溶性碳水化合物，尤其是叶子中富含粗蛋白，茎中含有性能良好的纤维，常用于纸及粗纤维的加工。因此，合理认识香蕉及其副产物的性质，充分利用副产物资源，可有效提高香蕉加工产业的附加值，促进香蕉产业快速健康地发展。

4.5.3.1　香蕉茎叶的利用

1. 栽培食用菌

以香蕉茎叶为主要原料进行草菇栽培试验，结果表明，香蕉茎叶的生物学效率要比稻草高，仅次于棉籽壳，这说明香蕉茎叶可以作为栽培草菇的主要原料之一。另外，香蕉茎叶经堆肥发酵处理后在香蕉园套栽平菇，能够获得比种植香蕉本身还高的利润。

2. 加工成饲料

以香蕉茎为主要原料生产菌体蛋白饲料添加剂，具有成本低、质量好、经济效益高等优点。通过对鸡的饲喂试验发现，该菌体蛋白饲料可以增强鸡的免疫力，促进动物的发育并加速成长。将新鲜的香蕉茎叶切成长度为 5~8cm 的段，加入 2% 的玉米粉混合均匀，青贮 30 天开窖，青贮后的香蕉茎叶呈绿黄色，可用作畜禽饲料。

3. 制取叶绿素铜钠盐

叶绿素铜钠盐是一种天然食用色素，因其固有的鲜亮绿色，以及对光、热稳定的性质而广泛应用于食品加工领域。研究表明，香蕉叶在 60℃ 条件下用 75% 的乙醇浸提，再用 5% 的 NaOH 溶液皂化 30min，经 20% 的 $CuSO_4$ 溶液铜化 20min 后，与 2% 的 NaOH 溶液反应成盐，可得到 0.65%~0.70%（以鲜叶计）的叶绿素铜钠。

4. 提取挥发油

香蕉茎和叶中的碳水化合物含量高，提取的香蕉茎叶挥发油中含有 22 种化合物，其中多为烷烃类及其衍生物，占整个香蕉叶的 0.2%，这些物质是有机合成、医药及能源工业的重要原料。

5. 其他应用

香蕉茎叶经机械化粉碎后还田，可增加土壤肥力，减轻劳动强度，有效地节省生产成本，大大提高生产效率。香蕉茎叶还可以用来发酵制沼气，作为能源来使用。

4.5.3.2　香蕉皮的综合利用

在生产香蕉的同时，会产生占果实质量 30% 左右的香蕉皮，大量的香蕉皮如果得不到及时处理，会对环境造成污染，给农业生产带来负面的影响。香蕉皮的利用和开发，既可以变废为宝，又可以提高香蕉加工企业的经济效益。

1. 提取单宁

单宁又称为鞣质，广泛存在于植物体的叶、壳、果肉以及树皮中，单宁有很多生理活性，如抑菌作用等。香蕉皮中的单宁含量并不高，不同成熟度的香蕉皮中单宁的平均含量在 0.588% 左右。试验表明，影响单宁提取率的因素依次为：浸提温度>料液比>浸提时间。最佳提取条件：浸提温度为 60℃，提取时间为 10h，料液比为 1∶14（g/mL）。香蕉皮中的单宁对细菌具有较强的抑制作用，其效果优于山梨酸钾，而对于霉菌和酵母菌的抑制活性较差，对啤酒酵母几乎无作用。这为天然香蕉皮中单宁作为防腐剂的应用奠定了基础，同时为香蕉皮的综合利用开辟了一条新途径。

2. 提取膳食纤维

香蕉皮中含有大量果胶、低聚糖、纤维素、半纤维素、木质素等膳食纤维，提取这些膳食纤维可以使香蕉皮变废为宝。香蕉皮膳食纤维的提取方法主要有碱法和酶法。经过碱法干燥后得到的是总膳食纤维。酶法主要是经过两次酶解分解掉淀粉等糖类物质和蛋白质，经过过滤得到水不溶性膳食纤维（IDF）和水溶性膳食纤维（SDF），后者再用乙醇沉淀法获得。研究发现，酶法比碱法有更大的优势，因为酶法提取的膳食纤维中 SDF 和 IDF 的含量比约为 1∶4，比较接近理想的膳食纤维的成分（SDF∶IDF = 1∶3）。

现在国内对香蕉膳食纤维的利用已经有了一定的基础。有学者以香蕉皮膳食纤维为材料研制果醋时发现，当起始酒精度为 7.64%、发酵时间为 69.88h、接种量为 10.07% 时，可制得风味纯正的香蕉皮膳食纤维果醋。香蕉皮膳食纤维同样也在面包制作工艺中得以应用，它可使面团吸水率上升，影响面包的内部色泽，降低比容，增加面包的硬度。当香蕉皮膳食纤维添加量为 3%、面包改良剂为 2%、酵母添加量为 4% 时，面包的品质最为理想。香蕉皮膳食纤维已在膳食纤维饮料中得到了应用，所制得的饮料除含有膳食纤维外，还有多种营养成分，因此具有良好的保健作用。

3. 提取抗氧化物质

冯尚坤进行了利用香蕉皮提取抗氧化物质的研究。将去掉果肉并切去梗的香蕉皮用捣碎机捣碎，称重后，再用 10 倍质量的 25%的乙醇溶液溶解，离心 20min，取上清液旋转蒸发浓缩后，再经过真空浓缩干燥得到干粉。对干粉进行测定发现，香蕉皮提取物中含具有抗氧化功能的物质，且随着提取物浓度的增加，其清除自由基的能力逐渐增强，这表明该提取物具有潜在的预防癌症、抑制心脑血管疾病等作用，有望将其作为单一或者协同增效性的天然抗氧化剂使用。

4. 提取果胶

香蕉皮的白皮层中含有果胶，并且质量好，可以作为工业上制取果胶的原料。利用果胶在酸性溶液中的可溶性以及不溶于乙醇等有机溶剂的性质，香蕉皮中果胶的提取主要采用酸醇沉淀法。但是，此方法会产生大量废渣和废液，制约了该方法在提取香蕉皮果胶方面的应用。盐析法是一种新的方法，但是其最优工艺参数还需进一步研究。

5. 提取有机酸

用稀碱水溶液（1%的 $NaHCO_3$）提取的香蕉皮有机酸在一定浓度下对一些常见的细菌与真菌有良好的抑制作用，其抑菌作用随着有机酸浓度的增加而提高。但不足的是，香蕉皮中的有机酸遇热易分解，使其应用受到了一定的限制。

6. 提取黑色素

为了更好地应用香蕉皮黑色素，很多学者进行了相关研究。提取的过程主要是取香蕉皮内部变黑变软的部分，经过盐酸和氢氧化钠处理干燥后，即可得到黑色素。香蕉皮中的黑色素对肝细胞脂质过氧化作用具有明显的抑制效果，这表明香蕉皮黑色素有望开发成为一种天然抗氧化剂或者用于食品添加剂，这对于促进废弃香蕉皮资源的开发利用具有重要意义。

7. 香蕉皮吸附污水中的重金属

国外有研究利用低成本的香蕉皮和橘子皮（浓度为 5~25mg/L，温度为 30℃）吸附除去污水中的 Cu^{2+}、Co^{2+}、Ni^{2+}、Zn^{2+} 和 Pb^{2+}。在同等的条件下，两种吸附剂吸附重金属的量由高到低依次为 $Pb^{2+}>Ni^{2+}>Zn^{2+}>Cu^{2+}>Co^{2+}$。当污水的 pH 增加时，所需要吸附剂的量也在增加，但当 pH>7 时，吸附剂的需要量达到稳定状态。在 pH 达到 5.5 时，每克香蕉皮吸附 Pb^{2+} 的量可高达 7.97mg。因此，利用香蕉皮中丰富的果胶来吸附重金属具有广阔的前景。

4.5.4 芒果副产物的综合利用技术

芒果是世界五大水果之一，生产规模在热带水果中排名第 3 位，原产于印度和马来西亚，其中，印度栽培的历史最久且产量最高。据考证，我国自唐代开始从印度引种种植芒果，目前已发展成为世界芒果主产国之一，产区集中在海南、广西、云南、四川、广东、福建、贵州以及台湾等地。目前我国已经成为世界第二大芒果主产国，与此同时芒果在生产和加工过程中产生了大量的芒果皮和芒果核等副产物；而果树在修剪过程中产生了大量的枝叶。芒果副产物中的芒果苷、类黄酮、儿茶素、酚酸等可用于功能性食品的生产，是生物活性化合物的丰富来源。但在实际生产过程中芒果副产物未得到充分利用，大多被贱卖或填埋，造成了资源浪费和环境污染。因此，积极开展芒果副产物的研究具有重要意义。

4.5.4.1 芒果叶的利用

芒果叶中含有大量的功能性物质，具有营养及药用价值，可以提取芒果叶中的功效成分添加到其他物质中进行综合利用。但我国并未重视对芒果叶的开发利用,存在着芒果叶资源浪费的现象。

1. 营养及药用价值

咀嚼新鲜的芒果叶可以保护牙龈,芒果叶还具有免疫调节功能,芒果叶提取物能够保护人的 T 淋巴细胞、红细胞等的生理功能;此外,芒果树皮可充当收敛剂,用于治疗白喉和风湿病。但我国对芒果叶的利用较少,除了常用作中药药材外,目前只作为原料生产芒果止咳片。

2. 提取功能性物质

芒果叶有很多有益的化学成分,其中的特征性成分是芒果苷。郭伶伶等从芒果叶中分离鉴定出了 13 个化合物。芒果叶中的芒果苷具有免疫刺激性质以及抗病毒、抗肿瘤、抗糖尿病、抗高血糖和抗动脉粥样硬化特性。梁健钦等利用高效液相色谱法研究了不同极性提取物对芒果叶的抗炎作用,结果显示存在显著差异;采用灰色关联分析谱效关系得出,芒果叶提取物的抗炎作用的部分物质基础是芒果苷及 X1、X3 特征共有峰,而其他化合物,如槲皮素和山奈酚,具有胃保护作用,可以降低患慢性疾病的风险。

3. 其他应用

通过对芒果叶中微量元素的检验,可判断芒果果实的质量。彭智平等研究了高产树和低产树芒果叶中 Ca、Mg 含量的差异,可诊断芒果中的营养成分,也可为芒果种植的科学施肥提供参考。此外,芒果叶也可作为肥料用于农业生产。吕小文等将芒果叶浸膏添加到鱼类饲料中,证明芒果叶浸膏可增强水产动物预防疾病的能力,提高水产食品的安全水平。芒果叶提取物还可以与超临界 CO_2 一起用于浸渍聚酯织物中,以提高织物的抑菌和杀菌活性。

4.5.4.2　芒果皮的利用

芒果皮中富含果胶、膳食纤维和多酚等物质,这些成分可作为食品添加剂加到食品中,以改良食品的性质,也可用于医药保健品等领域。但芒果皮在工业生产中多作为废弃物被丢弃,不但处理麻烦,同时污染环境,造成资源的浪费。

1. 提取果胶

Nagel 等认为提取纯净芒果果胶的重点在阿拉伯半乳聚糖的去除,在果胶提取前进行果皮加工或在果皮加工前充分脱水有利于果胶的提取。但从芒果皮中回收果胶可能会对残留的果汁渗出物的提取产生很大的影响。果胶在食品行业中可作胶凝剂、乳化剂等食品添加剂,也可作为保健品和药品供糖尿病患者食用,具有缓解三高、改善便秘的作用,并且可以明显地降低铅中毒的毒性,与此同时也可添加到化妆品中。

2. 提取膳食纤维

为便于原料的充分利用,可将提取多酚类物质后的残留物处理后作为原料提取芒果皮中的膳食纤维。刘铭等利用单因素法及响应面法优化了提取芒果中可溶性膳食纤维的工艺,使芒果中可溶性膳食纤维的提取率达到 18.30%。

3. 提取多酚等功效成分

芒果皮中的总酚含量高于其他部位,且抗氧化能力也高。Garcia-Mendoza 等的试验表明,优先提取芒果皮副产品中的非极性类黄酮和类胡萝卜素、后提取极性多酚类化合物是最高效的提取方式。利用丙酮等有机物进行提取、离心收集上清液、再去除溶剂是从芒果皮中提取多酚类物质的主要方法。芒果苷具有一定的抑菌作用，而提取芒果苷的有效方法是微波提取。

4. 其他应用

芒果皮中含有丰富的多糖，而芒果皮中粗多糖的提取率最高可达 3.5382%。现在已经有九制芒果皮的休闲食品上市，此外芒果皮也可添加到面制食品中。李琪等利用芒果皮分析了在食品样品中提取 DNA 方法的选择，并认为需要根据细胞类型、是否满足后续 PCR 或其他快速检测方法的试验目的等方面来确定适合的方法。

4.5.4.3 芒果核的利用

芒果核质量是总果重的 30%~45%，芒果核又包括芒果籽仁和芒果籽壳。在我国，芒果核可作为中药材入药。与此同时，可以从芒果核中提取各种功能性物质，并应用于各个领域，此外芒果核热解液还可作为产热原料。因此，芒果核作为副产物有很大的应用前景。

1. 作为产热原料

Ganeshan 等对芒果籽仁和芒果籽壳热解液的成分分析表明芒果核中有各种有价值的化学成分。其中芒果籽壳热解液含有约 27.63% 的 D-阿洛糖，这是一种罕见的糖，而芒果籽仁含有 13.27% 的左旋葡聚糖、糠醛、呋喃、醇、醛、苯和各种烷烃。Andrade 等通过近似分析结果发现，芒果仁具有很好的生成生物油的潜力，而且其中有重要的化工产品如醋酸、1,3-戊二烯和酚类化合物的存在。

2. 提取脂类物质

利用超临界流体萃取法可从芒果籽废弃物中提取高质量的芒果籽油。Abdalla 等的试验结果表明，芒果籽仁提取物和油脂可以作为天然抗氧化剂和抗菌剂添加到不同种类的食物中，并且可以改善新鲜或储存薯片的稳定性和质量特性。Jin 等利用高纯度异己烷选择性分离芒果仁脂肪以生产富含 1,3-二硬脂酰-2-油酰甘油（SOS）的脂肪，并通过试验证明三硬脂酸甘油酯可以替代部分可可脂来生产硬巧克力脂肪，但并未研究脂肪混合物在巧克力制造中的应用。

3. 提取其他物质

芒果仁含有相当多的总酚类化合物、不皂化物和少量的粗蛋白质，而且蛋白质品质好，含有丰富的必需氨基酸；总酚类化合物中单宁和香草醛的含量最高；不皂化物包括大量的角鲨烯、甾醇和生育酚。因此芒果仁提取物很有希望作为食品添加剂来延长各种食品的保质期。Nawab 等用含有不同增塑剂的芒果仁淀粉涂层来延长番茄的保存期限，结果表明芒果仁淀粉是一种很有前景的番茄包衣材料。

4. 其他作用

芒果核具有良好的体外抗炎作用，且芒果核提取物对常见的肠道感染菌具有较明显的抑制作用及良好的安全性，且不同芒果品种的芒果仁的植物化学成分和生物活性没有显著差异。Kaur 等通过试验证实芒果仁具有自由基清除活性和抗菌活性。Luo 等通过小鼠试验发现芒果仁具有补肾益肾的功能，对寡少精子症有一定的治疗作用。此外芒果仁提取物具有成本优势，可能成为替代抗生素的新产品。芒果壳还可制成芒果壳生物质炭，具有良好的吸附作用。

参考文献

［1］CASIMIR D J, CHANDLER B V. Comminuted fruit drinks from Australian citrus ［J］. CSIRO Food Preservation Quarterly, 1970, 30 (2): 28-34.

［2］单杨. 柑橘全果制汁及果粒饮料的产业化开发 ［J］. 中国食品学报, 2012, 12 (10): 1-9.

［3］杨颖, 单杨, 丁胜华, 等. 高能球磨处理对赣南脐橙全果原浆粒径和流变特性的影响 ［J］. 食品科学, 2019, 40 (11): 109-115.

［4］QI HT, DING S H, PAN Z P, et al. Characteristic volatile fingerprints and odor activity values in different citrustea by HS－GC－IMS and HS－SPME－GC－MS ［J］. Molecules, 2020, 25: 6027.

［5］KURITAO, FUJIWARA T, YAMAZAKI E. Characterization of pectin extracted from citrus in the presence of citric acid ［J］. Carbohydrate Polymers, 2008, 74 (3): 725-730.

［6］FISHMAN M L, CHAU H K, HOAGLAND P, et al. Characterization of pectin, flash-extracted from orange albedo by micro wave heating, under pressure ［J］. Carbohydrate Research, 2000, 323 (1/2/3/4): 126-138.

［7］SU D L, LI P J, QUEK S Y, et al. Efficient extraction and characterization of pectin from orange peel by a combined surfactant and microwave assisted process ［J］. Food Chemistry, 2019, 286: 1-7.

［8］WANG X, CHEN Q R, LU X. Pectin extracted from apple pomace and citrus peel by subcritical water ［J］. Food Hydrocolloids, 2014, 38: 129-137.

［9］CHEN J L, CHENG H, WU D, et al. Green recovery of pectic polysaccharides from citrus canning processing water ［J］. Journal of Cleaner Production, 2017, 144: 459-469.

［10］张菊华, 李志坚, 单杨, 等. 柑桔鲜果皮中类黄酮含量比较与分析 ［J］. 中国食品学报, 2015, 15 (5): 233-240.

［11］MA Y Q, YA X Q, HAO Y B, et al. Ultrasound-assisted extraction of hesperidin from Penggan (Citrus reticulata) peel ［J］. Ultrasonics Sonochemistry, 2008, 15 (3): 227-232.

［12］INOUE T, TSUBAKI S, OGWA K, et al. Isolation of hesperidin from peels of thinned Citrus unshiu fruits by microwave-assisted extraction ［J］. Food Chemistry, 2010, 123 (2): 542-547.

［13］许玲玲, 杨晓东, 李群力, 等. 果胶酶解法提取陈皮中橙皮昔的工艺研究 ［J］. 中国兽药杂志, 2015, 17 (11): 1196-1201.

［14］CHEIGH C I, CHUNG E Y, CHUNG M S. Enhanced extraction of flavanones hesperidin and narirutin from Citrus unshiu peel using subcritical water ［J］. Journal of Food Engineering, 2012, 110 (3): 472-477.

［15］李炎, 毛新武, 赖旭新, 等. 超滤法从柚皮中提取柚成 ［J］. 食品科学, 1997, 18 (5): 36-38.

［16］贾冬英, 姚开, 谭敏, 等. 柚皮中柚皮昔的乙醇提取工艺研究 ［J］. 中草药, 2002, 33

（8）：801-802.

［17］董朝青，蒋新宇，周春山．柚子中柚皮贰提取工艺研究［J］．湖南文理学院院报（自然科学版），2004，16（1）：34-36.

［18］吴红梅，范妍．碱提酸沉淀法从柚皮中提取柚皮苷的工艺研究［J］．天津化工，2016，30（3）：4-7.

［19］ROSENBERG M，MANNHEIM C H，KOPELMAN I J. Carotenoid base food colorant extracted from orange peel by D-limonene-extraction-process and use［J］. Lebensmittel Wissenschaft Technologic，1983，17（5）：270-275.

［20］李佑稷，宋志娟，田宏现，等．橘皮黄色素提取工艺研究［J］．食品与发酵工业，2002，28（11）：28-32.

［21］KUMAR S，SHARMA P，RATREY P，et al. Reusable nanobiocatalysts for the efficient extraction of pigments from orange peel［J］. Journal of Food Science and Technology，2016，53（7）：3013-3019.

［22］MONTERO-CALDERON A，CORTES C，ZULUETA A，et al. Green solvents and ultrasound-assisted extraction of bioactive orange（Citrus sinensis）peel compounds［J］. Scientific Reports，2019，9：16120.

［23］NDAYISHIMIYE J，CHUN B S. Optimization of carotenoids and antioxidant activity of oils obtained from a coextraction of citrtis（Yuzu ichandrin）by-products using supercritical carbon dioxide［J］. Biomass & Bioenergy，2017，106：1-7.

［24］MURADOR D C，SALAFIA F，ZOCCALI M，et al. Green extraction approaches for carotenoids and esters：characterization of native composition from orange peel［J］. Antioxidant，2019，8（12）：613.

［25］SCHOCH T K，MANNERS G D，HASEGAWA S. Recovery of limonoidglucosides from citrus molasses［J］. Journal of Food Science，2002，67（8）：3159-3163.

［26］YU J，DANDEKAR D V，TOLEDO R T，et al. Supercritical fluid extraction of limonoidglucosides from grapefruit molasses［J］. Journal of Agricultural and Food Chemistry，2006，54（16）：6041-6045.

［27］付复华，潘兆平，谢秋涛，等．超临界 CO_2 脱除大红橙油中萜烯类成分的工艺优化［J］．湖南农业科学，2016（8）：84-88.

［28］蒋书歌，侯宇豪，刘坚，等．柑橘精油纳米乳的制备及对金黄色葡萄球菌的抑制活性研究［J］．食品与机械，2021，37（3）：144-149.

［29］吴崇珍，王莉莉．枳实的提取工艺研究及质量分析［J］．郑州大学学报（医学版），2004，39（5）：765-767.

［30］沈莲清，张超．个青皮中辛弗林两种提取分离方法的比较研究［J］．食品与生物技术学报，2008，27：14-17.

［31］陈志红，苗兵，李剑敏．微波强化提取枳实中辛弗林的工艺研究［J］．应用化工，2008，27（6）：589-591.

［32］张璐，范杰平，曹靖，等．响应面法优化枳实中辛弗林的超声辅助提取工艺［J］．食品

科学，2011，32（14）：1-5.

[33] FAN J P, ZHANG L, ZHANG X H, et al. Molecularly imprinted polymers for selective extraction of synephrine from *Aurantii Fructus immaturus* [J]. Analytical Bioanalytical Chemistry，2012，402（3）：1337-1346.

[34] 李玲，苏学素，张耀海，等. 辛弗林分子印迹聚合物的制备及其固相萃取中的应用 [J]. 食品科学，2020，41（8）：45-51.

[35] 张海龙，沈梦迪，朱云阳，等. 超滤-吸附法制备高纯度 L-辛弗林的优化工艺 [J]. 离子交换与吸附，2019，35（2）：151-161.

[36] 张菊华，杨荣文，刘伟，等. 枳实中橙皮苷与辛弗林的工业化联产工艺研究 [J]. 食品与机械，2016，32（11）：169-173.

[37] WILKINS M R, WIDMER W W, GROHMANN K. Simultaneous saccharification and fermentation of citrus peel waste by Saccharomyces cerevisiae to produce ethanol [J]. Process Biochemistry，2007，42（12）：1614-1619.

[38] BOLUDA-AGUILAR M, LOPEZ-GOMEZ A. Production of bioethanol by fermentation of lemon（*Citrus limon* L.）peel wastes pretreated with steam explosion [J]. Industrial Crops and Products，2013，41：188-197.

[39] Choi I S, Kim J H, Wi S G, et al. Bioethanol production from mandarin（*Citrus unshiu*）peel waste using popping pretreatment [J]. Applied Energy，2013，102：204-210.

[40] OBEROI H S, VADLANI P V, MADL R L, et al. Ethanol production from orange peels：two-stage hydrolysis and fermentation studies using optimized parameters through experimental design [J]. Journal of Agricultural and Food Chemistry，2010，58：3422-3429.

[41] HAMDY H S. Citric aicd production by *Aspergillus niger* grown on orange peel medium fortified with cane molasses [J]. Annual of Microbiology，2013，63（1）：267-278.

[42] TORRADO A M, CORTES S, SALGASO J M, et al. Citric acid production from orange peel waste by solid state fermentation [J]. Brazilian Journal of Microbiology，2011，42（1）：394-409.

[43] RIVAS B, TORRADO A, TODDE P, et al. Submerged citric acid fermentation on orange peel autohydrolysate [J]. Journal of Agricultural and Food Chemistry，2008，56（7）：2380-2387.

[44] DEVECI E U, OZYURT M. Optimization of citric acid production by using Aspergillus niger on citrtis waste hydrolysate in column bioreactor [J]. Fresenius Environ mental Bulletin，2017，26（5）：3614-3622.

[45] 余海立，雷生姣，黄超. 酶法降解与微生物发酵结合处理柑橘皮渣生产高蛋白饲料 [J]. 广东农业科学，2015，42（5）：74-78.

[46] 李赤翎，李彦，俞建. 柑橘皮渣发酵饲料研究 [J]. 食品工业科技，2009，30（5）：169-174.

[47] TRIPODO M M, LANUZZA F, MICALI G, et al. Citrus waste recovery：a new environmentally friendly procedure to obtain animal feed [J]. Bioresource Technology，2004，91（2）：

111-115.

[48] ZHOU Y M, CHEN Y P, GUO J S, et al. Recycling of orange waste for single cell protein production and the synergistic and antagonistic effects on production quality [J]. Journal of Cleaner Production, 2019, 213: 384-392.

[49] GUERRERO C C, DE BRITO C J. Re-use of industrial orange wastes as organic fertilizers [J]. Bioresource Technology, 1995, 53 (1): 43-51.

[50] TUTTOBENE R, AVOLA G, GRESTA F, et al. Industrial orange waste as organic fertilizer in durum wheat [J]. Agronomy for Sustainable Development, 2009, 29: 557-563.

[51] MELI S M, BAGLIERI A, PORTO M, et al. Chemical and microbiological aspects of soil a-mended with citrus pulp [J]. Journal of Sustainable Agriculture, 2007, 30 (4): 53-66.

[52] GELSOMINO A, ABENAVOLI M R, PRINCI G, et al. Compost from fresh orange waste: a suitable substrate for nursery and field crops [J]. Compost Science and Utilization, 2010, 18 (3): 201-210.

[53] WANG J Q, HU Z P, XIA J S, et al. Effect of microbial inoculation on physicochemical properties and bacterial community structure of citrus peel composting [J]. Bioresource Tech-nology, 2019, 291: 121843.

[54] 王引权, FRANK S, 张仁陟, 等. 葡萄枝条堆肥化过程中的生物化学变化和物质转化特征 [J]. 果树学报, 2005, 22 (2): 115-120.

[55] 刘小刚. 葡萄枝条木质素降解菌的筛选 [D]. 杨凌: 西北农林科技大学, 2009.

[56] 范荣霞. 沼渣沼液在葡萄上的肥效效果 [J]. 农村科技, 2012 (12): 19.

[57] 邵志鹏. 沼液对葡萄生长和产量及抗病性的影响 [J]. 黑龙江农业科学, 2012 (10): 47-48.

[58] 孙玉霞, 史红梅, 蒋锡龙, 等. 响应面法优化葡萄枝条中多酚化合物提取条件的研究 [J]. 中国农学通报, 2011, 27 (7): 466-471.

[59] 高园, 房玉林, 张昂, 等. 葡萄枝条中多酚类物质的超声波辅助提取 [J]. 西北农林科技大学学报: 自然科学版, 2009, 37 (9): 77-82.

[60] 张静, 高园, 万力, 等. 大孔吸附树脂分离纯化葡萄枝条中多酚类物质 [J]. 西北农业学报, 2013, 22 (3): 173-177.

[61] 陈娇娇, 黄日保, 张贻意, 等. 利用葡萄枝生料栽培姬菇的技术研究 [J]. 食用菌, 2013 (2): 52-53.

[62] 黄卓忠, 陈丽新, 韦仕岩, 等. 葡萄枝屑栽培毛木耳配方筛选试验 [J]. 南方农业学报, 2011, 42 (8): 961-963.

[63] 王玉民, 权辉, 马清礼. 不同葡萄枝栽培料对黑木耳商品性状影响的研究 [J]. 吉林农业科学, 2012, 37 (4): 51-53, 60.

[64] MILDNER-SZKUDLARZ S, BAJERSKA J, ZAWIRSKAWOJTASIAK R. White grape pomace as a source of dietary fibre and polyphenols and its effect on physical and nutraceutical charac-teristics of wheat biscuits [J]. Journal of the Science of Food and Agriculture, 2013, 93 (2): 389-395.

［65］ 陶姝颖，郭晓辉，令博，等. 改性葡萄皮渣膳食纤维的理化特性和结构 ［J］. 食品科学，2012，33（15）：171-177.

［66］ 雷静，王婷，时家乐，等. 超声波法提取酿酒葡萄皮渣色素的工艺研究 ［J］. 农产品加工，2011（11）：74-76.

［67］ 李婷，李胜，张青松，等. 酶法提取葡萄皮渣中白藜芦醇工艺研究 ［J］. 食品科学，2008，29（12）：194-197.

［68］ 王彪，何英姿，王晓，等. 广西都安酿酒葡萄皮渣中白藜芦醇的提取工艺研究 ［J］. 安徽农业科学，2013，41（15）：6912-6914.

［69］ 宋春梅，王珍，张岚，等. 葡萄籽多糖的提取工艺 ［J］. 食品研究与开发，2012，33（10）：63-66.

［70］ 米思，李华，刘晶. 响应面法优化毛葡萄酒泥中 L（+）-酒石酸提取工艺 ［J］. 食品科学，2012，33（8）：49-53.

［71］ 刘仁道，张猛，李新贤. 草莓和蓝莓果实花青素提取及定量方法的比较 ［J］. 园艺学报，2008（5）：655-660.

［72］ 王秀菊，杜金华，马磊，等. 蓝莓酒渣中花色苷提取工艺的优化及其稳定性的研究 ［J］. 食品与发酵工业，2009，35（9）：151-156.

［73］ 孟宪军，孙希云，朱金艳，等. 蓝莓多糖的优化提取及抗氧化性研究 ［J］. 食品与生物技术学报，2010，29（1）：56-60.

［74］ 刘玮，钱慧碧，辛秀兰，等. 蓝莓果渣中总黄酮的提取纯化及抗氧化性能的研究 ［J］. 食品科技，2011，36（2）：216-219.

［75］ PRASAD U S，JHA O P. Changes in pigmentation patterns during litchi ripening：flavonoid production ［J］. Plant Biochem J，1978，5：44-48.

［76］ LEE H，WICKER L. Anthocyanin pigments in the skin of lychee fruit ［J］. J Food sci，1991，56：466-468.

［77］ RIVERA-LOPEZ J，ORDORICA-FALOMIR C，WESCHE-EBELING P. Changes in anthocyanin concentration in lychee（Litchi chinensis Sonn.）pericarp during maturation ［J］. Food chemistry，1999，65：195-200.

［78］ SARNI-MANCHADO P，LE ROUX E，LE GUERNEVÉ C，et al. Phenolic composition of litchi fruit pericarp ［J］. J Agric Food Chem，2000，48（12）：5995-6002.

［79］ ZHANG Z Q，PANG X Q，YANG C，et al. Purification and structural analysis of anthocyanins from litchi pericarp ［J］. Food chemistry，2004，84：601-604.

［80］ 宋光泉，卜宪章，古练权，等. 荔枝果皮提取物化学成分的 GCMS 分析 ［J］. 中山大学学报：自然科学版，1999，38（4）：48-51.

［81］ 乐长高，付红蕾. 荔枝壳和核挥发性成分研究 ［J］. 中草药，2001，32（8）：688-689.

［82］ 杨宝，赵谋明，刘洋，等. 荔枝壳主要黄烷醇类物质分析 ［J］. 天然产物研究与开发，2005，17（5）：577-579.

［83］ 谢阳，赖维，万苗坚，等. 荔枝果皮中的美白剂根皮苷的提取，纯化及鉴定 ［J］. 中国

美容医学, 2008, 17 (7): 1032-1034.

[84] 李宝珍, 赵谋明, 黄立新, 等. 荔枝核淀粉理化特性的研究 [J]. 食品科技, 2006 (3): 132-135.

[85] 汤桂梅, 陈全斌, 义祥辉, 等. 荔枝核淀粉提取工艺及其性质的研究 [J]. 化学世界, 2002 (7): 359-362.

[86] 丁丽, 王敏, 赵俊, 等. 荔枝核化学成分的研究 [J]. 天然产物研究与开发, 2006, 18 (Supp1): 45-47.

[87] PRASAD K N, YANG B, YANG S Y, et al. Identification of phenolic compounds and appraisal of antioxidant and antityrosinase activities from litchi (Litchi sinensis Sonn.) seeds [J]. Food Chemistry, 2009, 116: 1-7.

[88] WANG X, YUAN S, WANG J, et al. Anticancer activity of litchi fruit pericarp extract against human breast cancer in vitro and in vivo [J]. Toxicol Appl Pharm, 2006, 215: 168-178.

[89] ZHAO M, YANG B, WANG J, et al. Immunomodulatory and anticancer activities of flavonoids extracted from litchi (Litchi chinensis Sonn.) pericarp [J]. Int Immunopharmacol, 2007, 7 (2): 162-166.

[90] 楼忠明, 田菊霞, 王文香, 等. 荔枝核总皂甙提取物对糖尿病小鼠的降糖疗效观察 [J]. 浙江医学, 2007, 29 (6): 548-549, 605.

[91] 梁丹, 黎卫冲, 覃冬菊, 等. 糖尿病小鼠模型的建立及中药荔枝核提取液对其治疗的实验研究 [J]. 当代医学, 2009, 15 (18): 41-42.

[92] 宁永祥, 彭凯文, 秦燕, 等. 荔枝种仁油对大鼠血脂水平的影响 [J]. 营养学报, 1996, 18 (2): 159-161.

[93] 郭洁文, 廖惠芳, 潘竞锵, 等. 荔枝核皂苷对高脂血症-脂肪肝大鼠的降血糖调血脂作用 [J]. 中国临床药理学与治疗学, 2004, 9 (12): 1403-1407.

[94] 曾文铤, 马佩球, 肖柳英, 等. 荔枝核颗粒治疗慢性乙型肝炎的疗效观察 [J]. 中西医结合肝病杂志, 2005, 15 (5): 260-261.

[95] 肖柳英, 潘竞锵, 浇卫农, 等. 荔枝核对小鼠肝炎动物模型的实验研究 [J]. 中国实用医药, 2006, 1 (1): 11-13.

[96] 王辉, 陶小红, 王洋, 等. 荔枝核提取物体外抗病毒活性及其机制研究 [J]. 中国药科大学学报, 2008, 39 (5): 437-441.

[97] 肖柳英, 洪晖菁, 潘竞锵, 等. 荔枝核的抑瘤作用及对肝癌组织端粒酶活性的影响 [J]. 中国药房, 2007, 18 (18): 1366-1368.

[98] ZI EN LIM, QUOC BA THAI, DUYEN K Le, et al. Functionalized pineapple aerogels for ethylene gas adsorption and nickel (Ⅱ) ion removal applications [J]. Journal of Environmental Chemical Engineering, 2020, 8 (6): 104524.

[99] HEINICKE R M, GORTNER W A. Stem bromelain-A new protease preparation from pineapple plants [J]. Economic Botany, 1957, 11 (3): 225-234.

[100] 杭瑜瑜, 王玉杰, 齐丹, 等. 菠萝皮渣果胶的提取及理化性质 [J]. 江苏农业科学,

2016, 44 (8): 379-382.

[101] 姚春波, 来丽丽. 纤维素酶辅助酸法提取菠萝皮果胶的工艺研究 [J]. 甘肃中医学院学报, 2013, 30 (5): 50-54.

[102] 罗苏芹, 戴宏杰, 黄惠华. 海藻酸钠/菠萝皮渣纳米纤维素水凝胶球固定化风味蛋白酶的研究 [J]. 食品科技, 2018, 43 (8): 263-269.

[103] 全林发, 李勃, 刘学, 等. 菠萝皮添加对稻草青贮品质的影响 [J]. 饲料研究, 2014, (13): 85-88.

[104] 香换玲, 何艳梅, 林峰, 等. 菠萝皮渣中乳酸菌的分离鉴定及其生长特性研究 [J]. 农产品加工, 2017 (11): 41-44.

[105] 龚霄, 王晓芳, 林丽静, 等. 菠萝皮渣发酵饲料的品质研究 [J]. 农产品加工, 2016 (17): 56-58.

[106] 杨正楠, 廖良坤. 菠萝皮渣发酵饲料特性及对营养的改善 [J]. 热带农业科学, 2018, 38 (10): 5-9.

[107] 钟灿桦, 黄和. 菠萝皮发酵饲料研究 [J]. 饲料与畜牧, 2007 (4): 34-36.

[108] 梁耀开, 邓毛程, 吴亚丽. 利用菠萝皮渣生产蛋白饲料的发酵条件研究 [J]. 河南农业科学, 2010 (9): 129-131.

[109] 陈清兰. 高锰酸钾改性菠萝皮渣对 Cu^{2+} 的吸附机理研究 [J]. 清洗世界, 2019, 35 (6): 34-35.

[110] 马沛勤, 潘静, 陈莉. 改性菠萝皮渣对 Cu^{2+} 的吸附研究 [J]. 中国南方果树, 2014, 43 (3): 19-23.

[111] 赵立. 香蕉皮单宁的提取及抑菌活性研究 [J]. 江苏农业科学, 2009 (6): 369-371.

[112] 李培. 香蕉皮膳食纤维功能果醋的研究 [J]. 中国调味品, 2007 (6): 43-46, 54.

[113] 冯尚坤. 香蕉皮中抗氧化物质的研究 [J]. 食品研究与开发, 2008, 29 (5): 72-74.

[114] ANNADURAL G, JUANQ R S, LEE D J. Adsorption of heavy metals from water using banana and orange peels [J]. Water Science and Technology, 2003, 47 (1): 185-190.

[115] 郭伶伶, 张祎, 葛丹丹, 等. 芒果叶化学成分研究 [C]. 中药与天然药高峰论坛暨全国中药和天然药物学术研讨会, 2012: 428-431.

[116] 梁健钦, 王剑, 熊万娜, 等. 基于灰色关联分析的芒果叶提取物抗炎作用的谱效关系 [J]. 中国实验方剂学杂志, 2015, 21 (1): 121-125.

[117] 彭智平, 杨少海, 操君喜, 等. 芒果叶片主要养分含量及营养诊断适宜值研究 [J]. 广东农业科学, 2006 (6): 47-49.

[118] 吕小文, 郝倩, 陈业渊, 等. 饲料添加芒果叶黄酮浸膏促进鱼类生长 [J]. 农业工程学报, 2013, 29 (18): 277-283.

[119] NAGEL A, MIX K, KUEBLER S, et al. The arabinogalactan of dried mango exudate and its coextraction during pectin recovery from mango peel [J]. Food Hydrocolloids, 2015 (46): 134-143.

［120］ GARCIA-MENDOZA M P，PAULA J T，PAVIANI L C，et al. Extracts from mango peel by-product obtained by supercritical CO_2，and pressurized solvent processes ［J］. LWT-Food Science and Technology，2015，62（1）：131-137.

［121］ 李琪，李江，罗群，等. 芒果皮抑菌活性成分 ［J］. 安徽农业科学，2013（34）：13390-13391.

［122］ GANESHAN G，SHADANGI K P，MOHANTY K. Thermo-chemical conversion of mango seed kernel and shell to value added products ［J］. Journal of Analytical & Applied Pyrolysis，2016（121）：403-408.

［123］ ANDRADE L A，BARROZO M A S，VIEIRA L G M. Thermo-chemical behavior and product formation during pyrolysis of mango seed shell ［J］. Industrial Crops & Products，2016（85）：174-180.

［124］ ABDALLA A E M，DARWISH S M，AYAD E H E，et al. Egyptian mango by-product 2：Antioxidant and antimicrobial activities of extract and oil from mango seed kernel ［J］. Food Chemistry，2014，103（4）：1141-1152.

［125］ JIN J，ZHENG L，PEMBE W M，et al. Production of sn-1，3-distearoyl-2-oleoyl-glycerol-rich fats from mango kernel fat by selective fractionation using 2-methylpentane based isohexane ［J］. Food Chemistry，2017（234）：46-54.

［126］ NAWAB A，ALAM F，HASNAIN A. Mango kernel starch as a novel edible coating for enhancing shelf-life of tomato（*Solanum lycopersicum*）fruit ［J］. International Journal of Biological Macromolecules，2017（103）：581-586.

［127］ KAUR J，RATHINAM X，KASI M，et al. Preliminary investigation on the antibacterial activity of mango（*Mangifera indica* L：Anacardiaceae）seed kernel ［J］. Asian Pacific Journal of Tropical Medicine，2010，3（9）：707-710.

［128］ LUO J C，YUAN Y F. Effects of mango seed kernels on mice with kidney-yang deficiency and Oligoasthenospermia ［J］. Medicinal Plant，2015，6（Z4）：30-33，37.

第5章 畜禽加工副产物综合利用

5.1 畜禽加工副产物综合利用的概况

5.1.1 我国畜禽副产物利用现状

畜禽副产物开发利用主要包括对猪、牛、羊、鸡、鸭、鹅等畜禽的血液、骨、内脏、皮毛、蹄等的进一步综合加工利用，特别是利用畜禽副产物进行生化制药，这是与现代生物科技紧密结合的一项产业，具有科技含量高、附加值高等特点，已成为畜禽副产品开发的主要方向。深度开发利用的畜禽副产物的种类较多，在此简要介绍畜禽的皮、血、骨、毛、禽蛋以及水产品副产物的加工利用。

畜禽产品是改善人类饮食营养和生活水平的重要原料，畜禽产品加工是促进畜禽产品转化增值、保证质量安全、减少环境污染的重要环节。我国畜禽产品加工业经过60余年的发展，取得了巨大的成就，对促进畜禽产品生产、发展农村经济、繁荣稳定城乡市场、满足人民生活需要、保证经济建设与改革的顺利进行发挥着重要作用。然而由于我国畜禽产品加工业起步晚，发展时间短，产业存在不少问题，主要表现如下。

（1）深加工不足。

目前，我国畜禽产品深加工不足，产品结构不合理。

（2）产品质量不高。

传统蛋制品产品质量差或质量不稳定。如有些企业在制作皮蛋时仍使用氧化铅等非法添加物质，导致皮蛋的铅含量过高；包泥的产品卫生差；咸鸭蛋加色素染色等。

（3）工程化技术不足。

我国畜禽产品加工领域通过自我研发与引进、消化、吸收，在产品加工方面虽然取得了一系列技术成果，引领了行业科技发展，但这些技术成果以单项居多，不仅集成程度低，而且未能很好地实现工程化。

（4）质量安全隐患多。

通过对我国畜禽产品产业链的安全风险进行调研分析发现，质量安全存在诸多隐患。

（5）科技投入少。

我国畜禽产品科技起步于20世纪90年代，已取得很大的发展，但仍存在科研投入不足、技术成果相对较少、科技成果转化率低等问题。

中国畜禽产品加工正在步入社会化、规模化、标准化的新发展阶段。肉类工业集中度呈上升态势，低温肉制品和冷却肉产业在大城市发展非常快，大型龙头企业在主产区的行业整合有巨大的发展空间。乳制品工业与奶牛产业同步发展，北方乳源基地是乳制品工业的集中发展地区，有较大发展潜力。近些年，畜禽产品加工业的高速发展与安全事件的频繁发生形成了强烈而鲜明的反差。国外、国内对于食品安全管理，正逐渐从危机应对走向风险预防，管理水平会有一个大的提升。

改革开放以来，在政策扶持、科技进步、企业主导、市场需求等因素的共同影响下，我国畜禽产品加工业取得了举世瞩目的成就。畜禽产品加工原料供给数量和质量基本得到保证，畜禽产品加工的规模化、集约化、标准化及深加工程度不断提高，加工制品质量逐步改善，结构渐趋合理，产业经济地位日益提高。同时，我国畜禽产品加工业可持续发展面临巨大挑战。产业和产品结构有待改善，整体生产效率亟待提高，原料供给日益紧缺，产品质量问题突出，安全威胁加大，发展造成的环境污染问题严重。如何促进我国畜禽产品加工业可持续发展，保证畜禽产品安全，既满足当代人对畜禽食品的需求，又不危害后代人并满足他们的需求，是需要认真研究的战略问题。为了解决这一问题，我国畜禽副产物的综合利用应从多个方面加强建设。

5.1.2 畜禽副产物综合利用的类型

畜禽副产物的深度开发利用产品类型较多，现主要从以下3个方面介绍。

5.1.2.1 生化制药

世界上利用动物性副产物进行生化制药所得的药物已达400余种，还有大部分未能充分利用或有待开发。我国自主研发的生化药物已超过百种，如甲状腺素、冠心舒、脾注射液等。

能够进行生化制药的脏器和组织主要有胃黏膜、肝、胰、胆汁、心脏、甲状腺、小肠咽喉、软骨、脑垂体、脾等，所生产的产品主要有胃酶、胰酶、胆红素、冠心舒、甲状腺素、肝素钠、软骨素、氨基酸制剂、肝浸膏片等。其中的肝素钠为抗凝血药，具有抑制血液凝结的作用，可用于防治血栓的形成，可降低血脂和促进免疫，可用于美容化妆品，以防止皮肤皲裂，改善局部血液循环等。另外，其他动物性食品的副产物，如蜂胶、鱼油、鱼精蛋白等在医药食品工业中也得到了广泛的应用。

畜禽血液具有一定的抗癌作用，因此西方国家对畜禽血液的加工利用有了新的发展。如比利时、荷兰等国将畜禽血液掺到红肠制品中；日本已利用畜禽血液加工生产血香肠、血饼干、血罐头等休闲保健食品；法国则利用动物血液制备新的食品微量元素添加剂。近年来我国加大了资金的投入和科研的力度，相继开发出了一些血液产品，如畜禽饲料、血红素、营养补剂、超氧化物歧化酶等高附加值产品。

肝脏可用于提取多种药物，如肝浸膏、水解肝素、肝宁注射液等。胰脏含有淀粉酶、脂肪酶、核酸酶等多种消化酶，可以从中提取高效能消化药物，如胰酶、胰蛋白酶、糜蛋白酶、糜胰蛋白酶、弹性蛋白酶、激肽释放酶、胰岛素、胰组织多肽、胰脏镇痉多肽等，用于治疗多种疾病。心脏可用于制备许多生化制品，如细胞色素、乳酸脱氢酶、柠檬酸合成酶、延胡索酸酶、谷草转氨酶、苹果酸脱氢酶、琥珀酸硫激酶、磷酸肌酸激酶等。猪胃黏膜中含有多种消化酶和生物活性物质，可用于生产胃蛋白酶、胃膜素等。从猪脾脏中可以提取猪脾核糖、脾腺粉等。猪、羊小肠可做成肠衣，剩下的肠黏膜可生产抗凝血、抗血栓、预防心血管疾病的药物，如肝素钠、肝素钙、肝素磷酸酯等，猪的十二指肠可用来生产治疗冠心病的药物，如冠心舒、类肝素等。猪、牛、羊的胆汁在医药上有很大的价值，可用来制造粗胆汁酸、脱氧胆酸片、胆酸钠、降血压糖衣片、人造牛黄、胆黄素等几十种药物。

5.1.2.2　饲料

饲料生产是动物性副产物综合利用中最实惠、见效最快的方法，也是最有发展前途的途径之一。血液除了可以用于生产各种食品添加剂和工业原料外，还可以加工成血粉和发酵血粉，骨头也可以加工成骨粉和骨肉粉，作为畜禽饲料添加剂，其他屠宰的废弃肉、脏器渣等副产物均可以加工成复合动物蛋白质饲料。各种动物性副产物或废弃物营养丰富，营养成分种类繁多，并且易于消化吸收，可制出各种畜禽全价饲料。如骨中含有丰富的蛋白质、磷酸钙、碳酸钙、磷酸镁、碳酸钠，含量最多的两种元素是磷和钙。经检测，干燥骨中磷和钙含量分别为 9.7% 和 19.02%，其蛋白质中的氨基酸种类达 16 种之多。所以骨粉是良好的禽畜饲料添加剂。

有些产品的生产工艺及设备比较简单，如畜禽皮可用于生产明胶，将畜禽皮用石灰水处理，去毛、脂肪和软化后，再通过煮胶、浓缩、干燥过程即可得到明胶，但目前生产此类产品的企业较少，所以开展加工此类产品的前景十分广阔；又如骨粉只需经过煮骨、干燥、粉碎的工艺过程即可得到成品，所用设备投资少，费用低，工艺简单，效益好。

5.1.2.3　食品与工业原料

作为工业原料的畜禽副产物主要有皮、毛、骨、血、肠等。动物皮中胶原蛋白的含量可达 90% 以上，是世界上资源量最大的可再生生物资源，因此可利用动物皮生产胶原蛋白。胶原蛋白在医药上应用非常广泛，可用于制备阿胶、白明胶注射液、吸收明胶海绵和精氨酸等多种氨基酸及药物基质等。另外，动物皮主要供给制革业，作为制革工业的原材料，最终制作成高附加值的各类皮具等皮制品。如一头猪可以生产出 0.93m² 的皮革，其价值比原料可增加几倍。

美国、日本等发达国家对骨的开发利用十分活跃。如将剔除肉以后的猪、牛、鸡、鸭等畜禽动物的骨头制成新型的美味食品——骨糊肉和骨味系列食品，骨味系列食品包括骨松、骨味素、骨味汁、骨味肉等；骨糊肉可制成烧饼、饺子、香肠、肉丸等各种风味独特、营养丰富的食品。这些食品不仅价格低廉、工艺简单，而且味道鲜美、营养丰富。国内在这方面的起步较晚，但也有一些产品面市。

家禽羽毛结实耐用、弹性强、保暖性能好，可用来制作羽绒被、羽绒服和枕芯的填充料，是我国一项传统的出口商品，也是一种优良的工业原料。而羽绒的下脚料或残次品含 18 种氨基酸，除赖氨酸含量较低外，其他营养素含量均高于鱼粉，因此可加工成羽毛粉用于饲养畜禽。马、牛、驴等大型牲畜身上的绒毛是高档的毛纺织品原料，可以制成呢绒、地毯、服装等毛绒产品，具有细软、耐用、美观大方等优点，且价值高、用途广。猪鬃是猪颈部和背部长而硬的鬃毛，其他部位长度在 5cm 以上的硬毛也称为猪鬃。由于猪鬃硬度适中，具有弹性强、耐热、耐磨等特点，因此很适合制作各种民用、军用及工业用刷。另外，猪鬃还是提取胱氨酸、谷氨酸的好原料。

利用不能食用的动物性食品的废弃物生产工业用油，是对废弃物无害化处理的一种良好的途径，并能提高其经济价值和效益。这些工业用油是生产肥皂和机械润滑油的主要原料之一，而这种油生产的产品比植物油生产的质量好得多。

5.1.3 畜禽副产物综合利用的效益

我国是畜禽生产大国，畜禽副产物的利用问题尤为重要。如何合理开发利用这些宝贵资源，应该引起各方面的高度重视。因为畜禽副产物的综合利用将影响畜牧业、食品工业等相关产业的健康发展。为此，科研院所应该加强科技攻关，同时开展与企业的合作，力争尽快研发出高附加值的产品。

5.1.3.1 经济效益

（1）拥有自主知识产权的生产技术投入使用，可大大提高企业的竞争力，减少对外依存度，节省大量外汇和降低原料进口风险。

以畜禽屠宰副产物为原料，通过提升加工技术与设备，实现废物利用的同时生产出优级高标准产品。如猪免疫球蛋白粉达到国内优级标准，可以替代国外进口的同类产品；超氧化物歧化酶产品达到出口日本和欧美的标准；拟在创建亚铁血色原国家标准的基础上，建立国际行业标准；功能蛋白肽将达到国家食品级、药品级添加剂标准，完全可以替代部分功能蛋白质或者药用小肽。动物鲜骨一直是具有多种功能成分的原料，活性成分的提取制备工艺提升以后，骨胶原蛋白产品达到出口日本的标准；医药级（生化级）羟基磷灰石产品将可替代美国 Sigma 公司产的同类产品。基于骨粉开发的骨蛋白酶水解技术将替代目前的酸解、碱解技术，大幅度减少化学溶剂的使用，具有极强的市场竞争力。按照经济、清洁加工的思路，若开发骨头多产品的联产技术项目成功实施，将进一步增强产品的市场竞争优势。

（2）新技术的使用可以大大地提高企业的经济效益和实力。高新技术的有效利用、规模经济的迅速形成，不仅能带来良好的经济效益，而且能带动其他相关产业，促进当地经济的发展，形成良好的经济效益。

5.1.3.2 社会效益

我国居民的生活水平正在逐年提高，这种变化将对食品消费总量和结构产生重要影响，即：虽然代表食品消费的恩格尔系数将下降，但仍位于居民消费支出比重之首，食品消费总量仍将不断增加，商品性消费日益取代自给型消费，工业化食品比重逐步增长，为食品工业发展提供巨大的市场空间。发展以资源利用为特征的肉类食品加工业，符合社会发展需求的变化，具有广阔前景。同时，新技术投入应用后将需要大量的技术人员和劳动力，对大学生、农村剩余劳动力的就业和收入水平具有巨大的拉动作用。

5.1.3.3 环境效益

随着科技的进步，人们物质文化生活的水平不断提高，畜禽副产物应用领域还在不断拓展，不仅市场需求量大而且每年呈大幅度上升趋势。同时畜禽副产物加工新技术的应用既避免了污染，真正实现了无渣、无害化生产，合理延长了产业链，实现了零排放，保护了环境，又争取了最大的经济效益。

此外，国家十分重视发展循环经济，提倡节能减排为食品工业发展营造了良好的宏观环境。食品工业主要以可再生资源为原料，其生产消费过程产生的废弃物可以再利用，具有循环经济的特征。在国家大力倡导发展循环经济的背景下，食品工业的发展将更加受到政府和社会的重视，所面临的宏观环境将越来越好。

畜禽副产物加工新技术贯彻循环经济理念，大大提高了畜禽宰后副产物附加值，对畜禽宰后副产物的变废为宝、综合利用具有示范推广意义，解决了废弃物的排放和污染问题；同时也延长了畜禽生产的产业链，可大大带动养殖、屠宰产业发展，有效推动当地经济的发展和行业科技水平的提升。

5.2　畜禽血液综合利用

5.2.1　畜禽血液综合利用的现状

畜禽血液是动物屠宰后的主要副产物之一，我国每年畜禽屠宰产生的血液总量在 800 万吨以上。畜禽血液营养价值较高，蛋白质含量为 17%～22%，血干物质中蛋白质含量超过 90%，其中 60%～65% 为血红蛋白，还含有大量的维生素、矿物质、激素、酶、抗体等活性物质，素有 "液态肉" 之称。长期以来，由于屠宰分散、技术落后等原因，畜禽血中被收集利用的只有 25% 左右，大部分被作为废弃物排放，不仅未能很好地加工利用，还带来了环境污染的隐患。如何更好地开发畜禽血资源，使其丰富的营养得到更充分的利用，同时最大限度地减少对环境的污染，是摆在我们面前的一个课题。因此利用现代高新技术，开发具有高附加值的畜禽血产品，进一步提高畜禽血的利用率，对动物血液制品的工业化和生态环境的保护都具有重要意义。

目前，我国对畜禽血的利用主要包括以下 5 种方式：一是作为非反刍动物和水产养殖的蛋白饲料，可以提高动物免疫力；二是作为生物制剂（如蛋白胨、无蛋白血清、血红蛋白肽、血红素、药品）的原料；三是代替鸡蛋清、精肉，添加到肉类食品中，以降低成本和改善感官指标；四是直接食用，如血豆腐、血肠等制品；五是作为工业用原料（如色素、油漆、过滤剂等）。

目前我国大部分畜禽屠宰场采用人工刺杀放血，极易造成血液污染，且在血液的收集和卫生检疫方面没有具体的要求，为血液的后续利用埋下了卫生安全隐患。仅有少数屠宰企业引进国外先进生产线，采用真空刀刺杀心脏的放血方式，但因成本较高，目前还没有大规模普及。同样，我国应用于饲料的蛋白粉多进口于美国、加拿大以及拉美国家，其实质为畜禽血浆、血球蛋白粉，每吨售价为 6000～9500 元，并已被国内很多大型养殖场广泛应用。近几年来，中国每年共计进口血浆蛋白粉 2000 余吨、血球蛋白粉 8000 余吨，价值 1.5 亿元。在生化制药的应用方面，畜禽血液主要用于开发犊牛血清、血肽素（血红蛋白肽）、超氧化物歧化酶、免疫球蛋白等。

5.2.2　畜禽血液的贮藏保鲜技术

5.2.2.1　畜禽血液的防凝

1. 加抗凝剂法

畜禽屠宰后收集新鲜血液，再向血液中加入盐类试剂，可使血液中的红细胞破裂溶血，达到防凝的目的。一般添加柠檬酸盐（柠檬酸钠或柠檬酸三钠），柠檬酸钠加入量一般为鲜血体积的 0.2% 左右，提高柠檬酸钠浓度将会有效防止血液凝固，最常用的方式是每升血液中添加 10mL、0.4g/mL 的柠檬酸钠溶液，边加边搅拌。此方法效果较好，可在现场使用，但成本较高。在食品和医药工业方面，柠檬酸钠的使用法规各不相同，因此，应用时应先查清有关法规。

其他常用的化学抗凝物质有以下 5 种：

（1）草酸盐。1L 血液加入 1g 草酸钠或草酸钾，以其 30% 的水溶液的形式加入血中。加工食用血产品或制取医用血产品时禁止使用草酸盐，因为草酸盐有毒。

（2）乙二胺四乙酸。1L 血液加入 2g 乙二胺四乙酸。

（3）肝素钠盐、钙盐和钾盐。1L 血液加入 200mL 肝素钠盐、钙盐或钾盐溶液。

（4）氟化钠。1L 血液加入 1.5~3g 氟化钠。

（5）氯化钠。加入血液量 10% 的氯化钠。

这些化学物质可使血钙失去作用，以保持血液的液体状态。食用血液产品一般多用化学抗凝法。

2. 调 pH 法

家畜屠宰后收集新鲜血液，调整血液 pH 使红细胞溶血，从而达到防凝的效果。如使用氨水调整血液 pH 为 10，即可防止血液凝固。这种方法也可在现场使用，可有效地控制血液的凝固和污染，便于贮藏和运输。

3. 脱纤法

脱纤处理方法是脱去血液中能够促使血液凝固的血纤维蛋白，再进行血液消毒和浓缩。该种方法处理的血液在 65℃ 时仍会凝固。脱纤一般采用连续搅拌法。

机械脱纤法是利用木棍或带旋转桨叶的搅拌机搅拌血液，搅拌中把纤维缠在木棍或桨叶上，从而使血液始终保持液体状态。脱纤时间通常需要 2~4min，医药用和工业用血液多采用此法脱纤。

5.2.2.2　畜禽血液的保藏

血液富含营养，是细菌繁殖最好的培养基。血液在空气中暴露较长时间后，细菌会很快增殖。当血液腐败以后，就会产生一种难闻的恶臭味，这是血液中蛋白质被细菌分解的缘故。所谓血的保藏，也就是要设法防止血液中细菌的繁殖和蛋白质的分解。实际生产中，畜禽血或需要进行运输，或需要在不适宜的温度条件下进行长时间的工艺过程，因而不能立即加工，为此，需要对血液进行保藏。在保藏之前，最好进行消毒和防腐技术处理。

1. 消毒处理

将添加过抗凝剂的血液或血液部分成分（使其含水量在 30% 左右或 30% 以下）在 80~100℃ 下加热 8~10min，能有效地消灭细菌和其他微生物，包括存活的细菌及大肠埃希菌。此法不破坏血的特性，蛋白质不发生明显变性，可得到较好的消毒效果。

2. 防腐处理

（1）加盐防腐法。

家畜刺杀放血时，向收集的血液中立即加入总量为 0.5% 的乙二胺四乙酸钠盐，可达到集血防腐的目的。也可利用乙二胺四乙酸的其他盐类，如铝盐、镁盐或其他盐类混合物。这种方法处理的血液可贮藏 10 天左右，符合定期集血的条件。有研究表明，血液中添加碱性硫酸盐作防腐剂，可使血液贮藏 45 天以上。

（2）凝块保藏法。

定期收集处理后的血液并送往血液加工厂，在 80~110℃ 温度下加热，并连续搅拌，使血液达到沸腾，保持沸腾时间 15~20s，得到深栗色的凝块。蒸发消耗不超过 5%，得到的凝块最好用塑料袋包装，也可用桶装，再密封贮藏，可贮数日。这种预处理技术设备简单，成本低，处理量大。此外，也可进行血液的分离和浓缩，然后冷藏保存。

3. 保藏方法

（1）化学保藏法。

化学保藏就是采用化学药剂来防止或抑制畜禽血中细菌的繁殖，可不使血液的清蛋白分解。但是这些化学药品大部分对人体有害，因此，化学保藏法不适于医用、饲用、食用血液制品的畜禽血液的保藏。

化学药剂保藏血液的具体方法为：在 1000kg 脱纤维蛋白的血液中加入结晶石炭酸或结晶酚（有时也使用醋酸、硫酸、漂白粉、食盐和松节油）2.5kg（用 20kg 水溶解后慢慢注入血液中），同时搅拌 5~15min，然后放入铁桶或木桶内，加盖密封，在 1~2℃ 的冷库内可保藏 6 个月左右。

（2）干燥保藏法。

干燥保藏就是把畜禽血干燥成血粉保藏，血粉的化学成分及蛋白质都保持不变。

（3）冷藏法。

我国北方地区冬季的气温相对较低，可以采用冷冻的方法来保藏血液。血液的冻点为 -0.56℃。当血液冷冻时，细菌也停止了活动。冷冻可以防止血液的腐败，在温度不高于 -10℃ 时，可以保藏 6 个月。冷冻过的血液再融化后制成血粉，其化学性质及蛋白质保持不变。但是必须指出，血液融化后会发生溶血作用。此外，冷冻还会降低蛋白质的溶解性。

食用的畜禽血可以加入食盐保藏。在脱纤维蛋白的血液中加入 10% 的细粒食盐，搅拌均匀，再置于 5~6℃ 的冷藏室内，可以保藏 15 天左右。

5.2.2.3 畜禽血液的浓缩脱水

由于不同的浓缩和干燥处理均需要一定的设备，所以目前不可能进行具有商业化价值的处理，而是用半渗透膜技术脱去水分，分离某些成分。半渗透膜作为预浓缩脱水工具，可减少冷藏和运输量，实用有效。具体可以采用反渗透或超滤的方法。但反渗透法比超滤法费用低，而且渗出物流量和持留物的浓缩率高。超滤膜用丙烯腈共聚物制成；反渗透膜是用醋酸纤维素制成的选择性膜，设备由 12 层圆盘膜组成。同其他方法相比，半渗透膜技术能大幅度减少污染，同时能较好地保留蛋白质。经浓缩的血液的蛋白质平均含量在 88% 以上，并且还具有节能、减少贮存量、有利于运输等优点。

5.2.3 畜禽血液的组成及理化性质

畜禽血液的组成比较复杂，成分极为丰富，有着特殊的生理生化性质，畜禽血液的综合利用方向与方法同血液的生理生化特性、血液在活体中的机能作用有着密切的关系。

一般来说，动物血液的总量为体重的 6%~8%，但因动物的种间差异而有所不同，同一种动物，其血量的多少又受其年龄、性别、肥瘦、营养状况、活动程度、妊娠、泌乳以及环境条件（如海拔高度）等因素的影响，如雄性动物血量比雌性的稍多。各种畜禽的血量见表5-1。

表5-1 各种畜禽的血量（以体重计）

动物种类	含量/%	动物种类	含量/%
1岁犊牛	6~7	马（轻型）	10~11
母牛	6~7	马（重型）	6~7
猪	5~6	狗	8~9
羊	6~7	猫	6~7

动物的血液大部分在心血管系统中不断流动，为循环血；另一小部分存在于肝、肺、皮肤和脾等器官的毛细血管中，为储存血。当动物精神紧张、剧烈运动、处高原地带缺氧时，可使储存血量减少，大量进入肌肉组织。当动物一次性失血占血液总量的25%~30%时，血压显著下降，导致对脑细胞和心肌细胞的血液供应不足，动物逐渐死亡。

5.2.3.1 血液的组成

血液是由液体成分的血浆和悬浮于血浆中的血细胞组成的。动物屠宰时获得的新鲜血液，如用抗凝剂（柠檬酸盐、草酸盐等）处理和离心沉淀后，就能明显地分为上、下两层。上层为血浆，下层的深红色沉淀物为血细胞，包括红细胞、白细胞和血小板（即在红细胞层表面的薄层）。

畜禽屠宰以后获得的新鲜血液如果不经抗凝处理，几分钟后便会凝固成为胶冻状的血块，之后血块逐渐变小、紧缩，并析出一层淡黄色的液体，这层液体就是血清。血清与血浆的主要区别是：血清中不含有纤维蛋白原。因为血浆中的可溶性纤维蛋白原在血液凝固过程中已转变为不溶性的细丝状纤维蛋白而被留在凝固的血块中，所以血清是不含有纤维蛋白原的血浆，很多不参与凝固过程的物质在血浆和血清中的含量基本相同。

1. 血浆

血浆为淡黄色的液体，但不同种类的畜禽血浆颜色稍有不同，如狗、兔的血浆无色或略带黄色，牛、马的血浆颜色较深。血浆之所以呈黄色，主要是因血浆中存在黄色素。哺乳期内的仔猪的血浆中由于含脂肪较多，表现为浑浊而不透明状。血浆中的水占90%~93%，干物质为7%~10%，干物质中占比最多的是蛋白质。

2. 红细胞

红细胞是单个存在的，呈微黄色稍带绿色阴影，由于红细胞中含有血红蛋白（Hb），所以多个红细胞聚合起来呈红色。哺乳动物成熟的红细胞同其他细胞不同，是无核、双面略向内凹的圆盘形的细胞，这种双圆盘的结构可以保证全部胞浆（主要是其中的血红蛋白）与细胞膜保持最短距离，便于迅速而有效地进行气体交换。红细胞的生存时间很短，衰老的红细胞在脾脏中被消灭，新的红细胞不断由骨髓产生来补充。红细胞的直径因动物种类而不同，如马为$5.4\mu m$，猪为$6.2\mu m$，牛为$5.6\mu m$。

红细胞是血细胞中数量最多的一种，其正常数量因动物种类、品种、性别、年龄、饲养管理条件以及环境条件等而有所不同。各种成年畜禽血液中红细胞的数量见表5-2。

表 5-2　不同成年畜禽血液中红细胞数量

动物种类	数量/(10^{12} 个/L)	动物种类	数量/(10^{12} 个/L)
猪	6.0~8.0	绵羊	6.0~12.0
牛	6.0	山羊	15.0~19.0
水牛	6.0	马	6.0~9.0
南阳黄牛	6.9	驴	6.5

红细胞中含有 60% 的水分、40% 的干物质，干物质中 90% 为血红蛋白，其余 10% 为磷脂化合物、胆固醇、葡萄糖、钾盐和钙盐等。红细胞具有 3 种特性。一是红细胞膜具选择通透性，以维持细胞内化学组成和保持红细胞正常生理活动机能。二是渗透脆性，如果血浆或周围溶液的环境渗透压低于红细胞的渗透压，则大量水分子进入红细胞，红细胞逐渐膨胀，最后导致细胞膜破裂，使血红蛋白释放出来，这一现象称为红细胞溶解，简称溶血；相反，如果血浆或周围溶液的环境渗透压高于红细胞的渗透压，水分子将从红细胞内渗出，红细胞失水而皱褶，最后也将破裂。9g/L 的 NaCl 溶液是红细胞的等渗溶液，也称等张溶液，或称生理盐水。据研究，刚开始溶血时的 NaCl 溶液的浓度称为红细胞的最小抵抗，完全溶血时 NaCl 溶液的浓度为最大抵抗。三是红细胞具悬浮稳定性，即红细胞在血浆中保持稳定状态，不易下沉。将获得的鲜血加抗凝剂后放入试管内，红细胞将缓慢地下沉，在单位时间内红细胞下沉的速度为红细胞沉降率，简称血沉。红细胞下降越快表示其稳定性越差，在畜禽血液综合利用时，有时要保持其稳定性，有时要破坏其稳定性。

3. 白细胞

白细胞为无色、有核的血细胞，它的体积比红细胞大，数量远比红细胞少。不同动物白细胞与红细胞的比例不同，如山羊为 1：1300，绵羊为 1：1200，牛为 1：800，猪为 1：400，狗为 1：400。畜禽正常白细胞的数量差异很大，因为它是动物机体防御体系的一部分，可随机体生理状况的改变而发生变动，畜禽血液的白细胞总数为 8000~15000 个/mm³。各种畜禽白细胞的数量见表 5-3。

表 5-3　各种畜禽白细胞的数量

动物种类	数量/(10^9 个/L)	动物种类	数量/(10^9 个/L)
牛	8.2	马	11.7
猪	14.8	驴	8.0
绵羊	8.2	山羊	9.6

4. 血小板

血小板是体积很小的圆盘状、椭圆状或杆状的细胞，血小板没有细胞核但能消耗 O_2，也能产生乳酸和 CO_2。不同种类的畜禽的血液中血小板的数量不同，如马为 35 万/mm³，猪为 40 万/mm³，绵羊为 74 万/mm³，其数量变化情况也随动物生理情况不同而异，动物在剧烈运动后血小板数量剧增，大量失血和组织损伤时其数量也显著增多。

5.2.3.2　血液的理化特性

血液综合利用和加工与血液的理化特性有直接关系，掌握血液的理化特性可以较好地指导血液的综合利用和加工。

1. 颜色

动物血液的颜色与红细胞中血红蛋白的含量有密切的关系。动脉血中含氧量高，血液呈鲜红色；静脉血中含氧量低，血液呈暗红色。

2. 气味

血液中因存在挥发性脂肪酸，故带有腥味，肉食动物血液的腥味尤其明显。

3. 相对密度

血液的相对密度取决于所含细胞的数量和血浆蛋白的浓度，各种畜禽全血的相对密度在 1.046~1.052。

4. 渗透压

血液中因含有多种晶体物和胶体物，所以具有相当大的渗透压。哺乳动物血液渗透压大致一定，一般用冰点下降度（单位:℃）表示。牛、马、猪、兔、狗的血液渗透压分别为 0.6、0.56、0.62、0.57、0.57。

5. 黏滞性

血液的黏滞性为蒸馏水的4~5倍，这主要取决于红细胞的数量和血浆蛋白的浓度。

6. 酸碱度

动物血液的酸碱度（pH）一般是在7.35~7.45。静脉血因含有较多的碳酸，其 pH 比动脉血低0.02~0.03。肌肉剧烈活动时，由于有大量酸性产物如乳酸、碳酸等进入血液，可使静脉血 pH 进一步降低，生命能够耐受的 pH 极限约为6.9和7.8。血液酸碱度之所以能够保持相对的恒定，一方面是由于血液中具有多种缓冲物质，另一方面是由于肺的呼吸活动和肾脏的排泄活动会排出酸性产物，使血液中的缓冲物质的量保持稳定。

5.2.4 畜禽血液在食品中的加工利用

5.2.4.1 初级加工产品

1. 代肉食品

代肉食品是以乳清粉、蛋粉、猪脂肪、畜禽血等为主要原料加工而成的，其氨基酸组成比例合理，营养价值高，是富含蛋白质的理想代肉食品。

（1）工艺流程（图5-1）。

图5-1　代肉食品加工工艺流程

（2）工艺要点。①用乳清粉配制溶液或使用浓缩乳清。②用蛋粉配制溶液或使用原蛋或蛋乳。③将猪脂肪或骨脂肪加热至40~50℃并使其融化。④在快速搅拌下将蛋乳加到脂肪中，直到形成均质物，再将混合物加热到不高于45℃的温度。⑤在脂肪和蛋乳混合液中加入畜禽血液，然后加热到45℃后加入乳清。⑥将混合液加热，同时搅拌，直至形成均质稳定物，并使温度为 67~73℃。

乳清和血液在反应槽内配制，其余整个工艺过程都在配置有蒸汽套和搅拌器的普通双壁锅内进行。制成的产品在瓶内冷却，然后送工厂加工。产品含水量为 67%~72%，在生产粉末状蛋白质浓缩物时，将温度为 50~52℃ 的混合液送入喷雾干燥器，在进口温度为 220~240℃ 和出口温度为 70~80℃ 下干燥。最终可制成颜色较鲜艳的粉末状蛋白质浓缩物。

2. 血肠

血肠（blood sausage）是以猪血为原料，经过添加辅料（如肥肉、猪皮）及一定的调味料加工而成的肠制品，其特点为颜色红润、质地鲜嫩、味道鲜美，可煮食、蒸食、烤食。

（1）工艺流程（图 5-2）。

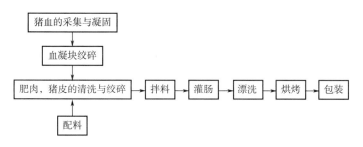

图 5-2   血肠加工工艺流程

（2）工艺要点。

1）猪血的采集与凝固。

先在干净的铝盆内放一定量的清水（按每头猪用 200g 水计算），加入少量食盐，然后在宰猪时将猪血接入铝盆内，并轻轻搅拌，使食盐与猪血混匀，静置 15min，浇 1L 开水，以加速猪血的凝固。注意猪血必须采自健康的猪。

2）肥肉、猪皮的清洗与绞碎。

肥肉一般选用背脊部位的肉，其脂肪熔点高，充实。烘烤过程中不易走油，所制香肠的产品外观好，质量高。将肥肉上的血斑、污物等清洗干净，清洗后沥干水，在低温环境中静置 3~4h，使肥肉硬化，有利于肥肉切片、切粒。肥肉粒大小为 6mm^3，切粒的目的是便于灌肠，并且增加香肠内容物的黏结性和断面的致密性。仔细除去猪皮上的污泥、粪便、残毛，然后用清水洗干净。绞碎之前，先将猪皮切成宽 2~3cm、长 5~6cm 的条状，再置于绞肉机中绞碎。

3）拌料。

首先将定量的碎猪皮和肥肉粒混匀，再加入定量的熟淀粉，然后，将猪血块及各种配料加入，搅拌均匀。拌好的血馅不宜久置，否则，猪血馅会很快变成褐色，影响成品色泽。在拌料之前，应将凝固的猪血加以搅拌捣碎，以便拌料均匀。

4）灌肠。

将猪血馅灌入肠衣后，用锅丝或绳索将猪血香肠每 20~25cm 长扎成一节。扎结时应先把猪血馅两端挤捏，使内容物收紧，并用针将肠衣扎些孔，以排除空气与多余水分。同时，还应对香肠进行适当整理，使猪血香肠大小、紧实度均匀一致，外形平整美观。

5）漂洗。

漂洗池可设置两个：一个池盛干净的热水，水温为 60~70℃；另一个池盛清洁的冷水。先将香肠在热水中漂洗，在池中来回摆动几次即可，然后在凉水池中摆动几次。漂洗池内的水要经常更换，保持清洁。漂洗完后立即进行烘烤。漂洗的目的就是将香肠外衣上的残留物冲洗干净。

6）烘烤。

烘烤过程是香肠的发色、干制过程，是香肠生产中的关键工艺。将漂洗整理的猪血香肠摊摆在烘房内的竹竿上，肠身不能相互靠得太近，竹竿之间也不宜过度紧密，以免烘烤不均匀，烘房内挂 2~3 层为宜。烘烤开始时，烘房温度应迅速升至 60℃，如果升温时间太长，会引起香肠酸败、发臭、变质。在干制第一阶段（前 15h），要特别注意烘烤温度，以保持在 85~90℃为宜；第二阶段，调换悬挂和烘烤部位，使其各部分能均匀受热烘烤，温度为 80~85℃，以使香肠干制均匀；最后，将温度缓慢降至 45℃左右时，香肠即可运出烘房，冷却至室温就可以进行包装。

7）包装。

质量检查合格后的香肠即可进行包装，目前常用的包装袋为塑料复合薄膜包装袋。

3. 血豆腐

目前国内猪血的利用率很低，主要以血粉饲料的形式加以利用，直接供人食用的产品很少，仅为少量的血肠、散制的血豆腐等，且仍以手工作坊的形式加工，工业化和规模化销售的猪血食品尚属空白。针对以上情况和厂家要求，天津市食品研究所成功研制出盒装猪血豆腐，并已生产销售，产品很受欢迎，取得了可观的经济效益和社会效益。

（1）工艺流程。

采血→过滤和脱气→配料装盒→封盒→杀菌→冷却→检验→血豆腐。

（2）工艺要点。

1）采血。

经检疫合格的猪方可上屠宰生产线，用空心刀将全血收集在标有编号的容器内，容器中事先加入一定量的抗凝剂，定量混合后放入 4~10℃冷库备用，记明容器中血液与猪的对应编号。待肉检完毕，确认无病害污染后方可加工。如其中某只猪肉检不合格，装有该猪血液的容器中的全部血液废弃，并按要求做无害化消毒处理。另外，容器不可过大，以便血液及时降温保存。

2）过滤和脱气。

降温后的血液用 20 目筛过滤，除去少量凝块，再与一定浓度的食盐水溶液混合，混合后放入脱气罐进行真空脱气。脱气温度为 40℃，真空度为 0.08~0.09MPa，时间约为 5min。

3）配料装盒。

向脱气后的血料中加入凝血因子活化剂，搅拌均匀并立即装入模具内，使之在 15min 内自然凝固。

4）封盒。

血料在盒中凝固后，把盒边缘沾有的血料擦干净，即可用热封机封盒。检查封好后灭菌。

5）杀菌。

采用热水杀菌，时间为 15~30min，杀菌温度为 121℃。

6）检验。

产品冷却后，经检验无破损、无漏气、无变形，方可入库。

5.2.4.2　食用蛋白的加工

畜禽血液中含有大量蛋白质、多种氨基酸及营养成分，目前只有部分被加工成血豆腐食用或制作成血粉作为饲料，大部分被废弃，造成环境污染。随着科技的发展，以及人们认识的提高，一些企业已对畜禽血产品的开发利用高度重视，如制备食用蛋白，添加到食品中可提高食品的营养价值。

1. 胰酶水解畜禽血粉制取食用蛋白

（1）工艺流程。

血粉→浸泡→绞碎→过筛→胰酶水解→过滤→脱色→浓缩→干燥→成品。

（2）工艺要点。

1）浸泡。

称取适量的血粉放在搪瓷缸中，加自来水（以淹没全部血粉为宜）浸泡过夜，使血粉呈松软状。

2）绞碎、过筛。

将浸泡松软的血粉用绞肉机绞碎，可反复绞 3~4 遍。然后用 50 目筛子在水中过筛，滤去残渣，收集泥状物。

3）胰酶水解。

将上述过筛的泥状物移入水解锅中，加入原血粉量 3 倍的自来水，搅拌均匀后，用 0.3g/mL 的 NaOH 溶液调节 pH 为 8.0~8.5。

取适量氯仿（每 100kg 血粉加 1000mL），加 3 倍的水混合均匀，再加到血粉泥状物中。

取一定量新鲜猪胰脏（每 100kg 血粉加 20kg 左右），提前 2h 绞碎，用熟石灰粉（氢氧化钙）调节 pH 至 8.0，激活 2h 后，再加到泥状物中，边搅拌、边加热，控制 pH 在 8.0~8.5，等温度达到 40℃时，保温水解 18h 左右。水解后期可定时测定氨基酸的生成量，以判断水解程度。

4）过滤。

水解完毕后，用 1∶1 的 HCl 调节 pH 至 6.0~6.5，以终止酶促反应，然后将水解液煮沸 30min 左右，再用细布过滤，收集滤液。

5）脱色。

按每 10kg 血粉加入 2kg 糖用活性炭计算，向上述滤液中加入一定量的活性炭，加热到 80℃，搅拌脱色 40~60min，然后过滤，回收活性炭，收集脱色液。

6）浓缩。

把呈淡黄色的脱色液放入锅中，加热至稠胶状，然后把锅放入水浴锅中，加热至水分蒸干。

7）干燥。

把湿产品放在盆中封好，再放入石灰缸中，低温干燥 2~3 天。也可用真空干燥，干燥温度应保持在 50℃以上，干燥后的产品即可出售。

2. 胰酶水解血液制取食用蛋白

（1）工艺流程。

新鲜猪血→预处理→胰酶水解→中和→脱色→离心→浓缩→干燥→成品。

（2）工艺要点。

1）原料预处理。

将新鲜猪血放入锅中煮沸 30min 左右，使形成血块，然后用绞肉机绞成泥。血泥一定要新鲜无变质。

2）胰酶水解。

把血泥移入水解锅中，按血泥量的 1.6 倍加入 Ca（OH）$_2$ 溶液，充分搅拌均匀。饱和 Ca（OH）$_2$ 溶液的 pH 在 12.0 以上，应使 pH 保持在 7.5~8.0。因此，按血泥量的 0.5~0.6 倍加入清水，此时的 pH 为 7.5 左右。

取适量的氯仿（每 100kg 血泥加入 250~300mL 氯仿），加 3 倍的水混合均匀，搅拌成乳浊状后加到血泥混合液中。

在投料前 2h，将新鲜的猪胰脏搅成胰糜，加熟石灰粉［Ca（OH）$_2$］调节 pH 至 8.0，活化 2h 后，加到水解锅中，用饱和 Ca（OH）$_2$ 溶液调节 pH 至 7.0~7.5（每 100kg 血泥中加 10kg 左右的胰脏）。然后用 NaOH（0.3g/mL）溶液调节 pH。水解过程中要时刻注意 pH 的变化，反复用碱液调整，同时边加温边调节 pH，温度保持在 40℃，反应 18h，pH 一般在反应前 3~4h 很容易下降，当 pH 为 7.8~8.0 以后较稳定。pH 要稳定在 8.0 左右，直至水解完毕。

3）中和。

水解完毕后，用 3∶10 的磷酸调节 pH 至 6.5~7.0，以终止酶促反应。将水解液移入搪瓷桶中，加热煮沸 20min 后过滤，此时滤液 pH 在 7.0 左右。

4）脱色、离心。

在煮沸的中和液中加入糖用活性炭（每 10kg 血泥加 6g 活性炭），然后加热到 80℃，搅拌保温 40~50min，过滤回收活性炭，再用磷酸调节过滤液 pH 至 6.5 左右，用离心机分出清液备用。

5）浓缩、干燥。

把清液移入锅中，小火加热浓缩至黏稠状，然后在低温下进行真空干燥，或在石灰缸中干燥，干燥结束后即得产品。

5.2.4.3 血红蛋白的加工

血红蛋白存在于动物血液的红细胞中。血红蛋白的含量是以每 100mL 血液中所含的质量（g）来表示的，各种成年畜禽的血液中血红蛋白的含量为 7~15g，正常情况下，1g 血红蛋白能与 36mL 的 O$_2$ 结合。一般来说，血液中的红细胞数量多，血红蛋白的含量也就高，但血浆中的血红蛋白含量受年龄、性别、季节、环境变化及饲料等因素影响，如海拔 2500m 以上的高原地带动物的血红蛋白比平原动物高，饲料条件好的动物血红蛋白含量也高。

畜禽血液综合利用时，易产生一种特殊的腥味，这主要由红细胞的碎片产生，有些消费者难以接受这种腥味。另外，血红蛋白加入产品后呈暗棕色，影响产品的感官色泽。因此，血红蛋白加工中的脱色工序是技术关键。

1. 物理脱色法

珠蛋白的每条肽链通过非极性基团结合一个血红素，当血红蛋白在水中加热时，珠蛋白变性并释出血红素，血红素氧化形成氧化型血红素，呈暗棕色。1974 年 Smirnitskaya 等利用凝固的乳蛋白来隐藏血红素。1975 年 Zayas 采用基于超声波处理的脂肪化法，方法比较先进，主要是基于分散的脂肪颗粒具有光散射作用，但该方法不能完全将加工后的产品色泽隐去，限制了该方法在血红蛋白脱色中的应用。

2. 蛋白酶分解法

利用蛋白分解酶将珠蛋白与血红素分开，在该过程中，释放出的血红素因具有疏水性而聚合成微粒，珠蛋白分解成肽态和氨基态，可用超滤或离心法将珠蛋白同血红素分开。蛋白酶分解法有多种，常用的酶有 Alcalase 和 AP114。该分解法不能完全消除色泽，而应辅以活性炭或硅藻土来吸附，以除去色泽和不良气味。另外，也有采用 H_2O_2 来氧化残留在珠蛋白中的血红素。所以采用蛋白酶分解法辅以除臭吸附工艺是可行的。但分离最终产物的工艺复杂，使产品成本提高。

3. 氧化破坏血红素法

在正常畜禽体内，血红蛋白可被氧化破坏形成无色物质。如采用 H_2O_2 作为氧化剂氧化脱色或采用臭氧氧化脱色。虽然这两种方法可十分有效地破坏血红素，但红细胞中的内源性过氧化氢酶的活力将抑制 H_2O_2 的氧化作用，因此必须使该酶失活。常用的方法是在加入 H_2O_2 之前，将溶血红细胞加热到 70℃。也可在常温下，用弱酸或弱碱水溶液使过氧化氢酶失活。H_2O_2 的使用浓度常为血液量的 0.3%~1%，反应温度是 50~70℃，其氧化过程可在常温下进行，避免了 H_2O_2 对珠蛋白功能、特性和营养价值的影响。

4. 吸附脱色法

该法是在酸化的血红蛋白溶液中加入吸附剂吸附血红素，并将其同珠蛋白分开。常用的吸附剂有活性炭、羧甲基纤维素（carboxymethyl cellulose，CMC）、硅质酸、二氧化锰，其中活性炭的吸附效果最好。吸附结束后再用等电点沉淀法将珠蛋白从纯化的溶液中分离出来。目前工业化生产中主要将 CMC 稀释液加到溶血的红细胞溶液中，使结合生成 CMC 血红素复合物，再离心分离。蛋白质中 2 价铁的浓度可反映出所提蛋白质的纯度。CMC 法提取的珠蛋白中 2 价铁含量少于丙酮法。

5. 综合脱色法

综合脱色法是一种较科学的、有效利用畜禽血液的方法。该方法首先用加热和亚硫酸氢钠处理血液，使血细胞发生溶血，血细胞破碎释出血红蛋白，同时该过程还可以破坏血液中的过氧化氢酶，以免影响后续的氧化剂氧化脱色处理。再加入酸性丙酮，使珠蛋白和血红素之间的配位键断裂。通过抽滤滤去血红素，得到灰白色的全血蛋白颗粒，达到初步脱色的效果。血红素滤液通过酸性丙酮蒸馏回收处理，得到高纯度的血红素。由于已破坏了过氧化氢酶，已脱去血红素的蛋白质颗粒用少量的过氧化氢处理，即可达到脱色的目的，最终得到淡黄色的血粉颗粒。经 40℃ 干燥粉碎后，即为高蛋白食用血粉。此产品中蛋白质含量高达70.17%，血红素含量达 73.75%，含铁量为 9.44%。该方法与其他方法相比，工艺简单，成本低，便于使用。

5.2.4.4　血液腌肉色素的提取

当前，国内外在香肠、火腿等肉制品生产中，均采用硝酸盐或亚硝酸盐作为发色剂，以使产品具有理想的玫瑰红色，增强防腐性，延长保存期，并赋予产品独特的后熟风味。但当硝酸盐或亚硝酸盐的使用量超过一定的标准时，残留的亚硝基能同肉中蛋白质的分解产物仲胺类物质结合，生成亚硝胺。1954 年有人发现亚硝胺能够使实验动物细胞发生癌变。因此，近 20 年来，世界各国一直在积极寻求安全、可靠、经济实用、能够代替亚硝酸盐类发色、防腐和产生风味的物质，血液腌肉色素即是这类物质之一。

腌肉色素的制取需要以血红素为原料，其他辅料为 NaOH、抗坏血酸、亚硝酸钠等。

1. 工艺流程（图 5-3）

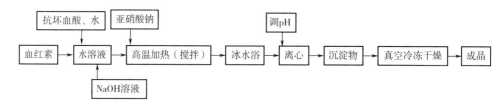

图 5-3　血液腌肉色素的提取工艺流程

2. 工艺要点

（1）将血红素配成水溶液，加入血红素溶液体积 9 倍的 NaOH 溶液。

（2）加入抗坏血酸和亚硝酸钠。

亚硝酸钠添加量的确定是根据亚硝酸钠同血液中血红蛋白反应的原理以及血液中血红蛋白的含量及分子结构特点确定的。以猪血为原料制取腌肉色素，每 100mL 血液含有 12g 血红蛋白。血红蛋白是结合蛋白质，其蛋白质部分是珠蛋白，其辅基是血红素。每个血红蛋白分子结构中包含了一个珠蛋白分子和四个血红素分子。血红蛋白的分子量为 64450，其中每个血红素分子量为 652，因此，每 100mL 血液中血红素的含量大约为 485.35mg，每 100mL 血液中所需亚硝酸钠的量为 1.028g。由于在预处理过程中已经将血液离心分离，浓缩为原来体积的一半左右，理论上应加血量 2% 左右的亚硝酸钠。

（3）高温加热数分钟即可，并在加热过程中进行间歇搅拌。

（4）加热后的料液要进行冰浴，温度降至室温即可。

（5）用酸调节 pH 使溶液为酸性。

（6）在 3000r/min 下离心 20min，弃上清液，取沉淀物。

（7）将沉淀物进行真空冷冻干燥，即成腌肉色素成品。

3. 腌肉色素的稳定性

腌肉色素稳定性的研究结果表明：光照、氧化剂对腌肉色素有不良的影响，腌肉色素应尽量避光、真空保藏；Fe^{2+} 和 Ca^{2+} 对色素的稳定性影响较大，其他离子的影响较小；温度、pH 对腌肉色素的影响不大。腌肉色素溶解性的研究结果表明，在 pH 为 7.0 左右时，腌肉色素有较高的溶解度。腌肉色素的最佳应用条件为：腌肉色素的添加量为 0.05%，维生素 E 的添加量为 0.05%。

5.2.4.5　畜禽血液在生化制药中的加工利用

1. 新生牛血清

新生牛血清是指出生 14h 之内未吃初乳的犊牛的血清，也称为小牛血清、犊牛血清等。由于其未受初乳影响，具有丰富的营养物质，抗体、补体中的有害成分最少，因而在生物学领域中得到了广泛应用，特别是在生物制品的生产制造过程中得到了大量应用。

大多数疫苗生产以细胞培养为基础，细胞培养是众多生物技术产品的基本条件之一。新生牛血清是细胞培养中用量最大的天然培养基，含有丰富的细胞生长必需的营养成分。在培养系统中加入适量血清可以补充细胞生长所需的生长因子、激素、黏附因子等，具有极为重要的功能，不仅可促进细胞生长，而且可帮助细胞贴壁。不同的血清对细胞的作用不同，以小牛血清最好，其次为成年牛和马的血清，猪和鸡等的血清次之。

我国对牛血清的质量标准最早在 2010 年版的《中华人民共和国药典》中提出。指标包括物理性状、总蛋白、血红蛋白、细菌、真菌、支原体、牛病毒、大肠杆菌噬菌体、细菌内毒素等项目，支持细胞增殖检查。

牛血清的制备方法主要有常规膜过滤法和陶瓷复合膜过滤法。

（1）常规膜过滤法。

1）原料。

出生 14h 内的小牛的血。

2）主要设备。

大容量离心机、超净工作台、洁净层流罩、纯水设备、压力蒸汽灭菌锅、恒温干燥箱、灌装机、蠕动泵、不锈钢混合罐。

3）工艺流程。

选择健康小牛→标记、记录→全封闭心脏无菌采集、静置 10h →原血清于 $-20℃$ 冻存（低温分离）→去除杂蛋白及抗体→抽样检测、分类→大规模混合罐混合→现代膜过滤→灌封、抽样→检验→入库、放行。

4）操作要点。

原血清解冻后检测合格方能用于生产。通过一系列高滞留柱型过滤器除菌、除支原体后，在大容量混合罐内进行混合。混匀的血清再经 100nm 终端膜过滤器过滤后，进行无菌分装，得到最终产品。产品先速冻后再冷冻存放，经检测合格后再进行贴标、装箱，最后在 $-20℃$ 下冷冻存放。

（2）陶瓷复合膜过滤法。

1）原料。

出生 14h 内的小牛的血。

2）主要设备。

大容量离心机、超净工作台、洁净层流罩、纯水设备、压力蒸汽灭菌器、恒温干燥箱、灌装机、蠕动泵、不锈钢混合罐。

3）工艺流程。

新鲜牛血→离心分离→血清→陶瓷复合膜过滤（3 次）→无免疫球蛋白的新生牛血清。

4）操作要点。

新生牛血清的采集：先对新生牛血清来源的牛群进行健康状况调查，选择无特定病原体的黑白花奶牛生下的健康新生公牛（新生公牛不能吃初乳），通过无菌手术的方法在新生公牛的静脉采血。将采集到的新生公牛血液用大容量冷冻离心机分离血清，再将分离得到的牛血清置于 $-20℃$ 下冷冻保存备用。

新生牛血清的过滤：将冷冻保存的新生牛血清解冻后用陶瓷复合膜进行过滤。所用陶瓷复合膜材质为氧化锆、氧化铝和氧化钛，其性能参数为：耐压强度为 1.0MPa，适用 pH 为

0~14，适用温度为-10~650℃。

2. 免疫球蛋白

免疫球蛋白（immunoglobulin，Ig）是人类及高等动物受抗原刺激后，在体内产生的能与抗原特异性相互作用的一类蛋白质，又称为抗体，普遍存在于哺乳动物的血液、组织液、淋巴液以及外分泌物中。免疫球蛋白的主要来源是初乳、畜血清和蛋黄等。

根据蛋白质的大小、电荷量、溶解度以及免疫学特征等，从血液中提取免疫球蛋白的常用方法有盐析法（如多聚磷酸钠絮凝法、硫酸铵盐析法）、有机溶剂沉淀法（如冷乙醇分离法）、有机聚合物沉淀法、变性沉淀法等。曾用于大规模工业化生产的方法主要有冷乙醇分离法、盐析法、利凡诺法和柱色谱法等，应用较多的为硫酸铵盐析法和冷乙醇分离法。下面以冷乙醇分离法为例，介绍牦牛血免疫球蛋白的有机溶剂沉淀法制备工艺。

（1）免疫球蛋白的制备工艺。

1）原料。

新鲜牦牛血。

2）主要设备。

pH 计、低速冷冻离心机、恒温水浴锅、紫外分光光度计。

3）工艺流程（图 5-4）。

图 5-4　牦牛血免疫球蛋白制备工艺流程

（2）操作要点。

①牦牛血浆的预处理。将新鲜牦牛血液注入盛有抗凝剂柠檬酸钠的容器中，轻轻摇动，使抗凝剂完全溶解并均匀分布。然后将已抗凝的血液在 4℃、4000r/min 的条件下离心 15min，沉降血细胞，取上清液即为血清，-20℃下冷藏备用。

②冷乙醇沉淀法提取免疫球蛋白。将待分离样品与其体积 3 倍的蒸馏水混合，调 pH 至 7.7，冰水浴中冷却至 0℃。在强烈搅拌条件下，加入-20℃预冷的无水乙醇，终浓度为 20%，保持在冰水浴中，使其产生沉淀。并在 4℃下以 4000r/min 离心 10min，沉淀中含有多种类型的免疫球蛋白。将沉淀悬浮于其体积 25 倍的预冷的 0.15~0.20mol/L 的氯化钠溶液中，加 0.05mol/L 的醋酸调节 pH 至 5.1，使其形成沉淀。在 4℃下以 4000r/min 离心 10min，沉淀中含有 A 型免疫球蛋白和 M 型免疫球蛋白，上清液中含有 G 型免疫球蛋白。将上清液的 pH 调至 7.4，加入-20℃预冷的无水乙醇，终浓度为 25%，并保持在冰水浴中，使其产生沉淀。在 4℃下以 4000r/min 离心 10min，所得的沉淀即是 G 型免疫球蛋白。

3. 凝血酶

凝血酶（thrombin）是在血液凝固系统中起重要作用的丝氨酸蛋白水解酶，具有较高的专一性，以酶原的形式广泛存在于牛、羊、猪等动物的血液中，能直接促使血液中的纤维蛋白原转化为纤维蛋白，并促使血小板聚集，达到迅速止血的目的。凝血酶是国内近几年开发的一种新型速效局部止血药，但其制备工艺复杂，技术要求高，不利于工业化生产。

（1）牛血凝血酶。

1）工艺流程（图 5-5）。

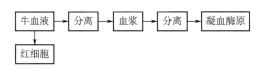

图 5-5　牛血凝血酶的制备工艺流程

2）操作要点。

①牛血液的收集。向收集的牛血液中加入柠檬酸钠（终浓度为 2.85%），在 4℃、4000r/min 下离心 30min 分离红细胞，吸出血浆。

②柠檬酸钡吸附和洗脱。在上清液中以 8：100（氯化钡体积：原血液体积）的比例滴加 1mol/L 的氯化钡，持续搅拌 30min。在 4℃、5000r/min 下离心 30min，将离心所得沉淀悬浮于 1：9 稀释的柠檬酸盐贮备液中（0.9% 氯化钠和 0.2mol/L 柠檬酸钠），用低速搅拌器搅拌，悬浮蛋白质再加入同体积的 1mol/L 的氯化钡，持续搅拌 10min，并用石蜡封口保持 1h。悬浮液在 5000r/min 下离心 30min，弃上清液。将柠檬酸钡沉淀悬浮于冷的 0.2mol/L、pH 为 7.4 的乙二胺四乙酸中（1L 血清中加入 120mL），用搅拌器低速搅拌形成均匀悬浮液。在 0.2mol/L 乙二胺四乙酸：贮备柠檬酸盐（0.9% 氯化钠和 0.2mol/L 柠檬酸）：去离子水为 1：1：8 的溶液中透析 40min。然后在贮备柠檬酸盐液：去离子水为 1：9 的溶液中透析 3h（每 30min 更换 1 次透析液）。

③硫酸铵分级沉淀。向悬浮液中滴加饱和硫酸铵（调 pH 为 7.0）至终浓度为 40%，搅拌 15min。悬浮液在 3500r/min 下离心 30min 后，弃沉淀。在上清液中逐滴加入饱和硫酸铵至终浓度为 60%，持续搅拌 10min。悬浮液静置 20min 后，在 3500r/min 的速度下离心 30min，弃上清液。所得沉淀用最小体积的 0.9% 氯化钠和 0.2mol/L 柠檬酸缓冲液（pH 为 6.0）溶解。

④二乙氨基乙基（DEAE）纤维素色谱。用同种缓冲液平衡的二乙氨基乙基纤维素离子交换柱（4×45cm）透析后，蛋白质溶液进一步纯化，并用 0.025mol/L 柠檬酸钠-0.1mol/L 氯化钠缓冲液（pH 6.0）洗脱离子交换柱，直到杂蛋白质在 280nm 下的光吸收值小于 0.02 时，洗脱液更换为 pH 6.0 的 0.025mol/L 柠檬酸钠—0.1mol/L 氯化钠缓冲液，凝血酶原可通过此缓冲液洗脱。

（2）羊血凝血酶。

1）工艺流程（图 5-6）。

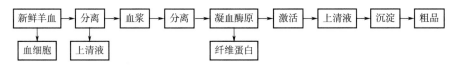

图 5-6　羊血凝血酶制备工艺流程

2）操作要点。

①血样的预处理。取新鲜羊血 1000mL，加入羊血体积 1/7 的 0.38% 的柠檬酸三钠溶液，搅拌均匀。

②提取凝血酶原。将新鲜羊血在 10℃ 以下的低温中放置 10h，这样既利于血浆与血细胞的分离，又能防止羊血因放置时间太长而发生腐败。将羊血在 3000r/min 的转速下离心 10min，取上清液血浆备用。加入其体积 10 倍的蒸馏水稀释，再用一定浓度的醋酸溶液调节 pH 为 5.3。待沉淀完毕后，于离心机中离心 10min。收集沉淀物，即得凝血酶原。

③激活凝血酶原。在一定温度下，将制得的凝血酶原加入 25mL 生理盐水中，搅拌均匀使其溶解。加入凝血酶原质量 1.5% 的氯化钙，充分搅拌 10min，在低温下静置 1.5h，使凝血酶原转化为凝血酶。

④沉淀分离凝血酶。将激活的凝血酶溶液离心分离 10min，取上清液加入等量的预冷至 4℃ 的丙酮，搅拌均匀，静置过夜。这样可促使凝血酶释放到溶液中，有利于有效成分的分离提取。然后离心 10min，沉淀物中加入冷丙酮研细，在低温下放置 48h，之后再抽滤。沉淀用乙醚洗涤，再经冷冻干燥，即得凝血酶冻干粗品。

4. 超氧化物歧化酶

超氧化物歧化酶（superoxide dismutase，SOD），是一种广泛存在于自然界动植物体内以及一些微生物体内的金属酶，是生物抗氧化酶类的重要成员，它能够清除生物氧化过程中产生的超氧阴离子自由基（O_2^-），是生物体内有效清除活性氧的重要酶类之一。

一般来讲，SOD 的提取主要是去除原材料中的杂蛋白。目前，常用的蛋白质沉淀方法主要有盐析法、有机溶剂沉淀法、等电点沉淀法、非离子多聚物沉淀法、生成盐类复合物法、选择性的变性沉淀法、亲和沉淀法及 SIS 聚合物与亲和沉淀法等。

（1）盐析法。

不同的蛋白质盐析时所需的盐浓度不同，因此，调节盐的浓度可使混合蛋白质溶液中的蛋白质分段析出，达到分离纯化的目的。蛋白质盐析时常用的中性盐有硫酸铵、硫酸钠、氯化钠、磷酸钠、硫酸镁等。盐析法有许多突出的优点，如经济、安全、操作简便、无须特殊设备、应用范围广、不容易引起蛋白质变性。可使用分步盐析法，并辅以透析等步骤从大蒜中获得高活性的 SOD，操作路线简单，回收率高。

（2）有机溶剂沉淀法。

有机溶剂沉淀法一直以来是规模化浓缩蛋白质常用的方法，已广泛应用于生产蛋白质制剂。有机溶剂沉淀中常用的有机溶剂有乙醇、丙酮等。这种方法的优点是有机溶剂密度较低，易于沉淀分离；与盐析法相比，有机溶剂法分辨能力高，沉淀无须脱盐处理，应用更广泛。

（3）等电点沉淀法。

两性生化物质在溶液 pH 处于等电点时，分子表面净电荷为零，分子间静电排斥作用减弱，吸引力增大，相互聚集发生沉淀。不同的蛋白质具有不同的等电点，根据这一特性，可将不同的蛋白质分别沉淀析出，从而达到分离纯化的目的。单独使用等电点法时常常会导致 SOD 沉淀不完全，因此实际生产中往往结合盐析法、有机溶剂沉淀法或其他沉淀法一起使用。邱玉华等采用等电点沉淀法，辅以超滤技术建立了生产猪血 SOD 的简便工艺，纯度和比活等方面均得到了较大的提高。

（4）热变性沉淀法。

热变性沉淀法是选择性变性沉淀方法中的一种，其原理是在较高温度下，热稳定性差的蛋白质会发生变性沉淀，此方法简单安全。一般情况下，在 55℃ 时大多数蛋白质发生变性而沉淀，而 SOD 在此温度时的活性变化很小，因此可利用温度的差异来去除原材料中的杂蛋白。张书文、于春慧采用变温二次热变性，免除了氯仿和乙醇等难以回收的有机溶剂的使用，降低了生产成本，提高了产品的收率和质量。

（5）色谱法。

色谱法是利用混合物中各组分物理化学性质的差异，使各组分在固定相和流动相中的分布程度不同，从而使各组分以不同的速度移动而达到分离的目的。色谱法可分为吸附色谱、分配色谱、离子交换色谱、凝胶色谱、亲和色谱等。色谱法是获得高纯度、高比活力 SOD 产品的重要方法，在经沉淀分级后常采用色谱方法纯化 SOD 提取液，目前国内外对色谱的多步组合纯化研究热度较高。多个色谱柱串联使用可以获得较高的比活力和纯化倍数，但是此方法步骤较多，需要的色谱柱类型较多，成本较高。

5.3　畜禽油脂综合利用

5.3.1　畜禽油脂的理化性质

1. 色泽

大部分脂肪的色泽主要是由胡萝卜素系的黄色、红色构成的，此外还含有蓝、绿等颜色。脂肪的色泽深，说明脂肪的色素成分（类胡萝卜素、叶绿素、生育酚、棉籽醇等）含量高。脂肪酸制品的色泽因原料种类、新鲜度不同而异，经过精炼的脂肪的色泽差异比较小。通常使用的色泽检测方法有罗维朋法、FAC 标准色片测定法、加德纳比色测定法、光谱法等。

2. 相对密度

脂肪的相对密度受构成甘油酯的脂肪酸种类的影响较大。随着脂肪中不饱和酸、低级酸、含氧酸含量的增加，脂肪的相对密度增大。

3. 熔点

脂肪加热时，变成完全透明的液体的温度叫透明熔点；另外，脂肪开始变软、流动时的温度叫上升熔点。天然脂肪是混合甘油酯的混合物，因此，天然脂肪无固定的熔点和沸点。脂肪的熔点随组成中脂肪酸碳链的增长和饱和度的增大而增高。同样，脂肪的沸点也随脂肪酸碳链的增长而增高，而与脂肪酸的饱和度关系不大。猪脂的熔点为 28~48℃，牛脂的熔点为 40~50℃，羊脂的熔点为 44~55℃。

在人体正常温度下呈液态的脂质能很好地被人体消化吸收，而熔点超过人体正常温度的脂质则很难被消化吸收。因此，在 37℃ 时仍然是固体的动物脂肪很难被人体吸收。

4. 凝固点

脂肪冷却凝固时，由溶解潜热引起温度上升的最高点叫凝固点，其凝固点又叫静止温度。高熔点甘油酯含量高的脂肪，其凝固点也高。即使是凝固点相同的脂肪，甘油酯组成均匀的脂肪也比甘油酯组成不均匀的脂肪的凝固点更明确，呈现细密的固化状态。仅仅依靠凝固点是不能判断脂肪硬度的。

5. 黏度

黏度是表示液体流动时发生的抵抗程度的数值。由于脂肪及其伴随物为长链化合物，所以黏度较高，这是脂肪的一个特性。通常，脂肪酸碳原子少的脂肪和不饱和度高的脂肪的黏度较低，二者没有太大的差别。动物脂肪（尤其是固态的猪脂）的饱和度高，黏度较高。

6. 脂肪的水解

水解是一种化工单元过程，是利用水将物质分解形成新的物质的过程。脂肪水解是脂肪在酸、碱、酶或加热作用下，与水反应生成游离脂肪酸和甘油的过程。

脂肪的水解在没有激化因素存在时进行得很慢。脂肪水解速度受到以下因素的影响。

（1）酶。

在动物细胞内有脂肪水解酶，这些酶在脂肪加工中转入脂肪，即使脂肪中含有少量的水，在有脂肪水解酶存在时，脂肪的水解速度也很快。脂肪水解酶作用的最适温度是 35~40℃，温度升高到 50℃ 以上和降低到 15℃ 以下时酶活力减弱，但在 −17℃ 的低温时，脂肪水解酶仍有作用。

（2）温度。

在温度升高时（特别是在 100℃ 以上），脂肪的水解速度大大增强。

（3）碱的作用。

在反应介质中有碱存在，即使很少量时，也会大大地加速脂肪的水解。

7. 酸价

酸价是指中和 1g 试样中游离脂肪酸所需的氢氧化钾（KOH）的量（mg）。有时也用酸度来表示酸价。酸度是指中和 100g 脂肪所需 1mol/L 氢氧化钾溶液的量（mg）。通常用酸价来确定脂肪分解的程度。酸价是脂肪中游离脂肪酸含量的表示方法。在自然界中没有绝对中性的脂肪。从感官上很难区分中性脂肪和含有游离脂肪酸的脂肪，两者的色、香、味几乎全部相同，但具有不好气味的低分子挥发性脂肪酸的脂肪颜色较暗，滋味较差。随着酸价的升高，脂肪的发烟点降低，在这种情况下烤制时则易出现油烟。

一般来说酸价越低，脂肪品质越好。《食品安全国家标准　植物油》（GB 2716—2018）中规定食用植物油酸价≤3mg KOH/g，但对食用动物脂肪没有明确限量规定。植物油中不饱和脂肪酸含量高，只有不饱和脂肪酸才会被氧化存在酸价，饱和脂肪酸不存在这个问题，因此，动物脂肪的酸价较低。

8. 过氧化值

过氧化值是表示油脂和脂肪酸等被氧化程度的一种指标，是 1kg 样品中的活性氧含量，以过氧化物的物质的量（mmol）表示，用于说明样品是否已被氧化而变质。一般来说，过氧化值越高，脂肪酸败就越厉害。一般动物脂肪的过氧化值为 5~7mmol/kg，对于高级精制油，放置半年至一年后，其过氧化值会增加到 10mmol/kg 左右。

9. 皂化

脂肪在碱的作用下会发生皂化反应。皂化反应是脂肪水解后的甘油和脂肪酸与碱反应生成其碱金属盐，即肥皂的过程。但皂化反应远比加碱中和反应速度慢，利用这一差别可以进行加碱精炼，以除去脂肪酸，又可制皂。皂化价是指1g试样完全皂化所需的氢氧化钾的量（mg）。

皂化值的高低表示油脂中脂肪酸分子量的大小。皂化值越高，说明脂肪酸分子量越小，亲水性较强，易失去油脂的特性；皂化值越低，则脂肪酸分子量越大或含有较多的不皂化物，油脂接近固体，难以注射和吸收。所以注射用油需规定一定的皂化值范围，使油中的脂肪酸在 $C_{16} \sim C_{18}$。

5.3.2 动物油脂的提炼技术

动物油脂包括猪脂、牛脂、羊脂等，与一般植物油脂相比，有不可替代的特有的香味，大量用于食品加工业和日化行业，如油炸方便面、糕点起酥、速冻食品、加工肥皂和香皂、甘油提取等。近年来发现动物油脂（特别是猪油、羊油等）中的胆固醇含量较高，使得食用的人群逐渐减少，但是动物油脂中含有多种脂肪酸，且有些动物油脂中饱和脂肪酸和不饱和脂肪酸的含量相当，具有较高的营养价值，并且能提供极高的热量，特别适合寒冷地区的人们食用。

5.3.2.1 动物油脂提取技术研究

1. 熬制法

一般的动物油脂熬制工艺是通过加热使油脂从脂肪组织细胞中释放出来的，另有一些工艺的加热温度较低，主要通过机械作用破坏细胞使油脂释放出来。熬制工艺分干法熬制和湿法熬制。干法熬制是在加工过程中不加水或者水蒸气，可在常压、真空和加压条件下进行；而湿法熬制工艺中，脂肪组织是在水分存在的条件下被加热的，温度通常较干法熬制低，得到的产品颜色较浅，风味柔和。

2. 蒸煮法

蒸煮法主要用于内脏油脂的提取，其优点是成本低、操作简便且不添加任何化学试剂，所提取的油脂安全性高。

3. 溶剂法

乙醚和石油醚等有机溶剂是脂肪的良好溶剂，而脂肪与水是不相溶的，溶剂法提取动物油脂就是利用这一原理将不溶于水的脂肪用乙醚或石油醚等有机溶剂从原料中提取出来。

4. 酶解法

酶解法是利用蛋白酶对蛋白质进行水解，破坏蛋白质和脂肪的结合，从而释放出油脂的方法。酶解法提取动物油脂的工艺条件温和，提取效率高，且蛋白酶水解产生的酶解液能被充分利用，是提取动物油脂的较好方法。目前酶解法主要用于一些功能性油脂（亚麻籽油、葡萄籽油等）的提取，在动物油脂提取方面应用最多的是鱼油。

5. 超临界流体萃取技术

超临界流体萃取技术是现代化工中出现的较新的分离技术，也是目前国际上兴起的一种先进的分离工艺。超临界 CO_2 萃取技术具有工艺简单、无有机溶剂残留、操作条件温和等传统工艺不可比拟的优点。在油脂生产上，超临界流体萃取技术避免了溶剂提取法分离过程中蒸馏加热造成的油脂氧化酸败，且不存在溶剂残留，同时克服了传统提取法产率低、精制工艺烦琐、产品色泽不理想等缺点。

5.3.2.2 动物油脂精炼技术研究

在动物油脂提取的过程中，如果处理得当，得到的油脂产品不需要进一步处理就可以使用。但是在生产实践中往往由于屠宰时留有血渍等一系列原因，所得产品的酸值过高或存在胶原蛋白等杂质，因此这些动物油脂食用时还需要进行进一步的精炼。食用动物油脂精炼一般有脱胶、脱酸、脱色、脱臭等步骤。

1. 脱胶

脱胶的目的是除去动物油脂中的胶体杂质，主要是一些蛋白质、磷脂和黏液性的物质。目前主要采用酸炼法脱胶，即用硫酸、柠檬酸和磷酸等进行脱胶。在脱胶过程中酸浓度的控制是主要关键点。

2. 脱酸

由于动物油脂经过熬制提取后酸值过高，不符合食用动物油脂的卫生标准，因此需要进行进一步的脱酸处理。脱酸方法一般有酯化脱酸法、蒸馏脱酸法、溶剂脱酸法和中和脱酸法，使用最多的是中和脱酸法，也称碱炼。中和脱酸过程中要控制好碱液的浓度、用量以及碱炼温度等。

3. 脱色

脱色即脱除油脂中的色素成分，常通过加入中性或酸性白土进行脱色，也可加入少量的活性炭脱色。

4. 脱臭

脱臭就是除去加工过程中由外界混入的污物及原料蛋白质等的分解产物，同时除去油脂氧化酸败产生的醛类、酮类、低级酸类以及过氧化物等臭味物质，改善油脂风味，提高油脂烟点。汽提脱臭是最常用的脱臭法，高质量的汽提蒸汽是保证脱臭效果的重要条件，脱臭时间根据油脂中挥发性组分的组成而定，一般在操作温度为180℃左右、压力为 $0.65\sim1.3kPa$ 的操作条件下脱臭 $5\sim8h$。

5.3.3 动物油脂的综合利用

5.3.3.1 动物油脂制备肥皂

1. 工艺流程

猪油净化→皂化→加松香→漂白→盐析→碱析→整理→调和→成型。

2. 工艺要点

（1）原料的选择。

一般选用混合型油脂，实践证明单用一种油脂制作的肥皂质量不佳，应该使固体油脂与液体油脂配比，才能制得较好的肥皂。固体油脂如牛羊油、柏油、硬化油等制得的肥皂溶解度差，洗涤去污性能不好。液体油脂制成的肥皂一般比较软烂，溶解度大，使用时消耗快，质量也较差。

（2）猪油净化。

刮皮油常含游离脂肪酸、蛋白质以及分解产物、胶状物和色泽等杂质，所以脂肪需净化。脂肪净化方法如下。

①碱法。将猪油预热至 40℃，加入相当于油量 8%~15%（视被处理油的酸值而定）的 NaOH（50g/L）。加入后缓慢搅拌 20min，静置使其充分分层，弃水相，油相用 60℃、2% 的精盐液搅拌洗涤两次，再用 60℃ 清水洗涤，至洗液用酚酞试剂检验呈无色为止。然后静置分层，弃水相，于真空脱水。该法可除去油脂所含的游离脂肪酸、磷酸，也可除去部分油溶性非磷脂成分，包括蛋白质分解物和碳水化合物等。净化后，油脂酸值显著降低，外观改善，由茶色变为浅色，清洁透明。

②硫酸法。将猪油预热至 35~40℃，加入油量 0.5%~1.5% 的浓 H_2SO_4，加酸时缓慢搅拌，加完后及时用油量 1%~2%、相同温度的水稀释，静置 12h，弃水相。此后的操作与碱法一样。该法不能除去游离脂肪酸，但能使某些杂质焦化沉淀。

③盐酸法。将相当于油量 2% 的 HCl 稀释 10 倍，缓慢加到 40~50℃ 的猪油中，缓慢搅拌 30min，保温静置 24h 以上，弃水相。该法可除去油中的铁锈和盐分。

④保温静置法。将猪油搅拌升温至 90~140℃，保温静置 36h 以上，使水及机械杂质与油分离。

（3）皂化。

皂化也称碱化，是油脂与碱液反应生成肥皂及甘油的过程。将油脂和水与边角肥皂一起投入皂化锅中，隔热或直接通入蒸汽搅拌升温至 80~100℃。

整个皂化过程操作时间为 2~4h，皂化终止时的皂化率要求在 95% 以上。pH 控制在 8~9 为宜。注意加碱量要控制两头小中间大。如初期碱多会破坏乳化，中期碱量不足时皂胶变稠易结瘤形成软蜡状透明胶体，皂化不完全致使肥皂酸败。解决的办法是及时加入碱液或食盐，而不能加水。

（4）加松香。

松香在肥皂生产中除能作为油脂的代用品降低成本外，还能增加肥皂的泡沫性和溶解度，对皮肤有润滑作用，还可防止肥皂氧化酸败而冒霜。松香在洗衣皂配方中最多可添加 30%，超过则使洗涤物发黏，而肥皂颜色也会因松香易吸收氧气变暗而受到影响。松香的皂化率可控制在 70%~75%，如皂化率过高则皂变稠厚，使输送及过滤困难。松香皂化时，先向锅内缓缓加入纯碱液并加热，同时把松香敲碎，在煮沸的状态下分批均匀加入松香碎块，充分翻动，以便能及时排出二氧化碳防止溢锅。一般纯碱的加入量为松香质量的 11%~12%。后期可加入部分 NaOH 溶液来代替纯碱皂化。松香的加入量为油脂的 20%~25%，若有其他油脂配合可不加松香。

（5）漂白。

如果盐析后的皂基洗涤合适，大部分有机色素可以除去，可少用漂白剂。漂白剂一般为浓度为 30% 的双氧水等，用量一般为油量的 0.1%~0.4%，漂白温度低于 70℃，搅拌 40~60min。

（6）盐析。

皂化完成后，用饱和盐水使肥皂和甘油分离的这一过程称作盐析。皂胶经盐析并静置后，浮在盐水上面的肥皂一般为皂粒，下层为废液水。废液水中除含有甘油及盐外还含有碱、色素等杂质。甘油可作为副产品回收。

（7）碱析。

皂化过程中若看到少量中性油脂没有皂化，需补充碱液使皂化接近完全。碱析要求皂化率在99.8%以上，最后的皂胶中甘油含量在0.4%以下。

碱析类似于洗涤，首先加入清水或碱析水，煮沸闭合使皂粒中的甘油、色素、盐分溶入水中，然后加少量碱液补充皂化，逐步加碱逐步析开，使皂胶的结粒由细到粗，一般碱析结粒要比盐析结粒小，使碱盐水呈污黑的薄皂浆，这样可减少皂胶结粒中甘油、色素和盐分等杂质的含量。碱析后进行铲刀试验，皂胶在铲面上呈鳞片状，下滑较快，不黏附铲刀，并析出深色碱析水，冷冻后没有结冻状，即表示碱析完成；如皂胶在铲面上整块缓慢地下滑并黏铲，表示还要继续加碱。碱析操作2~4h，静置2~4h。碱析的作用：皂化未完全皂化的油脂；作为离析剂把皂基中的食盐及其他无机盐排除；溶除皂基中残留的蛋白质、动植物纤维及色素等。

（8）整理。

碱析后，皂基结晶较粗糙，尚含有大量游离电解质，为获得较纯净的适合加工处理的皂基，必须降低这部分电解质的含量，这就需要整理。调整时要求纯净皂基浮于上层，使其中的脂肪酸、电解质含量调整得适当，组织紧韧细致，具有高度均匀性与可塑性，色泽浅淡、光亮。其化学指标要求：脂肪酸含量为61%；游离碱含量在0.3%以下；甘油含量在0.3%以下；未皂化油脂在0.2%以下；氯离子含量在0.3%以下。

（9）调和。

肥皂可分成53型、47型等规格，数字表示肥皂中脂肪酸的百分含量。其他成分则是能增重而又能改善肥皂品质的物质。为了改善肥皂气味，常加1%的香草油；有时为改善肥皂色泽，还加入酸性皂黄。

（10）成型。

调和完成后，用98.1kPa的压缩空气将肥皂压入冷片机冷却10h左右，再用切皂机截切成块，晾置2~3天后打印，注意外形完整，打印后7~10天装箱。肥皂机械成型前，可根据需要，先与香料、颜料、二氧化钛、抑菌剂、抗氧化剂等在搅拌机中混合。皂块的形状对肥皂的拉裂强度具有决定性的影响。

5.3.3.2　羊油制取透明香皂

1. 工艺流程

原料的选择与处理→皂化→加纯甘油→加蔗糖→加配料→冷却→成型→包装→成品。

2. 工艺要点

（1）原料的选择与处理。

利用羊油制取透明香皂所用的主要原辅料有羊油、椰子油、氢氧化钠、乙醇、纯甘油、蔗糖、香精、着色剂等。选择90份羊油与100份椰子油混合，直接用火加热至80℃，趁热过滤，注入皂锅中。

（2）皂化。

加入80份蓖麻油，搅拌下快速加入由147份32%的氢氧化钠与40份95%的乙醇组成的混合液，控制料液温度为75℃。皂化完全时，取样滴入去离子水中，如清澈则表明皂化完全，停止搅拌，加盖，保温静置30min。

（3）加纯甘油、蔗糖和配料。

静置后，在搅拌的情况下加入15份纯甘油并搅匀，再加入85份蔗糖液（溶于80℃清水中）并搅匀。取样检验，氢氧化钠浓度应低于 0.15%，合格后，加盖静置。当温度降至 60℃时，加适量香精及着色剂，搅匀，出料。

（4）冷却、成型、包装、成品。

将料液冷却至室温，切成所需大小，打印标记，用海绵或布蘸乙醇轻擦，使皂块透明，然后包装，即得成品。

3. 注意事项

（1）着色剂。

肥皂中加入 1.5% 的香精及 0.5% 的着色剂即可，着色剂可选红色的碱性玫瑰精（又称盐基玫瑰精 B）或黄色的酸性金黄 G（又称皂黄）。

（2）防护与安全。

乙醇易挥发、易燃，现场禁用明火；氢氧化钠为强碱，操作时注意防护，废液的处理与排放必须遵照国家的有关规定，防止对环境的污染。

5.3.3.3 人造奶油

1. 工艺流程

原辅料的计量与调和→乳化→杀菌→急冷捏合→包装→熟成。

2. 工艺要点

（1）原辅料的计量与调和。

按一定比例将原料油加入计量槽。油溶性添加物（乳化剂、着色剂、抗氧剂、香精、油溶性维生素等）及硬料（极度硬化油等）倒入油相溶解槽（已提前放入适量的油），水溶性添加物（食盐、防腐剂、乳成分等）倒入水相溶解槽（已提前放入适量的水），加热溶解，搅拌均匀备用。

（2）乳化。

加工普通的 W/O 型人造奶油，可把乳化槽内的油脂加热到 60℃，然后加入溶解好的油相（含油相添加物），搅拌均匀，再加入比油温稍高的水相（含水相添加物），快速搅拌，使其形成乳化液，水在油脂中的分散状态对产品的影响很大。

（3）杀菌。

乳化液经螺旋泵进入杀菌机，先经 96℃ 的蒸汽热交换，高温杀菌 30s，再经冷却水冷却，恢复至 55~60℃。

（4）急冷捏合。

乳状液由柱塞泵或齿轮泵在一定压强下泵入急冷机（A 单元），利用液态氨或氟利昂急速冷却，在结晶筒内迅速结晶，筒内壁上冷冻析出的结晶物被快速旋转的刮刀刮下。此时料液温度已降至油脂熔点以下，形成过冷液。含有晶核的过冷液进入捏合机（B 单元），经过一段时间使晶体成长。如果让过冷液在静止状态下完成结晶，就会形成固体脂结晶的网状结构，其整体硬度很大，没有可塑性。要得到具有一定塑性的产品，必须在形成整体网状结构前进行 B 单元的机械捏合，打碎原来形成的网状结构，使它重新结晶，降低稠度，增加可塑性。B 单元对物料剧烈搅拌捏合，并使之慢慢形成结晶。由于结晶产生的结晶热（约50kcal/kg，1kcal/kg=4.1840kJ/kg）和搅拌产生的摩擦热，B 单元的物料温度回升，使得结晶物呈柔软状态。

（5）包装。

从捏合机出来的人造奶油，要立即送往包装机。有些需成型的制品则先经成型机后再包装。包装好的人造奶油置于比熔点低 8~10℃ 的熟成室中保存 2~3 天，使结晶完成，形成性状稳定的制品。

5.3.3.4 人造可可脂

1. 工艺流程

羊脂→精炼→酯交换→过滤→过滤→脱溶剂→调温→人造可可脂。

2. 工艺要点

将脱酸精炼的羊脂升温至 80℃，真空脱水 1h，加入 0.1% 的乙醇钠，搅拌反应 3h 至熔点不变化；然后与正己烷混合调温至 40℃，过滤，分离高熔点组分，母液冷至 25~28℃，放置 6~8h，分离结晶，其固体部分经脱溶剂处理后即得粗产品；再作调温处理，一般温度调节到 30~40℃；粗产品受热全部融化为透明的液态，再逐步冷却至固态，从而具有规律性多结晶型的特点。一般认为人造可可脂有四种主要晶型，它的变化过程是：$\gamma \rightarrow \alpha \rightarrow \beta' \rightarrow \beta$，其中 γ、α、β' 为不稳定的晶型，β 晶型才是稳定的晶型，这样就制得了人造可可脂。

所得人造可可脂可根据需要制模成型，贮藏适宜温度为 20~22℃，在气候寒冷时，最好先把巧克力在 22~24℃ 的环境中贮藏 48h 后再作通常贮藏。

5.4 畜禽脏器综合利用

5.4.1 脏器的营养特性

5.4.1.1 常量营养

畜禽的心、肝、胃、肺的蛋白质含量高，脂肪含量少，维生素种类丰富，是良好的廉价食品营养资源。家畜脏器含有丰富的维生素 A 和 B 族维生素，将其加工后食用能有效满足人体对维生素的需求，畜禽肝脏尤其能够补充维生素 A、维生素 D 和 B 族维生素。表 5-4、表 5-5 和表 5-6 分别为猪、牛、羊脏器中常量营养的含量。

表 5-4　猪脏器常量营养含量

项目	水分/(g/100g)	蛋白质/(g/100g)	脂肪/(g/100g)	糖类/(g/100g)	维生素/(mg/100g)					
					维生素 A	维生素 B₁	维生素 B₂	维生素 B₃	维生素 C	维生素 E
心	76.0	16.6	5.3	1.1	0.013	0.19	0.48	6.8	4	0.74
肝	70.7	19.3	3.5	5.0	4.972	0.21	2.08	15	20	0.86
胃	78.2	15.2	5.1	0.7	0.003	0.07	0.16	3.7	—	0.32
肺	83.1	12.2	3.9	0.1	0.01	0.04	0.18	1.8	—	0.45
大肠	73.6	6.9	18.7	0	0.007	0.06	0.11	5.3	—	0.11

表 5-5　牛脏器常量营养含量

项目	水分/（g/100g）	蛋白质/（g/100g）	脂肪/（g/100g）	糖类/（g/100g）	维生素/（mg/100g）					
					维生素 A	维生素 B₁	维生素 B₂	维生素 B₃	维生素 C	维生素 E
心	77.2	15.4	3.5	3.1	0.017	0.26	0.39	6.8	5	0.19
肝	68.7	19.8	3.9	6.2	20.22	0.16	1.3	11.9	9	0.13
胃	83.4	14.5	1.6	0	0.002	0.03	0.13	2.5	—	0.51
肺	78.6	16.5	2.5	1.5	0.012	0.04	0.21	3.4	13	0.34
大肠	85.9	11	2.3	0.4	—	0.03	0.08	1.2	—	—

表 5-6　羊脏器常量营养含量

项目	水分/（g/100g）	蛋白质/（g/100g）	脂肪/（g/100g）	糖类/（g/100g）	维生素/（mg/100g）					
					维生素 A	维生素 B₁	维生素 B₂	维生素 B₃	维生素 C	维生素 E
心	77.7	13.8	5.5	2	0.016	0.28	0.4	6.8	5.6	1.75
肝	69.7	17.9	3.6	7.4	20.97	0.21	1.75	22.1	—	29.9
胃	81.7	12.2	3.4	1.8	0.023	0.03	0.17	1.8	—	0.33
肺	77.7	16.2	2.4	2.5	—	0.05	0.14	1.1	—	1.43
大肠	83.4	13.4	2.4	0	—	—	0.14	1.8	—	—

5.4.1.2　氨基酸

氨基酸是构成蛋白质的基本单位，其最主要的功能是在人体内合成蛋白质；氨基酸也是合成许多激素的前体物质（如甲状腺素、肾上腺素、5-羟色胺等）；氨基酸还是嘌呤、嘧啶、血红素以及磷脂中含氮碱基的主要合成原料；另外，氨基酸还具有重要的非蛋白质功能，如蛋白质摄入过多时，机体可通过氨基酸的生糖、生酮作用将蛋白质转变成糖和脂肪或直接氧化供能。畜禽脏器中氨基酸种类丰富，含有各种必需氨基酸。必需氨基酸是指人体自身不能合成或合成速度不能满足人体需要，必须从食物中摄取的氨基酸，对成人来讲必需氨基酸共有 8 种，分别是赖氨酸、色氨酸、苯丙氨酸、蛋氨酸、苏氨酸、异亮氨酸、亮氨酸、缬氨酸。动物脏器中均含有这几种必需氨基酸，是优质蛋白质资源。表 5-7 为畜禽脏器中氨基酸的含量。

表 5-7　畜禽脏器中氨基酸的含量　　　　　　　　　　单位：mg/100g

项目	猪				牛				羊			
	心	肝	胃	肺	心	肝	胃	肺	心	肝	胃	肺
异亮氨酸	702	783	508	404	682	879	533	559	610	761	306	449
亮氨酸	1359	1671	1002	992	1414	1816	990	1492	1238	1586	703	1243
赖氨酸	1221	1273	865	726	1301	1469	878	1184	1220	1231	643	1107
胱氨酸	242	296	183	212	246	361	270	393	246	—	158	268

续表

项目	猪				牛				羊			
	心	肝	胃	肺	心	肝	胃	肺	心	肝	胃	肺
苯丙氨酸	673	919	519	503	761	1083	561	848	698	940	381	733
酪氨酸	543	679	398	329	512	744	436	463	384	582	256	371
苏氨酸	686	809	572	420	701	845	512	674	657	772	365	620
色氨酸	231	265	94	97	145	229	85	124	130	225	67	102
缬氨酸	810	1067	655	703	844	1197	695	1121	825	1024	526	948
精氨酸	1020	1100	948	705	990	1211	922	1060	977	874	741	997
组氨酸	391	474	280	270	402	524	258	468	381	468	180	412
丙氨酸	985	1171	866	899	988	1188	835	1471	895	965	689	1022
天冬氨酸	1398	1619	1163	958	1433	1748	1130	1451	1362	1595	841	1356
谷氨酸	2383	2407	2023	1449	2631	2450	2942	2182	2315	2319	1525	1918
甘氨酸	797	1041	1332	1236	772	1271	1189	748	748	977	1188	1410
脯氨酸	726	1071	909	844	669	965	821	574	574	797	769	897
丝氨酸	649	864	584	509	647	854	556	759	563	767	431	662

5.4.1.3 脂肪酸

脂肪酸按其饱和程度可以分为饱和脂肪酸、单不饱和脂肪酸和多不饱和脂肪酸。目前营养学认为对人体健康最重要的不饱和脂肪酸包括 2 类：$n-3$ 系列不饱和脂肪酸和 $n-6$ 系列不饱和脂肪酸。摄入富含饱和脂肪酸的膳食与某些慢性疾病的发生和发展有关，如冠心病、肥胖、糖尿病和癌症等；而含有多不饱和脂肪酸的膳食则能够降低动脉粥样硬化的危险，预防心血管疾病，有助于预防癌症、高脂血症和糖尿病。脂肪在慢性病的发生和发展过程中发挥了重要作用，并且膳食脂肪对于基因组的调控作用也是不可或缺的，这种调控是膳食脂肪经过水解转变成脂肪酸而发挥作用的，尤其是 $n-3$ 和 $n-6$ 系列的多不饱和脂肪酸与基因调节之间的关系最为密切。家畜脏器中的脂肪酸种类丰富，从表 5-9 可以看出，牛脏器中心、肝、胃、肺的不饱和脂肪酸含量分别达到了 50.0%、44.8%、46.7%、45.8%，同样，猪、羊脏器中的不饱和脂肪酸含量也呈现类似的结果，表 5-8、表 5-9 和表 5-10 分别为猪、牛、羊脏器中脂肪酸的含量。

表 5-8 猪脏器中脂肪酸的含量

项目	脂肪酸含量/(g/100g 可食部)					饱和脂肪酸与总脂肪酸比/%	单不饱和脂肪酸与总脂肪酸比/%	多不饱和脂肪酸与总脂肪酸比/%
	总量	饱和	单不饱和	多不饱和	其他			
心	4.2	1.7	1.6	0.9	—	40.5	38.1	21.4
肝	2.6	1.1	0.7	0.7	0.1	42.3	26.9	26.9
胃	4.6	2.4	1.8	0.4	—	52.2	39.1	8.7
肺	3.5	1.5	1.5	0.4	0.1	42.9	42.9	11.4
肠	17.0	7.7	7.2	2.0	0.1	45.3	42.4	11.8

表 5-9　牛脏器中脂肪酸的含量

项目	脂肪酸含量/(g/100g 可食部)					饱和脂肪酸与总脂肪酸比/%	单不饱和脂肪酸与总脂肪酸比/%	多不饱和脂肪酸与总脂肪酸比/%
	总量	饱和	单不饱和	多不饱和	其他			
心	2.8	1.4	1.0	0.4	—	50.0	35.7	14.3
肝	2.9	1.6	0.8	0.5	—	55.2	27.6	17.2
胃	1.5	0.6	0.6	0.1	—	40.0	40.0	6.7
肺	2.3	1.2	0.9	0.2	0.1	50.0	37.5	8.3
大肠	2.1	1.3	0.6	0.1	0.2	59.1	27.3	4.5

表 5-10　羊脏器中脂肪酸的含量

项目	脂肪酸含量/(g/100g 可食部)					饱和脂肪酸与总脂肪酸比/%	单不饱和脂肪酸与总脂肪酸比/%	多不饱和脂肪酸与总脂肪酸比/%
	总量	饱和	单不饱和	多不饱和	其他			
心	4.3	2.2	1.7	0.4	—	51.2	39.5	9.3
肝	2.7	1.3	1.1	0.3	—	48.1	40.7	11.1
胃	3.1	0.9	1.5	0.7	—	29	48.4	22.6
肺	2.2	1.3	0.7	0.3	—	56.5	30.4	13
大肠	2.2	1.3	0.7	0.1	0.1	59.1	31.8	4.5

5.4.1.4　矿物质

畜禽脏器中矿物质种类丰富，其中钙、磷、钾、钠、镁含量丰富，铁、锌、硒等含量较少。矿物质是人体维持正常生理功能不可或缺的元素，食用畜禽脏器可以有效补充人体对矿物质的需求。表 5-11、表 5-12 和表 5-13 分别为猪、牛、羊脏器中的矿物质含量。

表 5-11　猪脏器中的矿物质含量　　　　　　　　单位：mg/100g

项目	钙	磷	钾	钠	镁	铁	锌	硒	铜	锰
心	12	189	260	71.2	17	4.3	1.9	0.01494	0.37	0.05
肝	6	310	235	68.6	24	22.6	5.78	0.01921	0.65	0.26
胃	11	124	171	75.1	12	2.4	1.92	0.01276	0.1	0.12
肺	6	165	210	81.4	10	5.3	1.21	0.01077	0.08	0.04
大肠	10	56	44	116.3	8	1.0	0.98	0.01695	0.06	0.07

表 5-12　牛脏器中的矿物质含量　　　　　　　　单位：mg/100g

项目	钙	磷	钾	钠	镁	铁	锌	硒	铜	锰
心	4	178	282	47.9	25	5.9	2.41	0.0148	0.37	0.06
肝	4	252	185	45	22	6.6	5.01	0.01199	1.34	0.37
胃	40	104	162	60.6	17	1.8	2.31	0.00907	0.07	0.21
肺	8	269	197	154.8	14	11.7	2.67	0.01361	0.22	0.16
大肠	12	102	55	28	—	2.0	1.05	0.01094	0.03	—

表 5-13　羊脏器中的矿物质含量　　　　　　　　　　　　　　单位：mg/100g

项目	钙	磷	钾	钠	镁	铁	锌	硒	铜	锰
心	10	172	200	100.8	17	4	2.09	0.0167	0.26	0.04
肝	8	299	241	123	14	7.5	3.45	0.01768	4.51	0.26
胃	38	133	101	66	16	1.4	2.61	0.00968	0.1	0.6
肺	12	172	139	146.2	8	7.8	1.81	0.00933	0.19	0.05
大肠	25	34	117	79	17	1.9	2.50	0.0141	1.46	0.09

5.4.2　利用脏器加工预制食品

随着社会生活节奏加快，家庭生活中备餐和用餐的时间减少，因此人们对食品便利性产生了的强势需求。预制食品和速冻食品顺应了这种趋势，同时由于其具有保藏方便、储藏时间长、品质变化小的特点，受到世界各国公共饮食机构和家庭的青睐。预制食品是指在销售前经过充分的预处理，消费者购买后可直接食用或经过简单的热处理即可食用的食品。冷冻食品是指新鲜、优质原料经低温冻结后储藏、销售的食品。这两类食品在中国、美国、日本和欧洲发展得最快，并且占有较大的市场，可以为不同的消费人群提供各类产品。目前，利用畜禽脏器加工的预制食品和冷冻食品种类繁多，本节主要以生鲜脏器制品、汤料制品和腌腊制品为主介绍畜禽脏器预制食品的加工工艺。

5.4.2.1　生鲜类食品

畜禽屠宰后将脏器收集、清洗、分切、包装后快速冻结，作为加工其他食品的原料，或直接供消费者烹调使用。

1. 工艺流程

原料预处理→分切→装袋→预冷→冻结→成品。

2. 操作要点

（1）原料预处理。

肝、胃、心、肺、肾、肠的整理应符合相关的规定。

（2）分切。

将肝、胃、心、肺、肾、肠按照不同的包装规格分切，要求切面整齐，产品表面干净，外观良好。

（3）装袋。

将分切好的副产物装入包装袋迅速真空抽气包装，包装后转入冷库预冷。

（4）预冷。

要求库温在0~4℃，产品温度达到8℃后方可转入冻结间。

（5）冻结。

要求库温在-35℃以下，相对湿度在95%以上，冻结48h后，副产物中心温度在-18~-15℃时方可入冷冻库。为防止变质，储藏过程中尽量避免库温出现较大波动，防止产品二次冻结。

5.4.2.2　*汤料类食品（即冲即食羊杂汤料）*

1. 工艺流程

鲜羊杂→原料预处理→煮熟、拌料→冷冻→真空脱水干燥→包装→成品。

2. 操作要点

（1）原料预处理。

将鲜羊杂洗净，在 98℃ 以上的沸水中漂烫 60s 后捞出待用。

（2）煮熟、拌料。

将漂烫过的羊杂及第一类调料（花椒 50g、十三香 25g）一并放入锅内煮沸，加水量是羊杂重量的 1.5 倍，锅内物料煮熟（大约 15min）后将煮熟的羊杂捞出冷却待用，然后改为温火，炖 3h，炖至汤量为原水量的 60%。取熬制好的汤 12kg，加入切好的羊肝、心、肠、肺、肉，加入白醋 160g 搅匀煮沸，加入食盐、鸡精搅拌均匀，停止加热，倒出冷却，加入葱花、香菜搅匀。

（3）冷冻。

将制好的羊杂汤用电子秤称重，倒入托盘内。然后用专用料车将摆好的羊杂汤迅速转入速冻车间速冻，速冻温度为 -18℃，物料速冻至中心温度不高于 -18℃，以确保冻透为原则，再进行真空脱水干燥。

（4）真空脱水干燥。

脱水干燥在真空干燥仓内进行，整个过程采用逐步控温的方式：将温度在 0.5h 内升至 90℃ 后保温 10h →将温度在 1h 内降至 80℃ 后保温 2h →在 2h 内将温度降至 70℃ 后保温 3h →在 2h 内将温度降至 65℃ 后保温 3h →在 0.4h 内将温度降至 30℃，然后将干燥好的羊杂汤料出仓，推入卸料间卸料，卸料间温度应控制在 20℃ 左右，相对湿度应控制在 50% 以内。

（5）包装、运输。

包装袋为防潮袋。包装时，包装人员按照食品标签包装要求进行计量包装，所有包装用品在使用前均需严格消毒检查。包装好的成品应储存于阴凉、干燥、洁净的仓库内，运输车应清洁、卫生、干燥、定期消毒，防止产品受到外界污染而影响产品质量。

（6）食用方法。

食用时打开包装袋将袋内羊杂放入自备容器中，倒入适量开水加盖焖 3~5min，即可制得一碗美味可口的羊杂汤。

5.4.2.3　*腌腊类食品*

腌腊肉制品是深受消费者喜爱的一类肉制品，根据加工工艺可分为腌制品和腊制品，腌肉制品一般只用腌料腌制而成，腊肉制品在腌制后要经过干燥发酵，我国也有许多以动物脏器加工的腌腊制品。

1. 腊猪肚

（1）工艺流程。

原料选择→配料→腌制→烘烤干燥→包装→成品。

（2）操作要点。

1）原料选择及修整。

选用符合卫生标准的鲜猪胃，洗净污物，剖成板片，再清洗干净，沥去水分。

2）配料。

鲜猪肚 100kg、食盐 7kg、硝酸盐 0.05kg、白酒 0.5kg、花椒 1.5kg。

3）腌制。

先将白酒撒在肚片上，拌匀。再将其他辅料混匀，加入肚片于盆内搅拌并揉搓均匀。再入缸腌 4 天，中间翻缸 1 次。

4）烘烤干燥。

腌好的肚片出缸，晾干表面水分，烘烤 26~32h，待肚片干硬即可，冷透后用防潮纸包装或真空包装即为成品，成品率为 25%~30%。

2. 腊猪大肠

（1）工艺流程。

原料选择及清洗→配料→腌制→烘烤干燥→包装→成品。

（2）操作要点。

1）原料选择及修整。

选用符合卫生标准、干净的鲜猪大肠。先用温清水漂洗一次，除去脂肪，再加适量食盐或白矾，反复揉搓、擦洗，再用温清水漂洗 2~3 次，洗至猪大肠白净为止。沥去水分。

2）配料。

猪大肠 100kg、食盐 7.0kg、硝酸盐 0.05kg、白酒 0.5kg、花椒 0.1kg。

3）腌制。

将配料混匀，与大肠搓拌均匀，入缸腌 5~7 天后出缸，再用温水淘洗至洁白。

4）烘烤干燥。

用绳圈拴挂，盘成环形，晾干表面水分，烘烤约 30h，待干硬成盘形，冷透后用防潮纸包装即为成品，成品率为 40%。

3. 猪干肠衣

（1）工艺流程。

鲜小肠→漂洗→剥油脂→碱处理→漂洗→腌制→水洗→充气、干燥→湿润→压制→成品。

（2）操作要点。

1）浸漂。

将洗涤干净的小肠浸于清水中。冬季浸漂 1~2 天，夏季浸漂数小时即可。

2）剥油脂。

将浸泡好的鲜肠衣剥去肠管外的脂肪、浆膜及筋膜，并冲洗干净。

3）碱溶液处理。

将翻转洗净的原肠以 10 根为一套，放入缸中，每套加入氢氧化钠溶液约 300mL（浓度为 50g/L），迅速搅拌洗去肠上附着的油脂，如此漂洗 15~20min，可使小肠洁净、颜色转好。处理时间与气温有关，气温高可稍短些，气温低可稍加延长，但不得超过 20min，否则小肠就会被腐蚀而成为废品。

4）漂洗。

将除去脂肪的小肠放入清水中，不断清洗，彻底洗去血水、油脂和氢氧化钠，然后漂浸于清水中。漂浸时间为夏季 3h、冬季 24h，需定期换水。这样可加工出洁白、品质优良的肠衣。

5）腌制。

腌制可使肠衣收缩，伸缩性降低，灌制香肠时不至于随意扩大，从而使香肠产品式样美观。腌制时将肠衣放入腌制缸中，然后按每 100 码（91.4m）用盐 1kg 的比例，均匀地将盐撒在肠衣上。腌制时间一般为 12~24h，随季节不同可适当缩短或延长。

6）水洗。

用清水把盐漂洗干净，以不带盐味为止。

7）充气。

洗净后的肠衣用气泵充气，然后置于清水中，检查有无漏洞。

8）干燥。

充气后的肠衣可挂在通风良好处晾干，或放入干燥室内（29~35℃）干燥。

9）压制。

将干燥后的肠衣一端扎孔排出空气，然后在肠衣上均匀地喷上一层水润湿。再用压肠机将肠衣压扁，最后包扎成把，装箱为成品。

5.4.3　利用脏器加工熟食品

5.4.3.1　酱卤制品

酱卤制品是将原料肉用卤汤或卤汁煮制而成的一类熟肉制品，在肉类产品中占据较大的市场份额，畜禽副产物也可用来加工酱卤制品。卤汁对酱卤制品品质有直接影响。通常将第一次使用的卤汁称作新卤，使用过一次以上的卤汁称为老卤。卤汁越老越好，因为产品中的可溶性营养成分加热分解后进入卤汁，尤其是氨基酸、盐类等呈味物质，煮制时间越长，浓度越高，产品的风味就越好。一般情况下，卤汁用后要合理储藏，每次使用后都要进行过滤，储藏时要将卤汁放在带盖的容器中，如果是经常使用，则存放于卤煮车间，若长时间不用，则需要低温储藏，甚至冻藏。另外，卤汁一定要定期煮沸，一个月左右煮沸一次，若无冷藏室，煮沸周期要缩短，夏季一周煮沸一次。在卤汁的储藏中还需要注意，卤汁中存留的脂肪不宜过多，仅一薄层，用来保护卤汤，如果变质即可弃去。

1. 酱卤牛心

（1）工艺流程。

牛心预处理→修整→注射盐水→滚揉腌制→漂洗→煮制→冷却→装袋→真空包装→灭菌→冷却→观察→包装→成品。

（2）操作要点。

1）原料预处理。

选用检验合格的新鲜牛心，自然解冻 2~5 天，或用 15~25℃ 的流动水解冻 10h 左右。

2）修整。

将所选牛心修去表面脂肪，剔除筋膜，然后根据牛心的形状和大小，将牛心分切成厚度 5cm 左右的肉块。肉块大小、薄厚一定要均匀，切割面必须平整。

3）注射盐水。

先配制注射溶液（以 250kg 原料为基准），称取所需添加剂以及所用的水，并由检验人员现场复秤。注射液配方：大豆蛋白 2.5kg、三聚磷酸钠 750g、异抗坏血酸钠 80g、水 37.5kg、食盐 8kg、白糖 1.5kg。每次配料要多配 10kg 作为注射预留料液。

4）滚揉腌制。

将注射盐水的牛心装入滚揉罐，抽真空至 0.06~0.08MPa 时关闭真空泵，间歇滚揉（每次滚揉 20min，休息 10min）1.5h 即可，出锅温度不能超过 7℃。出锅后转入腌制缸，每缸大约 250kg，压平、压实，用塑料薄膜封严，转入腌制间。在腌制期间确保每天定期倒缸一次，保证腌制均匀，腌制 2~3 天后抽样观察肉块外层和内层的颜色，如果肉块外层和内层颜色均匀，证明已经腌透，可以煮制；如果肉块外层和内层颜色不均匀，证明未腌透，则要适当延长腌制时间以保证每一块肉都要腌透，再进行煮制。

5）漂洗。

原料腌制成熟后，在下锅前用流动的凉水漂洗。浸泡 40~60min 后，即可出料预煮。

6）煮制。

①预煮。根据肉量将适量饮用水加入夹层锅，待水沸后加肉，再煮沸。降温至 90℃ 左右保持 10~15min。预煮过程不断撇去表面浮沫，保证水及原料的清洁。煮好及时出锅转入调料锅内。

②蒸煮。根据肉量将适量饮用水加入夹层锅，煮沸。将香辛料包及葱、姜、蒜装入调料袋下锅浸煮 1h 出味，剩余卤料下锅混匀，煮沸。定量加入已预煮的肉块，煮沸 5~10min，保持微沸（100℃ 左右）45~60min。用冷凝水冷却汤温至 70℃ 以下，即可出锅，装盘转入晾肉间。

③注意事项。预煮过程中一定要将表面浮沫撇干净，预煮结束后及时转入调料锅，转运过程不超过 10min。蒸煮过程中适当搅拌 2~3 次。煮后质量要求：产品成品率控制在 75%~80%，牛心色泽纯正、酱牛心外表深棕色、咸淡适宜。

7）冷却。

将牛心捞出置于晾肉架上 30min 左右，再转入内包装间。内包装间的温度控制在 10℃ 以下，相对湿度控制在 45%~65%。

8）定量装袋。

待牛心的中心温度冷却至 10℃ 以下时，即可进行内包装。分切时尽量减少产生小块肉，用刀将肉块分切成所需规格。准确称量装袋后，放置在周转箱内，及时封口。

9）真空包装。

按真空包装机的使用操作规程进行抽真空封口。要求封口平整、整齐、无漏气、无褶皱、美观。包装后主要检验包装袋内异物、真空质量、袋口假封漏封、封口污染、褶皱、烂袋等。

10）灭菌。

将真空包装好的肉袋放入灭菌架，将灭菌架装入灭菌锅，115℃ 灭菌 25min。灭菌过程中蒸汽压力必须大于 0.2MPa，5min 左右升至 115℃，保持 25min。自来水降温时锅内压力保持在 0.2MPa 左右，将温度降至 50℃ 以下（大约 10min）即可出锅。

11）冷却观察。

出锅产品用冷水冲淋，冷却至室温再转入 37℃ 恒温观察间观察 3~5 天。在观察期间胀袋的视为不合格品，合格品进入成品包装间。

12）成品包装入库。

产品要求无胀袋、无漏气、无重量异常、无异物等，合格产品装入外包装袋。按照封口机操作规程进行封口，封口过程中贴标、打印生产日期。封口完成后按品种规格装箱，在包装箱上加盖品名、规格、生产日期和生产批号。包装后及时入库，按照库房管理规定，将装好的成品箱送入保鲜库。

2. 酱卤牛肚

（1）工艺流程。

牛肚→预处理→滚揉腌制→漂洗→煮制→冷却→装袋→真空包装→灭菌→冷却→成品。

（2）操作要点。

1）原料预处理。

选取检验合格的鲜牛肚或冻牛肚，冻牛肚需先置于预处理间自然解冻 1 天。选好的牛肚先用凉水清洗再用流动水漂洗、浸泡 2h 以上。

2）滚揉腌制。

滚揉是为了加速腌制液的渗透与发色，一般的卧式滚揉机利用物理性冲击的原理使腌肉落下，揉搓肉组织，使肉的组织结构破坏、肉质松弛和纤维断裂，从而使渗透速度大为提高；也可使注入的腌制液在肉内均匀分布，从而吸收大量盐水，这样不仅缩短了腌制期，还提高了成品率和成品的嫩度。滚揉时由于肉块间互相摩擦、撞击和挤压，盐溶性蛋白质从细胞内析出，它们吸收水分、淀粉等组分形成黏糊状物质，使不同的肉块能够黏合在一起，可起到提高结着性的效果。滚揉液（以 100kg 牛肚为基准）的配方：三聚磷酸钠 300g、异抗坏血酸钠 32g、水 5kg（温度 4℃）、食盐 3.2kg、糖 0.6kg。

先将牛肚装入滚揉罐，加入滚揉液滚揉 5min 后抽真空至 0.08MPa，关闭真空泵，间歇滚揉（每滚揉 20min，间歇 10min）1.5h 即可，牛肚出锅温度不超过 7℃。出锅后转入腌制缸，每缸 100kg，压平、压实，用保鲜膜封严，转入腌制间。在腌制期间确保每天定期倒缸 1 次，保证腌制均匀，腌制 3 天。腌制成熟后，在下锅前用适量冷水漂洗，浸泡 60min。

3）煮制。

①预煮。将适量饮用水加入夹层锅，待水沸后加肉并煮沸，再降温至 90℃ 左右并保持 15min，预煮过程中要不断撇去表面浮沫，保证水和原料的清洁，煮好后转入调料锅煮制。

②蒸煮。将适量饮用水加入夹层锅煮沸。香辛料包和葱、姜、蒜装入料袋中浸煮 1h，剩余卤料放入锅中混匀，煮沸。定量放入已预煮的原料，煮沸 10min，微沸（100℃）下保持 60~75min。卤汤用冷凝水冷却至 70℃ 以下即可出锅，装盘转入晾肉间。

③注意事项。预煮过程中一定要将表面浮沫撇干净，预煮结束后及时转入调料锅，转运过程不超过 10min。预煮过程中适当搅拌 3 次。成品率控制在 80%，咸淡适宜。

4）冷却。

将肉捞出置于晾肉架上 30min 左右，再转入内包装间。内包装间温度控制在 10℃ 以下，相对湿度控制在 50%。

5）装袋。

待肉中心温度冷却至 10℃ 以下时，即可进行内包装。将肉块分切成产品所需规格。装袋后放在周转箱内，及时封口。分切时尽量减少产生小肉块，分切的小块要求外观美观。

6）真空包装。

封口时按真空包装机的使用操作规程进行，要求封口平整、整齐、无漏气、无褶皱、美观。包装后检验包装袋内异物、真空质量、袋口假封漏封、污染、褶皱、烂袋等。封口一定要与底边平行，操作时轻拿轻放。

7）灭菌。

将真空包装好的样品放入灭菌架，装入灭菌锅，95℃灭菌25min。灭菌过程中蒸汽压力必须大于0.2MPa，5min左右升至95℃，保持25min，降温时锅内压力保持在0.2MPa左右，温度降至50℃以下（大约10min）。

8）冷却。

灭菌后的产品用冷水冲淋，冷却至室温。胀袋产品视为不合格品，合格品进入成品包装间。

9）成品包装入库。

检验产品时要求无胀袋、无漏气、无重量异常、无异物等。合格产品贴上标签，生产日期打印在同一位置，字迹明显。按品种规格装箱，在包装箱上加盖品名、规格、生产日期和生产批号等。包装后及时入库，按照库房管理规定，将装好的成品箱送入保鲜库（温度4℃）。

5.4.3.2 熏烤制品

熏烤制品是指经酱卤或其他方法熟制调味后，再经烟熏，使产品具有熏香风味的快餐熟肉制品。

1. 熏烤猪肝

（1）工艺流程。

原料预处理→腌制→清洗→熏烤→冷却→包装→成品。

（2）操作要点。

1）原料预处理。

精选健康猪的新鲜肝脏，放在自来水中冲洗10min，将血污洗净，然后放在水中浸泡30min。

2）腌制。

按比例加入精选新鲜猪肝，再加入适量食盐、味精、白砂糖、三聚磷酸盐、白胡椒粉、五香粉、水，腌制24h。

3）清洗。

用清水洗净猪肝表面附着的香辛料。

4）熏烤。

将清洗干净的猪肝放入干燥箱中，分别在55℃下干燥20min、65℃下干燥10min，然后放入锅中，在86℃的条件下蒸煮35min，最后放入烤箱中，在65℃下烘烤10min即可。

2. 烤牛肚

（1）工艺流程。

制涂料汁→整理牛肚→涂料→制香料酱→涂酱→烤制→切片→包装→成品。

（2）操作要点。

1）制涂料汁。

在盆内加入柠檬汁、食盐、胡椒、红辣椒，搅拌成涂料汁。

2）牛肚整理。

将牛肚卷成圆筒形，然后用小细绳捆牢，每隔 2.5cm 捆一道绳。

3）涂料。

在牛肚卷表面均匀地涂上涂料汁后，在牛肚表面扎上深孔，孔的间隔为 6mm，然后将奶油均匀地涂在带孔的牛肚卷上，放置 15~20min。

4）制香料酱。

把洋葱、酸奶酪、豆蔻、香菜籽、芹菜籽、石榴籽、大蒜、生姜、黑芥末、丁香、桂皮等放入搅拌机内，高速搅拌 1min 左右制成香料酱。

5）涂酱。

将香料酱涂抹在牛肚卷的表面，使其充满牛肚表面的小孔，在 0~40℃下放置 12h。

6）烤制。

将烤箱升温至 235℃，将牛肚放入烤箱中烘烤 10min，再使温度降到 175℃，将奶油抹在牛肚上，边抹边烤，烤至牛肚的中心温度达到 77℃时即可。

7）切片。

烤好的牛肚冷却后，切成厚度为 6mm 的肚片即为成品。

8）包装、成品。

烤牛肚制成后，立即进行包装，或进行密封储藏。

5.4.3.3　干制品

干制品是以畜禽副产物为原料，经切块或绞碎、调味、压制、摊筛、烘干、烤制等工艺制成的。干制品营养丰富，携带食用方便，耐储藏，很适合规模化生产。

1. 复合牛肉干

（1）工艺流程。

原料预处理→牛肉白煮→配料熬汤→肉块复煮入味→肉块斩碎→牛肝煮制、斩糜→牛蹄筋高压蒸煮、成型、切片→牛肉粒、肝糜及辅料混合→复合成型、切块→热风干燥→微波干燥及杀菌→包装→成品。

（2）操作要点。

1）原料预处理。

选择卫生检疫合格的新鲜牛肉，在清水中浸泡 2h，除去肉中残血，以保证制品的色泽、风味；剥除筋腱和脂肪，洗净表面污物，切成约 1kg 重的肉块。选择卫生检疫合格的新鲜牛肝脏，用清水浸泡 4h，中间换水 2 次，除去残血、异味及毒素，割除粗大血管，清洗后切成 10cm 宽的条块。选择卫生检疫合格的新鲜牛蹄筋，去除表面杂物，清洗干净待用。

2）牛肉白煮。

将清洗好的牛肉块放入蒸汽夹层锅内，加清水将肉块淹没，打开蒸汽在 30min 内将水烧沸，大火煮制，不断撇去浮沫，煮沸 30min 后将肉块捞出，摊在操作台上，待肉完全冷却后，切成 4cm³ 的小肉块。

3）配料熬汤。

牛肉以每 100kg 计时，取八角茴香 100g、花椒 200g、黄参 50g、草果 100g、砂仁 150g、生姜 1.8kg，将上述调料装入用两层纱布缝制的料包中，调料占料包袋体积的 2/3 即可。

4）肉块复煮入味。

将分切好的牛肉块放入熬好的汤中，使汤汁与肉面持平，不够可加水，每 100kg 肉加食盐 2.2kg、酱油 3.7kg 与调料包大火同煮 60min，煮至有熟肉香味散出、汤汁快干时改小火，此时加入 1kg 味精、1.4kg 料酒，待汤汁收干时出锅，在室内自然条件下让肉块冷却。

5）肉块斩碎。

将冷却好的肉块用斩拌机斩拌成 5mm³ 不等的小颗粒待用。

6）牛肝煮制、斩糜。

将牛肝放入清水中淹没，每 100kg 牛肝加入生姜 1.8kg、食盐 1.4kg，沸煮 40min，使牛肝完全变性凝固即可，捞起在室内自然条件下冷却至室温。将冷却后的肝块分切成小块，再用斩拌机斩拌成糜状待用。

7）牛蹄筋高压蒸煮、成型、切片。

将清洗好的牛蹄筋、清水按 6：1 的质量比放入高压釜容器中，每 100kg 蹄筋加入生姜 1kg、食盐 1kg，在压力为 0.4MPa、温度为 130℃的条件下，高压蒸煮 20min，冷却排气后将蹄筋从汤汁中捞出；趁热将蹄筋整齐摆放在不锈钢模具中，并将热汤汁浇在间隙中，料层厚度为 10cm，用弹簧盖压紧，送入 0~5℃的冷藏室内冷却 14h，使其定型成方块，定型后的蹄筋用切形机分切成 0.5cm 厚的薄片待用。

8）牛肉粒、肝糜及辅料混合。

将斩拌后的肉粒、肝糜按 1：0.3 的质量比混合，每 100kg 肉肝料中加入食品级卡拉胶 1.5kg、白砂糖 1kg、黑胡椒粉 2kg、水 5kg，在搅拌机中混合均匀成肉肝混料。

9）复合成型、切块。

先将肉肝混料平铺一层于不锈钢模具中，厚度为 1.0cm，在肉肝混料上铺一层切好的蹄筋片，蹄筋片上再铺一层 1.5cm 厚的肉肝混料，抹平后加弹簧盖压紧，送入 0~5℃冷藏 10h，使其定型为三层复合体，然后用切形机切成长 4cm、宽 3cm、厚 2cm 的小方块。

10）热风干燥。

将切形后的小肉块平摊在刷有薄层植物油的烘盘上，再送入 55 9℃的热风干燥箱中干燥 4h，每隔 30min 将肉块上下翻动 1 次，使制品干燥均匀。

11）微波干燥及杀菌。

将初步脱水干燥的肉块再置于微波干燥箱中，在（2450±50）MHz、0.70kW 条件下，加热杀菌 5min，使产品水分含量降至 20%~30%即可。

12）包装。

微波干燥杀菌后，自然冷却，再将产品（每 100g 装 1 袋）装入塑料薄膜包装袋，抽真空封口即可。

2. 金丝牛肚

（1）工艺流程。

原料预处理→煮制→制丝→油炸→烤制→包装→成品。

（2）操作要点。

1）原料预处理。

选用新鲜牛肚，将修整好的牛肚于 35~40℃的水中漂洗约 15min，除净血污。

2）煮制。

将漂洗干净的牛肚放入沸水锅中，按配方比例加入食盐、生姜等辅料，煮约 1.5h，至牛肚熟透，捞出牛肚摊开晾至室温。

3）制丝。

将煮熟冷却的牛肚放在平板上，将牛肚撕成丝状，肚丝长度基本为 22mm，直径为 1~2mm。

4）油炸。

将撕好的肚丝投入油温为 120~140℃的油锅中进行油酥，在不断翻炒中加入复合香辛粉料和冰糖，待肚丝炸至棕红色，且相互之间不粘连时即可出锅。

5）烤制。

油炸过的肚丝送入烤炉中，50~55℃下烘烤 72min，然后在出炉的肚丝中加入小磨香油，拌均匀即为成品。

6）包装。

将成品肚丝装入复合薄膜袋中，抽真空后密封。

5.5 畜禽皮综合利用

5.5.1 畜禽皮综合利用的现状

最初，畜禽皮主要供给制革业，作为制革工业的原材料，最终被制作成高附加值的各类皮具等皮制品。近几年，我国毛皮工业无论是生产量还是水平都在迅速提升，已经引起国际范围的关注，行业形势的发展是喜人的，但面临的问题也是客观存在的，特别是毛皮作为典型的外向型企业，国际上的各种壁垒制约着我国毛皮业的发展，因此，必须面对现实，冲破壁垒，使我国毛皮业持续发展。

我国皮革业源于史前时代，但其发展速度却落后于欧洲国家，直到 20 世纪中期才走上了正常的发展道路。我国原料皮资源丰富，进出口贸易量大，经过几十年的蓬勃发展，我国已成为世界上重要的皮革生产大国。目前我国皮革工业由制革、皮鞋、皮件、毛皮四个主体行业和皮革化工、皮革机械、皮革五金、鞋用材料等配套行业组成，是轻工业系统中仅次于纺织业的第二大行业。我国皮革加工工业以小型的集体企业为主，大规模企业少，生产集中度比较低。因此，我国皮革加工工业具有进入市场早、市场调节比重大、适应能力强的优势，同时也具有小生产小农经济观念影响较深、生产分散、管理粗放、品牌差、质量差、出口产品价格差、技术落后等劣势。

我国皮革生产中，进口的主要是原料皮，其中以牛皮居多，还有绵羊皮、山羊皮等，出口则主要是成品和半成品。成品出口显然是好事，可以取得较大的利润，但半成品出口却值得引起足够的重视，尤其是在皮革加工过程中，半成品不仅加重了我国的污染，而且将本应可以创造更大价值的产品低价出口，造成了无谓的损失。这些现象说明要想在激烈的市场竞争中生存下去，我国皮革工业必须在制品的样式和质量上多下功夫，加大科研投入，加快技术的发展，应进一步提高设计水平，增加产品的艺术含量，大力研究开发生产优质皮革产品需要的皮化材料，皮化产品向低污染、多品种、多性能、系列化方向发展。同时根据国内外市场的需要，加强对皮革机械设备的研究与开发，以适应市场变化的需要，引导具备条件的骨干企业进行重点技术改造，引进、消化、吸收国外先进技术和设备。技术创新必须紧跟市场需求的变化和新技术发展的步伐，引进人才、技术、先进设备，提高产品开发能力，加快产品升级换代，只有技术不断创新，才能培育出名扬世界的高端产品。

国外皮革工业发展速度很快。20世纪初，欧洲已成为世界皮革加工中心，整个欧洲皮革工业在意大利、西班牙等国的率领下，以质量优、产品设计新潮等优势居世界领先地位。欧洲各国尤其是意大利、西班牙等国仍然是世界皮革强国，他们拥有雄厚的资金、先进的皮革生产技术和皮革生产机械，有大量具有丰富经验的皮革加工人才。

意大利主要生产牛皮革、马皮革、猪皮革、羚羊皮革、山羊皮革等，生产出的皮革大量出口罗马尼亚、法国、美国、英国、韩国等国家。皮革工业已成为意大利的支柱产业，它的繁荣与发展带动着意大利其他国民工业的发展，促进了国家经济的发展。

西班牙是仅次于意大利的欧洲皮革工业大国，生产模式基本与意大利相同，也是中、小型家庭式工厂。西班牙皮革工厂的地理分布比较分散，厂与厂之间各不相同，各有特色。西班牙皮革品种中牛皮革占53.3%、绵羊皮革占24.44%、毛革两用革占16.11%。自2019年起，受欧洲经济衰退的影响，西班牙皮革工业厂家数量和工人数量均有下降，不过这对该国皮革工业的发展并没有造成大的影响，相反，成品革出口量还持续上升。

法国也是欧洲重要的皮革工业基地之一，主要以牛革半成品和小牛皮革生产为主。巴黎是领导世界时装潮流的先导，是世界各国时装设计师们时常光顾、了解最新时尚款式的地方。因此，法国皮革工业以生产皮鞋、皮革制品、小件皮革饰品为主。

5.5.2 畜禽皮的保藏与预处理

5.5.2.1 畜禽皮的初加工

畜禽皮的初加工主要分为两道工序。

1. 清理洗涤

家畜剥皮后，先手工除去蹄、耳、唇、尾等易腐败变质部分，再用铲刀除去脂肪和残肉，然后用清水充分洗涤，以防这些东西引起皮张腐烂变质。

2. 防腐处理

由于清理后的皮张含有大量水分及蛋白质，容易导致酶的自溶和腐败，因此应采取防腐措施。防腐的原理是降低温度，除去水分，利用防腐物质制约细菌和酶的作用。在生产中可采取的防腐方法有以下5种。

（1）干燥法。

这是一种通过自然干燥将皮张水分降至14%~18%来抑制微生物的生长、繁殖，从而保存原料皮的最普通的传统方法。

干燥的防腐原理鲜皮在干燥过程中，水分被除去，使细菌的生长繁殖活动逐渐减弱直到停止，从而达到防腐的目的。

常见的干燥方式主要有以下4种。

1）搭竿、搭绳法。

该方法是将皮挂晾于竿或绳上进行自然干燥。此法的优点是简便易行，缺点是皮的平整性差。

2）撑平干燥法。

该方法又可分为广撑、净撑和毛撑。用该方法干燥的皮较平整，但其干燥质量受环境条件影响大，毛撑质量一般较差。

3）地面干燥法。

该方法又可分为一般干燥、缩板和皱缩三种方法。这是一种最为流行的干燥法，干燥效果受环境条件影响大，皱缩板干燥的质量最差，多有腐烂。

4）钉板干燥。

该方法将皮钉在木板上进行自然干燥，其干燥质量一般较好，但方法不当则多有变形。

（2）盐腌法。

该方法使用粒状食盐或盐水处理鲜皮以达到防腐目的，是目前最为普遍、流行的方法。

盐腌法的防腐原理：采用高浓度的食盐，一方面可以使鲜皮脱水并被食盐饱和，在皮内造成高渗透压的条件，使得生皮纤维内的水分向外渗透而脱水，同时盐与皮蛋白质的活性基也发生变化。当皮中的水转变为饱和食盐水后，皮就算腌制好了。生皮脱水后就造成了一种不利于细菌生长、繁殖的条件，从而抑制了细菌的生长、繁殖。另一方面，微生物在饱和食盐水这种高渗透压溶液中，菌体内的水分会向外渗透，这种情况无论是对微生物本身来说还是对其生存所需的环境来说都是极为不利的。因而，细菌的生长、繁殖得到抑制。所以盐腌法可以用于生皮的防腐保存。

盐腌法又分为撒盐法、浸盐法和盐干法 3 种方法，其中浸盐法还可分为盐水浸泡法和封闭式大垛堆皮法。

1）撒盐法。

鲜皮经去肉、洗净、沥水后，将皮重 35%～50% 的食盐均匀地撒在皮面、肉面，初腌 6～10 天，再倒垛腌制、保存。此方法简便易行，成本低，短期保存效果好；但占地面积大，均匀性差，生皮易产生红斑、掉毛甚至烂面等缺陷。

2）浸盐法。

①盐水浸泡法。此法适用于猪皮。鲜皮经去肉、洗净、沥水后称重，在浓度高于 25% 的食盐水中浸泡 16～24h，或在转鼓中用饱和食盐水处理 8h 左右后沥水，再撒盐保存，此时撒盐量只需 15% 即可。此法简便易行，防腐效果优于撒盐法；但劳动强度大，生皮易产生红斑。

②封闭式大垛堆皮法。此法适用于猪皮。其工艺流程为：鲜皮→去肉→水洗→沥水→初腌→起堆→腌皮→淋盐水→拆堆。

操作要点：

初腌：按撒盐法腌制 5～7 天。

起堆：画出堆皮线，在堆线范围内先撒上一层食盐，厚约 1cm，再在堆线上平摆上猪皮，肉面向上，猪皮的 1/4 在堆线内，3/4 在线外作为包边用。在堆线内依次铺满皮。

腌皮：第一层铺好后，在皮的肉面撒上一层盐（新盐、旧盐不限），再喷洒浓度为 20%～30% 的盐水到皮上，铺第二层皮，再撒盐并喷洒盐水，如此循环操作，皮堆铺到一定高度（约 0.5m）后，将作包边用的猪皮拉上来包边（此为一层）。接着，再按上述方法操作，堆至 4~5 层。在皮堆的顶层上，要把四周的皮堆得比中间高 5cm 左右，以便贮存盐水。

淋盐水：在每年天热的时候（一般为 5~10 月），每天上午在皮堆顶上及四周淋饱和食盐水，顶上的盐水即留于顶面的凹处，然后慢慢地下浸到底部，由四周流出。由于仓库地面有许多沟道，可以让流出的盐水从沟道流入贮液池，经过滤后，可作化盐水用。这种盐水一般半月废弃一次。

拆堆：在投产拆堆半月前停止淋盐水，把包边的皮扯开，半月后逐张依次把皮从顶上扯下，用木棍把多余的盐撇下，收集起来以作化盐水之用。

3）盐干法。

此法将盐腌过的皮干燥至水分含量为 18%~20% 而制成干皮。这种干皮叫盐干皮。与淡干皮相比，盐干皮具有以下优点：水分变化时，生皮不会迅速腐烂，由于盐的脱水作用，盐腌后的生皮更易干燥；不会产生硬化、折断和虫蚀等缺陷。但盐干皮吸湿性大，给保存和运输带来了一定的困难。盐干法适合含脂肪量较低的牛皮、羊皮，而不适合猪皮。

盐腌法对原料皮有好的防腐效果，但是，该法使用大量食盐，导致氯离子对环境的严重污染，按照清洁化制革的观点，盐腌法应在逐渐淘汰之列。

（3）低温保存法。

该方法又可称为冷藏保存法。一般工厂采用的低温保存方法是降低原料皮仓库内的温度，即建造专门的冷库。通常是在 0~15℃ 的温度下保存盐湿皮，这样细菌生长同样受到抑制，还可以减少腌皮的用盐量，原料皮不冰冻，因而质量不受损害。此法适用于长期保存盐湿皮。

（4）冷冻保存法。

该方法简称冷冻法，是指在低温下使皮内水结冰，从而达到防腐目的的方法。在我国南方的炎热季节，可用制冷方法保藏鲜皮。由于冷冻法的设备费用较高，一般只作为一种暂时性的保存方法。冷冻分为预冷和冷冻两个阶段。若不进行预冷，生皮就会由于骤冷而外层冷冻、内层未冷冻（在堆垛的情况下尤其如此），在未冷冻的内层，细菌仍有活性。在我国北方的寒冷季节，则常用自然冷冻法来保存生皮，即将鲜皮逐张肉面朝上平铺在室外地上（有时在肉面上还要喷一点水），待完全冷冻后可以小堆垛起来。在冷冻过程中，生皮变得板硬，不便折叠运输。而且，纤维间水分因结冰而体积增大致使部分纤维受到损伤，这种损伤的后果是成革松弛。当温度升高到 0℃ 以上时，冷冻皮开始解冻，此时最易腐烂，宜迅速投产或用其他防腐方法处理。

（5）浸酸法。

此法是对经浸水、去肉、脱毛、软化等处理的裸皮采用酸盐混合液处理以达到防腐目的的一种方法。该法多用于绵羊裸皮的防腐保存。对绵羊裸皮进行浸酸脱水处理，可使皮张重量减轻，便于销售和运输。浸酸操作同铬鞣前浸酸工艺，但酸和盐要充分渗透到皮的内层。浸酸液 pH≤2，在如此低的 pH 条件下，细菌的生长繁殖接近停止。浸酸皮在适当的低温条件下可贮存几个月；当温度超过 32℃ 时，皮中的酸就有可能损伤生皮。需要注意的是，用浸酸法贮存的生皮不能平铺干燥，因为，平铺干燥的生皮会变脆。

5.5.2.2 畜禽皮的贮藏

鲜皮初加工后，以保存在温度为 10~20℃、相对湿度为 60%~70% 的库中为好。存放可采用肉面向上、毛面向下层层堆叠的方式。如需长期保存，为防止虫害，可将卫生球碾碎后均匀撒在皮面上，也可使用其他防虫剂，使皮保存完好无损。

5.5.3　畜禽皮的化学组成

畜皮的化学组成成分主要是水分、蛋白质、脂类、无机盐和糖类，其含量随动物的种属、年龄、性别、生活条件的不同而异，其中最主要的成分为蛋白质。

1. 水分

畜皮的水分含量随家畜的种属、性别和年龄不同而异。如公猪皮含水分 64.9%；母猪皮含水分 67.5%；小山羊皮含水分 63.45%。另外，每张皮不同部位的含水量也不一样，如背部牛皮含水分 67.7%，颈部牛皮含水分 70%。

2. 蛋白质

畜皮中的蛋白质根据存在部位和主要作用分为角质蛋白、清蛋白、球蛋白、弹性蛋白和胶原蛋白。

（1）角质蛋白。

角质蛋白是动物表皮层的基本蛋白质。如动物的表皮、毛皮、趾甲、蹄及角等都由角质蛋白组成，其特点是含较多胱氨酸。

（2）清蛋白和球蛋白。

这类蛋白质主要存在于皮组织的血液及浆液中，加热时凝固，溶于弱酸、碱和盐类的溶液中。球蛋白不溶于水；清蛋白溶于水，在清洗时随水溶出。

（3）弹性蛋白。

弹性蛋白是畜皮中黄色弹性纤维的主要成分，在皮中的含量约为 1%，不溶于水，也不溶于稀酸及碱性溶液，可被胰酶分解。

（4）胶原蛋白。

胶原蛋白是皮中的主要成分，也是主要蛋白质，含量约占真皮的 95%，不溶于水及盐水溶液，也不溶于稀盐酸、稀碱及酒精，加热到 70℃ 以上则变为明胶而溶解。胶原蛋白对人体的健康有着重要的作用，可以增加皮肤、血管壁的弹性，提高血小板的功能，增强人体免疫力，是人类良好的食物资源。

3. 脂类

畜皮的脂类主要积存于脂肪细胞内，大量分布在皮下脂肪层中。畜皮中的脂类含量因动物的种属和营养状况不同而异。各种皮的脂类含量不同，如猪皮为 10%~30%、大牛皮为 0.5%~2%、山羊皮为 3%~10%、绵羊皮为 30%（均以鲜皮重计算）。

畜皮中的脂类主要有甘油三酯、磷脂、神经鞘脂、蜡、脂蛋白、脂多糖等。蜡一般由油酸与十六烷醇、十八烷醇、二十烷醇和二十六烷醇化合成的酯组成，也有少数是由胆固醇和胆固醇酯组成的。磷脂是由甘油、脂肪酸、磷酸和含氮的碱性物（如胆碱等）组成的，畜皮中的磷脂有卵磷脂、脑磷脂和神经磷脂等。

4. 糖类

糖类在畜皮中的含量不高，一般只占鲜皮重的 0.5%~1%，其中包括葡萄糖、半乳糖等单糖和糖胺聚糖。糖在畜皮中分布很广，从表皮到真皮、从细胞到纤维都有糖类的存在。正常真皮内基质主要含非硫酸糖胺聚糖、硫酸糖胺聚糖和中性糖胺聚糖。非硫酸糖胺聚糖主要是透明质酸，硫酸糖胺聚糖主要是硫酸软骨素。

5. 无机盐

畜皮中的无机盐成分含量甚微，为鲜皮重的 0.35%～0.5%。其中氯化钠含量最多，其次是磷酸盐、碳酸盐及硫酸盐等。各种动物皮中的无机盐含量稍有不同。

6. 酶

畜皮内有酯酶（分解脂肪）、卵磷脂酶（分解卵磷脂）和固醇酯酶（分解固醇酯），淀粉酶的数量也较多，还有氧化酶和各类肽酶。

5.5.4 畜皮革的加工与鞣制

原料皮经初加工后还要进行精细加工，精细加工的第一步是软化和鞣制。初加工皮通过软化和鞣制可用于制作服装、工业用品的原料皮坯。

1. 工艺流程（图 5-7）

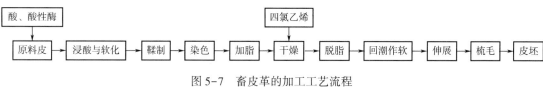

图 5-7 畜皮革的加工工艺流程

2. 工艺要点

（1）浸酸与软化。

浸酸与软化的最主要目的是除去皮中的纤维间质，松散胶原纤维，使皮板轻薄柔软。纤维间质主要由球蛋白、清蛋白、类黏蛋白组成。浸水工序能除去部分可溶性清蛋白和球蛋白，除了酶浸水外，其他浸水方法对类黏蛋白作用不大。类黏蛋白主要是玻璃糖酸蛋白多糖和硫酸皮肽素蛋白多糖。不同原料皮中糖蛋白含量不同，如卡拉库尔羔皮为 1.4%～2.8%、绵羊皮为 1%～8%。玻璃糖酸不与胶原结合，容易除去；而硫酸皮肽素与胶原结合牢固，且黏性极强，它可以将胶原纤维黏结起来，不利于胶原纤维的松散。

浸水、脱脂、软化、浸酸等工艺都可以不同程度地松散胶原纤维，以软化、浸酸最为有效。把酸性酶加入含中性盐的酸性溶液中，中性盐可以破坏胶原肽链间的次级键，酸性酶软化剂作用于生皮中各种化学成分和生物组织（胶原、毛囊、脂肪细胞、纤维间质），此外，对铬鞣和铝鞣工艺来说，浸酸可以为鞣剂渗透创造合适的 pH 条件。

浸酸可以用有机酸如甲酸、乙酸、乙醇酸等，也可以用硫酸（属无机酸）。有机酸对纤维间质的溶出作用强，对胶原的水解作用弱，因而不会引起皮质过度损失造成皮板空松。硫酸酸性强，容易使胶原肽链水解，导致皮板空松、强度下降、延伸性增大。

（2）鞣制。

鞣制是制革和制裘的关键工序，是皮肤原与鞣剂发生结合作用使生皮变性为不易腐烂的革的过程。其目的就是使皮质柔软，蛋白质固定，坚固耐用，使其适用于制作各种生活用品。制作革皮的鞣制方法比较多，传统的鞣法是甲醛鞣、铬鞣、醛-铬结合鞣、铬-合成鞣剂结合鞣。现在由于对游离甲醛的限制和为解决铬的污染问题，虽然生产中仍以铬鞣为主，但人们已开始关注其他的少铬、无铬、无醛鞣法，如改性有机磷化合物在鞣制过程中的应用技术替代了传统的甲醛或醛、铬类鞣剂进行毛皮加工生产，该技术适合环保型毛皮生产，通过工艺参数平衡及调整，具有良好的鞣制作用，鞣制生产的成品皮板色泽浅淡洁白，柔软丰满，并可赋予皮板良好的染色性能。

（3）加脂。

加脂的目的是将脂质引入皮内，使其均匀分布在纤维表面，将纤维隔离开并润滑纤维，防止干燥时纤维黏结和机械作皮软时损坏皮纤维，使皮板柔软、耐曲折，具有抗水性。剪绒羊皮的加脂通常在染色后进行。现代工艺越来越倾向于多阶段分步加脂，在浸酸、鞣制阶段的皮板细腻、柔软，但是要求所用加脂剂必须耐酸、盐和耐鞣剂，不沾污毛被或毛被上吸附的油脂容易被清除。也可以对软制后的皮进行加脂。

加脂剂是一种重要的皮革化工材料，其特征是以亚硫酸化菜油为主成分，与氯化石蜡、丰满鱼油、氯化猪油、菜油、脂肪酸聚氧乙烯酯等 3~4 种成分配合而成。它不仅影响着皮革的丰满度、柔软性和感官，还使成革粒面细致、毛孔清晰、弹性柔软、平正光滑、手感丰满。皮革含油量在 12%~14%，而且对皮革的抗张强度、延展性等物理力学性能产生极大的影响。加脂剂的性能及其在皮内的分布情况对皮坯干燥以及干燥后的整理加工影响极大。好的加脂剂及其均匀的分布使后续作软（如铲软、摔软等）极容易进行，且作软效果持久。相反，当加脂效果不好或加脂不充分时，局部纤维缠结，机械作软特别是铲软、拉软时，需要克服纤维间的缠结阻力，容易将纤维拉断，引起松面。当然，对绵羊皮而言，过分的加脂也会引起松面。

（4）干燥。

将鞣制好的皮坯进行干燥，我国的原料皮主要采用挂晾法和绷板干燥法干燥。

①挂晾法。此干燥法一般以强制流动的热空气干燥皮革，温度可以调节，干燥时间根据空气温度、空气流动速度等决定。干燥速度不宜太快，否则容易使革坯僵硬，收缩率增大。在干燥过程中，有些化工材料如鞣剂、油脂、乳化剂等会随着水分的蒸发而向外扩散并挥发掉，有的随着水分的蒸发而逐步加以固定。这时如果水分蒸发得太快，就有可能把过多的材料带向外层，甚至带到表面来，使外层过多，造成内外不均、表面发脆等现象。在干燥过程中，染色革中的染料与革进一步结合，但由于革的毛细管的作用，染料向革的内层渗透，水分向外层挥发，致使革面的颜色变浅、变淡。在涂饰干燥过程中，干燥速度还会影响涂饰剂向皮革渗透的速度和深度，降低涂层与皮革的黏附力。因此干燥温度不能过高。铬鞣革干燥温度在 50℃ 以下；植鞣革干燥初期的温度控制在 25~30℃，干燥后期的温度可以提高到 40℃，温度高易出现反栲现象，还容易使鞣剂氧化而导致色泽深暗。在适宜的干燥条件下，烘房挂晾干燥后的成革柔软，弹性好且丰满，粒面花纹清晰，延伸性好，但粒面较粗，革身不平整。若是采用间歇式干燥，则干燥强度不均匀；若是采用连续式干燥，则干燥强度比较均匀。

②绷板干燥法。绷板干燥是指将皮的头部、尾部和四肢固定在平板上，然后进行加热的干燥方法。采用绷板干燥时要注意绷皮方法和绷皮力度。绷皮力度太大，虽然能增加面积，但毛的密度下降，也可能造成产品降级。绷板时先固定皮的头部和尾部，然后固定四肢，注意将皮的背脊线绷直绷正，尾部绷成一条线，以保证好的皮形。鞋里皮可适当绷宽，靠背皮

要头尾定位，前后腿对称定型，毛革两用皮要特别注意头部绷平展、无皱褶。一般烘干温度控制在 35~45℃。

（5）脱脂和初步整理。

干燥以后的皮坯再进一步进行脱脂和初步整理（如漂洗、溶剂脱脂、伸展、梳毛和粗剪毛等）。除去皮板中的脂肪，使皮板平整，毛被洁净，长短符合产品要求，为梳、剪、烫、染色直毛做准备。

经鞣制后，皮板的结构稳定性提高，可以在较高的温度下进行乳化脱脂和洗毛，对于大油脂皮，有条件的企业可以采用溶剂法脱脂。溶剂法脱脂能够彻底除去皮板及毛被中的天然脂质，使成品轻软，提高产品等级和使用寿命。最常用的溶剂法脱脂是用四氯乙烯脱脂剂干洗脱脂，该法在皮板干燥后进行。此法脱脂干净彻底，但设备投资大。由于溶剂法脱脂温度高，所以不适合收缩温度低的皮坯脱脂。

（6）回潮、作软、伸展。

干燥除去了皮中的水分，有助于纤维定型，但当皮板中水分太少时，皮板不容易进行作软。通过回潮静置使皮板的湿度为 12%~14%，毛被湿度为 10%~12%。先进行皮板水分调节，之后进行作软、伸展。一般采用机械拉伸，要根据毛的长度调节供料辊与刀辊之间的距离，以达到最好的伸展效果。

（7）梳毛。

最后进行初步梳毛、剪毛、烫毛，即修剪无用的硬皮边和四腿，通过梳毛、烫毛，使毛伸直固定，以利于剪毛。最终使皮坯毛被平齐、柔软有光泽。

5.5.5 畜禽皮明胶的加工应用

明胶是由牛、猪等动物骨和皮中的胶原通过变性而制得的变性蛋白质，其化学组成与胶原基本相同，都含有 18 种氨基酸。众所周知，胶原占人体蛋白质的三分之一，如果胶原蛋白的生物合成发生反常或因其他原因引起变异，即有可能导致医学上的胶原病。与其他蛋白质相比，胶原蛋白的代谢率非常缓慢。以往认为，胶原是一种代谢很不活跃的物质，而实际上动物体内的胶原蛋白在不断地进行合成和分解而处于动态平衡。

5.5.5.1 猪皮明胶的生产方法

1. 工艺流程

猪皮→浸泡→蒸煮过滤→浓缩→干燥→粉碎→包装。

2. 操作要点

（1）原料处理。

将鲜猪皮放入水池内清洗干净，除毛，刮去脂肪层，切成 8cm×10cm 左右的长方块。

（2）浸泡。

将处理好的猪皮长方块投入石灰水中浸泡 30h 左右，直至皮块膨胀、柔软、发白，然后捞出放入清水池内用清水洗净，再浸入稀酸溶液中（可用盐酸、磷酸等配制，pH 为 3.5~4.5），浸泡 10~48h。然后取出用水洗净，放入耐酸容器进行蒸煮。

（3）蒸煮过滤。

蒸煮分 4 次进行每次的蒸煮温度分别为 60~65℃、65~70℃、70~75℃、90℃，每次蒸煮

4~6h。每次蒸煮后得到的胶汁都用铜网过滤。头 2 次滤出的胶汁可作食用明胶，第 3 次滤出的胶汁可作工业明胶，第 4 次滤出的胶汁供作皮胶。

（4）浓缩。

经过滤的胶汁立即倒入浓缩锅内，在 60~70℃ 的温度下浓缩，浓缩至明胶含量为 80% 左右，再倒入平底玻璃容器或铝制容器中进行冷却成型，成型后切成 10cm×20cm 的胶片。

（5）干燥、粉碎。

将胶片风干，然后用粉碎机粉碎成直径为 1~3cm 的颗粒。

（6）包装。

粉碎后的颗粒用无毒塑料袋包装，即为成品。其中，对于包装材料的要求是牢固耐用。

5.5.5.2　牛皮明胶的生产方法

1. 工艺流程

原料处理→预浸灰→切碎、水洗→浸灰、水洗→中和水洗→熬胶→过滤、浓缩→干燥、粉碎→包装。

2. 工艺要点

（1）原料处理。

将鲜牛皮放入水池内清洗，除毛，刮去脂肪层。

（2）预浸灰。

将原料在划槽中用 5% 的石灰乳液处理 24h。通过预浸灰可使皮初步膨胀，且经膨胀后皮变得硬挺，切皮时容易切断。此外，还可除去皮上的血污、黏液、脏物以及皂化部分油脂等。

（3）切碎、水洗。

将预浸过的原料从石灰水中捞起，再用切皮机切碎。对切碎的要求是切成不大于 5cm×8cm 的小块，较厚的牛皮可切成不大于 2cm×8cm 的小条。总之原料切碎时应尽可能切得小一点，但以浸灰、水洗时皮块不大量流失为限度，且同批料应尽可能切得大小一致，使作用均匀。然后用清水冲洗。切碎的目的是加快反应速度，缩短浸灰、熬胶时间。

（4）浸灰、水洗。

该工序可在划槽或转鼓中进行。石灰、料液比为 (2.5~4)∶1，温度为 15~18℃，浸泡时间为 30~40 天。若改用 30g/L 左右的氢氧化钠溶液代替浸灰，则浸灰时间可缩短为 2 天。浸泡结束后用清水冲洗。浸灰的目的是在预浸灰的基础上进一步使胶原纤维更充分地膨胀，松弛侧链与侧链以及主链与主链之间的结合，使胶原纤维由于膨胀而高度分散，这样在加热熬胶时水分子容易进入胶原分子空隙，使胶原容易水解而出胶。且浸灰后的胶原的浓缩温度降低，这样有利于在较低温度下熬胶。同时由于灰液的作用，可进一步除去对制胶有害的蛋白质（如黏蛋白、类黏蛋白）以及色素、脂肪等。总之，充分浸灰是生产高级明胶不可缺少的重要环节。

（5）中和水洗。

该工序多采用 HCl，酸的耗用量为 3%~4%，需在 12~24h 内完成。中和加酸时必须避免一次加入过量的酸，否则由于溶液中局部酸浓度过高，导致皮产生酸膨胀，胶原纤维变得透明溶胀，将纤维间的毛细孔堵塞，阻碍酸液进入皮内，使中和皮内剩余的碱发生困难。中和之后弃去废酸水并充分进行水洗，以洗去中和时产生的盐类及余酸。中和、水洗后皮的 pH

应为中性，即使少量的酸或碱存在也会使胶原过度水解，发生链的环化作用，使黏度和凝固点下降。

（6）熬胶。

在熬胶锅内放入热水，将清洗过的原料倒入锅内，注意不要焦糊。熬胶分 4 次进行，每次的温度分别为 70~75℃、75~85℃、85~90℃、100℃，每次蒸煮 6~8h。温度是影响成胶的主要因素。温度低，出胶速度慢；温度过高，会加快明胶的水解，降低胶的质量。故熬胶时应根据原料情况尽可能采取较低温度，尤其在熬制高级明胶时，温度不宜超过 70℃。每次熬胶时间应控制在 3~8h。熬煮时间宜短不宜长，以防止胶原过度水解而使胶的质量下降。出胶浓度以淡为好，但若胶液浓度太低，将会给浓缩造成困难，因此要求每次熬胶结束时胶液应达到一定浓度。

（7）过滤、浓缩。

熬得的胶液中含有一些皮渣小颗粒、畜毛、脂肪等杂质，可用澄清或过滤法加以清除。通常采用板框压滤机过滤，过滤前可在胶液中加入纸、浆、过滤棉、硅藻土等作为助滤剂，以吸附悬浮物质，然后把胶液置于压滤机上过滤。浓缩宜采用真空减压浓缩，浓缩浓度越小胶的质量越好，浓缩浓度越大胶的质量越差。浓缩后立即将胶液盛入金属盆或模型中冷却至完全凝胶化并生成胶冻为止。

（8）干燥、粉碎。

将胶冻切成适当大小的薄片或碎块，采用隧道式烘房烘干。在烘房的一端装有空气过滤器、鼓风机和加热器，将进入烘房的空气预热到 20~40℃，使其相对湿度在 75% 以下。干燥时空气与胶片以逆流的方式进行。干燥完毕后，在锤击式粉碎机上进行粉碎。粉碎时胶片的水分含量不可超过 15%，否则将给粉碎带来困难。对于粉碎细度尚无统一要求。

（9）包装。

将粉碎好的胶粒包装。对于包装材料的要求是牢固、耐用、防潮。

5.5.6　畜禽皮在食品中的应用

动物副产物的营养价值也是食品行业关注的一个新热点，而家畜皮中的营养价值主要体现在蛋白质含量较高。以猪皮为例，据营养学家们分析，每 100g 猪皮中含蛋白质 26.4%，为猪肉的 2.5 倍，而脂肪却只有 2.27g，为猪肉的一半。特别是肉皮中蛋白质的主要成分是胶原蛋白，胶原蛋白是皮肤细胞生长的主要原料，具有增加皮肤储水功能、滋润皮肤、保持皮肤组织细胞内外水分平衡的作用。国外的畜皮被广泛应用于食品加工业，例如菲律宾将水牛皮制作成饼干，马来西亚和印度尼西亚有用干牛皮烹制的菜肴，泰国西北部将水牛皮加工成食品等。

1. 猪皮冻

（1）工艺流程。

猪皮清洗→煮皮→刮油→熟洗→复煮→切丝→煮丝→冷却凝固→切型→包装→成品。

（2）操作要点。

1）猪皮清洗。

清洗猪皮时往水里加入一点食盐，可以去除猪皮表面的杂质；要用拔毛钳将猪皮上残留的猪毛拔干净。

2）煮皮。

将洗好的猪皮放入锅里，加入凉水，大火煮 15min，使肉皮煮透，有利于刮除肥膘。

3）刮油。

要将煮好的猪皮上残留的肥膘与残毛刮净，防止肥膘的油脂逐渐溶于汤中形成小颗粒，影响皮冻的透明度。

4）熟洗。

熟洗猪皮是将刮去油脂的猪皮放入加有食用碱和醋的热水中，反复搓洗几次，以去除刮油脂过程中残留的油渣。用热水清洗可以更好地去除猪皮的油腻；加食用碱的目的是洗去肉皮上残留的油脂；加醋一方面可以除去肉皮上的异味，另一方面醋的酸性中和碱性，可避免营养物质流失。

5）复煮。

将猪皮放入加有生姜片、大葱段和料酒的热水锅中，开盖大火煮 3~4min。注意：①烧水时水不要烧开，而是在水似开非开也就是水响时放入猪皮；②不要盖锅盖，盖锅盖后易使汤色浑浊；③加入葱、姜、料酒，除去肉皮的异味和腥味，透出肉皮的香气。

6）切丝。

将煮好的猪皮切成细丝。切丝的目的是增大肉皮的表面积，有利于吸收热量，使肉皮中的胶原蛋白充分溶于汤中。丝切得越细越好。

7）煮丝。

切好的猪皮丝放入锅中，加入猪皮重量 5 倍的清水，小火熬煮约 2h。煮丝时应注意如下3 方面：①煮猪皮丝时要注意火候的掌握，始终保持微小火熬煮，保持水开但不沸腾的状态，也就是自始至终有 3/4 的水面处于沸腾，有 1/4 的水面处于不沸腾的状态。若火过大，汤就变得不清亮，易浑汤。②熬煮时，要不断地用小勺撇去汤汁表面的浮沫，以保持汤汁的清亮。③整个过程不需要加任何调味料，如果需调味，可在煮丝结束后放入少许食盐。不放其他辅料，这样汤色清亮，不浑浊，做好的皮冻晶莹剔透。

8）冷却凝固。

将熬煮好的猪皮丝连同汤汁一起倒入干净的容器中，冷却后放入冷藏室，使其凝固（不要放入冷冻室，因为温度低于 0℃会使皮汁冻结，化冻后水分会流失，从而无法成型，失去皮冻的特色风味）。

9）切型。

将凝固后的皮冻倒扣在案板上，用刀将皮冻切成大小适合的小块状。切皮冻时，要采用颤刀法：左手压住皮冻，右手握刀，不要像切菜似的一刀切下去，否则很容易使皮冻破碎，而要将刀刃抵住皮冻的表面，抖动着将刀切下去，这样切出来的皮冻形状完整、不松散。

10）包装。

包装分切好的皮冻，放入托盘用保鲜膜包好，置于 0~4℃条件下贮藏销售。

11）成品食用。

食用时将醋、蒜泥、酱油、芝麻香油、芫荽调成味汁，浇在切好的皮冻上，调匀即可。

2. 牛皮休闲食品

（1）工艺流程（图5-8）。

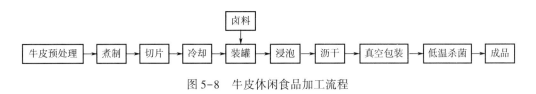

图5-8　牛皮休闲食品加工流程

（2）操作要点。

1）牛皮预处理。

选用成年牛新鲜牛皮，刮毛后剔除皮下脂肪和肉，切成大约3cm×8cm的长方形，之后放入加热容器中。

2）煮制。

向蒸煮锅（约100℃）中加适量生姜、料酒以脱生去味。牛皮应煮至透明，内外颜色一致。

3）切片、冷却。

趁热切片，厚度为2~3mm。切后立即放入冷开水中过一下，以防止牛皮粘在一起。

4）低温杀菌。

将真空包装好的牛皮在110~125℃下灭菌20~30min，即为成品。

5.5.7　畜禽皮的其他应用

1. 利用猪皮制备胶原蛋白

（1）工艺流程。

猪皮处理→加热→脱脂→高压蒸煮→酶解→酶灭活→分离去渣→浓缩→干燥→成品。

（2）工艺要点。

①将新鲜猪皮清洗去污物后，放入锅内，加适量水，100℃下保持5min。

②取出煮熟的猪皮，稍凉后用刀刮去脂肪，拔掉猪毛，然后将熟猪皮放入高压釜内，加入猪皮重量2倍的水，在0.15MPa下保持15min。

③将高压处理后的熟猪皮和汤移入反应罐内，然后加入酶，调控pH，控制反应温度和时间，酶解反应结束后，升温将酶灭活。

④分离反应后剩余的皮渣，即得清液。

⑤清液经浓缩后，喷雾干燥制成粉剂。

2. 利用猪皮脱脂废液提取混合脂肪酸

（1）工艺流程。

猪皮处理→脱脂→澄清→酸化处理→皂化→再酸化→洗涤→分离→干燥→成品。

（2）操作要点。

1）澄清。

将过滤的猪皮脱脂废液澄清，虹吸出上层清液，盛于酸化罐中。

2）酸化处理。

加入总液量 0.7% 的浓 H_2SO_4，调 pH 为 3.0~4.0，用水浴加热至 40~60℃，保温搅拌 4h 后停止加热，冷却、静置，完全分层后放出下层水相。

3）皂化。

将上层油脂移入皂化罐中，加入总液量 1.0%~1.2% 的 0.3g/mL 的 NaOH 溶液，隔层加热至沸，调 pH 为 12.0，保温搅拌 1h 后停止加热，静置分层。

4）再酸化。

放出下层水相，将上层皂基移入酸化罐中，搅拌下加入浓度为 49% 的 H_2SO_4，调 pH 为 3.0~4.0，静置 4h，放出下层水相。

5）洗涤、分离、干燥。

用 50℃ 清水洗涤油脂 3 次，分离后低温干燥得成品。

5.6 畜禽骨综合利用

5.6.1 畜禽骨综合利用的现状及发展状况

我国是畜牧业大国，骨资源极为丰富，由于过去人们对骨头的价值认识不足，总以为骨头的营养价值远不如肉，这样的观念严重阻碍了畜骨、禽骨、鱼骨的开发利用。近年来，随着肉类食品消费量的增多，畜禽骨也在大量地增加。我国在一跃成为世界肉食第一大国的同时产生的骨头就有 1500 多万吨，而消费市场中除排骨外的其他骨头均销路不佳，加上骨头价格低，贮存不便，因而往往被废弃，或加工成骨粉添加到饲料中，造成了极大的浪费和环境污染。所以，大力开发骨类食品，充分利用畜禽骨，已成为食品行业尤其是肉类加工企业的首要问题。

食品行业需要把大力开发骨类食品、充分利用畜禽骨作为一个重要的发展方向，因为畜禽骨的开发利用具有以下优势：①营养成分全面，比例均衡，开发价值大；②原料充足，价格低，利润大；③符合天然、绿色和可持续发展的食品工业的发展理念，开发空间大。畜禽骨的利用在开发新型、天然、绿色的营养食品及食品添加剂和提高肉品加工企业的综合效益方面具有广阔的应用前景。下面主要介绍畜禽骨加工的综合利用途径和常用技术，并展望其发展方向。

动物鲜骨的开发起步较晚，20 世纪 80 年代时才受到人们的重视。现已逐步成为一种独特的新食源，且在工业、医药、农业上也得以应用。现今，世界各国对骨资源的开发都相当重视，尤以日本、美国、丹麦、瑞典等国在鲜骨食品的开发研究方面最为活跃，已走在世界前列。如丹麦、瑞典等发达国家最先在 20 世纪 70 年代成功研制出畜骨加工机械及骨泥和骨粉等产品；美国连珠公司开发出 Linproll（林谱诺）可溶性蛋白；日本从 20 世纪 80 年代开始成立有效利用委员会等有关组织，利用猪、牛、鸡等的骨骼制成骨泥、骨粉、骨味素、骨味汁、骨味蛋白肉等系列食品，并称为"长寿之物"。

骨类产品的品种也多种多样，大体上可归纳成两大类：提取物产品和全骨利用产品。提取物包括骨胶、明胶、骨油、水解动物蛋白、蛋白胨、钙磷制剂等及其产品，如食用骨油和食用骨蛋白等；全骨利用产品主要有骨泥、骨糊和骨浆，可作为肉类替代品，或添加到其他食品中制成骨类系列食品，如骨松、骨味素、骨味汁、骨味肉、骨泥肉饼干、骨泥肉面条等。

我国从 20 世纪 80 年代才开始引进丹麦、瑞典和日本等肉类加工发达国家的先进技术，在骨类食品开发上较为滞后。经过近二十年的努力，我国在畜禽骨的利用上取得了众多成就。但目前我国的骨加工业仍存在很多弊端。我国大多数骨加工还需从国外进口先进技术和昂贵设备，往往还不能对其充分利用。由于畜禽骨应用技术跟不上、加工技术落后、国人认识不够以及贮存、保鲜等问题，使得食用骨制品在我国一直未能得到推广。

5.6.2 畜禽骨的结构和组成

骨是由骨膜、骨质和骨髓组成的。骨膜是结缔组织包围在骨骼表面的一层硬膜，里面有神经、血管。骨质根据构造的致密程度分为骨密质和骨松质。骨的外层比较质密坚硬，称作骨密质；内层较为疏松多孔，称作骨松质。骨质是由骨细胞、骨胶原（纤维）和基质组成的。胶原是致密的纤维状，与基质中的骨粉蛋白结合在一起。基质由有机物和无机物共同组成。有机物主要是糖胺聚糖蛋白，又称骨黏蛋白。无机物常称作骨盐，主要的成分是羟基磷灰石，此外，还含有少量的 Mg^{2+}、Na^+、F^-、CO_3^{2-}。骨盐沉积在纤维上，使骨组织质地坚硬。骨髓分红骨髓和黄骨髓。红骨髓含血管、细胞较多，是造血的器官，在幼龄动物体内的含量多。黄骨髓主要是脂肪，在成年动物体内的含量多。

不同动物骨骼的化学成分差别很大，一般脂肪含量为 1%~27%，有机物含量为 16%~33%，无机物含量为 25%~56%。牛骨与鲜肉相比，其蛋白质、脂肪的含量与等量鲜肉相似，其 Ca、P、Fe、Zn 等矿物质元素的质量是鲜肉的数倍，且比例适宜，而且牛骨中的蛋白质是较为全价的蛋白质。牛管状骨的致密部分含胶原 93.1%，而弹性硬蛋白的含量为 1.2%。骨组织平衡蛋白（清蛋白、球蛋白、黏蛋白）含量为 5.7%。牛、猪、羊胴体的出骨率分别为 21.2%~29.2%、10.3%~14.1%、24.3%~40.5%。骨的化学组成取决于家畜的种类、胴体膘情和骨的结构。猪骨的化学组成见表 5-14，牛骨的化学组成见表 5-15，各种家畜骨的蛋白质含量见表 5-16。

表 5-14 猪骨的化学组成   单位:%

骨	水分	脂肪	灰分	蛋白质
股骨	24.8	24.4	34.6	16.2
胫骨	23.2	23.6	35.1	18.1
前臂骨	24.4	35.7	20.6	19.3
臂骨	24.6	31.4	26.4	17.6
颈骨	35.6	28.9	14.9	20.6
荐骨	32.4	25.4	20.8	21.4
腰骨	28	35.3	15.8	20.9
头骨	41	26.8	14.1	18.1

表 5-15　牛骨的化学组成

单位:%

骨	水分	灰分	脂肪	胶原蛋白	其他蛋白质
臂骨	18	37.6	27.2	13.5	3.2
前臂骨	26	38	16.3	15.9	3.8
股骨	20.5	34.4	29.5	12.5	3.1
胫骨	26	35.5	19.5	15.4	3.6
颈骨	42.1	25.2	12.5	14.6	5.6
胸椎	37.3	22.8	21.7	12.3	5.6
腰椎	33.1	27.9	19.5	14.7	4.8
荐椎	31.2	19.8	32.2	12.5	4.3
肩胛骨	21.8	43.7	13.9	17.3	3.3
盆骨	24.8	32.8	23.8	14.4	4.2
肋骨	24.8	43.9	10.2	16.9	4.2
胸骨	28.8	17	15.8	10.3	8.1
头骨	41.7	29.1	8.9	14.3	6

表 5-16　各种家畜骨中蛋白质含量

单位:%

骨	总蛋白质	胶原蛋白	碱溶蛋白	弹性硬蛋白
牛骨	5.81	4.55	0.23	0.57
羊骨	5.70	4.36	0.29	0.68
猪骨	5.04	3.95	0.40	0.39

骨是钙磷盐、生物活性物质以及 Mg、Na、Fe、K、F^- 和柠檬酸盐的丰富来源。骨盐主要由无定形磷酸氢钙（$CaHPO_4$）和晶体羟磷灰石 [$Ca_{10}(PO_4)_6(OH)_2$] 组成，这两种盐类表面上又吸附着 Ca^{2+}、Mg^{2+}、Na^+、Cl^-、HCO^-、F^- 及柠檬酸根等离子。因而 Ca、P 是骨盐中主要的无机成分。骨粉中 Ca、P 含量分别为 19.3% 和 9.39%，且钙磷比约为 2:1，比较合理，正是人体吸收钙磷的最佳比例，尤其适于婴幼儿补钙。微量元素中，人和动物所必需的矿物质如 Co、Cu、Fe、Mn、Si、V、Zn 等也很丰富，其中含量最高的是 Fe（388.25mg/kg）。相对于植物食品中的 Fe 而言，动物性食品（尤其是肉类及其副产物）中的 Fe 较易被吸收利用，适用于补血。

骨中矿物质组成见表 5-17。

表 5-17　骨中矿物质组成

单位:%

矿物质	磷酸钙	氟化钙	碳酸钙	矿物质	磷酸镁	氧化钙	其他
牛骨	78.30	1.50	15.30	牛骨	1.60	1.70	1.60
羊骨	85.32	2.96	9.53	羊骨	1.19	—	—

骨髓除含脂肪外，还含有磷脂、胆固醇和蛋白质。骨髓中维生素A、维生素D、维生素E的含量为2.8mg/100g。骨髓的脂肪酸组成大多取决于骨的种类、解剖部位、家畜年龄和性别。如黄骨髓含油酸78%、硬脂酸14.2%、软脂酸7.8%，牛管状骨黄骨髓的脂肪酸中饱和脂肪酸为47.9%，不饱和脂肪酸为52.1%。

5.6.3　畜禽骨的综合利用案例

5.6.3.1　利用畜禽骨制备骨粉

根据骨上所带油脂和有机成分的含量，骨粉可分为生骨粉、蒸制骨粉和脱胶骨粉。传统骨粉的制备方法大致可分为蒸煮法、高温高压法、生化法等。

（1）蒸煮法。鲜骨经蒸煮去除油脂、肌腱、骨髓等，然后洗净烘干，再粉碎细化，可制得极细的干骨粉。由于高温蒸煮脱去了绝大部分的有机成分，鲜骨营养成分丢失严重，能利用的仅仅是骨钙。

（2）高温高压法。将鲜骨在高温高压下蒸煮，使骨组织酥软，然后通过胶体磨、斩拌机细化成骨泥，再经干燥成粉。加工工艺为：选骨→烫漂→预煮→切块→高温高压→微细化→干燥成粉。

高温高压蒸煮很难使动物腿骨骨干变酥软而磨细，因此，骨粉粒度较大，影响食用；高温高压亦会使鲜骨的许多营养成分遭到破坏；高温高压蒸煮还存在能耗大、成本高的特点。

（3）生化法。将鲜骨粉碎后，通过化学水解法及生物学酶解法使骨钙、蛋白质、脂肪等营养物质变成易于被人体直接吸收的营养成分。该法的产品粒度小，营养物质吸收率高；缺点是通过化学及生物学处理，会引入新的物质，破坏了鲜骨营养成分的全天然性及完整性，另外，生产成本也很高。

（4）超微粉碎法。主要根据鲜骨的构成特点，针对不同组成部分的性质，采用不同的粉碎原理、方法进行粉碎及细化，从而达到超细加工的目的。对于刚性的骨骼，主要通过冲击、挤压、研磨力场作用使之粉碎及细化；对于肉、筋类柔韧性部分，主要通过强剪切、研磨力场作用，使之被反复切断及细化。整个粉碎过程是通过一套具有冲击、剪切、挤压、研磨等多种作用力组成的复合力场的粉碎机组来实现的。考虑到鲜骨中含有丰富的脂肪及水分，对保质、保鲜不利，为此，该技术中还含有一套脱脂、脱水的装置，因而可直接制得超细脱脂骨粉。

1）工艺流程。

鲜骨→清洗→去除游离水→破碎→粗粉碎→细粉碎及超细粉碎→脱脂→干燥灭菌→成品。

2）操作要点。

①原料鲜骨的选择。各种畜、禽、兽、鱼的骨骼均可，无须剔除骨膜、韧带、碎肉以及坚硬的腿骨，原料选择面宽，不受任何限制。

②清洗。去除皮毛、血污、杂物。

③去除游离水。去除由于清洗使骨料表面附着的游离水，以减少后续工序能耗，粉碎过程中无须加以助磨。

④破碎。通过强冲击力，使骨料破碎成粒度小于 20mm 的骨粒团，并在骨粒内部产生应力，利于进一步粉碎。

⑤粗粉碎。主要通过剪切力、研磨力使韧性组织被反复切断、破坏，通过挤压力、研磨力使刚性的骨粒得到进一步粉碎，并在骨粒内部产生更多的裂缝及内应力，利于进一步细化，得到粒径小于 2mm 的骨糊。

⑥细粉碎及超细粉碎。主要通过剪切、挤压、研磨的复合力场作用，使骨料得到进一步的粉碎及细化，并同时进行脱水、杀菌处理。细粉碎可得到粒径小于 0.15mm、含水量小于 15% 的骨粉，超细粉碎则得到粒径小于 10pm、含水量小于 5% 的骨粉。

⑦脱脂。该工序可有效控制骨粉脂含量，可根据产品要求确定是否采用，如要求产品骨粉低脂、保质期长，须进行脱脂处理。

5.6.3.2　利用畜禽骨制备骨油

骨中含有大量的油脂，其含量因畜禽种类和营养状况不同而异，大体上占骨重的 5% ~ 15%，平均为 10% 左右。在加工中由于抽提方法的不同，油脂得率也不相同。

骨油的提取方法通常有：水煮法、蒸汽法和抽提法 3 种。

1. 水煮法

（1）工艺流程。

新鲜猪骨→清洗→浸泡→粉碎→水煮→静置冷却→去除水分→骨油。

（2）工艺要点。

①清洗和浸泡。首先应剔去骨上的残肉、筋腱和其他的附着物，再按照骨头的种类将管状骨与其他骨头分开。管状骨要把两端锯掉，让骨髓露出。然后在洗骨机内用 30℃ 左右的温水洗骨，洗涤时间为 10 ~ 15min。洗骨的目的是浸出血水，浸出血水才能保证骨油的颜色和气味正常。加工要及时，当天生产的骨最好是在当天水煮完毕。

②粉碎。畜禽骨粉碎的目的主要是最大限度地提取脂肪，缩短提取时间，并充分利用设备容积。骨头的破碎程度以能达到上述目的为原则，而不必粉碎得过细，避免增大骨油提取时骨的损失量或造成管道堵塞。一般以 3 ~ 4cm 大小的骨粒为宜。不论什么骨，在蒸煮前均应粉碎，事实证明，骨块越小出油率越高。

③水煮。将粉碎后的骨块倒入水中加热，加热温度保持在 70 ~ 80℃，加热 3 ~ 4h 后，大部分油已浸出来，将浮在表面上的油撇出，移入其他容器中，静置冷却并除去水分即为骨油。用这种方法提取时，为了避免骨胶溶出，不宜长时间加热。因此，除了缩短加热时间外，最好将碎骨装入筐中，待水煮沸后将骨和筐一起投入水中，3 ~ 4h 后再将骨和筐一起取出。用水煮法制取骨油时，仅能提取骨中油脂量的 50% ~ 60%。

2. 蒸汽法

（1）工艺流程。

新鲜猪骨→装料→蒸汽加热→静置分离→成品。

（2）工艺要点。

①装料。将洗净粉碎后的骨放入蒸汽压力锅中，再加入水，加水量以能充分淹没骨料为原则。

②蒸汽加热。通入加热蒸汽，使温度为 105 ~ 110℃。经加热后，大部分脂肪和骨胶溶出。

加热 30~60min 后，从密封罐中将油水放出，再通入蒸汽和水，使残余的油和胶溶出，如此反复多次，绝大部分的油和胶都可溶出。然后将全部油和胶液汇集在一起，加热至 60℃ 以上，加入骨料量 2% 左右的食盐，以达到破坏油脂中乳浊液的目的，有利于油脂中杂质与水分分离。

③静置分离。加盐后静置分层，放出油脂层，用压滤机除去混入其中的杂质，再用离心机完全除去油内的水分，最终得到淡黄色的骨油。

3. 抽提法

常采用有机溶剂将骨中所含的油脂浸提出来。有机溶剂可采用苯、汽油、二氯乙烷等，生产中多使用苯溶剂。

（1）工艺流程。

新鲜猪骨→初次浸提→二次浸提→出料→脱苯→精制→骨油。

（2）工艺要点。

①初次浸提。将骨放入浸出罐，盖紧加料口，另将苯溶剂注入浸出罐，把骨料淹没，其用量为骨料量的 50%~60%。然后进行加热，苯溶剂受热后气化，浸入骨块，将骨料中所含的油脂浸出，苯蒸气上升至冷却器，凝成液体后，再经苯水分离器流至苯槽内，苯溶剂再流回浸出罐。如此循环回流浸提 1h，最后使苯全部流至苯槽，然后打开罐底部的放油箱阀门，使骨油流出，并将其送至脱苯罐，完成第一次放油。

②二次浸提。将苯槽内的苯溶剂再加入浸出罐里，按照上述同样的方法继续进行循环回流浸出，浸出时间为 4h。将苯溶剂全部回收至苯槽以后，把骨油再次放至脱苯罐中，这是第二次放油。

③出料。放油后，用少量蒸汽直接吹洗浸出罐及其物料，使其中残存的少量苯进入脱苯罐内，然后从浸出罐底部的出料口出料，得到的脱脂骨块可作为提取骨胶的原料。

④脱苯。把两次放出的油脂在脱苯罐内混合，油脂中还含有少量的苯溶剂，经蒸馏后得以回收，并送回苯槽，蒸馏剩下的是粗骨油。

⑤精制。粗骨油首先经过沉淀，分离掉部分骨屑和其他杂质，再加入 60% 的稀硫酸进行处理，其目的是除掉骨油中的蛋白质。加入硫酸后，搅拌，静置分层，从下部放出硫酸水溶液，再用热水洗涤数次，并对每一次洗涤排出的水层进行酸性检查，直到近中性时方可停止洗涤。水洗完成后，便得到骨油。

5.6.3.3 利用畜禽骨制备骨胶

骨胶是动物胶中的主要产品之一，由提炼畜禽骨而得，为黄色的固体。骨胶的化学成分为多肽的高聚物，它是一种纤维蛋白胶原。胶原通过聚合和交联作用而成链状或网状的结构，因此骨胶具有较高的机械强度，并能吸收水分发生溶胀。加骨胶能吸收本身质量 5~10 倍的冷水，而得到一种富有弹性的胶冻，把胶冻加热到 35℃ 以上，聚合的大分子就会发生断裂而形成较小的骨胶分子，这时胶冻开始溶解，变成一种胶液。胶液如果再冷却，又能凝结成胶冻。骨胶还能溶于乙酸、甘油、尿素等溶液，但它不能溶于甲醇、氯仿和丙酮等。

骨胶制造的原理与皮胶相同，但加工过程与皮胶有所区别，即制造骨胶时没有浸灰、脱毛、中和等前处理过程。但脱脂仍为骨胶生产中的一个重要过程。

（1）工艺流程。

新鲜骨→粉碎与洗涤→脱脂→煮制→浓缩→成型→切片→干燥→骨胶。

（2）工艺要点。

①粉碎与洗涤。用机械的方法将骨粉碎成为 13~15mm 的骨块，然后用水洗涤。为了提高洗涤效果，可用稀亚硫酸处理，它不仅可以提高漂白脱色的效果，还有防腐作用。

②脱脂。胶液中的脂肪含量直接影响成品质量，在加工高质量骨胶时，应尽可能地除尽。常用的脱脂方法有水煮法，但煮制时间较长影响得率。最好的方法是抽提法，可除去骨中的全部脂肪，它不仅可以提高成品质量，同时色泽也比较好。

③煮制。将脱脂后的畜禽骨放入锅中加水煮沸，使胶液溶出。煮胶时，每煮数小时后取一次胶液，再加水煮沸，再取出胶液。如此 5~6 次后即可将胶液全部取出。

④浓缩。先利用离心、沉降或过滤等方法清除胶液中悬浮的固体杂质，而后进行蒸发浓缩。

⑤成型。当胶液浓度在 49% 以上时，如果温度冷却到 28℃ 以下，胶液就能发生凝胶作用，转变成固体状凝胶。胶液发生胶凝作用的方式有两种：一种是自然凝胶。将蒸发浓缩得到的胶液放在带框的玻璃板上，让其自然冷却，即得凝胶。另一种是冷冻凝胶。用氯化钙冷冻盐水将冷冻成型机的成型圆筒表面冷却至 5℃，再把浓缩后的胶液由滴胶管送至成型圆筒内。滴胶管下部的表面上有直径为 5mm 的小孔，小孔上装有滴嘴，当胶液从小孔和滴嘴滴下时，便落在成型筒的内壁上。成型筒以每分钟旋转一周的速度转动，当旋转近一周时，胶液滴就被冷却而凝固成凝胶颗粒，利用刮刀将其刮落，然后从成型机的出料口出料。这种胶粒含水量还较高，要再干燥至含水量小于 16% 时才能作为成品出售。常用的骨胶干燥设备是通道式干燥机，当然也可以自然晒干。

5.6.3.4　利用畜禽骨制取蛋白胨

蛋白质经强酸、强碱、高温或蛋白酶的水解后，肽链打开，生成不同长度的蛋白质分子的碎片，即为蛋白胨。蛋白胨主要用作细菌培养基的原料。

用胰酶分解胶原蛋白制备蛋白胨的操作简单，容易掌握，适合中、小型加工厂生产。

（1）工艺流程。

新鲜骨→熬煮→调 pH →冷却、消化→加盐→浓缩→成品。

（2）工艺要点。

①熬煮。将新鲜骨 100kg 掺水 100kg 加热熬煮，100℃ 下持续 3h，熬煮结束后取出、过滤，留下滤液，滤渣移作他用。

②调 pH。把已除去骨渣的滤液移入陶瓷缸中，加入 0.15g/mL 的 NaOH 调整 pH 至 8.6 左右，使滤液呈弱碱性。

③冷却、消化。加冰使液体冷却至 40℃，再加入胰蛋白酶进行消化，每次加入 40mL，加入时不停搅拌，使温度在 37~40℃，持续 4h。

判断消化是否完全（双缩脲反应）：取消化液过滤，取滤液 5mL 于试管中，加 0.1mL、50g/L 的 $CuSO_4$，并加入 5mL、40g/L 的 NaOH 混合。若呈红色反应，说明消化已经完全，即可用 HCl 调整 pH 至 5.6 左右。

④加盐。液体在陶瓷缸内加热煮沸 30min，再按原料（滤液）质量的 1% 加入 NaCl（精

制盐），充分搅拌 10min，再加入 0.15g/mL 的 NaOH 调整 pH 为 7.4~7.6。

⑤浓缩。将溶液转入蒸发罐（或锅）内，使浓缩成膏状，装瓶，即为成品。

5.6.3.5 利用畜禽骨制取明胶

明胶就是胶原在沸水中变性而得到的水溶性的变性蛋白质。利用猪骨和牛骨等副产物，可大量制备明胶。但是，由于这些副产物中存在大量的其他成分，所以，加工前有必要进行一定的预处理。由于猪和牛的生育时间不一样，其胶原组织的强度也有所不同，其预处理的方法相应地也有所不同。

1. 常规方法制备明胶

牛骨采用常规方法生产明胶的工艺流程：牛骨→浸渍（稀盐酸）→骨胶原→石灰浸渍→水洗→中和→溶出→浓缩→冷却干燥→明胶。

对于牛骨原料来说，由于骨中丰富的磷酸钙等无机质会随稀盐酸浸渍而溶出，于是有必要对此类无机质进行回收。前处理后，即可用温水溶出明胶，一般要分 3~4 次进行。最初的溶出温度为 50~60℃，最初溶出的明胶色泽较好，其凝胶强度也较高。溶出两次后，溶出温度要缓慢上升，最终直至煮沸。后面溶出的明胶强度要比先溶出的低。此外，根据前处理的方法不同，得到的明胶产品可分为碱处理明胶和酸处理明胶两种类型。

2. 碱性蛋白酶制备明胶

（1）工艺流程。

原料→切割、捣碎→水洗→加酶水解→钝化酶→提取→活性炭处理→过滤→干燥→成品明胶。

（2）工艺要点。

①向预先切割、捣碎和水洗的明胶原料中加水配成蛋白质含量为 30% 左右的悬浮液，加入适量的碱性蛋白酶，在 28℃ 和 pH 为 6~10 的条件下水解 6~24h。

②水解完毕后，用酸将 pH 调为 3.5~4.0，再升温至 50℃ 并保持 30min，使酶完全失活。如果酶残存活性，会引起明胶缓慢水解，从而降低产品质量。

③酶钝化后，将悬浮液的 pH 调为 6~7，升温到 60℃ 提取 1h，过滤即得明胶溶液。再用 pH 为 6~7 的水、先后在 70℃、80℃ 和 90℃ 下反复提取滤渣。

④提取后，滤液冷却至温度为 50~55℃ 再加入 1% 的活性炭，约处理 30min，过滤除去活性炭和杂质。再冷却至 35℃ 以下，明胶溶液成为凝胶，即得明胶产品。

5.6.3.6 利用畜禽骨提取硫酸软骨素

硫酸软骨素是一种糖胺聚糖，简称 CS，药品名康德灵。硫酸软骨素广泛存在于动物的软骨中，具有增强脂肪酶活性、加速乳糜粒中甘油三酯的分解、使血液中乳糜微粒减少的作用，还具有抗凝血、抗血栓作用，可用于治疗冠状动脉硬化、血脂和胆固醇增高、心绞痛、心肌缺氧和心肌梗死等疾病，并可用于防治链霉素所引起的听觉障碍以及偏头痛、神经痛、老年肩痛、腰痛、关节炎和肝炎等疾病。

（1）工艺流程（稀碱-酶解法）。

猪喉（鼻）软骨→提取→滤渣再提取→合并提取液→酶解→吸附→沉淀→干燥→成品。

（2）操作要点。

①提取。将洗净的猪喉（鼻）软骨放入提取缸中，加入 2% 的氢氧化钠溶液至浸没软骨，

搅拌提取 2~4h，过滤；滤渣再用其质量 2 倍的氢氧化钠溶液（2%）提取 24h，过滤；合并滤液。

②酶解。用 6mol/L 的盐酸调节滤液的 pH 为 8.8~8.9，再迅速加温至 50℃，向溶液中加入总体积的 1/25 的胰酶，继续升温至 53~54℃，消化 6~7h。在水解过程中由于氨基酸含量的增加，pH 会不断地下降，需用 10% 的氢氧化钠溶液使 pH 保持在 8.8~8.9。水解终点判断：取水解液 10mL 加 1~2 滴 10% 的三氯醋酸，若呈轻微浑浊，则水解效果良好，否则需增加胰酶的用量。

③吸附。用 6mol/L 的盐酸调节水解液 pH 为 5.5~6.0，再快速升温至 90℃，加入水冲液体积 1/10 的高岭土和其体积 1% 的活性炭，充分搅匀，脱色半小时，趁热过滤，收集上清液。

④沉淀。用 10% 的氢氧化钠调节上清液 pH 至 6.0，加入上清液体积 1% 的氯化钠，充分溶解后，过滤至澄清。滤液中加入 95% 的乙醇至液体中乙醇含量达 75%，搅拌 4~6 次，使细小颗粒凝聚成大颗粒沉淀下来，静置 8h 以上，吸去上清液，沉淀再用无水乙醇充分脱水洗涤 2 次，然后在 60~65℃下真空干燥，即得产品。

5.6.4　畜禽骨产品开发的其他方面

除了以上应用，还可把骨泥添加于肉制品、糖果、糕点、乳制品等多种食品中，制成许多骨味保健食品，如骨松、骨味素、骨味汁、骨味肉等。国外研究将骨粉作为固定化酶的载体，把 D-半乳糖苷酶和淀粉酶固定于骨粉上，应用于食品工业生产糖浆，达到了非常好的效果。

5.7　其他畜禽副产物综合利用

5.7.1　肠衣的综合利用

猪、牛、羊小肠壁的构造共分四层，由内到外分别为黏膜层、黏膜下层、肌肉层和浆膜层。黏膜层为肠壁的最内一层，由上皮组织和疏松结缔组织构成，在加工肠衣时被除掉。黏膜下层由蜂窝结缔组织构成，内含神经、淋巴、血管等，在刮制原肠时保留下来，即为肠衣。因此，在加工时要特别注意保护黏膜下层，使其不受损失。肌肉层由内环外纵的平滑肌组成，加工时被除掉。浆膜层是肠壁结构中的最外一层，在加工时被除掉。

盐渍肠衣是畜禽肠类综合利用产品的一种，其加工流程和要求如下。

1. 工艺流程

浸漂→刮肠→串水、灌水→量码→腌制→缠把→洗涤→灌水分路→配码→腌肠及缠把。

2. 工艺要点

（1）浸漂。

将原肠翻转、除去粪便洗净后，充入少量清水，浸入水中。水温依当时气温和距刮肠的时间长短而定。一般春秋季节为 28℃，冬季为 33℃，夏季则用凉水浸泡，浸泡时间一般为 18~24h。如没有调温设备，亦可用常温水浸泡，不过要适时掌握时间。浸泡用水应清洁，不含矾、硝、碱等物质。

（2）刮肠。

将浸泡好的肠取出放在平台或木板上逐根刮制，或用刮肠机进行刮制。手工刮制时，用月牙形竹板或无刃的刮刀刮去肠内外无用的部分（黏膜层、肌肉层和浆膜层），使成透明状的薄膜。刮时用力要适当、均匀，既要刮净，又不可损伤肠壁。

（3）串水。

刮完后的肠衣要翻转串水，检查有无漏水、破孔或溃疡。如破洞过大，应在破洞处割断。最后割去十二指肠和回肠。

（4）量码。

串水洗涤后的肠衣，每100码（91.5m）合为一把，每把不得超过18节（猪），每节不得短于1.5码（1.35m）。

（5）腌制。

将已配扎成把的肠衣散开用精盐均匀腌渍。腌渍时必须一次上盐，一般每把需用盐0.5~0.6kg，腌好后重新扎成把放在筛篮内，每4~5个筛篮叠在一起，放在缸或木桶上以沥干盐水。

（6）缠把。

腌肠12~13h后，在肠衣处于半干、半湿状态时便可缠把，即得光肠（半成品）。

（7）洗涤。

将光肠浸于清水中，反复换水洗涤，将肠内不溶物洗净。浸漂时间：夏季不超过2h；冬季可适当延长，但不得过夜。漂洗水温不得过高，若过高可加入冰块。

（8）灌水分路。

洗好的光肠串灌入水。一方面，检验肠衣有无破损漏洞；另一方面，按肠衣口径大小进行分路（表5-18）。

表5-18　不同肠衣按口径大小分路的规则　　　　　　　　　　单位：mm

品种	一路尺寸	二路尺寸	三路尺寸	四路尺寸	五路尺寸	六路尺寸	七路尺寸
猪小肠	24~26	26~28	28~30	30~32	32~34	34~36	36以上
猪大肠	60以上	50~60	45~50	—	—	—	—
羊小肠	22以上	20~22	18~20	16~18	14~16	12~14	—
牛小肠	45以上	40~45	35~40	30~35	—	—	—
牛大肠	55以上	45~55	35~45	30~35	—	—	—

（9）配码。

把同一路的肠衣，按一定的规格尺寸扎成把。

（10）腌肠及缠把。

配码成把以后，再用精盐腌制，待水沥干后再缠成把，即为净肠成品。

5.7.2　毛发的利用

1. 利用猪毛提取氨基酸——L-精氨酸、L-胱氨酸及L-赖氨酸

（1）工艺流程（图5-9）。

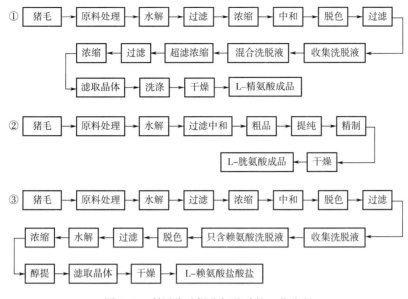

图 5-9　利用猪毛提取氨基酸的工艺流程

（2）工艺要点。

①制取 L-精氨酸及 L-赖氨酸。用手工或分选机械除去猪毛中夹杂的泥土、纸屑、铁丝等杂物，再用 60~80℃ 热水洗去毛脂，热风烘干备用。将洁净的猪毛投入搪瓷反应锅中，加入猪毛质量 2 倍的含量为 30% 的工业盐酸，直接用火加热至沸，保持沸腾搅拌 12h。趁热过滤，将滤液用水浴加热，减压浓缩为原体积的 1/2，再加入盐酸体积 30% 的清水，最后减压浓缩至初始体积的 1/2；再加入盐酸体积 20% 的清水，最后减压浓缩至 1/2 体积，停止加热。冷却至室温，搅拌下用 30% 的氢氧化钠中和至 pH 为 3.5。用水浴加热至 80℃，加入总液量 3% 的活性炭，保温搅拌 30min。趁热过滤，静置 12h，先将上清液过滤，再将下层沉淀抽滤。合并清液及滤液，加入总液量 30 倍的去离子水稀释，自上而下自然流入 732 型阳离子交换树脂柱，至流出液中出现 L-赖氨酸时，停止上柱。用 0.05mol/L 的氨水洗脱至 pH 为 8 时，开始收集洗脱液，初期收集的是含有 4~5 种氨基酸的洗脱液，随后收集仅含精氨酸和赖氨酸的洗脱液，最后收集只含精氨酸的洗脱液。收集完毕，用 2mol/L 氨水洗脱及洗净。

将含有精氨酸和赖氨酸的混合洗脱液及只含精氨酸的洗脱液分别用超滤膜过滤浓缩，再分别加入总液量 3% 的活性炭，用水浴加热至 80℃，保温搅拌 20min。然后趁热过滤，分别将滤液冷却后调 pH 为 10，于高位槽自上而下流入 717 型阴离子交换树脂柱。先上只含精氨酸的滤液，上完后，接着上混合液，收集流出液（其中只含精氨酸）。该流出液先用薄膜浓缩，再用烧瓶浓缩至糊状，倾出，冷却，静置 12h，滤取晶体，晶体先用 70% 的乙醇洗涤两次，再用 95% 的乙醇洗涤两次，沥干，用 60℃ 的热风干燥，色谱分离出纯精氨酸，收率为 4%。

收集只含精氨酸的流出液后，用 0.2mol/L 的盐酸对 717 型阴离子树脂交换柱进行洗脱，先流出来的是赖氨酸等几种氨基酸，收集只含赖氨酸的流出液，向该液中加入 3% 的活性炭，用水浴加热至 80℃，保温搅拌 20min，趁热过滤。如滤液不透明，可反复脱色，向透明液中加入 18% 的盐酸，搅拌下调节 pH 为 4.0，移入烧瓶中，用水浴加热，浓缩至糊状。倾出，冷却，加入其质量 4 倍的 75% 的乙醇，搅匀，静置 12h，滤取晶体。用 95% 的乙醇洗涤晶体 3

次，抽干，用 40℃热风干燥，色谱分离得纯赖氨酸盐酸盐，收率为 1%。

②制取 L-胱氨酸。称取 300kg 备用猪毛，放入 1500L 的搪瓷反应釜中，加入 25%~30% 的工业盐酸 500kg，开动搅拌器，通蒸汽加热，保持温度为 102~110℃，在此温度下回流水解 11~14h。当水解完全时，停止回流，立即趁热过滤。滤液用泵打入中和罐中。先用玻璃布抽滤除去黑腐质，再用两层玻璃布抽滤 1 次，其滤饼用稀盐酸再冲洗 2~3 次，趁热对上述过滤好的滤液进行中和，中和时保持滤液温度在 40~60℃，加入 20%~30% 的氢氧化钠溶液，边加边搅拌，不断测试 pH，达到 4 时，停止加碱液，改用醋酸钠饱和水溶液继续中和，直至 pH 达到 4.5~4.9，搅拌 30min 后，静置 10~12h。然后进行离心分离或抽滤，得粗品。收集滤液，可以回收其中的氨基酸。

用 20kg 纯盐酸和 1500kg 水将上述约 150kg 滤饼重新溶解于搪瓷反应罐中，控制温度为 90~98℃，搅拌 2~3h，并加入糖用活性炭 5~8kg 进行脱色。过滤后回收活性炭重新再生利用。然后用 30% 的氢氧化钠溶液中和滤液，使 pH 为 4.8~5.0，静置后会有大量灰白色胱氨酸析出，过滤收集结晶。

提纯后的粗品需进一步精制。取粗品 10kg，加入 1~1.5mol/L 的纯盐酸 50kg 重新进行溶解，控制温度为 50~60℃，加入医用级骨炭粉 0.5kg（也可用糖用活性炭）进行脱色。保温搅拌 1h，然后过滤，滤液应为无色透明；如仍有色，需再进行脱色处理。然后用 10% 的氨水进行中和，直至 pH 为 4.8。静置 5~6h，即析出胱氨酸精品，再用蒸馏水洗至无氯离子，置于瓷盘中，放入烘箱进行干燥，温度保持在（60±2）℃。

2. 利用鸡毛制取可食蛋白薄膜

（1）工艺流程（图 5-10）。

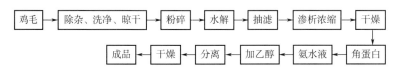

图 5-10　利用鸡毛制取可食蛋白薄膜工艺流程

（2）操作要点。

①将原料鸡毛除杂、洗净、晾干，粉碎。

②将空气通入 0.2mol/L 的巯基醋酸钠溶液中，氧化 6h，至 pH 为 9.8~10，加入总液量 40% 的鸡毛粉，用水浴加热至 50℃，保温搅拌 4h。

③停止加热，静置 12h，虹吸出上清液，将下层沉淀抽滤。合并清液及滤液，再渗析浓缩，然后在 60~70℃热风中干燥，最终得角蛋白粉。

④将 6 份（g）干燥角蛋白粉加到 74 份（mL）乙醇-氨水液中，搅匀，用水浴加热至 75℃，保温搅拌 20min，以 10000r/min 的速度离心分离 30min，收集清液。

⑤水浴加热至 50℃，摊铺在同温的玻璃器皿上，厚约 1mm，干燥即得蛋白质薄膜产品。

3. 利用羽毛挤压膨化生产饲料

（1）工艺流程。

羽毛→原料处理→拌料→挤压膨化→包装→成品。

（2）操作要点。

①原料处理。将收集到的羽毛除去杂质，洗净，控干水分。

②拌料。根据饲料的配方，加入各种辅料，调整水分含量。

③挤压膨化。调节膨化机至设定的工艺参数，加入原料，进行膨化处理。

④包装。按规定的质量装袋，封口后即为成品。

参考文献

[1]　刘丽莉．畜禽与水产品副产物的综合加工利用［M］．化学工业出版社，2019.

[2]　王丽媛，高艳蕾，张丽，等．畜禽副产物的加工利用现状及研究展望［J］．食品科技，2022，47（6）：174-183.

[3]　李君，崔怀田，刘瑞琦，等．脂肪替代物在低脂人造黄油中的应用研究进展［J］．中国粮油学报，2021，36（6）：173-180，189.

[4]　张旭，王卫，汪正熙，等．畜禽血食用产品及其研究进展［J］．中国调味品，2020，45（4）：194-196.

[5]　张莺莺，王洪洋，涂尾龙，等．9 种畜禽血液的氨基酸组成和蛋白质营养分析［J］．江苏农业科学，2021，49（5）：150-158.

[6]　郑召君，张日俊．畜禽血液的开发与研究进展［J］．饲料工业，2014，35（17）：65-70.

[7]　张露娟．畜禽骨的综合利用研究现状与发展趋势［J］．现代食品，2021（3）：86-90，94.

[8]　初殿霞，安伯玉，陈明生．动物油脂对畜禽的营养作用［J］．中国畜禽种业，2019，15（3）：53.

[9]　畜禽脏器及其他副产物提取生化制剂技术——生化成分的一般分离法［J］．四川畜牧兽医，2001（S1）：25-26.

[10]　徐翔翔．弯曲菌在患病畜禽体内组织分布特征及分离株分子流行病学分析［D］．扬州：扬州大学，2018.

[11]　洪学．油脂在畜禽饲料中的应用［J］．江西饲料，2011（1）：24-25.

[12]　王琳琳，余群力，曹晖，等．我国肉牛副产品加工利用现状及技术研究［J］．农业工程技术，2015（17）：36-41.

[13]　郁兴建．利用猪骨制备天然肉味香精的研究［J］．南京：南京农业大学，2012.

[14]　耿铭睨．畜骨深加工的研究现状及发展趋势［J］．吉林农业：下半月，2015（11）：1.

[15]　杨丽萍，张新明，白云清，等．利用动物皮、骨生产胶原多肽［J］．山东食品发酵，2005（2）：20-21.

[16]　祁秀梅．畜禽骨的加工利用与产品开发［J］．农业与技术，2018，38（2）：123-123.

[17]　陶秀萍，董红敏．畜禽废弃物无害化处理与资源化利用技术研究进展［J］．中国农业科技导报，2017，19（1）：37-42.

[18]　张丽萍．畜禽内脏综合利用技术分析［J］．农产食品科技，2007，1（3）：12-14.

[19]　郭兆斌，余群力．牛副产物——脏器的开发利用现状［J］．肉类研究，2011，25（3）：35-37.

［20］ ROMERO‐GARAY M G, MONTALVO‐GONZÁLEZ E, HERNÁNDEZ‐GONZÁLEZ C, et al. Bioactivity of peptides obtained from poultry by‐products: A review ［J］. Food Chemistry: X, 2022, 13: 100181.

［21］ JAYATHILAKAN K, SULTANA K, RADHAKRISHNA K, et al. Utilization of byproducts and waste materials from meat, poultry and fish processing industries: a review ［J］. Journal of food science and technology, 2012, 49: 278‐293.

［22］ BOLAN N, ADRIANO D, MAHIMAIRAJA S. Distribution and bioavailability of trace elements in livestock and poultry manure by‐products ［J］. Critical Reviews in Environmental Science and Technology, 2004, 34 (3): 291‐338.

［23］ SHEN X, ZHANG M, BHANDARI B, et al. Novel technologies in utilization of by‐products of animal food processing: A review ［J］. Critical Reviews in Food Science and Nutrition, 2019, 59 (21): 3420‐3430.

［24］ LIMENEH D Y, TESFAYE T, AYELE M, et al. A comprehensive review on utilization of slaughterhouse by‐product: Current status and prospect ［J］. Sustainability, 2022, 14 (11): 6469.

［25］ SHARMA H, GIRIPRASAD R, GOSWAMI M. Animal fat‐processing and its quality control ［J］. J. Food Process. Technol, 2013, 4 (8): 1000252.

［26］ LEE J Y, PARK J H, MUN H, et al. Quantitative analysis of lard in animal fat mixture using visible Raman spectroscopy ［J］. Food Chemistry, 2018, 254: 109‐114.

［27］ SOETAN K O, OYEWOLE O E. The need for adequate processing to reduce the anti‐nutritional factors in plants used as human foods and animal feeds: A review ［J］. African Journal of food science, 2009, 3 (9): 223‐232.

［28］ CAO C, XIAO Z, GE C, et al. Animal by‐products collagen and derived peptide, as important components of innovative sustainable food systems—a comprehensive review ［J］. Critical Reviews in Food Science and Nutrition, 2022, 62 (31): 8703‐27.

［29］ BICHUKALE A D, KOLI J M, SONAVANE A E, et al. Functional properties of gelatin extracted from poultry skin and bone waste ［J］. Int. J. Pure Appl. Biosci, 2018, 6 (4): 87‐101.

［30］ TOLDRÁ F, MORA L, REIG M. New insights into meat by‐product utilization ［J］. Meat science, 2016, 120: 54‐59.

［31］ ROMERO‐GARAY M G, MONTALVO‐GONZÁLEZ E, HERNÁNDEZ‐GONZÁLEZ C, et al. Bioactivity of peptides obtained from poultry by‐products: A review ［J］. Food Chemistry: X, 2022, 13: 100181.

［32］ JAYATHILAKAN K, SULTANA K, RADHAKRISHNA K, et al. Utilization of byproducts and waste materials from meat, poultry and fish processing industries: a review ［J］. Journal of food science and technology, 2012, 49: 278‐293.

［33］ SHEN X, ZHANG M, BHANDARI B, et al. Novel technologies in utilization of byproducts of animal food processing: A review ［J］. Critical Reviews in Food Science and Nutrition, 2019,

59（21）：3420-3430.

［34］KULKARNI V V，DEVATKAL S K. Utilization of byproducts and waste materials from meat and poultry processing industry：a review ［J］. Journal of Meat Science，2015，11（1）：1-10.

［35］KONGSRI S，JANPRADIT K，BUAPA K. Nanocrystalline Hydroxyapatite from Fish Scale Waste：Preparetion；Characterization and Application for Selenium Adsorption in Aqueous Solution ［J］. Chemical Engineering Journal，2013，215-216（2）：522-532.

［36］DUAN R，ZHANG J，DU X. Properties of Collagen from Skin，Scale and Bone of Carp （Cyprinus carpio）［J］. Food Chemical，2009，112：702-706.

［37］TISHINOV K，CHRISTOV P，NESHEV G. Investigation of the Possibility for Enzymatic Utilization of Chicken Bones ［J］. Biotechnology and Biotechnological Equipment，2010，24（4）：2108-2111.

［38］JUNG W K，PARK PJ，BYUN H G，et al. Preparation of Hoki（Johnius Belengeri）Bone Oligophosphopeptide with A High Affinity to Calcium by Carnivorous Intestine Crude Proteinase ［J］. Food Chemical，2005，91：333-340.

第6章 水产加工副产物综合利用

6.1 水产加工副产物综合利用的概况

经济合作与发展组织（Organisation for Economic Co-operation and Development，OECD）和联合国粮食与农业组织（Food and Agriculture Organisztion of the United Nations，FAO）联合发布了题为《2017—2026 年农业展望》的专题报告，报告认为，全球渔业总产量在 2026 年预计会达到 19400 万吨的规模。未来全球新增产量的绝大部分仍将集中在发展中国家，尤其是亚洲国家。随着经济全球化的深入，人们的生活方式、饮食习惯及营养与健康需求正在发生重大转变，水产品的国际贸易快速发展，到 2026 年，预计全球水产品总产量的 35%将被用于出口。发展中国家仍然是水产品国际贸易中的主要出口方，发展中国家的水产品出口量在全球水产品出口总量中的占比将会从 2014～2016 年 67%的平均水平上升至 2026 年的 68%。同时，发展中国家水产品进口占比会出现下降，由 53%降为 52%。

中国作为水产品生产、加工及消费大国，水产品产量和需求量不断增加，2022 年水产品总产量达到 6901.26 万吨，其中海水产品产量为 3490.15 万吨，淡水产品产量为 3411.11 万吨；用于加工的水产品总量为 2635 万吨，其中用于加工的淡水产品为 569 万吨，用于加工的海水产品为 2066 万吨，分别占 21.6%和 78.4%。随着国家"海洋战略"及"蓝色粮仓"计划的实施和绿色、低碳、高效加工业的发展，近几年我国水产品加工业有了快速的发展，尤其在水产品加工能力、加工企业规模、加工产品的种类和产量、加工技术及装备建设等方面有了显著的进步。其中渔业制冷技术、冷冻制品、鱼糜、罐头、熟食品、干制品、腌熏品、鱼粉、藻类食品、海洋保健品、调味休闲食品和海洋药物等加工产品体系已经形成，一些水产加工品的质量已达到或接近世界先进水平，成为推动我国渔业生产持续发展的重要动力，并成为渔业经济的重要组成部分。

虽然我国水产品加工业有了长足的发展，但是，我国在水产品加工和综合利用方面仍然存在很多问题，与世界先进水平相比，差距还十分明显。目前，我国水产品标准体系尚不够健全，产品质量不高，粗加工水产品出口量大，精深加工水产品出口量少。我国水产品加工比例远低于世界平均水平。据 FAO 统计，世界水产品产量的 75%左右是加工后销售的，鲜销比例低于总产量的 25%，而目前我国水产品加工比例仅占总产量的 40%左右，其中淡水水产品的加工比例更低，其加工比例不足 20%，鲜销比例超过 80%，此种状况严重制约了我国渔业的生产发展。除部分大、中型加工企业外，大部分中、小型企业加工设备简单、自动化程度低、精深加工层次低、高附加值产品少、综合利用率低。在水产品加工过程中产生的许多副产物主要用于生产饲料鱼粉，对其中有效成分尚未充分利用。

水产品加工供应链增长的同时，大量的内脏、碎肉等副产物随之产生，这些副产物可能占到鱼或甲壳类质量的 70%。鱼类副产物因接受度低或卫生法规限制一般不会投入市场。21 世纪以前，鱼类加工副产物一般作为低值产品用来喂养动物或直接丢弃。近 20 年来，副产物因其具有较高的营养价值而逐渐得到重视。在许多国家，水产品加工副产物加工已经成为一种重要的产业，其利用率逐年提高。鱼头、鱼排、鱼片可以直接作为食物或用来加工相关产品（如香肠、蛋糕、明胶和酱料），带有碎肉的鱼骨也被加工成零食。副产物还可以加工成可食材料（壳聚糖）、药物（如鱼油）、天然色素、化妆品（胶原蛋白）、饲料、生物燃料等。如内脏和鱼排可以作为水解蛋白的资源生产生物活性肽，鱼类内脏是一系列的蛋白酶（如胃蛋白酶、胰蛋白酶、胰凝乳蛋白酶和胶原酶）和脂肪酶等特定酶类的重要来源；鲨鱼软骨可用来生产粉末、胶囊等多种制剂；鱼皮胶原广泛应用于化妆品和明胶的生产；甲壳类和双壳类产量巨大，副产物较多，是生产壳聚糖的良好来源。壳聚糖可用于生产食品、药品、饮料和化妆品。同时，甲壳类加工副产物提取的色素（类胡萝卜素和虾青素）可用于药用制剂来发挥重要功能。另外，2014 年，大约有 2850 万吨海藻或其他藻类被加工成各类食品、药物、化妆品或肥料等。海藻是提取海藻酸盐、琼脂和卡拉胶的重要来源，一些海藻还含有丰富的天然维生素、矿物质和植物蛋白，海藻风味食品（如冰淇淋）或饮料以亚洲和太平洋地区为主要市场，在欧洲和北美的市场正逐渐增长。因此加快水产品加工副产物综合利用技术的开发，促进水产资源循环型经济的发展，缩短与国外的差距显得尤其重要。

6.2　鱼类加工副产物综合利用

近年来，我国鱼类水产品年产量趋于稳定，基本处于 3500 万吨上下，其中 2022 年我国总产量为 3562 万吨。尽管鱼类加工量逐年增加，但是低值鱼、鱼类加工副产物等鱼类资源大量弃用、贱用的现象普遍存在。所谓低值鱼、鱼类加工副产物是一个相对宽泛的概念，泛指消费者认可度不高，经加工、储存、运输等环节只能低价售卖、利润微薄甚至亏损的全鱼或组织。鱼类加工过程产生的鱼骨、鱼皮、鱼鳞、鱼内脏等鱼类加工副产物可占鱼体鲜重的 40%~60%。若按 50% 计算，2022 年就产生了约 1781 万吨加工副产物。如果这些鱼类加工副产物不能得到有效的处理和应用，不仅会造成环境的污染，还会造成资源的严重浪费。

大量研究表明，鱼类副产物中含有鱼油、胶原蛋白、活性钙、硫酸软骨素、羟基磷灰石、卵磷脂等数十种营养和保健成分，具有较高的经济效益和市场价值。因此，加大低值鱼、鱼类加工副产物的综合利用，变废为宝，开发高附加值功能产品势在必行。

随着现代社会的发展，鱼类加工技术逐步完善，以低值水产品和水产品加工副产物为原料加工的产品越来越丰富，本节主要从食用、药用、保健、休闲等制品研发的领域进行阐述，为继续深入研究开发新产品提供参考。

6.2.1　鱼粉饲料

鱼粉是一种多以鳀鱼、沙丁鱼等低值鱼及鱼类加工副产物为原料，经去油、脱水、干燥、筛选、粉碎等加工后得到的饲料原料。鱼粉中含有较高含量的粗蛋白、粗脂肪、B族维生素、脂溶性维生素、矿物质，以及一些可刺激动物生长发育的未知生长因子等，被称为高蛋白质饲料原料。全球鱼粉生产国主要有秘鲁、智利、日本、丹麦、美国、挪威等，其中秘鲁与智利的出口量约占总贸易量的70%。中国作为鱼粉消费大国，生产地主要集中在山东、浙江、河北、福建等省份。

鱼粉作为重要的动物性蛋白质添加饲料，对多种家禽、家畜和水产动物的饲喂效果都非常显著。研究表明，在鸡饲料中添加4%的鱼粉就能改善鸡的产蛋量、受精率、孵化率和饲料转化率；在猪饲料中每天添加100～150g鱼粉，能使猪每天平均增重比普通饲料饲喂的高出100～200g，并使其对传染病的免疫能力增强；此外，鱼粉还能促进奶牛的产乳量。

鱼头、内脏等下脚料中含有较多油脂，全鱼粉中的含脂量在8%～14%。这类脂肪中有较丰富的不饱和脂肪酸，在鱼粉加工和贮存中极易氧化而导致鱼粉质量下降。一般鱼粉质量越好，其含油量也越低。因此，在鱼粉加工过程中，可通过分离油脂，同时制备鱼油。

（1）工艺流程（图6-1）。

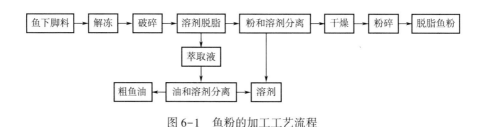

图6-1　鱼粉的加工工艺流程

（2）操作技术要点。

①原料解冻、破碎。鱼体死后，在微生物和酶的作用下，蛋白质分解、脂肪氧化，短时间内就会腐烂变质，因此鱼体加工副产物一般采取冷冻保藏，以延长原料的贮藏期。加工饲料前，将鱼头、内脏等原料解冻后，于组织捣碎机中绞碎。

②溶剂脱脂。将捣碎后的原料均匀地放入萃取釜，然后注入有机溶剂，萃取温度一般比溶剂沸点低10～15℃。萃取时间视原料含油量和要求不同而有所不同，一般为1～2h。可根据萃取液的颜色变化加以判断，分多次萃取，至萃取液无色。

③加热、干燥、粉碎。向萃取器内的鱼粉通入蒸汽进行加热，边加热边搅拌，以使鱼粉中的有机溶剂充分挥发，至无气味。取出鱼粉进行干燥，然后经粉碎、筛分后即得脱脂鱼粉。

④鱼油分离。蒸馏器中的萃取液含有油、水和溶剂，通入蒸汽将溶剂和水蒸气蒸馏到冷凝器中，经冷凝后变为液体，留在蒸馏器中的即为粗鱼油，经精炼可制成成品鱼油。

6.2.2　鱼油

鱼油是时下热门的营养补充剂之一。鱼油是鱼体内全部油脂类物质的总称，包括体油、肝油和脑油。不同于其他富含饱和脂肪酸的动物脂肪，鱼油富含$w-3$多不饱和脂肪酸，其中的二十碳五烯酸（eicosapntemacnioc acid，EPA）和二十二碳六烯酸（docosahexaenoic acid，DHA）在防治心血管疾病、抑制癌症、抗炎、促进婴幼儿大脑以及视觉系统发育等方面发挥着重要作用。

常见的食用鱼类，如沙丁鱼、金枪鱼、凤尾鱼、鲑鱼和鳕鱼，在加工过程中产生的鱼头、内脏等副产物中含有丰富的油脂，是生产鱼油的良好原料。据统计，以淡水鱼为例，每加工 100 吨淡水鱼就会产生 30~50 吨副产物，淡水鱼加工副产物的含油率在 20% 以上。从鱼油组成来看，海鱼比淡水鱼含有较高含量的 EPA 和 DHA，是 $w-3$ 多不饱和脂肪酸的重要来源。

从鱼类副产物中提取鱼油的方法包括蒸煮法、酶法、压榨法、索氏抽提法。SUSENO 等人以罗非鱼内脏为原料，采用干法提油并对提取工艺进行优化。张权等人则通过单层玻璃反应釜蒸煮黑鱼内脏提取粗鱼油。此外，MWANGI 等人采用蒸煮、压榨和离心等方法对鲤鱼、非洲鲶鱼、石化肺鱼、尼罗河尖吻鲈、尼罗罗非鱼等 5 种常见淡水鱼类的不同部位（鱼头、鱼骨、鱼尾、体腔、鱼肉）进行油脂提取，比较并分析了各种鱼油的提取率、理化性质和品质。李邰宇等人用索氏抽提法提取带鱼鱼油，得到的带鱼鱼油中单不饱和脂肪酸主要为油酸（38.07%），多不饱和脂肪酸主要为 DHA（10.12%）和 EPA（3.19%），主要脂溶性伴随物为生育酚、角鲨烯、甾醇。

此外，鱼骨也是鱼油的重要来源之一。张娅等人选取碱性蛋白酶为最优酶，以酶解法提取虹鳟鱼骨油，并测得该鱼骨油中单不饱和脂肪酸和多不饱和脂肪酸含量占比分别为76.9%、23.1%，最佳工艺参数：pH 为 7.5、料液比为 1∶1（%）体积分数，酶用量为2000U/g、55℃下酶解 3h。曹璇等以金鲳鱼骨为原料进行鱼油提取试验，优化稀碱水解（超声波辅助）法工艺，提取率达 80.51%，对应最佳参数：pH 为 9、料液比为 1∶4（g/mL）、超声功率为 500W、60℃下提取 30min。薛山等通过响应面实验优化三文鱼鱼骨油提取所用溶剂法工艺中的溶剂种类、水浴时间及温度、液料比、提取次数等条件，实际粗得率为（22.62±0.22）%。白艳对比了酶解法及超临界二氧化碳萃取法在提取鳗鱼骨鱼油时的情况差异，两者均有少量的各自特有的脂肪酸，前者所得鱼油为淡黄色，后者所得鱼油为黄绿色、更澄清，过氧化值及酸价也更低，但提取率仅有 14.47%，约为酶法提取鱼油得率的 0.6 倍。

在鱼油提取过程中不同量的非甘油酯共存成分（如蛋白质、磷脂、色素等）容易残留在鱼油中，不仅影响鱼油的品质，还会降低其氧化稳定性，导致鱼油颜色较深且黏稠。此外，鱼油中含有大量具有不良气味的成分，易造成鱼油品质下降。因此，为了得到高品质的鱼油，需对粗提油进行精制处理，一般包括脱胶、脱酸、脱色和脱臭四个步骤。脱胶主要是除去蛋白质、黏液等胶溶性物质，脱酸主要是除去游离脂肪酸，脱色主要是除去脂溶性色素，而脱臭主要是除去醛类、酮类等腥臭味物质。刘书成等以黄鳍金枪鱼（*Thunnus albacares*）鱼头为原料，首先采用胰蛋白酶酶解法提取粗鱼油，接着依次采用 H_3PO_4 脱胶、NaOH 脱酸、活性土脱色以及减压蒸馏脱臭等操作进行精制，所得鱼油呈淡黄色、澄清透明、有淡鱼腥味，各项理化指标均达到精制鱼油标准。而蒋璇靓等使用中性蛋白酶从沙丁鱼内脏中提取鱼油，所得精制鱼油中 DHA 含量达 26.56%，EPA 含量为 2.64%，营养价值较高。值得注意的是，不同原料来源的鱼油和不同提取方法获得的鱼油中杂质及其含量都有所差别，在精炼的过程中都需要调整其相应的参数。

6.2.3 钙制品

钙是保证骨骼生长的重要原料，对维持骨骼健康起着至关重要的作用。然而我国居民在钙摄入状况方面仍存在很大的缺口。根据《中国居民膳食营养素参考摄入量》（2023 年版）。成年人钙的每日推荐摄入量为 800mg/天，而中国居民营养与健康状况监测的数据显示，我国城市居民平均每日钙摄入量约为 400mg，约为每日推荐摄入量的 50%。目前，市场上的钙片主要是无机钙和有机钙。无机钙包括碳酸钙和磷酸钙，以碳酸钙为主；有机钙以柠檬酸钙为主，还有葡萄糖酸钙、氨基酸钙。补钙剂大多为化学合成钙剂，国内外市场对天然钙剂的需求和研究越来越多。鉴于贝壳、鱼骨等均是天然的骨钙资源。如能将这部分资源加以利用，研究天然钙粉，满足人们对天然钙的需要，不但可减少环境污染，还可极大程度增加产品附加值，对促进我国渔业健康有序发展将具有重要意义。

鱼骨是鱼体中轴骨、附肢骨及鱼刺的总称。中轴骨包括头骨和脊骨，附肢骨包括奇鳍骨和偶鳍骨。鱼骨占鱼体质量的 15% 左右，主要由灰分、脂肪、蛋白质等组成。灰分是鱼骨中含量最高的成分，其主要成分是钙。据报道，鱼骨中钙含量可达 4150mg/100g，高于畜禽类动物，而牛奶中的钙含量也只有 120mg/100mL。另外，鱼骨中的钙主要以羟基磷灰石结晶的形式存在，钙磷比为 1.67。由于食物中合理的钙磷比为 1：1~2：1，鱼骨中的适宜钙磷比使其易被人体吸收，促进人体生长发育，可作为理想钙源。

以鱼骨为原料的钙制品产品主要有鱼骨粉、钙片等营养保健品。鱼骨粉是采用高温、皂化脱脂、脱腥、脱胶、干燥、粉碎等工序将鱼骨研磨得到的粉末，含有天然羟基磷酸钙，吸收率和存留率都较好，被称为天然钙剂。目前鱼骨粉常被作为食品辅料添加到鱼糜制品、面条、酱油、鸡精、饼干、咀嚼片等食品中，可明显改善食品的风味与口感，具有食用方便、营养健康、保健效果好、经济价值高的优点。如李欢等以鳕鱼的鱼骨架为研究对象，用组织粉碎机和球磨机进行粉碎，探究鳕鱼鱼骨粉对鱼糜凝胶特性的影响，并制作出营养丰富且口感俱佳的鱼糜凝胶制品。张钟等以罗非鱼鱼骨粉和中筋小麦粉为原材料，制作出口感上佳的罗非鱼鱼骨粉面条。从浩等将鱼骨粉添加到鲴鱼鱼肉火腿肠中，发现鱼骨粉可有效改善鱼肉火腿肠的白度和质构特性。胡雪潇等研究发现将 100 目以上的脱脂罗非鱼鱼骨粉用作食品原料有较好的食用效果，制成的鱼骨粉曲奇饼干外形和感官都较好。而朱康佳等以一定比例的鱼骨粉和海带粉作为主要原料，制成含钙、碘、蛋白质等营养物质且明显高于其他普通饼干的海带鱼骨饼干。

此外，作为功能性食品的配料也是鱼骨粉主要应用方向之一。徐钟然等向鱼骨粉中加入适量的阿胶复合氨基酸，制作成氨基酸螯合钙，螯合率高达 76.5%，既可以补充氨基酸又可以补充钙。李佳欣等以鱼骨粉和乳清蛋白粉为主要原料研制鱼骨粉咀嚼片，有利于幼儿、青少年以及老人等补钙，成品具有风味独特、表面光滑美观等特点。谢雯雯等利用酶解法分别制得鱼骨粉和鱼蛋白肽粉，并将两种粉末结合制备成鱼骨粉—蛋白多肽混合物咀嚼片。

接下来简单介绍鱼骨制备可溶性钙的生产技术。

（1）工艺流程。

鱼骨→清洗→蒸煮→清洗→干燥→粉碎→鱼骨粉→酶解→灭酶→离心→可溶性钙液→浓缩→干燥→可溶性钙粉末。

（2）操作技术要点。

①蒸煮。用清水将鱼骨表面的污物清洗干净，常压蒸煮 2h 后，再冲洗去除附着的鱼肉。

②干燥、粉碎。将蒸煮去肉后的鱼骨在 105℃下烘 4h，再粉碎过筛，筛网孔径为 0.15mm。

③酶解。将鱼骨粉和水以 1∶4 的比例混合，加入 0.3% 的胃蛋白酶（酶活 50 万 U/g），调 pH 至 2.0，于 37℃下酶解 5h 后，90℃灭酶 10min，再在 4000r/min 下离心 10min，上清液即为可溶性钙液，浓缩、干燥后即得可溶性钙粉。

6.2.4　胶原蛋白及其多肽

胶原蛋白又称胶原，主要存在于动物结缔组织中，常以胶原纤维的形式广泛存在于动物的皮、骨、软骨、肌腱、肌膜和韧带等组织中。近些年研究发现，胶原蛋白具有独特的理化特性，广泛应用于食品、化妆品、医药、化工等领域，具有防止骨质疏松、美容抗衰、抗溃疡、治疗类风湿关节炎、调控内分泌促进伤口愈合等生理功能。目前，市场上胶原蛋白肽产品种类繁多，分子量在 500~2500 不等。早期的胶原蛋白是从陆地动物的皮肤和骨骼中提取的，如牛和猪。然而，随着口蹄疫、传染性海绵状脑病和牛海绵状脑病等各种疾病的暴发，水源胶原蛋白逐渐替代陆生源胶原蛋白占有市场。与陆地动物相比，水源胶原蛋白具有胶原蛋白含量高、疾病传播风险小、没有宗教和伦理冲突、炎症反应低等优点。从鱼类加工副产物（如鱼骨、鱼皮、鱼鳞、软骨）中提取胶原蛋白，为提取胶原蛋白生产提供了新的原材料。

6.2.4.1　从鱼骨中提取胶原蛋白

鱼骨中的胶原蛋白主要为Ⅰ型，含有多种人体必需氨基酸，是一种良好的提取胶原蛋白的原料。水产来源胶原蛋白的制备主要分为 3 个阶段：原料预处理、胶原蛋白的提取和胶原蛋白的纯化。

鱼骨作为加工副产物，其表面往往含有许多色素、矿物质、非胶原蛋白和脂肪等物质，故在加工前要先进行预处理。矿物质常使用无机材料如乙二胺四乙酸溶液去除，脂肪和色素等常使用氯化钠、正丁醇等有机溶剂去除。预处理的主要目的是去除杂质以提高胶原蛋白的质量。胶原蛋白具有难溶于水、微溶于有机溶剂的特点，提取方法因原料不同而不同。水产动物中胶原蛋白的提取方法主要有 5 种，即热水浸提、酸法浸提、碱法浸提、盐法与酶法浸提。热水浸提法，原料经前处理后，在一定条件下用热水浸提从而得到水溶性胶原蛋白；酸法水解使用的酸有甲酸、乙酸、乳酸、苹果酸、酒石酸和柠檬酸等；碱法提取胶原蛋白一般是把样品匀浆后，用 NaOH 溶液浸提；酶法提取时采用胃蛋白酶、木瓜蛋白酶、胰蛋白酶、中性蛋白酶、碱性蛋白酶等水解得到胶原蛋白酶解液，也可采用多酶复合水解制备胶原蛋白；盐法提取中使用的盐主要有氯化钠、氯化钾等。不同鱼类骨骼中胶原蛋白提取条件及提取率见表 6-1。

表 6-1　不同鱼类骨骼中胶原蛋白的提取率

骨骼来源	提取方法	提取条件	提取率/%
云南鲷鱼骨	酸法	0.5mol/L pH 2.6 乙酸溶液、酶提时间 3 天	3.15
鲢鱼鱼骨	酶法	料液比 1：10（g：mL）、酶添加量 8220U/g、pH 8、酶提温度 51℃、酶提时间 4.5h	4.9
齐口裂腹鱼骨	超声辅助酸法	提取温度 30℃、液料比 75：1（mL：g）、超声处理时间 20min、提取时间 48h	6.91
梭鱼骨	酸法/酶法	0.5mol/L 冰乙酸溶液（料液比 1：20）、提取时间 24h；胃蛋白酶 1：10000（g：mL）提取温度 4℃、提取时间 72h	15.11
鲅鳙鱼骨	酶法	加酶量 6%、酶提时间 4h、酶提温度 40℃、pH 1、料液比为 1：15（g：mL）	43.06
金鲳鱼骨	酶法	酶添加量 4.0%、酶提温度 45℃、酶提时间 1.5h、pH 6.5	21.87
银鳍鲨头骨	酸法/酶法	0.5mol/L 冰乙酸溶液、料液比为 1：6（g：mL）、胃蛋白酶用量为 1%、提取时间为 48h	7.1
青鱼	超声辅助酶法	胰蛋白酶量 100U/g、pH 7.5、酶解温度 40℃、超声波处理时间 50min	45.3
史氏鲟	中性盐法	0.45mol/L NaCl 溶液、料液比 1：100、提取时间 24h	2.18

胶原蛋白的纯化是将粗提得到的胶原蛋白溶液继续处理使最后得到的胶原蛋白的纯度更高，目前所研究的纯化方法主要有盐析、透析等。

6.2.4.2　从鱼皮中提取胶原蛋白

鱼的种类不同，鱼皮占鱼总体重的比例则不同，以鱼皮占鱼总重的 5%~15% 来计算，每年鱼皮的产量约为 200 万吨，在加工过程中这些鱼皮被大量丢弃，造成了严重的资源浪费和环境污染。鱼皮中胶原蛋白的含量占其蛋白质总量的 80% 以上，是提取胶原蛋白及制备多肽的优良原料。目前，从鱼皮中提取得到的胶原蛋白主要是 Ⅰ 型胶原蛋白，Ⅰ 型胶原蛋白分子长度约 300nm，直径约 1.5nm，占生物体胶原蛋白总量的 80%~90%，是一种天然高分子水胶体。研究表明，鲴鱼鱼皮和鲅鱼鱼皮酸溶胶原蛋白的变性温度分别为 36.5℃ 和 27.5℃，从罗非鱼、鲶鱼、鲳鱼和鲭鱼鱼皮中提取胶原蛋白需要较低的提取温度（略低于 13.26℃）。

接下来，简单介绍鱼皮胶原蛋白及多肽制备方法。

（1）工艺流程。

鱼皮原料→破碎→除杂→提取→盐析→透析→胶原蛋白→酶解→多肽。

（2）操作要点。

①破碎。鱼皮经流水解冻清洗后，剪成块状，加入鱼皮体积 1 倍的水，用高速组织捣碎机捣碎成糊状物。

②除杂。在捣碎的鱼皮糊状物中加入其体积 5 倍的 0.2% 的 NaOH 溶液，搅拌均匀后浸泡 30~40min，水洗至中性，过滤除水，再加入其体积 5 倍的 10%~15% 的正丁醇溶液，搅拌均匀后静置 5~10h，水洗至 pH 为中性并沥干。加入稀碱溶液浸泡以去除杂蛋白，加入正丁醇

溶液以去除脂肪。

③提取。在已沥干的鱼皮中加入其体积 5 倍的 0.5%~1% 的醋酸溶液，于 40℃下搅拌抽提 8~20h，过滤后得到胶原蛋白粗提液。

④盐析、透析。在胶原蛋白粗提液中加入 NaCl 溶液至最终浓度为 2.5mol/L，使胶原析出，离心，沉淀用其体积 5 倍的 0.5mol/L 醋酸溶解，装入透析袋，透析外液采用 0.5mol/L 的醋酸，至透析液无 Cl⁻ 检出为止。

⑤酶解。将透析后的胶原蛋白提取液直接冻干即得胶原蛋白制品；或向胶原蛋白提取液中加入复合酶，酶解制备小分子多肽，以提高人体对其的吸收利用率。复合酶可由胰蛋白酶（5%~8%）、木瓜蛋白酶（65%~70%）和碱性蛋白酶（25%~30%）组成，复合酶的加入量为鱼皮湿重的 3%~5%，酶解时间为 1~2h，酶解温度为 50~60℃。

6.2.4.3　从鱼鳔中提取胶原蛋白

鳔是鱼的平衡和比重调节器官，用于感压、发声和辅助呼吸，又名鱼胶、鱼泡、鱼白、鱼肚、压胞，是可用于烹饪的名贵佳肴，能养血补血、滋阴补肾、消疲御疾等，具有极高的食用和药用价值。除了部分鱼鳔被食用或医用外，大量鱼鳔都以废弃物形式丢弃。鱼鳔所含胶原蛋白为 I 型胶原蛋白，如新鲜鲫鳔组织中胶原蛋白含量为 115.05mg/g，蛋白质含量高达 84.2%，脂肪含量仅为 0.2%。与哺乳动物相比，鱼鳔胶原蛋白的丝氨酸、亮氨酸、异亮氨酸、蛋氨酸含量较高，羟脯氨酸较低。不同鱼类来源的鱼鳔，其胶原蛋白的甘氨酸、脯氨酸、谷氨酸和天冬氨酸含量存在一定差异，其他氨基酸种类和含量相近。研究表明，鱼鳔胶原蛋白具有卓越的生物相容性、低免疫原性、可降解性和高细胞直接黏附能力等，在提高免疫力、活化组织细胞、抑制癌细胞、抗氧化、止血等方面具有明显功效。

鱼鳔中胶原蛋白的含量与鱼的种类和年龄等有关。通常，鱼鳔的胶原蛋白含量与鱼皮相当，明显高于鱼骨、鱼鳞、鱼鳍、鱼肉及内脏。小牛皮和鲟鱼皮等胶原原纤维形成速度慢且稳定性不佳，而鱼鳔胶原蛋白由于黏度适合，具有极快速的原纤维形成能力，从而具有较高的变性温度。因此，鱼鳔胶原蛋白较适合作为哺乳动物胶原蛋白的替代来源。

鱼类属于变温动物，鱼鳔胶原蛋白的热变性温度一般略低于陆生哺乳动物胶原蛋白，这与亚氨酸（脯氨酸和羟脯氨酸）的含量呈正相关，因亚氨酸中吡咯环能形成稳定三螺旋结构的化学键。但也存在鱼鳔胶原蛋白热变性温度更高的情况，如温带罗湖鱼鱼鳔胶原蛋白的变性温度为 42.16℃，高于牛皮、猪皮、鼠尾等常见陆生动物的胶原蛋白，且受季节影响不大，变化幅度为 0.5℃。鱼鳔胶原蛋白的亚氨酸含量一般高于鱼皮、鱼鳞及其他内部器官，相应的热变性温度也高，这是其作为水产胶原蛋白的一大优势。另外，温水或浅表层鱼类胶原蛋白的亚氨酸含量较冷水或深海层鱼类胶原蛋白多，同时热变性温度也较高，如分布于温水中上层的太湖白鱼鱼鳔胶原蛋白的脯氨酸、羟脯氨酸、亚氨酸分别占 11.4%、8.5%、19.9%，热变性温度为 36.4℃，而温水底栖类鲟鱼鱼鳔中 3 种氨基酸含量分别为 10.2%、8.8%、19.0%，热变性温度为 32.9℃。

6.2.4.4　从鱼鳞中提取胶原蛋白

我国每年废弃的鱼鳞产量在 30 万吨以上，从鱼鳞中提取胶原蛋白可有效提高鱼鳞的附加值。鱼鳞中获得的胶原蛋白具有典型的 I 型胶原蛋白的特性。鱼鳞前处理中需要注意灰分（羟基磷灰石）的脱除。研究表明，自罗非鱼、鲶鱼、鲳鱼和鲭鱼的鳞片中提取胶原蛋白需要较低的提取温度（16.60~19.03℃）和较长的提取时间，与鱼皮相比，提取率更低。以武昌鱼鱼鳞为例，采用酸法提取工艺，固液比为1:25，脱钙时间为3h，提取时间每次为1.5天，脱钙酸浓度为0.4mol/L，胶原蛋白提取率仅为1.142%。鱼鳞胶原蛋白具有较好的吸水性，可用于医药领域。王茵等以鱼鳞胶原蛋白与壳聚糖按比例制备止血海绵，试验证明，该海绵具有多孔三维立体结构，对皮肤无刺激性和致敏性，是创伤修复生物材料的理想来源。

6.2.5 明胶

明胶是动物体结缔组织（如皮、骨、腱等）经预处理转化，再经适当温度提取出溶于水、能凝冻的一类物质的总称。明胶是一种大分子蛋白质物质，具有许多特殊的性质，如亲水性强，可形成胶冻，其溶胶及凝胶具有可逆转化，侧链基团活性高以及电荷性质随介质pH变化的典型两性特性。正是明胶的这些特殊性质，使其广泛用于如生化、药剂、印刷、感光工业等许多领域。另外，明胶也作为食品添加剂广泛运用到各种食品加工过程中。

鱼头提取明胶的工艺流程：鱼下脚料→破碎→酶解→鱼头骨→干燥→粉碎→浸酸→水洗→预浸灰→水洗→提胶→离心→过滤→干燥→成品明胶。

操作技术要点。

①酶解。通过酶解处理，去除鱼头骨和鱼骨上的肉、皮、脑髓等附着物。为提高酶解效率，先将鱼头切成2cm×2cm×2cm的小块。酶解条件：物料：水=1:1，碱性蛋白酶添加量为680U/g，pH为9.0，酶解温度为50℃，振荡频率为152r/min，以酶解液中只有鱼骨为酶解终点。

②鱼骨干燥、粉碎。将酶解所制得的鱼骨自然风干，粉碎至直径小于0.5mm。

③浸酸。按料液比1:5（$w:v$）向鱼骨粉中加入0.6mol/L的HCl浸泡，于20℃下搅拌除盐，离心换酸，重复5次后水洗至中性。

④浸灰。先用0.1mol/L的NaOH洗浸酸骨至pH为10.0~11.0，再按料液比1:3（$w:v$）加入2g/L的Ca（OH）₂悬浮液对该骨素浸灰，温度为20℃，浸灰时间为72h，间隔12h搅拌10min，搅拌速率为130r/min。浸灰完毕后，水洗至中性。

⑤提胶。浸灰完毕后，在70℃、料液比为1:4、提胶搅拌速度为70r/min和pH为4.0下，提胶4h得到第一道产品明胶；再以提取第一道胶后剩余的骨素为原料，在82.5℃、料液比为1:4、提胶搅拌速度为110r/min和pH为2.5下，提胶2h得到第二道产品明胶；接着以提取第二道胶后剩余的骨素为原料，在90℃、料液比为1:4、提胶搅拌速度为110r/min和pH为3.0下，提胶3h得到第三道产品明胶。

⑥过滤、干燥。分别将三道提取所得明胶过滤、干燥，即得明胶产品。不同条件下提胶所得的明胶产品的凝胶强度有所不同。

6.2.6 休闲食品

目前，以低值水产品及其加工副产物为原料加工的休闲食品种类繁多，包括鱼片、鱼头罐头、鱼冻、骨酥鱼、鱼皮膨化食品、鱼卵粒等。孙洋以鲢鱼为原料，采用盐渍脱腥、干燥、油炸、脱水技术生产具备高附加值和风味独特的半干鲢鱼片休闲食品。

（1）香酥鱼骨加工工艺。

调味液煮制
↓

鱼骨→解冻→切分→清洗→酶解→去肉→软化→烘干→油炸→调味→包装、封口→杀菌→香酥鱼骨。

（2）香酥鱼骨操作技术要点。

1）解冻。

将冰冻鱼骨在室温下解冻 30min 或用少量自来水冲洗以加速解冻。

2）切分。

将解冻好的鱼骨剪去两边过长的边刺，两边各留边刺 1cm 左右，沿脊椎骨切分为长 3~4cm 的小段。

3）漂洗。

将鱼骨段放入 NaCl（10g/L）或 NaOH（1g/L）中浸泡 3h 后，用自来水冲洗数次，直至鱼骨上无淤血、腱膜、污物等，沥干备用。

4）酶解去肉。

未经处理的鱼骨附有较多鱼肉，而鱼肉中含有 28%~38% 的鱼油，鱼油中的不饱和脂肪酸极易氧化酸败，导致所得鱼骨休闲食品保藏期短，难以达到健康食品的标准。为此，需将鱼骨进行酶解去肉。酶解条件：碱性蛋白酶添加量为 1400U/g，酶解温度为 50℃，酶解 pH 为 10.5，酶解缓冲液与底物质量比为 1∶1，酶解时间为 2h，酶解去肉率可达 100%。

5）调味液煮制。

以加入水重为准，将生姜 1%、桂皮 0.8%、白芷 0.5%、八角 0.5%、小茴香 0.5%、花椒 0.2%、白砂糖 2%、陈皮 0.5%、草果 0.8%、大蒜 1% 等称量好后，加入 2000mL 的水中煮半小时以上，使加入的水浓缩至 1000mL 时停止加热，再加入料液重 3% 的食盐、适量的白酒，备用。

6）软化。

在 121℃、0.1MPa 下将拌好料液的鱼骨蒸煮 20min。

7）干燥。

将通过高温高压蒸煮的鱼骨沥干后放入烘烤箱内，烘烤箱内的温度调控在 55~75℃，经过一定时间的干燥，使鱼块脱水至原重的 50% 左右。

8）油炸。

将烘干的鱼骨放入油锅内炸制，油温控制在 120~160℃，使鱼骨呈现诱人的金黄色。骨脆而香，结构完整美观。

9）调味。

炸后的鱼骨沥干油后立即放入裹料中裹上外料、冷却。裹料配方：按原料鱼重计，植物油 20%、芝麻 1.5%、豆豉 3%、味精 1%、食盐 2%、辣椒粉 3%、五香粉 1%、胡椒粉 1%。将以上配料称好后，先将豆豉与芝麻在清水中泡制 5~8min，将油加温至 100℃ 左右时放入豆豉炸制 1min，依次放入芝麻，辣椒粉炸制 1min，然后依次加入五香粉、食盐、味精、胡椒粉等并充分拌匀，备用。食盐、味精需先用少量水溶解。

10）包装、封口、杀菌。

在鱼骨包装时要先修整过于突出的刺，以免封口时刺破包装袋；封口采用抽真空密封包装。常压下、100℃沸水煮制 15min 左右进行杀菌处理，冷却后即得香酥鱼骨成品。

6.2.7　鱼味香精

社会的进步和工业的发展提高了人们的生活水平，人们的饮食结构开始朝着天然、绿色的方向发展。过去的食品调味料大多采用酿造和化学的方法合成，原料来自化工产品，不仅缺乏营养，而且长期食用还危害健康。近年来，以低值鱼类或水产品加工下脚料为原料，采用酶解、高压蒸煮等方式制备水解产物，再经过美拉德反应制得鱼香风味香精或调味料，克服了过去单一化学合成香料调配而成的产品香气不逼真、口感乏味的缺点，顺应了健康、营养和回归自然的时代潮流。如王凤祥等以罗非鱼为原料，首先使用风味蛋白酶进行恒温酶解，接着向酶解物中加入糖类和氨基酸，在热反应下制得罗非鱼鱼味香精。杨兰等以鳝鱼下脚料为原料，经过中性蛋白酶和风味蛋白酶水浴酶解后，通过美拉德反应生成肉味香精。此外，王林果等以海鱼为原料，在酶解海鱼肉的基础上，通过使酶解液与氨基酸等配料发生美拉德反应制得鱼味香精。

接下来以鱼头为例简单介绍酶解热反应制备鱼味香精的生产技术。

（1）工艺流程。

鱼头→前处理→酶解→酶解蛋白液→热处理→鱼香风味物 →浓缩→鱼味香精。

（2）操作技术要点。

①鱼头预处理。将鱼头解冻、清洗后，用高速组织捣碎机捣碎。

②酶解。利用蛋白酶将鱼头内的蛋白质降解为肽及游离氨基酸，以便进行后续热反应。向捣碎的鱼头中加入其重量 2 倍的蒸馏水，用磷酸盐缓冲液调 pH 至 8.0，添加蛋白酶（每克原料加酶量为 $3.3×10^5 \sim 5.5×10^5$ U），薄膜封口，于 50℃恒温振荡水浴中水解 4h，反应结束后，在沸水浴中加热搅拌 15min 灭酶，自然冷却，再在 4000r/min 下离心 15min，去除悬浮物，所得上清液为鱼头蛋白水解液。

③热处理。每 100mL 酶解液中加葡萄糖 3.0g、木糖 6.0g、甘氨酸 1.0g、谷氨酸 1.0g、半胱氨酸盐 3.0g、丙氨酸 1.0g、脯氨酸 1.0g、维生素 B_1 2.0g、NaCl 2.0g、维生素 C 2.0g、酵母抽提物 2.5g，调节 pH 到 7.0 左右，薄膜封口，放高压锅内、121℃下反应 50min，取出冷却至室温，即得鱼香风味物。

④调配。热处理后的鱼香风味物主体风味单一，需添加鲜味剂、甜味剂、酸味剂、食用色素等辅料，改善口味及色泽，以及添加适量抗氧化剂和稳定剂，以延缓香精氧化变质，改善成品品质。

6.2.8　鱼酱油

鱼酱油是一种风味独特的调味品，在我国也将其称为鱼露，它是某些国家和地区菜系必备的调味佳品，拥有较广的消费市场。鱼酱油一般以鱼、虾等为原料，利用鱼体自身所含的蛋白酶等内源酶，以及添加多种微生物对鱼头、鱼内脏等下脚料中的蛋白质、脂肪等成分进行发酵分解、酿制而成。鱼酱油能明显降低血糖、血尿酸、甘油三酯、胆固醇，加水服用有一定的保健作用。

制备鱼酱油的关键工艺是发酵过程。鱼酱油发酵期间的主要变化就是蛋白质转化为小肽和游离的氨基酸。目前鱼酱油的发酵方法主要有天然发酵法、外加蛋白酶法、加曲发酵法等，具体介绍如下。

（1）天然发酵法。

天然发酵法酿造鱼酱油是在常温下将原料鱼在太阳光下暴晒，利用鱼体内、外的酶系，以及空气中的耐盐酵母菌、乳酸菌、醋酸菌等微生物发酵制成。其生产工艺大致为鱼下脚料→清洗→盐渍→发酵→过滤→滤液→配液→消毒→灭菌→检验包装→成品鱼酱油。

天然发酵法生产的鱼酱油味道鲜美、呈味复杂，其生产工艺十分纯熟，是各东南亚国家和我国沿海一带生产鱼酱油的主要方法。但天然发酵法仍存在着很大的不足：首先，天然发酵法生产周期相当长，长达数月乃至 1 年以上。这主要是因为在生产过程中，为了防止鱼体的腐败变质，往往需要在发酵前对鱼进行盐渍，来抑制腐败微生物的生长，原料盐渍需要较长的时间，盐渍的时间一般在半年到一年，较长的盐渍阶段使得生产周期延长。这使得产品产量难以提高，不利于大规模生产。其次，天然发酵生产的鱼酱油中所含的盐浓度较高。一般经过滤浸提后半成品鱼酱油的盐度为 27% ~ 29.3%，接近于饱和。高盐含量不仅会影响鱼酱油的风味，还会引发高血压、动脉硬化等老年疾病，限制了一定的消费群。此外，天然发酵生产的鱼酱油虽呈味较好，但具有鱼腥味和腌制的不良气味。这些腥臭味除了一部分在发酵中挥发掉外，大部分会带到成品中，导致不良气味。

（2）外加蛋白酶法。

外加蛋白酶是一种较为简便的速酿方法，它利用蛋白酶的水解作用，对鱼体中的蛋白质进行分解，形成具有风味的鱼酱油。如添加鱿鱼肝脏来加速鱼酱油发酵，就是利用肝脏中的蛋白酶来水解蛋白质；也有直接添加酶制剂，如胰蛋白酶、木瓜蛋白酶、枯草杆菌蛋白酶等，都有较好的水解效果。添加外源蛋白酶能显著地提高蛋白质水解程度，缩短发酵周期，弥补了天然发酵法的不足。

外加蛋白酶法酿造鱼酱油时，当蛋白酶添加超过一定量时，会有苦味物质产生，该苦味物质是由蛋白质分解产生了较多的相对分子质量为 800 左右的苦味肽所致，因此蛋白酶的添加量必须适量。外加蛋白酶虽缩短了发酵时间，但风味较差，无法与天然发酵法相比。

（3）加曲发酵法。

加曲发酵就是将经过培养的曲种在产生大量繁殖力强的孢子后，接种到盐渍的原料上，利用曲种繁殖时分泌的蛋白酶来进行水解发酵。通过加曲发酵的方法可以缩短发酵周期，由于曲种发酵时能分泌多种酶系，发酵所得的鱼酱油呈味更好，风味更佳。加曲发酵所选用的菌种主要是酿造酱油用的米曲霉。利用米曲霉制得的种曲的生长旺盛、水解能力强，十分适合鱼酱油的速酿生产。

（4）速酿鱼酱油关键技术。

速酿鱼酱油，即缩短发酵时间，可通过以下方式实现：①提高发酵温度法。当温度被提高到 45℃或 50℃时，总生产时间可以从一年缩短到两个月。②减少加盐量和添加酸相结合的方法。一些内源酶如胃蛋白酶和丝氨酸蛋白酶的酶活能被盐抑制，因此发酵开始阶段的快速水解阶段可以在酸性条件和低盐浓度下进行。经过大约 5 天的快速水解后，再添加盐到正常水平，以便获得传统的酱油的风味。③在低盐浓度下的碱性环境中进行开始阶段的快速发酵。

6.2.9 精巢中鱼精蛋白

鱼类的精巢俗称鱼白，由于它有独特的气味，常常作为废弃物处理，但成熟的鱼精巢中含鱼精蛋白。鱼精蛋白是一种小而简单的球形碱性蛋白，富含精氨酸、组氨酸、赖氨酸等碱性氨基酸，存在于各类雄性动物的精子细胞核中，代替组蛋白与 DNA 紧密结合。

鱼精蛋白一般由 30~50 个氨基酸组成，相对分子质量比较小，一般在 6000~10000，等电点为 10~12，可溶于水和稀酸，可被稀氨水沉淀，加热不凝固，热稳定性较好。鱼精蛋白具有促使细胞发育繁殖、阻碍血液凝固、降血压、促消化、抑制肿瘤的生长等多种作用。同时，鱼精蛋白对食品腐败中常见微生物的生长和繁殖有抑制作用，尤其对酵母菌和霉菌的抑制作用最为显著。因此，可作为食品防腐剂，用于延长乳制品、面类、果蔬等非酸性食品的保存期。

鱼精蛋白的提取基本上都是以硫酸或盐酸为主要提取剂，以柠檬酸盐或有机溶剂为纯化剂。即将鱼白在稀硫酸中处理，提取出鱼精蛋白及混杂蛋白，然后在抽提液中加入柠檬酸盐或甲醇、乙醇等有机溶剂沉淀上述蛋白质，分离干燥的固体溶于温水中，再冷却析出鱼精蛋白。所得鱼精蛋白为粗品，还含有核酸、杂蛋白等，需进一步纯化，一般采用葡聚糖凝胶柱层析法纯化，工艺复杂，周期长。

反胶团是表面活性剂在有机溶剂中形成的纳米级聚集体，其中的微水相能溶解蛋白质等生物活性物质，通过控制萃取过程的相关条件，可以选择性地萃取目标蛋白。利用反胶团法从利用鱼白制得的鱼精蛋白粗提液中萃取纯化鱼精蛋白，工艺过程简单，提取时间短。

（1）工艺流程（图 6-2）。

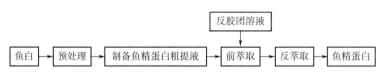

图 6-2 反胶团法分离纯化鱼精蛋白工艺流程

（2）操作技术要点。

1）制备鱼精蛋白粗提液。

将鱼白置于组织捣碎机中，加入 0.14mol/L 的 NaCl 溶液，匀浆破碎组织后，用纱布过滤得浆液，离心分离，弃上清液，沉淀即为鱼精蛋白与 DNA 的复合物，每克复合物加入 4mL、7.5% 的硫酸，搅拌，混合均匀，离心 10min，弃沉淀，上清液即为鱼精蛋白粗提液。

2）制备反胶团溶液。

反胶团溶液由表面活性剂、助溶剂、有机溶剂和水构成。各组分重量配比为表面活性剂：助溶剂：有机溶剂：水 =（20~100）:（0~200）:（800~880）:（0~10）。按上述比例称取各组分并均匀混合，震荡后静置，至完全溶解，混合均匀，制得反胶团溶液。其中，表面活性剂可选阴离子型、非离子型表面活性剂中的一种或两种，浓度为 25~300mmol/L；助溶剂可选丁醇、戊醇、己醇或庚醇，体积浓度为 5%~25%；有机溶剂为戊烷、正己烷、环己烷、辛烷、异辛烷、庚烷、石油醚中的一种或几种。

3）前萃取。

首先调节鱼精蛋白粗提液的 pH 至 7.0~10.5，加入 NaCl 调节离子强度为 0.05~0.2mol/L，然后将其与反胶团溶液按体积比 1∶1~1∶50 混合，进行萃取，混合时间为 1~10min，操作温度为 10~35℃。萃取过程中，鱼精蛋白进入反胶团相，杂质留在粗提液中。最后进行离心处理，上层液体为负载反胶团溶液。

4）配制反萃取溶液。

反萃取溶液组成为反萃助剂∶碱化剂∶盐∶水 =（0.5~30）∶（0~10）∶（0.5~12）∶（48~98）。其中反萃助剂为乙醇、丙醇、异丙醇、丁醇中的一种，质量浓度为 0~35%；碱化剂为 NaOH、KOH、氨水中的一种；盐为 0.1~3mol/L 的氯化钾。

5）反萃取。

将负载反胶团溶液与反萃水溶液按体积比 1∶1~1∶50 混合，在 20~45℃下保持 30~60min，离心，下层液体即为纯化后的鱼精蛋白溶液。

6.2.10　鱼皮革

鱼片生产废弃物鱼皮经加工制成的革称为鱼皮革，属特种皮革，除具有其他动物皮革的物理性能外，还具有各自独特的外观纹理。大部分鱼皮革的牢度高于普通皮革，主要用于小型皮革制品，也可用于服装、鞋类、皮箱等制品。

（1）工艺流程（图 6-3）。

图 6-3　鱼皮制革工艺流程

（2）操作技术要点。

1）脱脂。

鱼皮内层含有大量的脂肪，因此最好在盐腌制前用工业洗洁精水洗，以尽可能去除表层的脂肪，便于后面工序的操作。一般用原料鱼皮重 0.5%~1.0% 的洗洁精水洗 2 次脱脂。鱼皮经脱脂后直接撒盐腌制 24h，放置在编织袋中常温保藏。

2）浸水。

包括预浸水和主浸水过程，料液比为 1∶5。预浸水：加入甲醛 0.4%、纯碱 0.4%、合成脂肪醇乙氧基化合物（以下简称脱脂剂）5%，调 pH 为 9.0~9.5，常温浸水 24h，不时搅动。主浸水：加入纯碱 0.4%、脱脂剂 5%、杀菌剂（二甲基连二氨基甲酸酯）1%，调 pH 为 9.0~9.5，常温浸水 24h，不时搅动。

3）浸灰。

料液比为 1∶6，常温下浸灰 48h。浸灰液配比：石灰 8%、硫化钠（60%）3%、硫氢化钠（60%）1.5%。浸灰后，鱼皮呈膨胀状态，内侧剩余的小肉也膨胀变大，此时再用刀去除肉。

4）软化。

料液比为 1 : 3，胰酶制剂（250U/mg）添加量为 0.8%，于 35℃下软化 1.5h。

5）脱色。

软化后的鱼皮先后用亚氯酸钠（2%）和亚硫酸氢钠（1.5%）进行脱色，然后用 3 倍的6%的食盐水漂洗。

6）加油。

脱色后的鱼皮经加油、染色、干燥、涂饰等处理后，即成为鱼皮革制品。

6.3 贝类加工副产物综合利用

贝类是软体动物的一种，常见的有螺、贻贝、蛤蜊、牡蛎和蛏，现存大约有 11000 种，其中 80% 左右生活在海洋中。我国有 800 多种海洋贝类，主要集中在沿海地区。随着经济的发展和人们生活水平的提高，贝类水产品的消耗量不断增加，带动了贝类产业的发展，贝类的养殖和捕捞产量常年居世界第一位。贝类养殖已成为我国水产养殖业的支柱产业，在增加渔民收入方面正发挥着越来越重要的作用。

我国贝类加工历史悠久，目前全国有 7000 多家贝类加工企业。贝类加工可以分为净化、前处理、精深加工和废弃物处理等若干环节，成品形式主要有鲜活品、冷冻品、干制品、腌熏制品、罐制品、添加剂、调味品、小包装休闲制品和医药制品等。但从实际情况来看，我国贝类产品仍集中在粗加工领域，自动化程度低，市场供给仍以冷冻品为主，高附加值精深加工产品有限。贝类加工过程中产生了大量副产物，诸如贝壳、中肠腺软体部和裙边肉等，占总重量的 35% 以上。但由于缺乏相应的、高附加值的加工技术和产品研发能力，这些副产物大多数只经过简单加工处理就作为饲料或肥料，甚至被直接作为垃圾排放，造成严重的资源浪费和环境污染。

6.3.1 废弃贝壳的综合利用

目前，人们对于贝类的利用往往仅限于贝肉部分，而占贝类质量 60% 以上的壳部分大多被丢弃。贝壳是由软体动物的特殊腺细胞分泌的，以保持其柔软的身体，感知磁场、重力或储存无机离子。贝壳的形成与人体骨的生物矿化过程十分相似，经过长期进化，贝壳将韧性的生物活性有机质与脆性的无机矿物质完美结合，实现了性能的优化。研究表明，贝壳是由占壳重近 95% 的碳酸钙和 5% 的有机质以及微量金属元素（Mn、Zn、Se 等）组成，呈现出层级的 "砖-泥" 结构。这种天然的有机-无机交替堆叠层级结构能够赋予其机械强度高、比表面积大、吸附性能好、生物活性高等优良特性。如能加以回收利用，不但可以实现贝壳废弃物的资源化、减量化、无害化，而且可以提高废弃贝壳的附加价值。传统的加工技术，如手工工艺，无法实现贝壳的价值。近年来，国内外众多学者对废弃贝壳的高值化利用进行了探索，并将改性贝壳材料成功应用于制备吸附剂、杀菌剂、土壤改良剂、填充剂、建筑材料、催化剂载体等。

6.3.1.1 贝壳的结构及化学组成

贝壳软体动物的外套膜具有一种特殊的腺细胞，其分泌物在环境温度与压力下与周围环境的无机矿物（$CaCO_3$）相结合形成保护身体柔软部分的复合材料，即贝壳，占贝类总量的60%以上。贝壳一般可分为3层，最外层为黑褐色的角质层（壳皮），薄而透明，有防止碳酸侵蚀的作用，由外套膜边缘分泌的壳质素构成；中层为棱柱层（壳层），较厚，由外套膜边缘分泌的棱柱状的方解石构成，外层和中层可扩大贝壳的面积，但不增加厚度；内层为珍珠层（底层），由外套膜整个表面分泌的叶片状霰石（文石）叠成，具有美丽的珍珠光泽，可随身体增长而加厚。

贝壳虽然种类繁多，形态各异，颜色不同，但化学组成相似，主要是占全贝壳95%的碳酸钙和少量的贝壳素。通过检测发现，贝壳粉末中含有常量元素 K、Na、Ca、Mg 以及微量元素含量 Fe、Zn、Se、Cu。6 种贝壳中主要化学成分如表 6-2 所示。

表6-2　6种贝壳中主要化学成分的含量　　　　　　　　　　　　单位:%

贝壳种类	SiO_2	Al_2O_3	Fe_2O_3	CaO	SO_3	K_2O	Na_2O
花蛤壳	0.66	0.14	0.09	53.34	0.21	0.09	0.88
牡蛎壳	1.78	0.54	0.16	52.40	0.38	0.13	0.88
田螺壳	0.05	0.20	0.00	54.50	0.16	0.03	0.76
毛蛤壳	0.00	0.15	0.06	54.08	0.16	0.06	0.84
海虹壳	0.33	0.16	0.02	51.58	0.12	0.04	0.63
海螺壳	0.00	0.12	0.04	53.86	0.07	0.06	0.69

6.3.1.2 在材料领域中的应用

（1）建筑材料。

贝类（如牡蛎）壳中含钙量丰富，具有强度高、耐磨性好、密度小等优点，经过煅烧后可用于水泥烧制，制备高标号水泥，减少矿石的使用，节约自然资源。ALI 等将高温煅烧的牡蛎壳作为矿渣水泥添加剂，发现加入牡蛎壳粉不仅增强了材料的水化程度、增加了矿渣水泥的均链长度，还降低了混合物的临界孔径和孔体积，从而使水泥更加致密紧凑。YANG 等将牡蛎壳作为细骨料替代表面干砂添加到混凝土中，发现添加 10% 的牡蛎壳粉可提高混凝土的强度、抗冻融性和渗透性等长期性能。WEI 等将牡蛎壳、港口废弃物以及有害钢粉煤灰在高温条件下混合煅烧制备商业化的轻质建筑材料，发现在 1150℃ 条件下，添加 5% 的牡蛎壳粉可降低烧结混合物的颗粒密度。煅烧后，大大减少了烧结颗粒中重金属 Cd^{2+}、Pb^{2+} 和 Cu^{2+} 的浸出水平，且煅烧温度比商业制备法的温度低 100~150℃，既制备了优良建筑材料又节省了能源。

（2）功能材料。

纽芬兰纪念大学的研究人员已经用贻贝壳生产出一种海绵状形式的碳酸钙，可以从水中吸收 1%~24%（m/m）的常见染料，并且可以通过甲醇将染料从海绵状碳酸钙材料中解析出来，在处理海洋油污时，对原油的吸收能力达到 1061%，且重复使用的回收性良好。由于贝壳方解石属于生物碳酸钙，生物相容性好，在生物医学和新材料制备领域具有广阔前景。JI

等将贻贝壳粉煅烧后用碳酸钾进行活化，制备了多孔贝壳粉材料，用该多孔材料固定化微藻，对水体中 N 和 P 的去除率分别为 95.0% 和 88.63%。SARI 等以绿贻贝壳为原料，在 950℃ 下煅烧 2h，采用沉淀法合成了羟基磷灰石。X 射线衍射分析结果表明，羟基磷灰石晶粒尺寸为 74.91nm，可作为植入材料。庄凯等通过观察贝壳珍珠层的微观结构，制备了一种具有砖壁结构的仿生复合陶瓷，可以改善陶瓷材料的自然缺陷，扩大陶瓷材料的应用范围。

6.3.1.3 在食品领域中的应用

近年来，为了更好地满足人们对食品色香味的需求，食品添加剂行业得到了快速的发展，但添加剂的安全性备受关注。研究发现，用不同的方法对牡蛎壳进行处理，将其制备成不同粒径的牡蛎壳粉添加到食品中，能起到一定的保鲜、杀菌、防腐作用。

（1）果蔬和豆制品加工。

水果、蔬菜和豆制品是人们日常生活不可缺少的食物。但因果蔬的水分含量高，在贮藏过程中易发生腐败变质，如在预处理或腌制等加工过程中加入牡蛎壳粉，可达到抑制微生物生长、延长保鲜期、降低营养流失的目的。在果蔬保鲜贮藏过程中，煅烧牡蛎壳可吸收果蔬呼吸作用产生的乙烯，减缓果蔬的呼吸作用，延长其保鲜期。李小霞研究了不同处理的牡蛎壳粉对香蕉和猕猴桃品质的影响，发现球磨的牡蛎壳对霉菌的生长表现出明显的抑制效果，有效减缓了水果的霉烂腐败，延长其保鲜期。CHOI 等在韩国泡菜的腌制过程中添加 0.5% 的牡蛎壳粉，不仅可保持乳酸菌的活性和泡菜的天然风味、中和泡菜腌制过程中产生的酸，还提高了可吸收钙的含量，改善口感、延长泡菜保质期。KIM 等在豆腐卤水点浆过程中加入 0.05%~0.1% 的牡蛎壳粉作为凝固剂、稳定剂，结果表明，与加入氯化镁的豆腐相比，加入牡蛎壳粉的豆腐的口感和硬度均得到提升，且比加入氯化镁的豆腐的货架期延长了 2 天。

（2）肉类加工。

肉类含有大量的蛋白质、脂肪以及各种维生素等营养成分，给人们提供生命活动所需的能量。但肉类在冷藏、冷冻、烹炸、热烫、腌制等加工过程中会发生脂肪氧化、蛋白质降解、微生物腐败、质构变化等问题，这些问题均可能导致其商品价值下降，安全性难以得到保障。将牡蛎壳添加到肉类产品中可有效解决此类问题。JONG 发现，以含牡蛎壳钙粉 0.2%、蛋壳钙粉 0.3% 和乳清蛋白浓缩液 0.25% 的腌制剂代替 0.3% 的磷酸盐来生产猪肉香肠，可增加香肠的保水能力，使其具有良好的弹性及咀嚼度。CHO 等在猪肉生产过程中，将 0.2% 的牡蛎壳钙和 0.3% 的蛋壳钙结合使用替代 0.3% 的磷酸盐，可生产出品质优良的猪肉产品。在法兰克福香肠制作过程中，通过添加 0.1% 的高温煅烧牡蛎壳粉，可有效抑制李斯特菌和大肠杆菌的生长，减少需氧嗜温菌的总数，而对香肠的 pH、抗坏血酸含量以及感官评价未产生负面影响，能很好保证产品的质地。

（3）其他食品生产。

牡蛎壳中的钙存在来源广泛、价格低、质量高的优点，是天然钙的理想来源。LEE 等利用纳米技术提升牡蛎壳的分散性，制备了纳米粉状牡蛎壳（NPOS）和锌活化的纳米粉状牡蛎壳（Zn-NPOS），并将其添加到牛奶中，结果表明：添加 NPOS 或 Zn-NPOS 不仅未对牛奶的品质产生不利影响，且可提高牛奶中钙和锌的含量。杨栩等将牡蛎壳烘干后研磨成粉，与乳酸直接反应制备食品级乳酸钙，在壳酸比为 1.1、水壳比为 15、反应时间为 150min 时，乳酸钙得率平均可达 98.28%。将牡蛎壳作为钙源，不仅可制作乳酸钙，还可制备 L-天冬氨酸螯合钙。王真等采用煅烧、过筛、球磨 3 种处理方式制备出 L-天冬氨酸螯合钙，发现直接过筛的牡蛎壳粉与天冬氨酸的螯合率优于其他两组，在 pH=4.5、反应温度为 50℃、反应时间为 100min、L-天冬氨酸与 Ca^{2+} 物质的量比为 2:1 时，其螯合率达到 98.5%。

6.3.1.4　在农业领域中的应用

（1）土壤修复。

我国土壤酸化、肥力减弱、板结、重金属超标等问题日渐突出，直接导致农作物减产和品质下降。镍是极难处理的一种重金属，常用来评测环保材料的重金属处理性能。HANNAN 研究了生物炭与贻贝壳及其活化混合物对镍污染土壤的土壤性质、酶活性和镍（Ni）固定化的影响。结果表明，生物炭与贻贝壳结合对镍固定化效果更好，显著降低了重金属的毒性，对油菜的生长、生理特性和抗氧化防御系统具有促进作用，是修复土壤重金属污染的一种优异的环保材料。LU 以贻贝壳为原料，在冷冻条件下，采用脂肪醇-聚氧乙烯醚表面活性剂渗透裂解，获得了一种新型的微介孔材料。所得材料表现出良好的吸附性能，添加到石油污染的土壤中可吸附污染物，促进了初始污染土壤的再生。当土壤中贻贝壳微介孔材料的含量为 400g/kg 时，土壤修复效果最好，石油烃的去除率达到 49.38%。

（2）畜禽饲料。

钙是畜禽生长发育的关键矿物质。贝壳是优良的天然钙来源，同时还富含多种微量元素，其提供的钙源与天然石灰石钙源相比，具有更高的消化率和保存性。将贝壳（如牡蛎壳）高温干燥、粉碎处理后可制成各类的钙源添加剂，此类饲料添加剂具有经济环保、安全健康、成本较低的特点，可满足家禽对钙的需求，促进新陈代谢，提高免疫力，提升禽蛋的品质。

（3）吸附剂。

高温煅烧后，贝壳中的有机物分解，贝壳的结构会变得疏松，温度升高至 850℃以上时，碳酸钙会分解成氧化钙并释放出二氧化碳，贝壳粉的孔隙率和比表面积增加，吸附性能提高。研究表明，贝壳经加工处理后可用于吸附和去除有色染料废水、土壤重金属离子污染、海洋石油污染、含磷废液等污染物。JIBING XIONG 使用贝壳材料作为吸附剂，研究了贝壳材料对污水中的磷酸盐的处理效果，结果表明，贝壳材料具有优异的吸附效能，对水体中磷的有效去除有显著效果，对富营养化水体的治理具有一定的作用。

6.3.1.5　在医学领域中的应用

贝壳中约含有 95% 的碳酸钙，是优质的天然生物质钙源。贝壳经过粉碎处理后可直接制成钙制剂，也可作为乳酸钙、葡萄糖酸钙等钙强化剂的原料。李晓娇以贻贝壳为原料，粉碎后通过醋酸菌的发酵，得到以乙酸钙为主要成分的有机钙产品，钙离子浓度最高可达到 33.99mg/mL，发酵得到的乙酸钙晶体细长，结晶度高，溶解性好，有利于人体的吸收。宋小萍基于贻贝壳材料中的壳聚糖成分，采用酸碱消化法构建了一种新型多孔弹性创面薄膜敷料，用于大鼠皮肤创伤的修复，可促进皮肤创口愈合、皮肤组织新生血管形成，有助于减少疤痕的产生，在创伤修复和其他生物治疗方面具有良好的应用前景。

牡蛎壳作为传统中药材，在我国传统医药典籍中早有记载，可用于治疗自汗盗汗、头晕目眩、溃疡痰核等症状，有潜阳补阴、重镇安神、软坚散结和收敛固涩等功效。周森麟等以牡蛎壳为主料并添加多味中药制成复方牡蛎合剂，经临床证明牡蛎壳具有健脾补气、敛汗生肌和壮骨益肾的功效。用该牡蛎复合剂饲养患有佝偻病的大鼠，发现其在动物体内的吸收利用和治疗佝偻病的疗效均优于西药及其他补钙剂。任金明将牡蛎壳煅烧后粉碎成粉末，用于治疗成人小腿因静脉曲张诱发的溃疡流脓，对 16 例患者进行为期 3 个月的临床试验，发现94%的患者的病情均得到有效控制，取得了良好的治疗效果。

6.3.1.6 在化工领域中的应用

随着社会不断进步，人民生活水平不断提高，人们采用大量化工合成的装饰材料进行室内装修，造成室内空气污染越来越严重。陈列列通过煅烧处理废弃贝壳，获得了结构疏松的贝壳粉，以结合 Gr-BiVO$_4$-TiO$_2$ 制备具有较高紫外—可见光光催化性能的涂料，结果表明，贝壳粉涂层对甲醛具有吸附作用，循环降解的稳定性较好，具有一定的重复利用功能。曾敏等利用珍珠贝粉上的钯制备一种高效、可回收的多相催化剂，成功应用于芳族卤化物的还原偶联，负载在壳粉增强壳聚糖微球上的多相钯催化剂催化稳定性和活性均得到显著提高。XIONG 通过傅里叶红外光谱、热重分析、原子吸收光谱和 X 射线粉末衍射等手段成功制备了一种高效、可回收的废牡蛎壳粉（OSPs）负载的 CuBr 催化剂（OSPs-CuBr），OSPs-CuBr 表现出较高的催化活性和稳定性，在 OSP 粒子表面的几丁质和蛋白质分子在 CuBr 的螯合中起着重要作用，这使得 OSP 的 CuBr 具有更好的化学稳定性。

6.3.2 废弃贝肉和内脏的高值化利用

6.3.2.1 马氏珠母贝肉

马氏珠母贝（*Pinctada martensii*），又称合浦珠母贝，属软体动物门双壳纲珍珠贝目珍珠贝科，是目前世界上用于海水珍珠生产的主要贝类。目前我国海水珍珠产量的90%以上源于该贝种。在我国，马氏珠母贝的养殖区域主要分布在广东、广西、海南和台湾海峡南部沿海等地区海面，近年来我国南珠产量在 15~30 吨波动，据估算每年采珠后的贝肉（全脏器）可达 2000~4000 吨。这些贝肉除少数鲜销外，因缺乏有效的加工手段，大部分被作为饲料廉价出售，或当作生活废弃物进行处理。中国药典（2015）指出珍珠具有解毒生肌、润肤祛斑等功效。近年来对珍珠贝的研究发现，其贝肉和分泌物中同样含有与珍珠功效类似的活性成分，有待深入挖掘和开发利用。当前，在珍珠养殖产业中，取珠后的贝肉、分泌物等的利用附加值很低，亟须研究如何对其深入地开发和利用。

（1）蛋白质及其氨基酸。

马氏珠母贝肉的蛋白质含量为74.9%~81.2%（干基），该值高于牡蛎（45%~52%）、文蛤（70.53%）、贻贝（59.1%）等常见贝类的蛋白质含量。其必需氨基酸占总氨基酸的32%，根据 FAO/WHO（1973）提出的理想蛋白质中人体必需氨基酸含量的模式，马氏珠母贝肉为优质蛋白质源。此外，马氏珠母贝肉蛋白质的氨基酸组成中呈味氨基酸如谷氨酸、天门冬氨酸、甘氨酸等含量丰富，其中谷氨酸和天门冬氨酸是呈鲜味的特殊性氨基酸，而甘氨酸和丙氨酸是呈甘味的特征性氨基酸，其呈味氨基酸总量约占总氨基酸的56.2%，从而赋予了马氏珠母贝肉特有的海鲜风味，利用其呈味氨基酸丰富的特性，可用来制作各种各样的海鲜调味品。

马氏珠母贝肉游离氨基酸中牛磺酸（分子式 $C_2H_7NO_3S$）的含量较高，在 13.83~23.2mg/g（干基）。另有研究通过邻苯二甲醛柱前衍生高效液相色谱法测定马氏珠母贝肉中的牛磺酸含量为6.254g/kg。牛磺酸是一种含硫、非蛋白质结构的特殊氨基酸，不参与蛋白质的合成，具有抗肿瘤、抗氧化、保护肝脏、提高胆囊功能、降血压和抗心律失常等药理作用。

（2）脂质。

脂肪，作为六大营养素之一，可为机体正常运作提供能量和营养，对生物体的生命活动尤为重要。马氏珠母贝肉中的脂肪含量为6.5%~6.6%（干基）。在贝肉脂肪组成中，C_{14}~C_{22}的脂肪酸含量约占总脂肪含量的67.5%。不饱和脂肪酸中二十碳五烯酸和二十二碳六烯酸具有降血压、降血脂、防治动脉硬化、促进大脑发育等生理功能，经研究得出贝肉中二者的含量分别为12.6%和22.1%，远远高于牡蛎和贻贝。此外，在贝肉的47种脂溶性成分中，烷烃类化合物——棕榈酸含量高达58.78%。

（3）多糖。

马氏珠母贝肉中的碳水化合物主要是多糖，其含量约为6.6%。卢传亮等采用双酶水解法提取马氏珠母贝多糖，并用苯酚-硫酸法对多糖含量进行测定，得率为1.91%。研究结果表明马氏珠母贝肉多糖保湿效果显著优于甘油、丙二醇等传统保湿剂。

6.3.2.2　鲍鱼内脏

鲍鱼内脏占鲍鱼体重的20%~30%，含有12.5%的蛋白质、氨基酸、脂肪及碳水化合物。对于鲍鱼内脏的回收利用研究主要是制备生物活性物质和研制功能食品。王莅莎等提取了鲍鱼内脏多糖，并考察了其体外抗肿瘤及免疫调节活性。发现鲍鱼内脏多糖能够增强淋巴细胞增殖、腹腔巨噬细胞吞噬功能和自然杀伤细胞的杀伤能力，而且对Hela细胞和人慢性髓原白血病细胞具有一定的抑制作用。朱莉莉等从鲍鱼内脏中提取活性鲍鱼内脏蛋白多糖并检测其抑瘤作用，结果表明鲍鱼内脏多糖能抑制H22肝癌细胞的生长，其抑瘤作用很可能是通过增强荷瘤小鼠的免疫功能来实现的。ZHOU等检测了鲍鱼内脏酶解产物的体外抗氧化活性，结果表明鲍鱼内脏可作为抗氧化活性肽的来源。ZHU等研究了鲍鱼内脏硫酸多糖的胆囊收缩素释放活性，发现硫酸多糖可促进胆囊收缩素的释放。

6.3.2.3　扇贝裙边

目前，对扇贝裙边再利用的研究主要是提取生物活性物质或制成食品、调味品。扇贝裙边的活性物质主要是糖胺聚糖，有关其生物活性的研究很多。孙福生等通过研究糖胺聚糖对U937泡沫细胞形成过程中抗氧化酶、NO和Ca^{2+}的影响，探讨了其抗动脉粥样硬化的机制。丁守怡等观察栉孔扇贝裙边中糖胺聚糖对体外培养的血管平滑肌细胞（VSMC）增殖作用及对肿瘤坏死因子（TNF）mRNA表达的影响，发现其对VSMC的增殖和由bFGF诱导增殖的VSMC内TNF mRN的表达均有抑制作用，且随着糖胺聚糖浓度的升高，抑制作用增强。张俊玲等研究了糖胺聚糖对高糖所致OX-LDL损伤的保护作用及其机理，发现糖胺聚糖可减轻OX-LDL对血管内皮细胞的氧化损伤。并且，研究发现糖胺聚糖还有很好的抗肿瘤、抗氧化和抗病毒活性作用。此外，曾庆祝等以扇贝裙边为原料，以酶解膜分离组合制备ACE抑制肽，确定制备ACE活性抑制肽的最佳酶种及酶解工艺技术条件。

有些研究将扇贝裙边制成食品添加剂、调味品。崔小凡等人以虾夷扇贝裙边为原料，利用中性蛋白酶制备其酶解物及美拉德反应产物，实验表明扇贝裙边酶解物-核糖美拉德反应产物具有良好的抗氧化能力，可作为抗氧化剂应用于食品工业中。刘鹏莉等将酶解与美拉德反应联合制备具有抗氧化活性的扇贝裙边调味基料，在最佳工艺参数条件下，联合美拉德反应处理制得的扇贝裙边调味基料具有较好的抗氧化活性。魏玉西等选择由中性蛋白酶、胰蛋白酶和复合蛋白酶 3 种酶组合成 3 对混合酶对扇贝裙边进行酶水解实验，以最佳水解工艺条件获得的酶解液经喷雾干燥制成氨基酸营养粉，经检测，该氨基酸营养粉中氨基酸种类齐全，每 100g 粗蛋白中氨基酸总量达 79.06%，其中游离氨基酸总量达 51.53%。纪蓓和周坤以扇贝裙边为主要原料，选用酱油中的米曲霉发酵，研制出一种营养丰富的新型海鲜酱。朱麟等以扇贝裙边为原料，经酶解后获得的水解液再经过浓缩、调配和干燥可制成营养丰富、有浓郁海鲜风味的调味品。丁琦等以扇贝裙边为主要原料，经过科学加工酿造成各种营养丰富、海鲜风味浓郁的海鲜酱油。

6.3.2.4 贻贝肉

贻贝属软体动物门（mollosca），瓣鳃纲（lanellibranchia），异柱目（anisomyaria），贻贝科（mytidea），是一种营足丝附着生活的双壳类软体动物，俗称海虹、壳菜、淡菜，是我国重要的养殖贝类之一。贻贝因生命力强，易于大量人工养殖，在我国山东、辽宁、浙江、福建、广东、海南等沿海省份都有广阔的养殖海域。贻贝肉鲜味美，营养丰富，富含蛋白质，素有"海中鸡蛋"的美称。

贻贝加工过程中会产生大量的蒸煮废液，每生产 1 吨贻贝产品，就会产生 1.5 吨蒸煮液。将贻贝蒸煮液直接排放不仅会带来极大的环境压力，也造成了其中水溶性营养成分和蛋白质的浪费。研究发现，贻贝蒸煮液中富含蛋白质、氨基酸等物质，是一种极好的制作海鲜风味调料的原料。王欣等将贻贝蒸煮液加到酱油中制备了一种具有贻贝风味且营养价值高的酱油，为贻贝蒸煮液的综合利用提供了新的途径。也有学者通过对贻贝蒸煮液进行酶解，开发了海鲜调味酱。

6.4 甲壳类加工副产物综合利用

世界上的甲壳动物的种类很多，大约 2.6 万种之多。虾、蟹等甲壳类水产品营养丰富，味道鲜美，具有很高的经济价值。虾、蟹在加工过程中会产生大量的虾（蟹）头及虾（蟹）壳等副产品，其中含有丰富的营养物质。

（1）虾类加工副产物利用现状。

我国虾产量丰富，自 2002 年开始，对虾产量居全球第一。近年来，其产量呈跳跃式增长。2022 年，虾养殖产量高达 450 万吨。目前，我国南美白对虾主要以出口为主，而出口产品又以虾仁居多。在虾的加工过程中会产生大量的虾头、虾壳等下脚料（占整虾的 30%～40%）。虾副产品主要是指原料虾筛选后加工成虾仁、虾尾及整肢虾等产品的下脚料，包括无法加工利用的低值小虾、虾壳、虾足及虾头。这些副产品含有丰富的蛋白质、虾红素、不饱和脂肪酸等营养物质，含有钙、镁、磷等矿物质盐类以及脑磷脂、卵磷脂、类胡萝卜素、碳水化合物、纤维素、维生素等营养成分，还有各种氨基酸和人体必需的微量元素。此外，虾头内含有的虾黄，也具有良好的风味，并且虾副产品中还含有经济价值非常高的甲壳素。因此，虾头、虾壳是一种优质的资源。

（2）蟹类加工副产物利用现状。

蟹是十足目短尾次目的甲壳动物，尤指短尾族的种类（真蟹），也包括其他一些类型，如与短尾族相似的歪尾族的种类。全世界的蟹类品种繁多，大约有 4700 种，中国约有 800 种，分布于海洋、陆地及湖泊河流等，主要可分为淡水蟹和海水蟹，大部分蟹均可食用，但也需要根据个人体质适当食用。蟹肉富含蛋白质、多不饱和脂肪酸、微量元素及风味类物质等，滋味鲜美，营养价值高，是人们喜爱的一种水产食品。随着我国海洋农业的发展及人工养殖技术的提高，蟹的产量逐年增加，但在生产和食用过程中产生的蟹壳及内脏部分通常作为废弃物丢掉，这不仅会造成环境的污染，还会造成资源的浪费。此外，蟹壳本身也是一种宝贵的生物资源。中医认为蟹壳味咸、性寒，具有清热解毒、软坚散结、破瘀消积、退翳明目等功效，在医药卫生领域具有很广泛的应用前景。因此，对蟹壳进行回收并利用现代食品新技术对其科学加工与处理，变废为宝，提高蟹类综合利用率，对实现环境保护与社会经济共同发展具有重要意义。

6.4.1　提取甲壳素和壳聚糖

壳聚糖为白色或灰白色的半透明片状固体，略有珍珠光泽，不溶于水和碱液，可溶于大多数稀酸。废弃的虾蟹壳可生产甲壳素，而甲壳素是生产壳聚糖的重要原料。壳聚糖纤维不但具有类似纤维素的用途，而且具有比其更为广泛的用途。壳聚糖纤维无毒，具有生物活性、生物亲和性、降解性、兼容性、免疫抗原性等特殊性能，可用作手术缝合线，具有消炎止痛、促进伤口愈合的功效，能被体内溶菌酶分解成糖蛋白为人体吸收。美国、日本已用它制造人造皮肤、止血棉、血液透析膜及各种医用敷料等。壳聚糖纤维还可应用于保健内衣、内裤等。除在医疗和纺织服装领域中应用外，壳聚糖纤维表面存在大量氨基基团，是极好的整合聚合物，依据这一性质可将其应用于重金属废水处理，以除去重金属离子。

甲壳素和壳聚糖的制备方法主要包括脱矿物质、脱蛋白、脱色 3 个步骤。传统的化学提取法及新型的酶法和微生物发酵法均可以脱除虾、蟹壳中的矿物质和蛋白质，得到甲壳素。以下综述提取甲壳素的各种方法。

（1）酸碱法。

酸碱法是目前利用虾壳和虾头提取制备甲壳素和壳聚糖最普遍的方法，也是目前工业上大规模利用虾壳和虾头制备甲壳素和壳聚糖的主要方法。一般通过盐酸浸泡、氢氧化钠溶液碱煮、高锰酸钾或双氧水溶液脱色、干燥提取得到甲壳素，再用强碱使甲壳素脱乙酰基可制备壳聚糖。此法的优点是操作简单、方便，但会耗费大量能源和资源。另外，加工过程中会产生大量的废液，对环境造成严重污染，而且处理费用高。

酸碱法步骤如下。

1）选料及预处理。

选用新鲜的虾壳原料，去除残留的肉质和污物后在 60℃下烘干。

2）酸浸。

盐酸浸泡主要是为了溶解甲壳中的碳酸钙和磷酸钙，一般用 5% 的盐酸溶液浸泡，直至溶液中无气泡产生，并且使虾壳变软，整个浸酸过程需要 6~10h（具体时间根据实际情况而定）。浸酸完毕后，水洗至中性。

3）碱煮。

盐酸浸取后的软虾壳仍含少量蛋白质、脂肪、色素和其他杂质，因此必须通过碱煮，以除去部分杂质、破坏部分色素及脱除蛋白，一般用 8%~10% 的氢氧化钠溶液煮沸 1~2h，此时虾壳质地更软，色泽变浅，再用水洗至中性。

4）脱色。

虾壳中所含有的虾红素等色素在酸浸和碱煮过程中并不能全部去掉，而是需要用氧化还原的方法进行脱色，为防止高锰酸钾还原不完全或二价锰被空气氧化，反应需要在酸性环境中进行。具体操作：将洗净碱液后的软壳压榨去水，加到浓度为 1% 的高锰酸钾溶液中浸泡 1~2h，取出后用水洗净，尽可能洗去附着的高锰酸钾。此时甲壳素是紫色的，还原剂可用草酸、硫代硫酸钠、亚硫酸氢钠等，一般采用亚硫酸氢钠，浓度为 1%~1.5%。还原过程中应不断翻动原料，使褪色均匀完全，至高锰酸钾的紫色褪尽为止。

5）干燥。

将漂白后的原料取出，用水洗净，以防四价锰的产生而引起成品泛黄的现象，然后经干燥和粉碎处理，即制得甲壳素。

6）碱泡。

将甲壳素用 40%~50% 的碱液浸泡，并加热到 60℃、保温 44h，脱乙酰基，然后过滤洗涤至中性，经干燥、粉碎即得到白色半透明珍珠状的壳聚糖。

值得注意的是，制备过程中的加热温度和时间对产品的质量影响较人，温度高或时间长都会造成产品色泽发黄。此外，还要避免物料与空气接触，以减少降解作用，提高产品质量。

（2）酶协同化学法。

酶协同化学法是利用酸结合蛋白酶脱除虾、蟹壳中的矿物质和蛋白质以制备甲壳素。该法可以利用商业化的蛋白酶，包括碱性蛋白酶、酸性蛋白酶及风味蛋白酶等，也可以利用产蛋白酶的微生物，如产中性蛋白酶的枯草杆菌等。VALDEZ-PENA 等用几种不同的蛋白酶水解虾头中的蛋白质，同时用微波（400W，30min）辅助 1mol/L 的乳酸脱除虾头中的矿物质，结果发现水解蛋白酶 ALEALASE 能使虾头中的难溶性蛋白质明显减少，且矿物质含量也明显降低，这表明蛋白酶有利于虾、蟹壳中蛋白质的脱除。段元斐等复合使用木瓜蛋白酶和枯草杆菌中性蛋白酶，并结合 10% 的柠檬酸提取蟹壳中的甲壳素，得到的甲壳素中的灰分含量为 1.0%，蛋白质含量为 6.7%，且超滤处理后的酶解液可以制备海鲜风味的调味品。MIZANI 等对用碱性蛋白酶结合亚硫酸钠和聚乙二醇辛基苯基醚去除甲壳素中的蛋白质进行了研究，结果表明，该法可以有效去除虾壳中的蛋白质，甲壳素中蛋白质的残余量仅为 0.87%，且水解液经干燥后所得的蛋白粉中富含必需氨基酸，可作为良好的畜禽饲料添加剂。MIZANI 和段元斐的研究都能回收废液中的蛋白质，加工成富含蛋白质的产品，但是后者得到的甲壳素中蛋白质仅含 0.87%，脱蛋白效果更好。

酶协同化学法制备甲壳素的反应条件温和，对甲壳素的主链结构影响比较小，且酶解液中的钙和蛋白质等有效成分可回收利用。但该法耗时长，脱蛋白质效果不及化学法，商业化酶比较贵，工业化生产的成本高于酸碱提取法。

（3）微生物发酵法。

微生物发酵法主要是利用真菌或细菌发酵体系中产生的有机酸及蛋白酶去除虾、蟹壳中的矿物质及蛋白质，从而获得高纯度的甲壳素，是一种提取甲壳素的新方法。用于发酵提取甲壳素的微生物主要有芽孢杆菌属、乳杆菌属、沙雷氏菌属、嗜热链球菌等。研究表明，乳酸菌产酸的速度和产酸量不仅取决于菌种，还取决于碳源、培养基成分及发酵过程的 pH 等因素，可以通过优化发酵条件获得纯度比较高的甲壳素。

微生物发酵法提取甲壳素时，蛋白质的脱除一方面是通过菌株发酵过程产生的蛋白酶的作用，另一方面是依靠虾头中内源性蛋白酶的自溶作用。许多研究结果都表明虾头中的内源性蛋白酶，如磷酸化酶、脂肪酶、肠道酶等都有降解组织中蛋白质的作用。

微生物发酵法提取甲壳素的反应条件温和，耗能少，甲壳素结构不被破坏，对环境友好，蛋白质、虾青素等能被有效回收利用，但此方法的生产时间较长，且需要发酵罐等设备，工艺较为复杂，多数微生物发酵过程中脱矿物质和脱蛋白质不够充分，甲壳素提取率符合工业级要求的极少。

（4）离子液体提取法。

离子液体具有高溶解性，QIN 等首次提出了运用离子液体 1-乙基-3-甲基咪唑乙酸盐提取甲壳素的方法。连海兰等将处理后的虾、蟹壳粉按一定质量比加到氯化胆碱、硫脲制备的低共熔离子液体中，加热搅拌反应一段时间后，以水作为反相溶剂，通过离心、分离、干燥得到甲壳素。该方法具有处理条件温和、提取工艺简单、反应易于控制的特点，同时低共熔离子液体的成本低，可回收再利用，减少环境污染，降低能源消耗。吕兴梅等将虾、蟹壳粉末与季铵盐离子液体混合、加热搅拌，通过季铵盐离子液体将虾、蟹壳中的碳酸钙和蛋白质等杂质溶解去除，而后将虾、蟹壳中不溶于季铵盐离子液体的甲壳素水洗、冷冻干燥得到纯度为（90±2）%的甲壳素成品。吕兴梅等又利用低共熔离子液体或其水溶液除去虾壳粉中的碳酸钙，得到除钙虾壳粉，再利用咪唑类离子液体去除虾壳中的蛋白质和色素，得到了高纯度白色甲壳素。本发明所用除钙和除蛋白质的离子液体温和、无腐蚀性、无污染，对甲壳素破坏少，所得产品纯度高达（97±2）%。国外的 LETA 等以 N，N-二异丙基乙胺乙酸溶液、N，N-二异丙基乙胺丙酸溶液和 2，2-二羟甲基丁酸乙酸为溶剂，在较温和的操作条件下，从虾壳中提取甲壳素。在 110℃ 下提取 24h，虾壳饲料的收率可达 14%，在脱乙酰度较高的碱性条件下，提取的甲壳素也成功转化为壳聚糖。吕兴梅等再次利用低共熔离子液体或其水溶液除去虾壳粉中的碳酸钙，得到除钙虾壳粉；然后用磷酸酯类离子液体脱去除钙虾壳粉中的蛋白质，即得纯度为（72±8）%的甲壳素产品。吕兴梅等通过柠檬酸两步除钙法脱除虾、蟹壳中的碳酸钙，再结合利用可降解离子液体溶解除钙虾、蟹壳中的蛋白质，使虾、蟹壳中的甲壳素得以分离，与此同时得到的柠檬酸钙是食品钙强化剂，可产生除甲壳素之外的高附加值产品，并且通过分离得到了蛋白质，实现了废弃虾、蟹壳的全组分、高值化利用，不造成环境污染，解决了现有虾、蟹壳制备甲壳素技术中使用盐酸除钙和碱除蛋白质造成的环境问题，具有广泛的工业应用前景。

5 种离子液体提取法纯度或提取率的比较见表 6-3。通过表中的数据比较，可以看出低共熔离子液体和咪唑类离子液体联用的提取法得到的甲壳素纯度最高，可以作为高纯度甲壳素的一种提取方法；氨基离子液体有着较高的提取率，值得继续研究优化，以期能够实现工业生产。

表 6-3　5 种离子液体提取法的纯度或提取率

序号	使用的离子液体	纯度或提取率/%
1	氯化胆碱、硫脲制备的低共熔离子液体	3.3
2	季铵盐离子液体	90.0
3	低共熔离子液体和咪唑类离子液体	97.0
4	氨基离子液体	13.4
5	低共熔离子液体和磷酸酯类离子液体	72.0

（5）EDTA 法。

根据 pH 13 时 EDTA-Ca 的 $lgk' = lgk$ 的特征，且 EDTA 的溶解度接近最大的特点可用 ED-TA 来制取甲壳素，在此工艺中 EDTA 可循环利用，有效地降低了成本，减少了污染。窦勇等采用 EDTA 法提取了淡水小龙虾头中的甲壳素，试验表明以 13% 的 EDTA 溶液作提取剂，在 pH 为 12、反应 25min、投料比为 1∶15（g/mL）、3℃的最适条件下，提取率达 24.05%，反应前后的钙和蛋白质脱除率分别达到了 100.0% 和 98.6%；随后，在 EDTA 方法的基础上，窦勇等又采用了超声辅助的方法，在功率为 180W、超声频率为 60kHz、超声反应为 45min、pH 为 13、EDTA 浓度为 18%、处理温度为 30℃、料液比为 1∶24（g/mL）的最佳条件下，提取物灰分含量为 0.13%，含氮量为 3.51%。孟凡欣等采用了期望函数和响应面法优化了 EDTA 法提取虾壳中甲壳素的工艺，脱钙条件：pH 为 11，EDTA 浓度为 11%，反应时间为 2h，料液比为 1∶14（g/mL），10g 虾壳粉中平均可提出 2.57g（干重）甲壳素，相对未优化的工艺提高了 20.3%。

（6）甘油提取法。

热甘油预处理法能够快速、高效地从虾壳中分离出甲壳素。废虾壳在热甘油中的预处理能够通过脱水和温度诱导的碎片去除蛋白质，形成低分子量水溶性碎片，随后通过溶于水从壳基质中去除。RAMAMOORTHY 等开发了一种更绿色的方案：用热甘油预处理虾壳，随后用柠檬酸研磨，能够在一个步骤中除去蛋白质和矿物质。光谱和热分析表明，此方法制取的甲壳素的质量优于常规化学法。连海兰等利用 100 目以下的虾、蟹壳粉，将甘油和盐酸溶液混合置于反应容器中，室温搅拌均匀后备用；将得到的虾、蟹壳粉与混合溶剂按质量比混合，反应得到产物；将得到的反应产物加入蒸馏水并冷却，在高速离心机上按设定速度、设定时间离心，反复水洗到接近中性，将沉淀物烘干后即得到甲壳素。这种方法的产品质量高，用水量少，能源消耗少，废气排放量少，产品质量优于化学法，热甘油可回收利用，方法简单、可扩展、可持续。具有很好的研究前景。

（7）强化常压等离子体法。

强化常压等离子体法采用常压介质阻挡放电等离子体对甲壳类废弃物进行预处理，强化了蛋白质的去除。BORIC 等研究中的介质阻挡放电等离子体处理过程显示出高效、快速的蛋白质去除能力，对甲壳素生物聚合物没有显著影响。此外，基于等离子体的工艺不需要任何溶剂，因此不会形成（固体和液体）废物；使用相对便宜的气态 O_2/N_2 混合物，在大气压下工作，而不使用任何昂贵的真空组件，可以直接扩大这项技术的规模。

7 种提取方法的优缺点比较见表 6-4。通过表中的比较，可以看出离子液体提取法、ED-

TA 法和甘油提取法得到的甲壳素质量较高，但是短期内不适合工业化生产。微生物发酵法和强化常压等离子体法能耗小，成本低，有较好的发展前景，应加快研究进程，以期能够尽快投入工业化生产。

表 6-4　7 种提取方法的优缺点比较

提取方法	优点	缺点
酸碱法	操作简单，处理量大	能耗、污染大，损失大
酶协同化学法	条件温和、可回收污染小	耗时长、成本较高
微生物发酵法	条件温和，能耗、污染小，不破坏副产物	脱蛋白不够充分、耗时长
离子液体提取法	保留高分子量产品，不易挥发	目前不适合大批量生产
EDTA 法	可操作性强，周期短，成本低，可回收，质量高	短期看一次性投资大
甘油提取法	产品质量高，可回收，污染小	可能导致蛋白质的主链断裂、成本较高
强化常压等离子体法	不需要溶剂、不形成固液废物、成本低	矿物质有损失、产生气态废物

6.4.2　提取虾青素

虾青素属于酮式类胡萝卜素，是一种萜烯类不饱和化合物，化学名称为 3，3′二羟基-4，4′二酮基-β-胡萝卜素，分子式是 $C_{40}H_{52}O_4$，分子量为 596.86，晶体为褐红色，熔点为 215~216℃，具有脂溶性，不溶于水，易溶于氯仿、丙酮、苯等大部分有机溶剂。虾青素易氧化，氧化后变为虾红素。其化学结构是由 4 个异戊二烯单位以共轭双键形式连接，两端以 2 个异戊二烯单位组成的六元环结构。在虾青素分子中，有很多的共轭双键，还有羟基与共轭双键末端的不饱和酮，其中的羟基和酮基构成羟基酮，这一结构特点使其具有较活泼的电子效应，能提供电子或吸引自由基的未配对电子，极易起抗氧化作用。虾壳色素有抗病毒的功能，具有高效猝灭单重态氧的作用；可清除自由基，是维生素前体之一，其生物活性是维生素 E 的100 多倍，具有保健作用。虾壳色素还可作为鱼类和家禽饲料的优良增色剂，可沉积在鱼类躯体的肉质里和家禽的蛋黄和皮肤内，是一种天然保健的着色剂，具有良好的应用前景。

（1）虾青素的来源。

目前虾青素的来源主要有化学合成与天然生物提取。化学合成虾青素是类胡萝卜素合成的终点，由胡萝卜素转变为虾青素需加上两个酮基和羟基。美国仅批准反式结构的虾青素用作水产养殖的添加剂，但人工化学合成的大多为顺式结构，因此人工合成的反式虾青素价格昂贵，限制了其广泛应用。

天然虾青素的生物来源主要有 3 种，包括水产品加工副产物、真菌和微藻。虾青素大量存在于虾、蟹等海洋节肢动物的甲壳中，由于缺乏相关酶系，海产动物体内的虾青素并非自身合成的，而是通过摄食含虾青素的藻类或微生物，从而在体内积聚虾青素，或是虾、蟹等甲壳类海洋动物能把摄取的类胡萝卜素转化为虾青素。

（2）虾青素生理功能。

1）抗氧化作用。

虾青素是一类短链抗氧化剂，具有极强的抗氧化性能。根据报道，DI 等利用内生过氧化物的温敏消散产生分子氧，研究了多种类胡萝卜素猝灭分子氧的能力，发现虾青素猝灭分子氧的能力最高。另外，虾青素可以清除 NO_2、硫化物、二硫化物等。可见，虾青素的抗氧化功能是很强的，可以充分应用在保鲜工业中。

2）抗癌变作用。

虾青素在抗肿瘤细胞增殖方面具有明显的生物学功能，能有效抑制肿瘤的发生。

3）增强免疫作用。

研究表明，虾青素和胡萝卜素两种类胡萝卜素对小鼠淋巴细胞体外组织培养系统有免疫调节效应，胡萝卜素的免疫调节作用与维生素 A 活性无关；虾青素表现出更强的作用，具有提高免疫功能的作用。

4）显色作用。

实验表明，虾青素的色素沉积是可以调节的，而且该色素是天然、无毒、无害的，可以广泛用在食品添加剂中。

5）虾青素具有改善肝脏的功能，以及增强鱼类防御能力的功效。

因此，虾青素在食品添加剂、化妆品、保健品、水产养殖和医药等领域有着广阔的应用前景。

（3）虾青素的提取方法。

目前，提取、回收虾青素的方法主要有 4 种：碱提法、油溶法、有机溶剂法及超临界CO_2 萃取法。

1）碱提法。

在一些甲壳类动物中，虾青素由于与蛋白质结合而变成深蓝色或绿色，碱提法就是运用了碱液脱蛋白的原理，使虾青素与蛋白质分离，从而获得较纯的单体。杜云建等通过稀碱法提取虾壳中的虾青素，最佳提取条件：固液比为 1∶4、氢氧化钠浓度为 0.5mol/L、提取温度为 50℃，虾青素提取率可达到 9.31%。

2）油溶法。

虾青素是一种脂溶性色素，油溶法正是利用了这一特性。油溶法所用的油脂主要为植物油脂类，常见的有大豆油、葵花籽油、花生油、椰子油等。SACHINDRA 比较了多种植物油的虾青素提取率，其中葵花籽油对虾青素的提取率最高，在最佳条件下可达到 2756mg/kg。Pu 用亚麻籽油提取虾壳中的虾青素，虾青素的含量为 0.48mg/kg，并研究了提取过程中脂质氧化和虾青素降解的动力学模型。

3）有机溶剂法。

有机溶剂是提取虾青素的有效试剂，常见的溶剂有乙醇、丙酮、乙酸乙酯、二氯甲烷等。杜春霖以二氯甲烷为提取液，同时利用微波辅助提取，液相色谱测定虾青素得率为 3.92%。张晓燕等采用二氯甲烷浸提法，虾青素的提取量可达到 131.56μg/g（湿重）。

4）超临界流体萃取法。

超临界流体萃取是以高压、高密度的超临界状态流体为溶剂，从液体或固体中萃取所需要的组分，然后采用升温、降压或二者兼用和吸附等手段将溶剂与所萃取的组分分离。周雪晴等采用超临界 CO_2 萃取海南对虾虾壳中的虾青素，在最佳提取工艺条件下，测得虾青素的提取率为 0.996%。周湘池等用超临界 CO_2 流体技术从虾壳中提取虾青素，当无夹带剂存在时，在最佳条件温度为 80℃、压力为 45MPa、萃取时间为 2.5h、CO_2 流量为 20kg/h 下，虾青素提取率为 20mg/kg。

上述的 4 种提取方法各有优缺点：①碱提法工艺简单，成本低，提取时间短，但游离的虾青素在碱性环境中的稳定性低，且通过高温碱性环境的处理，虾青素易被氧化成为鲜红色的虾红素或虾青素的降解产物。②油溶法提取过程的温度一般较高，虾青素受热易破坏，提取后色素油不易浓缩，产品在储藏稳定性方面受到一定影响。③有机溶剂法提取的虾青素的破坏程度较小，可将溶剂旋转蒸发后回收循环利用，但大部分有机溶剂易挥发，有一定的毒性，提取时用量也较大，故该法在实际应用中受到一定的限制。④超临界萃取的产品具有纯度高、溶剂残留少、无毒副作用等优点，可更高效地提取虾青素，但设备昂贵、生产技术要求较高，实现规模化生产存在一定的困难。

6.4.3　生产甲壳类蛋白粉

目前，回收虾蟹等甲壳类水产品加工下脚料中蛋白质的方法包括碱水解法、酶水解法、微生物发酵法等。

（1）碱水解法。

碱水解法是使蛋白质的肽键在碱溶液中发生断裂的方法。BATISLA 曾成功利用碱法回收鱼加工下脚料中的蛋白质。此方法简单、价廉，但由于反应条件剧烈而使氨基酸受损严重，难以按规定的水解程度控制水解，水污染较大。而且能够使 L-氨基酸形成 D-氨基酸，并形成 Lys-Ala 这样的有毒物质，因此很少采用碱水解法来制备供人类食用的水解蛋白。

近几年发展了超声波辅助碱法提取蛋白质的技术，利用超声波对细胞进行物理性破碎使细胞壁和细胞膜遭到破坏，加快蛋白质在碱液中的溶解速率，以提高蛋白质的提取率。姜震用超声波辅助碱法提取龙虾废弃物中的蛋白质，并对其性质进行研究，结果表明蛋白质的提取率为 78.6%。

（2）酶水解法。

酶水解是通过酶制剂打开蛋白质的肽键，将蛋白质降解为多肽、寡肽、氨基酸等，酶水解蛋白质的条件温和，反应过程容易控制。由于酶存在特异性的催化位点，因而能够在一定条件下产生特定的肽。并且酶法水解后，蛋白质的性质和功能发生了改变，如溶解性增强、乳化性得到改善、易于被人体吸收等。目前，国内外关于酶法回收蛋白质的研究较多，主要包括利用虾自身的组织蛋白酶分解蛋白质而发生的自溶作用，以及添加工业酶制剂将蛋白质水解分离。

（3）微生物发酵法。

微生物发酵法是利用真菌或细菌发酵虾壳和虾头等废弃物中的蛋白质，使蛋白质水解而达到脱除的目的。YANG 等比较了不同菌株对蛋白质的脱除效果，结果显示枯草芽孢杆菌 Y-108 效果最好。JUNG 等筛选粘质沙雷菌 FS-3 发酵蟹壳，发酵 7 天后蛋白质的回收率为 84%，但目前此方法的研究还处在实验室阶段，尚未大规模应用到工业生产中。

微生物发酵法的生产工艺流程：虾壳→粉碎→盐水提取→过滤分离→滤渣 1+滤液 1；滤渣 1→碱解→过滤分离→滤渣 2+滤液 2；合并滤液 1 和滤液 2→减压浓缩→原料半成品。

将得到的原料半成品进行浓缩，浓缩液含有丰富的蛋白质、甲壳素及矿物质等，还具有虾类的特有风味。将此浓缩液根据不同需求适当地调香及灭菌后，即可作为一种饲料添加剂原料，可用来补充或调节蛋白质添加剂含量。

6.4.4 提取虾脑油

虾头中粗脂肪含量为 19.5%，还含有其他脂类物质。江尧森等用溶剂抽取虾脑的混合物，所得的类脂物为虾脑类脂物，色泽呈显著的红色，无虾腥味，较黏稠。其酸值为 94.6mgKOH/g，皂化值为 182.5mgKOH/g，碘值为 142.6g/100g，折射率为 20、1.47，不皂化物为 3.57%。

虾脑油富含脂肪、虾黄质脂类、虾红素和类胡萝卜素等营养成分，可作为食品工业和家庭用餐的调味料。

虾脑油的制取方法有油浸取法和溶剂抽提法。以油浸取法为例，取虾头肉加入其质量 1~2 倍的混合油（精炼的豆油与花生油按 1:1 混合而成）于 100℃下提取 5min，冷却，离心可得虾脑油。溶剂抽提法是将虾头与其质量 5 倍的石油醚、丙酮和水组成（体积比 15:75:10）的溶剂混合，振摇放置过夜，过滤，滤渣用石油醚洗至无色，滤液用蒸馏水洗掉微量的丙酮，再用无水硫酸钠吸去残留的水分，分离，在 40℃下蒸去石油醚，可得虾脑类脂物。赵平等利用有机溶剂提取龙虾虾头中的虾油，通过单因素试验和正交试验，获取最佳提取工艺条件：提取温度为 60℃、提取时间为 50min、料液比为 1:7、环己烷与乙酸乙酯为提取剂、提取剂混合比为 46:54。最佳提取条件下虾油的提取率为 16.69%。

6.4.5 提取蟹油

蟹肉肉质细嫩，富含营养成分及微量元素，在水产品中附加值较高。目前，国内外对蟹的研究主要集中在甲壳素及其衍生物方面，且以蟹壳为原料制取油脂的研究多以保健型药物、滋补品等形式呈现，通常都是做成胶囊形式的功能性产品，而对作为日常生活中香味油脂的蟹油的研究却少有报道。常见的蟹油主要是以食用油浸提蟹中的脂溶性成分而制取的具有蟹香风味的调味料。

（1）蟹油加工工艺流程。

蟹壳→前处理→加植物油和调味酒、熬煮并搅拌→过滤→滤油加热→冷却过滤→成品蟹油→装瓶。

（2）操作要点。

①原料配比。蟹壳：植物油：调味酒 = 60:40:1。

②蟹壳前处理。选择无异味且冷冻良好的蟹壳，解冻后加适量水进行破碎处理。

③蟹壳熬煮。将菜籽油或花生油等倒入锅中并加热至恒定温度，放入蟹壳和调味酒，熬煮约 1.5h，待蟹壳变为褐色即停止加热，加热期间需要不断搅拌防止局部过热而焦化，影响产品色泽和风味。

④过滤。使用 200 目的筛或细孔绢布进行压榨法（如板框压滤）过滤，过滤操作需趁热。

⑤加热、冷却过滤。未经加热处理的过滤油，由于还含有大量水分，容易滋生微生物从而导致油的腐败变质，因此对滤油进行加热处理是为了脱除操作中剩余的水分，保持蟹油风味，同时延长保藏期。蟹油经冷却后必须重新用 200 目筛或细孔绢布过滤，以除去加热后而

凝固的蛋白质和析出物等杂质，过滤后得到色泽鲜红、蟹香浓郁的成品蟹油。随后将产品及时装瓶以防止吸收外界水分或被污染。一般滤油再加热的温度控制在 120~130℃，根据产品水分含量的情况，通常需加热 10~20min。在加热过程中会产生泡沫，须及时捞出以免影响产品的风味及质量。

6.4.6　生产丙酸钙

钙质是虾、蟹壳中含量最高的矿物质元素，目前钙质的主要回收产物为柠檬酸钙、苹果酸钙、氨基酸螯合钙及丙酸钙等。丙酸钙与其他产物相比不仅有钙补充剂的作用，而且具有良好的保鲜防腐性能、低廉的价格，使其在食品和饲料领域有很好的应用前景。

丙酸钙是一种新型的食品保鲜防腐剂。其在酸性条件下产生的游离丙酸，具有抗菌作用，对多种引起食物变质的细菌和霉菌有较强的抑制作用，同时，对抑制黄曲霉毒素的产生具有特效。此外，丙酸钙对人体无害，可以被人体吸收并补充人体所需钙质，这是其他防腐剂不具备的优点。

丙酸钙的制备主要有两种方法：直接法和间接法。直接法就是将原料碳酸钙直接与丙酸反应制备丙酸钙，其反应过程需要加热。也有研究结果显示，在制备过程中结合水飞法可以降低重金属含量。间接法则是石灰石和蟹壳等原料先经过高温煅烧为氧化钙，与水调和为石灰乳后，再与丙酸反应制备丙酸钙。其中的高温煅烧步骤能耗大，成本高，会产生粉尘对环境造成污染。

6.4.7　生产调味品

随着餐饮业、快速消费食品和休闲食品的发展，各种食用香精的应用越来越多。利用虾头蛋白、还原糖和半胱氨酸等原料通过美拉德反应制备的天然虾味香精，具有虾味浓郁、口感纯正、原料天然、含有多种氨基酸和多肽等营养成分的特点。这样的产品能够满足消费者对食品的天然、美味、营养的需求，成为近几年来发展迅速的调味产品之一。蛋白质在虾壳中的含量十分丰富，一般采用稀氢氧化钠水溶液提取，然后调 pH 使蛋白质沉淀，或用喷雾干燥法回收蛋白质水解液。经浓缩、喷雾干燥获得细微粉状固体，具有虾红色泽，易溶于水，产品具有甜味、甘味和浓郁的虾味。经测试，产品含有多种人体必需的氨基酸。所以，虾壳是水解动物蛋白质的好材料。其水解产物可作为天然保健品、调味品，或作为调味品的添加剂，加入酱油、豆酱、蚝油中，或配以糖、盐、谷氨酸钠、肌苷酸钠、鸟苷酸钠及香辛料制备复合调味品，用于火锅底料和快食面的调味，是一种值得开发利用的水解动物蛋白。经研究表明，虾壳中蛋白质的氨基酸成分比较平衡，其主要氨基酸为天门冬氨酸及谷氨酸。

国内外均在利用虾副产品生产调味料方面进行了一定的研究。目前市面上所见的海鲜香精多数采用人工调配而成，其产品的香气单一，缺乏天然感，且通常不耐高温。当前国内在天然的海鲜香味料生产技术方面的研究成果和产业化技术较不成熟，对于调味料本身而言，用鱼虾类水解物生产的调味料具有风味独特、原料来源广泛、加工费用较低的特点，可逐步取代化学调味料而成为安全卫生的调味佳品。利用热反应生产调味料可在降低生产成本、减少脂肪含量、缩短生产周期的同时，使产品风味更加饱满，更加接近于原味。因此，研究开发天然海鲜香味料的制备技术具有广泛的应用前景和市场价值。

（1）制备虾头酱。

邓尚贵等将虾头、虾壳油炸、粉碎和磨浆制成的虾头酱具有较强的防腐抑菌能力，而且含有 18 种氨基酸，必需氨基酸与非必需氨基酸比例适当。郑晓杰等将虾头制成超微虾头粉后，经调配、胶体磨和熬酱制成的虾头酱风味独特，能够防腐抑菌。

（2）制备调味汁及虾味香精。

梁郁强等将虾头酶解、过滤和调配制成的虾调味汁为红棕色、有光泽鲜艳感，具有增鲜、调味、调香和除腥等作用。任艳艳等将中国对虾打浆、酶解和调配制成反应型虾调味香料。

6.5 头足类加工副产物综合利用

6.5.1 头足类加工副产物概述

头足类属软体动物门，几乎全是海产品种，广泛分布于世界各个海洋，现存于世的 800 多个种，如鱿鱼、墨鱼、章鱼、船蛸以及较少见的鹦鹉螺等。顾名思义，头足类是一群足生在头部的软体动物。头足类动物是最大的无脊椎动物，它们的身体多少都有点圆柱形，嘴长在身体下侧的平面上，长有尖利、像鸟嘴一样的颚，四周有可伸缩的强健触须或手臂，它们的眼睛发育得很好。

头足类水产品肉味鲜美，营养丰富，是一种优质绿色食品。按照农业部（2018 年改为农业农村部）批准发布的标准《NY/T 2975—2016 绿色食品　头足类水产品》规定，头足类水产品主要包含海洋捕捞的乌贼目（sepioidea）所属的各种乌贼（又称墨鱼，如乌贼、金乌贼、微鳍乌贼、曼氏无针乌贼等）；枪乌贼目（teuthoidea）所属的各种鱿鱼（又称枪乌贼、柔鱼、笔管等）；八腕目（octopoda）所属的各种章鱼及蛸（如船蛸、长蛸、短蛸、真蛸等）的鲜活品、冻品和解冻品。在头足类渔业对象中，就渔获量而言，枪乌贼类（通称鱿鱼）遥遥领先，渔获量占世界头足类渔获量的 73%，乌贼类（又称墨鱼）和蛸类（通称章鱼）分别名列第二和第三，产量分别占世界头足类渔获量的 8% 和 5%。章鱼、墨鱼、鱿鱼，号称"头足类三兄弟"，大多生活在温暖以及盐水浓度较高的海洋里，在我国东海、南海、渤海都有分布，且产量大，经济价值高。

近年来，头足类水产品加工产业伴随着需求量的急速增加而进入了高速发展阶段。但基于我国目前的生产技术和加工水平低下，头足类动物主体部分在加工成各种风味营养主产品的同时，产生了诸如头、内脏、皮、墨囊等大量废弃物。这些副产物的利用率很低，大都被简单加工成鱼粉用作饲料，也有一部分被随意销毁或掩埋，不仅造成了渔业资源的重大浪费，而且也严重污染了环境。随着现代海洋加工业和养殖业的发展，在建立资源节约型和环境友好型社会的强大号召下，头足类加工废弃物的生物高值化研究越来越受到重视。

6.5.2 鱿鱼加工副产物的高值化利用

目前我国每年的鱿鱼加工产量在 300 万~400 万吨，主要在山东和浙江省。一般来说，鱿鱼经解冻后主要加工为鱿鱼条、切段鱿鱼、鱿鱼花或者调味品，在加工处理过程中产生17%~35%的鱿鱼头、足、内脏和皮等副产物。这些副产物中也含有大量的粗脂肪、多糖、蛋白质等营养成分，鱿鱼皮约占鱿鱼质量的10%。鱿鱼皮中的蛋白质含量丰富，胶原蛋白是其主要成分，约占其干重的88%，另外还含有大量的脯氨酸、甘氨酸及羟脯氨酸，而且其水解物中含有丰富的生物活性肽。鱿鱼内脏约占鱿鱼质量的15%，其中含蛋白质21.24%、脂质21.15%，还富含牛磺酸、氨基酸以及其他微量元素等。调查发现，加工副产物的综合利用率不高是我国鱿鱼加工行业利润偏低的一个重要原因。据相关报道，我国水产品加工利润仅为10%~18%，而美国为91%，印度为44%，日本可达到113%。

6.5.2.1 鱿鱼墨囊

鱿鱼的墨囊约占其总体重的1.2%，墨汁中富含黑色素、多糖及肽类化合物等活性物质。囊内的鱿鱼墨是由黑色颗粒状成分组成的高密度悬液，黑色颗粒分为两层，其黑色素存在于内核中，黑色素能保护机体免受辐射的危害，同时具有抗氧化、抗菌、抗病毒及免疫调节等多种生理活性。其多糖类物质主要是由富含岩藻糖的黏多糖组成，具有防腐、抗菌、抗氧化及抗肿瘤等活性。XIN等采用超声辅助降解法在碱性条件下制备水溶性鱿鱼黑色素，并通过响应面法对制备条件进行优化。通过膜分离（分子量低于10000，分子量为10000~50000，分子量高于50000）将加工的黑色素分为不同的分子量（M_w）级分，结果显示M_w高于10000的黑色素表现出更高的体外抗氧化能力，这些馏分表现出了显著的抗氧化活性，其清除超氧阴离子自由基（O^{2-}）的IC50值介于19~80μg/mL。

（1）墨汁的利用。

墨囊中的墨汁安全无毒且着色力强，在美国和日本被作为一种天然的黑色素应用于食品生产中。日本在腌渍鱿鱼时加入墨汁，除调味外还有防腐作用。墨汁提取物具有抗菌、抗溃疡的特性已被证实，其有效成分为一种耐热的肽多糖，成为日本保健食品的重要原料。目前在日本市场上，用墨汁作配料制成的墨鱼汁保健食品很受青睐，销售量与日俱增。

鱿鱼墨黑色素属于动物源真黑色素类，基本结构骨架为吲哚类化合物，主要包括5，6-二羟基吲哚和5，6-二羟基噪酸两种结构单体。黑色素最明显的物化性质是吸收可见光和紫外光的辐射，因而具有保护体内细胞免受辐射损伤的功能，被广泛添加到防晒护肤品中；黑色素还具有显著的抗菌、抗病毒、抗氧化及抗衰老作用。此外，鱿鱼墨黑色素含有羟基、氨基或酰胺类官能团，具有很强的金属吸附作用，水溶液中Pb^{2+}、Cr^{6+}等金属离子可以通过静电吸附结合到黑色素上，所以鱿鱼墨黑色素还具有脱除有害重金属离子的能力。

不同的分离纯化方法对黑色素的生物活性有着较大的影响。目前，黑色素的分离纯化方法主要有4种，即水洗法、酶解法、酸水解法以及碱水解法。

1）水洗法。

水洗法指用双蒸法重复洗涤以去除蛋白质以及多糖等水溶性杂质，适用于含杂质较少的黑色素样品的制备，能够较好地保持黑色素原有的性质，而不影响其相关的一些活性，目前主要是用于鱿鱼墨等乌贼属墨囊黑色素的分离。

2）化学法（酸解法、碱解法）。

化学法是指采用强酸、强碱去除原料中的蛋白质等杂质来提取黑色素。但是近来研究表明强酸处理会导致真黑色素脱去羟基，而且容易使蛋白质转变成色素类似物，而碱处理则会使黑色素和一些相关蛋白质的化学成分发生变化，导致提取出来的黑色素不是原先的黑色素体，这对于研究黑色素的光物性和化学性质来说是不可行的。

3）酶解法。

酶解法主要是通过酶的作用去除蛋白质、脂质等杂质。这种方法的条件相对温和，能够保持完整的黑素颗粒形态，是提取纯化黑色素比较理想的方法。

鱿鱼黑色素提取工艺流程：墨汁→水洗→调碱→酶解→调酸→干燥→黑色素。取鱿鱼墨汁，加入蒸馏水搅拌、洗涤，用粗滤布除去杂质后，用碱液（NaOH 或 KOH）调 pH 为 5.0～10.0；在搅拌过程中，加酶水解（酶种类可选木瓜蛋白酶、碱性蛋白酶或中性蛋白酶，酶用量为鱿鱼墨汁质量的 0.5%～5.0%）。酶解温度为 35～70℃，酶解时间为 12～24h，酶解结束后在 90～100℃下加热终止反应；用酸液（盐酸或醋酸）调 pH 为 1.0～5.0，在 5000r/min 下离心收集沉淀，所得沉淀物经蒸馏水反复洗涤、离心，至洗涤水为中性，真空冷冻干燥即得黑色素成品。

（2）墨汁多糖。

多糖具有广泛的生理活性，如抗病毒、抗肿瘤、抗凝血、降血糖、降血脂、抗溃疡、抗感染等多种生理功能。20 世纪 90 年代日本青森产业技术中心和弘前大学发现阿根廷鱿鱼黑汁具有抗肿瘤作用，并从中提取得到一种高效抗癌活性成分——多糖-蛋白复合体。

墨汁多糖提取工艺流程：墨囊→预处理→酶解→过滤→乙醇沉淀→干燥→纯化→墨汁多糖。操作技术要点：①墨囊预处理。鱿鱼墨囊低温解冻，人工去除表皮膜和内部网状膜，获得墨汁，并加入其重量 2 倍的蒸馏水。②酶解。在墨汁中加入食用级脂肪酶和木瓜蛋白酶，于 35～38℃、pH 5.5～6.5 条件下进行复合酶解，使墨汁中的脂肪被水解成甘油和脂肪酸、蛋白质被水解成氨基酸和低分子肽，酶解结束将物料温度升至 90℃灭酶 20min 后，用板框式压滤机过滤。③乙醇沉淀。在滤液中加入 95% 的乙醇，至物料中乙醇浓度达到 80%（体积百分浓度），静置 10h，过滤取沉淀。④干燥。沉淀于 50～55℃下用真空干燥机干燥，即得墨鱼粗多糖。⑤纯化。取墨鱼多糖粗品用蒸馏水溶解，采用凝胶渗透色谱和阴离子交换色谱分级纯化，以提高墨鱼多糖生物活性。

6.5.2.2 鱿鱼皮

（1）提取鱿鱼油。

鱿鱼皮中含有多种脂肪酸，其中不饱和脂肪酸的相对含量高达 72.84%，尤其是 DHA 含量占总脂的 35.00%。鱿鱼皮中的磷脂富含多不饱和脂肪酸，具有抗炎以及预防慢性炎症相关疾病的作用。

（2）提取胶原蛋白或胶原蛋白肽。

鱿鱼皮中的粗蛋白约占鱿鱼皮总量的 11.52%，总糖的占比约为 1.52%，粗脂肪含量约为 0.73%，主要营养成分的含量虽不及鱿鱼胴体高，但蛋白质及脂肪的含量等也不逊于其他器官。鱿鱼皮中胶原蛋白含量丰富，且具有制备成本低、低过敏性等优点。日本等国家已经开始对鱿鱼皮进行商业化的加工与利用，将提取出来的鱿鱼皮胶原蛋白应用于香肠、面包、腌菜、香料、乳化饮料等食品中，也有少量应用将其加入化妆品中起到美容与保健的作用。

鱿鱼皮中的胶原蛋白提取方法包括热水提取、酸法提取和酶法提取等，热水提取胶原蛋白的得率为 90.26%，酸法提取的得率为 95.16%，酶法提取中木瓜蛋白酶和胰蛋白酶水解制备胶原蛋白肽的得率分别为97.56%和95.16%。实际操作中常采用酸提取法、酶提取法或酸酶结合提取法，通过聚丙烯酰胺凝胶电泳法分析可知，从鱿鱼皮中获得的胶原蛋白为Ⅰ型胶原蛋白。

鱿鱼皮胶原蛋白制品需进一步进行脱色等处理才能被广泛应用。常用的脱色方法有双氧水法、大孔树脂吸附法和活性炭法等。双氧水法操作简单，脱色效果好，但因较强的氧化作用，对样品的理化性质影响大，如残留物将会影响产品的品质。大孔树脂具有吸附量大、机械强度高、安全可靠、可再生使用等优点。郑金娃等利用不同的树脂对海参多肽酶解液脱色、脱腥，发现树脂D380脱色效果良好，且具有一定的脱腥能力。活性炭吸附能力强，微孔数量多，不仅能高效地吸附酶解液的色素，还可以通过去除水中的有机物从而达到除嗅、除味的效果，已被广泛用于水产品的脱色去腥，但该方法中的活性炭再生困难且蛋白质损失率较高。

鱿鱼皮胶原蛋白的酶解产物展现了优秀的乳化性及泡沫稳定性、溶解性，由此可见其良好的加工可塑性。杨娜等通过相关实验发现鱿鱼皮的中性蛋白酶及复合蛋白酶水解产物均具有较好的血管紧张素转换酶抑制活性，其IC50值分别是8.267mg/mL和6.330mg/mL。Ezquerra-Brauer等在研究中发现从鱿鱼皮中获得的提取物可以提高冷藏鳕鱼的保鲜效果及质量。KAO等通过相关细胞实验和动物实验证明了鱿鱼表皮磷脂提取物具有抗炎作用，富含ω-3多不饱和脂肪酸的海洋磷脂可通过凋亡模仿发挥作用，以引起炎症消退并预防慢性炎症。

接下来介绍一种鱿鱼皮胶原蛋白肽生产工艺：鱿鱼皮→捣碎→加稀碱→加稀酸→胶原蛋白粗提液→加蛋白酶→超滤→脱苦脱色→脱苦脱色→真空浓缩→喷雾干燥。

操作技术要点：①将鱿鱼皮清洗后捣碎。捣碎是为了增加鱿鱼皮的体表接触面积，使鱿鱼皮能更好地接触各种溶液，捣碎可用捣碎机直接捣碎或用剪刀剪碎。②在捣碎的鱿鱼皮中加入质量分数为0.2%~0.5%的KOH溶液或NaOH溶液（每克鱿鱼皮加30~50mL），浸泡24~30h后用水洗涤至pH为中性，再加入体积百分含量为10%~15%的正丁醇溶液（每克鱿鱼皮加30~50mL），搅拌16~24h后用水洗涤至pH为中性并沥干。加入稀碱溶液浸泡以去除杂蛋白，加入正丁醇溶液以去除脂肪，以提高产物的品质。③在已沥干的鱿鱼皮中加入质量分数为0.2%~0.5%的醋酸溶液或柠檬酸溶液（每克鱿鱼皮加50~80mL），加热至60~90℃，并不断搅拌提捏6~8h，过滤后得到胶原蛋白粗提液。加入稀酸溶液后加热以溶解抽提胶原蛋白。④调节胶原蛋白粗提液pH为7~8后加入复合酶，在超声条件下进行酶解，酶解后灭酶。其中，复合酶由胰蛋白酶、木瓜蛋白酶和碱性蛋白酶组成，各酶的质量百分含量分别为5%~8%、65%~70%、25%~30%。复合酶的加入量为鱿鱼皮湿重的3%~5%，酶解时间为1~2h，酶解温度为50~60℃。胰蛋白酶主要作用于蛋白质中碱性氨基酸羧基侧形成的肽键；木瓜蛋白酶具有较宽的底物特异性，而碱性蛋白酶主要作用于疏水氨基酸的羧基侧所形成的肽键；三者协同作用于胶原蛋白，其释放寡肽的比例高，平均分子量为100~860，能更好地被人体吸收。胶原蛋白肽的分子量越小越容易被人体吸收利用，由于单一蛋白酶仅能作用于蛋白质分子中特定的肽键，因此采用单一蛋白酶难以获得低分子量的胶原蛋白肽，而多种蛋白酶可作用于胶原蛋白的不同位点，从而获得低分子量的胶原蛋白肽。超声波具有良好的乳化效应，可以极大地降低溶液的张力和黏度、加快非均相体系的混合，使得胶原蛋白与复合酶之间的接触更加均匀与充分，通过超声波与复合酶的协同作用，可明显提高酶解速度和胶原蛋白肽的提取率。⑤选用分子截留量为1000kDa的超滤膜对步骤④中所得的酶解液进行超滤，收集滤液。

胶原蛋白肽的分子量越小越容易被人体吸收利用，而寡肽的平均分子量为 100~860，因此，选用分子截留量为 1000kDa 的超滤膜进行超滤，可以选择更易被人体所消化吸收的寡肽。⑥脱苦脱色。向所得滤液中加入活性炭，在 40~60℃下搅拌 1~3h 后过滤除去活性炭。用活性炭吸附进行脱苦脱色，去除鱿鱼皮中低分子量胶原蛋白肽的异味和颜色，不仅操作简单，成本较低，而且效果好。⑦将脱苦脱色后的滤液真空浓缩、喷雾干燥后即得鱿鱼皮低分子量胶原蛋白肽。所得的鱿鱼皮低分子量胶原蛋白肽无异味、色泽均一、生物性能良好，更易被人体消化吸收。

6.5.2.3 鱿鱼内脏

鱿鱼内脏是鱿鱼加工副产物的主要组成部分，大概占鱿鱼质量的 15%。鱿鱼内脏的营养成分丰富，其中蛋白质含量可达 21.24%（含有包括人体必需氨基酸在内的 18 种氨基酸，呈味氨基酸较高），脂质含量为 21.15%（不饱和脂肪酸 DHA 和 EPA 含量较高，ω-3 型多不饱和脂肪酸高达 35.97%），此外，还富含牛磺酸及钙、铁、磷等其他微量元素，因而具有广阔的开发前景。

（1）生产鱿鱼肝油。

鱿鱼内脏具有较高含量的粗脂肪，为 20%~30%，且具有与海鱼鱼肝油十分相似的脂肪酸组成，其不饱和脂肪酸含量高达 73.77%，其中 EPA（二十碳五烯酸）占 9.81%，DHA（二十二碳六烯酸）占 23.61%，DHA 高于 EPA。DHA 这种不饱和脂肪酸对大脑有益，这已被英、美、德、法、日本等国家的科学家通过反复的科学实验所证实。不饱和脂肪酸具有抗炎、抗血栓、抗肿瘤以及促进大脑发育、增强记忆力等多种生理调节功能。鉴于鱿鱼鱼油的组成成分，将其开发成具有保健功能的可食用鱿鱼油具有广阔的前景。

研究表明，鱿鱼肝油脂肪酸比例与膳食脂肪酸推荐比例相似。廉桂芳等以鱿鱼肝油为原料，通过构建衰老小鼠模型和急性肝损伤小鼠模型对鱿鱼肝油的生理功能进行了综合评价，发现鱿鱼肝油能够有效延缓小鼠脏器的退化过程，在一定程度上改善肝脏、皮肤组织形态的病理症状，进而起到抗衰老的作用。MOOVENDHAN 等通过测定鱿鱼肝油的营养成分以及噻唑蓝细胞毒性试验研究鱿鱼肝油的体外抗癌活性，发现鱿鱼肝油与鲨鱼、鳕鱼等商品鱼肝油具有相似的脂肪酸组成，且对肺癌细胞株（A59）有一定的细胞毒性作用，经进一步纯化与精制后可作为一种治疗肺癌的潜在药物。综上，鱿鱼肝油具有良好的生物活性，可作为功能食品及药品开发的良好来源。

1）鱿鱼肝油的提取。

油脂是油和脂肪的统称，油脂提取系指通过蒸煮、压榨、酶解等理化作用使原料组织和乳胶体结构遭到破坏，加速油脂分子的热运动，从而使油脂从已被破坏的原料组织中分离出来。传统提油法有压榨法、蒸煮法，而现阶段常用的提取鱿鱼内脏中鱼油的方法主要包括酶解法、稀碱水解法、超临界 CO_2 萃取法等。

发展鱼油提取工艺的关键在于提高提油率及鱼油品质，尽可能降低加工废弃物对生态环境造成的不良影响。酶解法提取条件温和，制得的油脂品质较高，同时可以进一步利用提油后的酶解液，增加了产品的附加值，是现阶段较好的鱼油提取方法。酶解法提取鱿鱼内脏油的研究主要集中在单一蛋白酶的提取，而对复合酶提取鱿鱼内脏油的研究鲜有报道。张丽娟等选用中性蛋白酶和木瓜蛋白酶提取鱿鱼内脏油，在 $m_{中性蛋白酶} : m_{木瓜蛋白酶}$ 为 1:2，

pH 7.0、55℃下酶解 5h，内脏提油率高达 78.21%，此法的鱿鱼油脂提取率明显高于单一蛋白酶法。

2）鱿鱼肝油的精炼。

从原料中初步提取得到的鱼油称为粗鱼油，又称毛油。初提油脂一般存在色泽过深、有不良气味、酸值较高等问题，这些问题是由其所含的游离脂肪酸、磷脂、色素、低分子醛等杂质导致。

一方面，鱿鱼内脏粗提油由于过高的酸价易发生氧化酸败，导致鱼油品质较差且难以贮藏；另一方面，鱿鱼内脏粗提油的色泽较深，也严重限制了其市场应用。因此鱿鱼内脏粗提油一般需要进行进一步的处理，即鱼油的精制。鱿鱼内脏油脂的精制工艺主要包括脱胶、脱酸、脱色、脱臭等，其中脱酸和脱色是关键步骤。

碱中和法是一种传统的鱼油精制方法，但直接使用此方法会使鱼油的得率显著降低（鱼油几乎全部转化成皂脚）、生产成本上升，而物理蒸馏脱酸又对原料含磷量有一定要求且能耗大，因此对精制工艺进行进一步优化与寻找新的精制方法成为鱼油精制产业发展的方向。林煌华等采用碱炼法脱酸、活性白土分批脱色对鱿鱼内脏毛油进行精炼，以 26°Bé 的氢氧化钠溶液为脱酸试剂，在 54℃下碱炼 26min 后，酸价降低至（0.63±0.05）mg/g；以活性白土为脱色剂，添加量为 3.7% 时，在 88℃下脱色 60min，脱色率高达（92.38±1.25）%，但此法并未给出鱼油最终得率，所以无法判断其是否具有良好的经济价值以及应用前景。李道明采用脂肪酶 SMG1-F278N 对高酸价鱿鱼油进行脱酸并对脱酸工艺进行优化，在加酶量（80U/g）与底物油的比为 1.5∶1.0，反应温度为 30℃的条件下，脱酸率达 99.57%，建立了新型酶法脱酸技术体系，对脱酸副产物进行进一步处理得到了高纯度的甘油三酯。

上述精制方法仍处于实验室阶段，与实际的精制生产工艺仍存在一定差距，可以根据实际生产条件及精深加工产品的不同而适当调整生产工艺，实现真正的产业化。鱼油中含有大量的多不饱和脂肪酸会影响其贮藏稳定性，因此在精制过程中可通过充入氮气或添加迷迭香等天然抗氧化物质来防止鱼油的氧化，提升鱼油产品品质。

3）鱿鱼油脂的抗氧化。

鱿鱼肝油中富含多不饱和脂肪酸，具有高度的不饱和性，极易受空气、光照及金属离子等影响发生自动氧化致使油脂劣变，产生过氧化物和刺激性气味，并失去原有的生物活性和营养价值，降低鱼油品质，缩短产品货架期。同时鱼油本身的鱼腥味和水不溶性也极大地限制了鱼油在食品和药品领域中的进一步应用。因此，在鱼油产品研发过程中应选择适合产品特性的维稳性技术，使鱼油的生物活性得到有效保护，提高鱼油的生物利用度是开发鱼油产品面临的巨大挑战。目前常用的抗氧化方法主要有严格控制贮藏条件、添加天然或合成抗氧化剂、微胶囊化技术等。

根据其来源，抗氧化剂可分为天然抗氧化剂与人工合成抗氧化剂两大类。常用的合成抗氧化剂有叔丁基-4 羟基茴香醚（butyl hydroxyanisole，BHA）、2,6-二叔丁基对甲酚（butylated hydroxytoluene，BHT）、特丁基对苯二酚（tert-butyl hydroquinone，TBHQ）等。TANG 等采用斑马鱼胚胎毒性试验，研究 BHA、BHT、TBHQ 及 2,2′-亚甲基双（6-叔丁基-4-甲基苯酚）对斑马鱼胚胎的毒性作用，结果表明 4 种抗氧化剂均可降低斑马鱼胚胎的孵化率，且可显著降低斑马鱼的心率和体长，延缓斑马鱼胚胎的早期发育，但对斑马鱼存在发育毒性作用。因此 BHA、BHT 等合成抗氧化剂因其安全性问题在食品、医药上的应用也受到了限制。然而，茶多酚、迷迭香等天然抗氧化剂因安全性高、毒副作用小、绿色环保等优点，在鱼油抗氧化中得到了越来越多的应用。刘汝萃等在禹王制药的自制鱼油中分别加入一定量的茶多酚、蜂胶、天然维生素 E 与迷迭香提取物，并在不同温度下加热，以鱼油过氧化值为试验指标判断不同抗氧化剂的抗氧化作用。结果发现茶多酚、天然维生素 E、迷迭香提取物能有效抑制鱼油的氧化过程。但天然抗氧化剂在实际应用中仍存在诸多限制，如茶多酚油溶性差、黄酮类物质具有不良气味，天然抗氧化剂添加到鱼油中是否会产生毒害作用也尚未阐明。

微胶囊化技术不仅能有效防止鱼油氧化变质，还能维护鱼油的生物活性，掩盖鱼油的腥味，延长鱼油货架期，同时微胶囊的缓释作用可提高其生物利用度，赋予鱼油新的优良特性，还能作为相关食品的营养强化剂，不仅扩大了产品的应用领域，还提高了产品的商业价值。常用的微胶囊化方法有喷雾干燥法、挤压法、流化床包衣法和脂质体包封法等。喷雾干燥法干燥时溶剂能够从液滴中迅速蒸发，操作简单且操作温度低，增溶效果优，制得的产品品质优良，该方法被广泛应用于食品及药品等领域。江连洲等以深海鱼油为芯材，采用超声技术制备了深海鱼油纳米乳，并采用喷雾干燥、微波干燥、真空冷冻干燥 3 种干燥工艺进一步制备了鱼油微胶囊，结果表明喷雾干燥工艺制备的鱼油微胶囊的包埋率高达 95.54%，且产品的外观、体内释放等性能优于其他两种干燥工艺。李杨等将麦芽糊精分别与豌豆分离蛋白、大豆分离蛋白和乳清分离蛋白进行复合作为复合壁材，先将乳液进行微射流处理得到更为均匀、稳定的乳液，再进行喷雾干燥，研究发现采用大豆分离蛋白制备的微胶囊的热稳定性最高，乳清分离蛋白制备的微胶囊的包埋率（95.34%）、氧化稳定性及乳化活性等显著高于其他两种蛋白，后续可进一步优化以乳清分离蛋白与麦芽糊精为复合壁材的微胶囊制备条件，以期获得性能更为优良的微胶囊产品。

（2）生产饲料。

鱿鱼内脏中蛋白质的水解可以产生多肽和游离氨基酸，而大多氨基酸对鱼类的生长和繁殖具有重要的作用。国内王彩理等研究了鱿鱼内脏液化蛋白质对南美白对虾的诱食性作用，研究证明如果在饲料中添加鱿鱼内脏液化蛋白质，虾的体长和体重比添加其他诱食剂有显著的增加，另外由于鱿鱼内脏有其特有的香味，并且它的液化蛋白可以代替部分鱼粉，所以鱿鱼的内脏液化蛋白质是良好的海洋类生物诱食剂。

同年，刘栋辉等也做了类似的实验证明了鱿鱼内脏粉具有良好的诱食效果。LIAN 等通过实验研究得出水解鱿鱼内脏不必额外添加商业酶，它自己含有的酶可以将其水解掉，这种蛋白质水解液可以用来喂养各种鱼类。2007 年，吴莉敏研究了鱿鱼内脏营养价值并得出：鱿鱼内脏含有丰富的矿物质，可与鱼粉配合作为饲料添加剂，另外鱿鱼内脏含有优质蛋白质，可作为蛋白源替代昂贵的乌贼粉，或用米糠吸收制成 SP 饲料喂养虾、鱼。可见，无论鱿鱼的内脏水解液还是鱿鱼内脏粉都是良好的诱食剂，这是鱿鱼内脏加工的一条重要的途径。

（3）生产鱿鱼酱油。

研究表明，将鱿鱼内脏酶解液中的糖类物质进行美拉德反应可制得鱿鱼风味香精，这为鱿鱼加工副产物在食品调味剂的应用提供了理论依据。鱿鱼内脏含有约 19% 的蛋白质，氨基酸含量丰富，具有独特的呈味氨基酸，可通过自身酶解发酵法（保温液化、离心分离、压滤、熟化）制造鱿鱼酱油。目前西班牙和日本都有鱿鱼酱油的生产和销售。

鱿鱼酱油的制备工艺流程：鱿鱼内脏→破碎→发酵→渣液分离→巴氏杀菌→罐装→鱿鱼酱油。

操作技术要点：①破碎。将鱿鱼内脏与水按 1∶1 比例混合后，搅碎，加入食盐使其最终质量浓度占物料的 15%，制成发酵物料。②发酵。将发酵物料温度维持在 45~55℃，pH 控制在中性偏碱范围，进行发酵。控温可采用日晒或人工保温，温度不宜超过 55℃；发酵过程中定时搅拌，并不断撇出发酵液上层的浮油，并适当补充蒸发的水分。发酵结束时间的判定是以发酵液的游离氨基酸态氮浓度不再增加时为准，实际发酵时间持续至此时间以后。③渣液分离。发酵结束后将发酵液与残渣分离，得到发酵液。④杀菌灌装。发酵液经巴氏杀菌、装瓶成为鱿鱼酱油。

（4）生产中外加因子快速生产风味添加剂。

保温、加酶、加离子、加碳氮源、加曲发酵可以缩短自然发酵以及自身水解时间，加速加工副产物的流转利用。PATCHARIN 等研究了鳀鱼的发酵过程中内源酶的自溶作用和生化特性，结果发现鳀鱼的最佳自溶温度为 60℃，自溶作用在含盐量大于 5% 时会削弱，其主要作用的酶是类胰蛋白酶，建议在初始发酵阶段可以调节温度为 60℃，加盐量为 10%，随后再补足盐量至 25%，这便是一种快速有效的保温发酵方法。KLOMKLAO 等发现在金枪鱼的脾脏中，除了有一些消化酶外，还有较高活性的蛋白酶，经研究分析确定该酶为丝氨酸蛋白酶。SAPPASITH 等在沙丁鱼的发酵过程中，通过加入不同量的金枪鱼脾脏，发现加入 25% 的脾脏和 15% 的食盐时，蛋白质水解得最快，特别在发酵早期，这是沙丁鱼自身蛋白酶和金枪鱼脾脏蛋白酶共同作用的结果。这便是外加酶制剂快速发酵水解的有效利用途径。通过外加米曲霉、枯草芽孢杆菌、酵母菌等可以缩短鱿鱼副产物的发酵时间，这是因为米曲霉可以产水解蛋白质的蛋白酶、枯草芽孢杆菌既可以产蛋白酶又可以产脂肪酶，酵母菌可以将发酵产物风味化，增强诱食性抑或风味，是保温与加曲发酵的综合，是快速发酵的应用实例。

（5）生产牛磺酸。

鱿鱼肝脏中牛磺酸的提取工艺流程：鱿鱼肝脏→预处理→自溶→除蛋白→纯化→浓缩→干燥→牛磺酸。

操作技术要点：①预处理。将鱿鱼肝脏解冻后加入 5 倍体积的蒸馏水，匀浆。②自溶。匀浆液于 55℃ 下放置 22h，再置于 80℃ 水浴锅内加热提取 50min，用细纱布过滤，取滤液。③除蛋白。将提取液浓缩后用 18% 的盐酸调节 pH 为 3.5~4.0，在 5000r/min 下离心 15min，除去酸性蛋白；再用 5mol/L 的氢氧化钠调节 pH 为 8.5~9.0，离心除去碱性蛋白。④纯化。向浓缩液中加入适量活性炭，吸附一定时间后过滤，调滤液 pH 至 4.5，再经强酸型阳离子交换树脂纯化后，干燥即得牛磺酸制品。

6.5.2.4　鱿鱼精巢

成熟雄性鱿鱼等头足类的精巢俗称鱼精、鱼白，精巢中含有鱼精蛋白、酶类、微量元素等多种活性成分，在营养、保健产品研制中有广阔的开发应用前景。

鱼精蛋白又称精蛋白，是与 DNA 紧密结合在一起的碱性蛋白，以核精蛋白的形式存在，相对分子质量为 6000~10000，能有效抑制多种食品腐败菌的生长和繁殖。由于鱼精蛋白是天然成分，具有很高的安全性，与化学抗菌物质相比，具有安全、无毒、无副作用的优点。此外，鱼精蛋白还有抗疲劳、抗氧化、降血压、助呼吸、抗菌消毒、抑制肿瘤生长、免疫调节等多种作用，摄入体内后不具抗原性和突变性，可被消化分解为氨基酸而具有营养性。鱿鱼的鱼精体集核酸、鱼精蛋白及微量元素于一体，可起到多种活性成分的协同作用，与其他人工调配的物质相比具有无可比拟的优越性，鱿鱼鱼精蛋白的提取为其精巢组织的综合利用开辟了新的途径。

鱼精蛋白提取工艺流程：精巢组织→预处理→酸解→乙醇沉淀→干燥→纯化→鱼精蛋白。

关键技术要点：①预处理。精巢组织用生理盐水洗涤，去除附着在其表面的结缔组织、血块等污物，剪成约 5mm×5mm 大小的碎块，加入 3 倍体积的蒸馏水匀浆，匀浆速率为 10000r/min，时间控制在 2~5min。在均匀分散的白色糊状匀浆液中加入 20% 的冰醋酸，调 pH 至 4~5，于冰箱中静置过夜，离心分离，取沉淀物。②酸解。在沉淀物中加入 3 倍体积的 5% 的硫酸溶液，抽提 2h，离心分离，收集上清液，沉淀部分再用 5% 的硫酸抽提并离心，重复一次，合并上清液，得酸解液。③乙醇沉淀。向酸解液中加入 3 倍体积的 95% 的乙醇溶液，搅拌，静置 2h，离心分离得膏状沉淀。将沉淀溶解在热水中，并于 60℃ 恒温水浴 1h，随后真空过滤。滤液用 3 倍体积的 95% 的乙醇沉淀，静置 2h 后离心分离。④干燥。沉淀物经冷冻干燥即得鱼精蛋白粗品。⑤纯化。鱼精蛋白的提取过程中会混入杂蛋白、核酸等其他物质，可采用葡聚糖凝胶柱层析法进行纯化，以提高鱼精蛋白的生物活性。

6.5.2.5 鱿鱼眼

鱿鱼眼约占鱿鱼体重的 2%，相对于其他鱼眼较大，晶状体所占体积也大，含有较多的玻璃体，可以作为透明质酸的提取资源。透明质酸是一种独特的线性大分子酸性黏多糖，由（1-β-4）D-2 葡萄糖醛酸和（1-β-3）N-乙酰基-D-氨基葡萄糖的双糖单位重复连接组成，在动物眼玻璃体、皮肤、脑袋、软骨和关节滑液中含量较高。透明质酸具有较强的保湿性和弹性，在眼科、外科手术中有特殊的功效和较高的医学临床价值，作为化妆品和生化医药工业的原料在化工和医学等领域得到了广泛的应用。

（1）提取透明质酸。

以鱿鱼眼为原料提取透明质酸的工艺流程：鱿鱼眼→预处理→浸提→盐析→脱蛋白→离心→浓缩→乙醇沉淀→超滤→干燥→透明质酸粗品→降解→相对分子质量较低的透明质酸。

操作技术要点：①预处理。从鱿鱼加工副产物中分离收集鱿鱼眼，清洗除杂，捣碎。②浸提。向鱿鱼眼组织捣碎物中加入 6 倍体积的去离子水，反复浸提 3 次，过滤合并滤液。为提高透明质酸得率，可结合超声波、酶法等提取手段。③盐析、脱蛋白。浸提液中加入 NaCl，控制溶液的最终 NaCl 浓度为 0.2ml/L，静置片刻；用 10% 的稀盐酸调节 pH 至 4，采用等电点法脱除蛋白质。④离心浓缩。将脱蛋白后的浸提液于 5000r/min 下离心去渣，上清液真空浓缩。⑤乙醇沉淀、超滤。向浓缩液中加入 3 倍体积的无水乙醇，搅拌后静置 2h，离心取沉淀，复溶，用截留相对分子质量为 10000 的超滤膜超滤。超滤液真空冷冻干燥后所得的白色粉末即为透明质酸粉末。⑥降解。采用 H_2O_2 和抗坏血酸结合的方法对透明质酸进行降解得到相对分子质量适宜的透明质酸片段，以提高其生物活性。降解条件：H_2O_2 和抗坏血酸按 3:1 混合、pH 为 4.0、反应时间为 15min、反应温度为 50℃。

参考文献

［1］刘玮炜，蒋凯俊，邵仲柏，等．海洋头足类动物资源综合利用研究进展［J］.江苏海洋大学学报（自然科学版），2020，29（3）：31-36.

［2］UNAI MARKAIDA，WILLIAM F. GILLY. Cephalopods of Pacific Latin America［J］.Fisheries Research，2016，173：113-121.

［3］陈新军．世界头足类资源开发现状及我国远洋鱿钓渔业发展对策［J］.上海海洋大学学报，2019，28（3）：321-330.

［4］STEFANIE KELLER，ANTONI QUETGLAS，PATRICIA PUERTA，et al. Environmentally driven synchronies of Mediterranean cephalopod populations［J］.Progress in Oceanography，2017，152：1-14.

［5］王建中，吕玉英，徐正琪．鱿鱼内脏的综合利用研究［J］.中国海洋药物，1999，18（1）：4.

［6］张开强．鱿鱼（Todarodes Pacificus）内脏自溶液的体外抗氧活性及内源性蛋白酶的提取和应用［D］.舟山：浙江海洋大学，2023.

［7］傅志宇，郑杰，于笛，等．鱿鱼内脏的营养价值及综合利用研究进展［J］.食品工业科技，2019，40（4）：307-311，316.

［8］章军锋．加强鱿鱼资源的综合利用技术研究［J］.肉类工业，2001（5）：3.

［9］谭乐义，章超桦，薛长湖，等．牛磺酸的生物活性及其在海洋生物中的分布［J］.湛江海洋大学学报，2000（3）：75-79.

［10］刘显威，刘淑集，肖美添，等．头足类墨黑色素研究进展［J］.福建水产，2015，37（6）：507-512.

［11］RZEPKA Z，BUSZMAN E，BEBEROK A，et al. From tyrosine to melanin：Signaling pathways and factors regulating melanogenesis［J］.Postpy Higieny i Medycyny Dowiadczalnej（Advances in Hygiene and Experimental Medicine），2016，70：695-708.

［12］任宇涵，鲟鱼鳔胶原蛋白肽延缓衰老作用研究及应用［D］.镇江：江苏大学，2022.

［13］宫萱，包建强，黄可承，等．鱼骨胶原蛋白提取、纯化工艺及应用的研究进展［J］.食品与发酵工业，2022，48（24）：346-351.

［14］陈小娥，方旭波，钟秋琴．安康鱼皮明胶的制备及性质研究［J］.食品科技，2006，31（12）：173-176.

［15］樊玲芳，孙培森，刘海英．斑点叉尾鮰鱼头水解物的风味成分分析［J］.食品工业科技，2012（2）：140-144.

［16］韩军．斑点叉尾鮰鱼头提取明胶的研究［D］.无锡：江南大学，2008.

［17］洪鹏志，杨萍，章超桦，等．黄鳍金枪鱼头酶解蛋白粉营养评价及其应用［J］.食品工业科技，2007（4）：210-212.

［18］胡爱军，郝立静，郑捷，等．真鲷鱼骨蛋白双酶分步水解工艺研究［J］.食品工业，2012（11）：33-36.

［19］CHO S M，KWAK K S，PARK D C，et al. Processing optimization and functional properties of gelatin from shark（Isurus oxyrinchus）cartilage［J］. Food Hydrocolloids，2004，18（4）：573-579.

［20］GÓMEZ-GUILLÉN M C，GIMÉNEZ B，MONTERO P. Extraction of gelatin from fish skins by highpressure treatment［J］. Food Hydrocolloids，2005，19（5）：923-928.

［21］GÓMEZ-GUILLÉN M C，TURNAY J，FERNÁNDEZ-DIAZ M D，et al. Structural and physical propertiesof gelatin extracted from different marine species：a comparative study［J］. Food Hydrocolloids，2002，16（1）：25-34.

［22］GÓMEZ-GUILLÉN M C，MONTERO P. Extraction of gelatin from megrim（Lepidorhombus boscii）skins with several organic acids［J］. Journal of Food Science，2001，66（2）：213-216.

［23］GUDMUNDSSON M，HAFSTEINSSON H. Gelatin from cod skins as affected by chemical treatments［J］. Journal of Food Science，1997，62（1）：37-39.

［24］HAUG I J，DRAGET K I，SMIDSRØD O. Physical and rheological properties of fish gelatin comparedto mammalian gelatin［J］. Food Hydrocolloids，2004，18（2）：203-213.

［25］JAMILAH B，HARVINDER K G. Properties of gelatins from skins of fish black tilapia（Oreochromis mossambicus）and red tilapia（Oreochromis nilotica）［J］. Food Chemistry，2002，77（1）：81-84.

［26］郭娟娟，斯维维，郑宗平，等. 鱼骨粉高钙干蛋糕制备工艺的研究［J］. 泉州师范学院学报，2022（2）：40.

［27］付万冬，杨会成，李碧清，等. 我国水产品加工综合利用的研究现状与发展趋势［J］. 现代渔业信息，2009（12）：3.

［28］刘聪，李春岭，刘龙腾. 基于供给侧视角分析我国水产品加工发展现状［J］. 水产科技情报，2017（4）.

［29］冯淳淞，洪惠，罗永康. 鱼骨综合利用的研究进展［J］. 中国水产，2021.

［30］潘兴蕾，于文明. 环南海地区渔业发展新思路与新模式研究［J］. 安徽农业科学，2013，41（19）：2.

［31］窦容容，赵春青，李桂敏，等. 鱼皮胶原蛋白的提取，特性及其应用研究进展［J］. 食品研究与开发，2022（9）：43.

［32］吴海燕. 干/腌制金丝鱼优势呈味乳酸菌和葡萄球菌的筛选及应用［D］. 湛江：广东海洋大学，2010.

［33］李郜宇，阎莹莹，应晓国，等. 带鱼鱼油的提取及理化特性研究［J］. 浙江海洋大学学报：自然科学版，2023，42（1）：20-28.

［34］冯大伟. 鱿鱼皮、鳕鱼皮和鲤鱼皮中脂质的分析与比较［J］. 中国海洋大学，2006.

［35］周垚卿，董静雯，何强. 鱼类主要副产物的提取与利用［J］. 食品安全质量检测学报，2019，10（13）：6.

［36］夏虹. 低值水产品及加工副产物高值化综合利用的研究进展［J］. 农业工程技术，2016，36（32）：3.

［37］章超桦，曹文红，吉宏武，等．水产资源低碳高效利用技术［J］．水产学报，2011，35
（2）：315-320.

［38］张权，王为，吴思纷，等．黑鱼油精制过程中品质及风味成分变化［J］．食品科学，
2023，44（12）：208-216.

［39］石红，郝淑贤，邓国艳，等．利用鱼类加工废弃鱼骨制备鱼骨粉的研究［J］．食品科
学，2008，29（9）：4.

第7章 大豆加工副产物综合利用

7.1 大豆加工副产物综合利用的概况

7.1.1 大豆加工产业简介

大豆是我国主要的粮食作物，也是四大油料作物之一，是蛋白质的重要来源。自古以来人们就将大豆作为食品，至今已有2000多年的历史。大豆具有丰富的营养成分，大约含有40%的蛋白质、18%的脂肪和25%的碳水化合物。此外，还含有丰富的维生素和生物活性物质等，营养价值很高。

我国不仅是大豆的起源国，而且是大豆加工的发祥地。我国古代利用大豆的辉煌时代是汉、宋两朝。大豆加工产业是涉及油、肉、蛋、奶等民生产品的重要产业，对维护国家粮食安全、稳定油脂及饲料原料市场供应意义重大。进入21世纪以来，随着我国加入WTO，大豆贸易全面放开，我国大豆进口量持续增长，从2000年的1042万吨增长至2020年的1亿吨（数据来自海关总署），增长了9倍，年均增长12.0%；同期，我国大豆产量从2000年的1540万吨增长至2020年的1960万吨（数据来自国家统计局），年均增长1.2%，大豆进口依存度接近84%，国际、国内市场联结更加紧密。这一进程中，我国大豆加工产业不断壮大、成熟、进步，发展质量显著提升，大豆加工业发生了深刻变化。

随着经济发展和居民膳食结构趋向高蛋白化，我国豆油和豆粕消费需求的快速增长推动了国内大豆消费需求的快速增长。由于大豆富含优质食用油脂和优质植物蛋白，是重要的食用油脂、蛋白质食品和蛋白质饲料原料。我国居民长期以来保持有食用大豆和豆腐、豆粉、豆奶等豆制品的饮食习惯，大豆及其豆制品是我国居民主要的植物蛋白食物。豆油属于优质油脂，也是我国居民最主要的食用植物油，约占国内食用植物油消费的40%。大豆是重要的饲料蛋白原料，占国内饲料蛋白原料的60%左右。

7.1.2 大豆加工副产物的分类

7.1.2.1 豆粕

豆粕是油脂浸出生产后得到的副产物，主要用于饲料和食品原料。豆粕的质量取决于大豆的质量和豆粕的生产工艺。按照提取的方法不同，豆粕可以分为一浸豆粕和二浸豆粕两种。浸提法提取豆油后的副产品为一浸豆粕；先压榨取油、再经浸提取油后所得的副产品为二浸豆粕。一浸豆粕的生产工艺较为先进，蛋白质含量高，是我国国内目前现货市场上流通的主要品种。豆粕的一般化学组成如表7-1所示。

表 7-1　豆粕的化学组成

项目	水分	粗蛋白	粗脂肪	碳水化合物	灰分
含量/%	7~10	46~51	0.5~1.5	19~22	5

7.1.2.2　豆渣

豆乳和豆腐制造过程中产生的大量不溶性残渣，即为豆渣。

豆渣的主要来源有豆腐制作、油料压榨等。随着大豆加工量的增加，豆渣的产量也日趋增加。豆渣因其所含能量低，且口感粗糙，往往被人们用作饲料或直接废弃，没有很好地开发利用。在大豆食品加工工业中，豆渣多作为副产物，只有一小部分供食用，其余大部分只能做饲料和肥料，因水分含量高，极易腐败，所以很难处理。

大豆豆渣有十分丰富的营养成分，100g 豆渣干样中含有粗蛋白 13~20g、粗脂肪 6~19g、碳水化合物及粗纤维 60~70g、灰分 3~5g、水分 2~4g、可溶性膳食纤维 5~8g、维生素 $B_1$0.272mg、维生素 $B_2$0.976mg；100g 豆渣干样中矿物质的含量：锌 2.263mg、锰 1.511mg、铁 10.690mg、铜 1.148mg、钙 210mg、镁 39mg、钾 200mg、磷 380mg；100g 豆渣蛋白质中的氨基酸含量：赖氨酸 4.6mg、苏氨酸 5.2mg、缬氨酸 5.4mg、亮氨酸 8.6mg、异亮氨酸 4.2mg、甲硫氨酸 1.2mg、色氨酸 1.18mg、苯丙氨酸 5.7mg、精氨酸 7.1mg、组氨酸 3.3mg。粗纤维以及碳水化合物占豆渣干物质重量的一半以上，可溶性膳食纤维含量也不少。而大豆纤维是很理想的膳食纤维，可以有效地预防肠癌，具有很好的减肥效果，所以目前对膳食纤维的提取以及利用的研究颇为深入。豆渣中钙、镁、磷以及 B 族维生素的含量尤其突出，豆渣蛋白中氨基酸含量也相当丰富，特别是赖氨酸含量较多，可以弥补谷类食品中赖氨酸的不足，起到氨基酸互补作用，提高蛋白质的利用率和营养价值。

7.1.2.3　大豆胚芽

通常情况下，胚芽的蛋白质含量与子叶相近，但其脂肪含量比子叶少 10%，不溶性碳水化合物的含量比子叶多 10%。大豆胚芽是大豆制油和蛋白工业的副产物之一，其中富含异黄酮、皂苷、不饱和脂肪酸、低聚糖、β-谷甾醇、磷脂、维生素 E 等生理活性成分。大豆胚芽含油量为 10%~14%，其中亚麻酸和亚油酸含量高达 76.4%。长期食用大豆胚芽油可防止动脉硬化，降低心脏发病率，有利于智力发育等，具有很好的保健功能。

7.1.2.4　大豆种皮

大豆种皮是包裹于大豆外部的一层很薄的皮，约占整粒大豆重量的 8%、体积的 10%。大豆种皮的密度较大（130kg/m³），主要成分是植物纤维，几乎不含淀粉。大豆种皮占整粒大豆干基重量的比例取决于大豆品种及其体积的大小。通常，大豆越大，种皮所占的比例越小。大豆种皮坚硬、防水，从而保护大豆子叶与下胚轴免受伤害。在完整的大豆中，种皮与子叶紧密结合，去皮是相对较难的。然而，当将大豆干燥并破碎成小块之后，就如大豆磨制加工过程一样，大豆种皮就很易脱去。

大豆种皮含 85.7% 的碳水化合物、9% 的蛋白质、4.3% 的灰分和 1% 的脂肪。大豆种皮中的脂肪酸组成与子叶和下胚轴中的脂肪酸组成差异显著。有研究者曾对 6 种不同基因型的大豆进行研究，结果表明，大豆皮中主要脂肪酸的平均百分含量加标准偏差为：棕榈酸 23.2±3.0、硬脂酸 14.8±2.5、油酸 14.9±3.4、亚油酸 22.74±5.4、亚麻酸 8.5±2.4。大豆种皮还含有 3 种植物甾醇：菜油甾醇、豆甾醇和 β-谷甾醇。有人发现这 3 种甾醇之比为 1∶1.5∶2。大豆种皮颜色通常为米黄色或浅黄色，可由油脂加工热法脱皮或压碎筛理两种加工方法所得。

大豆种皮的重要性至少体现在 3 个方面：①大豆种皮影响大豆发芽或加工之前大豆的水合作用；②大豆种皮可作为有利用价值的饲料原料；③大豆种皮在为人类提供膳食纤维和铁元素方面具有发展潜力。

7.1.2.5　大豆油脂加工副产物

大豆油脂中含有少量的特殊成分，在油脂精炼过程中可以被分离出来。在精炼过程中产生的大量副产物有油脚、皂脚、脱臭馏出物。这些副产物的主要成分为磷脂、游离脂肪酸（酯）、甾醇、甘油三酯、天然维生素 E（亦称生育酚）、烃类及其他的酸性化合物分解所得到的挥发物，如醛、酮等，均具有很高的利用价值。如对这些精炼副产物加以综合利用，不仅可以增加经济收益，又可减少环境污染。目前，一些油脂精炼副产物在国外已得到普遍的综合利用，而国内却只能进行一些简单粗放的回收，无法深加工制取相应的高附加值化工医药产品，造成这一宝贵资源的巨大浪费。

7.1.2.6　大豆乳清废水

大豆乳清废水主要是指在传统豆腐、豆腐干、豆腐皮等生产过程中，经压滤成型后排放出的废水，又称黄浆水。据统计，每加工 1 吨大豆将排放 2~5 吨乳清废水。研究表明大豆乳清废水中蛋白质含量为 11.33%~13.35%、脂肪含量为 3.49%~4.34%、总糖含量为 1.04%~3.22%、BOD（生物耗氧量）高达 10g/L 以上。据分析，生产豆腐所产生的黄浆水中含有 0.4%~0.5% 的大豆乳清蛋白、1%~2% 的总糖，其中水苏糖占 22%，棉子糖占 7%。这些低聚糖对双歧杆菌的生长繁殖具有促进作用，但几乎不能被人体肠道内的有害细菌利用。此外，黄浆水中还含有维生素 P、维生素 K 及其他营养成分，比较适合微生物的生长。

7.2　豆粕综合利用

7.2.1　概述

7.2.1.1　豆粕的分类

豆粕是大豆经提取豆油后得到的一种副产品，根据提取方法的不同，豆粕可分为一浸豆粕和二浸豆粕。此外，根据烘烤过程中是否掺杂大豆种皮，豆粕还可分为带皮豆粕和去皮豆粕，二者的主要区别是蛋白质含量不同（表 7-2）。

表 7-2　带皮豆粕和去皮豆粕的指标比较　　　　　　　　　　单位:%

项目	带皮豆粕	去皮豆粕
蛋白质	≥44.0	≥47.5~49
脂肪	≥0.5	≥0.5
纤维	≤7.0	≤3.3~3.5
水	≤12	≤12

7.2.1.2　豆粕的性质、组成及应用

1. 性质

颜色：浅黄色至浅褐色，颜色过深表示加热过度，太浅则表示加热不足。整批豆粕的色泽应基本一致。

味道：具有烤大豆香味，没有酸败、霉败、焦化等异味，也没有生豆腥味。

质地：均匀，流动性好，呈不规则碎片状、粉状或料状，不含过量杂质。

比重：0.15~0.65kg/L。

2. 组成

豆粕中含蛋白质 43%左右，赖氨酸 2.5%~3.0%，色氨酸 0.6%~7.0%，蛋氨酸 0.5%~0.7%，胱氨酸 0.5%~0.8%，胡萝卜素含量较少，仅 0.2~0.4mg/kg，维生素 B_1、维生素 B_2 各 3~6mg/kg，烟酸 15~30mg/kg，胆碱 2200~2800mg/kg。豆粕中较缺乏蛋氨酸，粗纤维主要来自豆皮，无氮浸出物主要是二糖、四糖，淀粉、矿物质含量低，钙少磷多，维生素 A、维生素 B_1、维生素 B_2 较少。表 7-3 反映的是豆粕与其他各种油粕的组成比较。

表 7-3　不同油籽粕的组成比较

种类	蛋白质/%	以太纤维/%	粗纤维/%	能量/(kJ·kg⁻¹)
带皮豆粕	44.0（8）	0.5（10）	7.0（7）	9372.16（8）
去皮豆粕	48.5（10）	1.0（7）	3.0（10）	10355.4（10）
加拿大菜籽粕	38.0（3）	3.8（2）	11.1（5）	8828.24（6）
棉籽粕	41.0（4）	0.8（8）	12.7（4）	8116.96（4）
亚麻籽粕	33.0（1）	0.5（10）	9.5（6）	5857.6（1）
花生粕	48.0（9）	1.5（5）	6.8（8）	9204.8（7）
菜籽粕	36.0（2）	2.6（3）	13.2（3）	7405.68（3）
红花籽粕	42.0（7）	1.3（6）	15.1（2）	8535.36（9）
芝麻籽粕	42.0（7）	7.0（1）	6.5（9）	9434.42（9）
葵花籽粕	42.0（7）	2.3（4）	21.0（1）	7363.84（2）

3. 豆粕的应用

（1）大豆蛋白质。

大豆中含有 40%左右的蛋白质，脱脂后，其豆粕中蛋白质的含量更是高达 50%。脱脂豆粕按用途分为食用和饲用，按蛋白质变性程度分为高变性低 PDI（蛋白质分散指数）和低变性高 PDI 脱脂豆粕，此处着重讨论食用级脱脂豆粕。食用级的脱脂豆粕分为低温加工的高 PDI 脱脂豆粕和高温加工的低 PDI 脱脂豆粕。高 PDI 脱脂豆粕主要用于大豆分离蛋白、大豆浓缩蛋白、肉制品、代乳制品和烘焙食品的生产。低 PDI 脱脂豆粕用于吸油、保水和乳化作用的肉制品，以及挤压组织化植物蛋白、饺子、包子、肉饼、肉丸、焙烤食品、蛋白饮料、酱油、汤料、水解植物蛋白等食品的生产。由于后者的开发技术滞后，目前应用量比较少。表 7-4 是不同 PDI 的脱脂豆粕的应用范围。相比之下，高温脱溶生产的高变性低 PDI 的脱脂豆粕还有巨大的开发潜力。

表 7-4　不同 PDI 脱脂豆粕的食品应用范围

PDI	应用范围
90	面包增白剂，发酵食品，大豆分离蛋白食用纤维
60~70	控制吸油和吸水，油炸面圈，焙烤食品，面条肉制品，谷类快餐食品，大豆浓缩蛋白
30~45	肉制品，焙烤食品，营养品，吸油和吸水，乳化作用
10~25	婴儿食品，蛋白饮料，细磨肉制品，酱油汤料，水解植物蛋白

大豆蛋白质营养价值高，如分离大豆蛋白的消化率达到 97%。大豆蛋白质具有良好的功能性质，如乳化性、吸油性、吸水性、持水性、发泡性及凝胶性等均较佳，可广泛用于食品加工、替代肉类，改善产品质量和口感等；此外，与乳、肉和鸡蛋等动物蛋白质相比，大豆蛋白质具有较高的价格优势。

（2）大豆蛋白肽。

大豆蛋白肽是以脱脂大豆为基本原料，通过微生物发酵、酶水解及酸水解技术将大豆球蛋白转化成多肽、寡肽以及少量氨基酸的混合物，具有抗高血压、抗胆固醇、抗血栓形成、改善脂质代谢、增强人体体能、帮助消除疲劳、促进钙磷和其他微量元素的吸收、促进大脑发育、提高记忆力、增强巨噬细胞和 B 细胞活力、增强免疫功能、保护表皮细胞、防止黑色素沉淀、消除体内自由基等功效。

大豆蛋白肽具有良好的理化特性和功能性质，能在较高的温度、离子强度、浓度范围内形成稳定溶液；其渗透压介于大豆蛋白质与氨基酸之间。如 5% 的氨基酸混合物的渗透压为 422mOsmol/L，而同浓度的大豆多肽的渗透压仅为 93~261mPsmol/L。此外，大豆肽也有较强的吸湿性和保湿性。现代科学研究表明，小分子肽溶解性良好，可以被小肠绒毛上皮细胞快速吸收，无过敏性，在食品行业中用于调整蛋白质食品的硬度，如改善面包、蛋糕、饼干等焙烤食品的口感；也可制备成高浓度营养液直接服用，不会引起腹泻脱水等不适症；在化妆品行业中大豆肽作为营养、保湿性添加剂用于各种化妆品生产，如大豆肽添加到洗发露和护发素中，由于大豆肽中含有丰富的含硫氨基酸，与毛发中的半胱氨酸形成二硫键，可持续性保护毛发并改善发质，且有助于修复毛发的损伤。再如，大豆肽的阳离子衍生物和阴离子衍生物是温和的表面活性剂，可用于制备高级洁面、洁肤等制品。由于大豆肽具有良好的理化特性和功能性质，加之成本较低，因而深受市场欢迎，广泛应用于发酵工业、食品工业、医药行业、化妆品行业及饲料行业中。

目前制备大豆肽的方法主要是酶水解法，其次是微生物水解法和化学水解法。酶水解法是利用特异蛋白酶将大分子的大豆球蛋白降解为相对分子质量为数百至数千的小分子化合物；微生物水解法是利用微生物生长发育过程中产生的多种蛋白酶的协同作用降解大豆球蛋白；化学水解法则以无机酸或碱为水解剂，在高温高压下降解大豆球蛋白。微生物水解大豆球蛋白时会引入大量杂质并产生特殊异味，因此，该法制备的大豆肽主要用于饲料行业；化学水解法因环境污染、口味差及产物中存在氯丙醇等有害物质，发达国家已经淘汰了该法生产的产品，在国内及发展中国家主要用于调味品、方便食品，少量用作饲料强化剂或肥料等；酶水解法条件温和，制备的大豆肽的相对分子质量均一，无异味及杂质，功能性质佳，已经成为制备大豆肽的主要方法。

（3）大豆异黄酮。

大豆中异黄酮的含量为 0.05%～0.4%，大豆异黄酮共有 12 种，分为游离型的苷元和结合型的糖苷。苷元占总量的 2%～3%（由金雀异黄素、大豆素和黄豆苷 3 种化合物组成）。糖苷占总量的 97%～98%，主要以葡萄糖苷的形式存在，包括金雀异黄苷、大豆苷等。

大豆异黄酮具有多种生理功能，可辅助预防骨质疏松症、心脑血管疾病、肿瘤、更年期综合征等，具有抗衰老和防止酒精中毒等功效，应用前景巨大。

大豆异黄酮为无色、有苦涩味的晶体状物质，易溶于丙酮、乙醇、甲醇、乙酸乙酯等极性溶剂，用上述溶剂从脱脂大豆粕中可提取该物质，经过分离纯化，获得大豆异黄酮产品。大豆异黄酮在酸、碱、酶的作用下可水解成异黄酮苷元，其中以 β-葡萄糖苷酶的水解最为有效和专一。

（4）大豆低聚糖。

大豆低聚糖是一种功能性甜味剂，主要成分是水苏糖、棉子糖和蔗糖等，能代替蔗糖应用在功能性食品或低能量食品中。大量研究结果指出，水苏糖和棉子糖有促进人体肠道内双歧杆菌等有益菌增殖、抑制有害菌生长和繁殖等的功效，而且具有稳定性高、安全性好、甜度低、热能低等理化特性，可广泛用作饮料、糖果和保健食品的添加剂，引起全世界的广泛关注和研究。利用水或弱碱溶液可提取大豆低聚糖。

7.2.2　利用豆粕生产大豆浓缩蛋白

大豆浓缩蛋白是一种以脱脂大豆粕为原料，采用无水乙醇、稀酸或热处理后用水浸取除去低分子可溶性非蛋白质成分（主要是可溶性糖、灰分以及其他可溶性的微量成分），然后进行中和、干燥而得到的制品。其蛋白质含量约为 70%（以干基计），它的吸水性和乳化性较好，常用于畜肉制品和糕点的制作，制备大豆浓缩蛋白的原料以低变性脱溶豆粕为佳。

生产大豆浓缩蛋白就是要在除去脱脂大豆中的可溶性非蛋白质成分的同时，最大程度地保存水溶性蛋白质。除去可溶性非蛋白质成分最有效的方法是水溶法，但在低温脱脂豆粕中，大部分蛋白质是可溶性的，为使可溶性的蛋白质最大限度地保存下来，就必须在用水抽提水溶性非蛋白质成分时使其不溶解。可溶性蛋白质的不溶解方法大体可分为两类：一是使蛋白质变性，通常采用的方法有热变性和溶剂变性法；二是使蛋白质处于等电点状态，这样蛋白质的溶解度就会降低到最低点。在大豆蛋白质不溶解的条件下，用水抽提就可以除去大豆中的可溶性非蛋白质物质，再经分离、冲洗、干燥即可获得蛋白质含量在 70% 以上的制品。

目前工业化生产大豆浓缩蛋白的工艺主要有 3 种：稀酸浸提法、含水酒精浸提法、湿热浸提法。从不同方法制取的浓缩蛋白的质量看，以酸浸洗制取的浓缩蛋白质的氮溶解指数最高，可达 69%；以酒精浸洗制取的浓缩蛋白质的氮溶解指数只有 5%。但若从产品气味来看，则以酒精制得的浓缩蛋白质优于用其他两种方法制取的产品。酒精浸洗是利用体积分数为 50%～70% 的酒精，洗除低温粕中所含的可溶性糖类（如蔗糖，棉子糖等）、可溶性灰分及可溶性微量组成部分，酒精浓缩方法可以改善产品的气味，但蛋白质变性较严重。

7.2.2.1　稀酸浸提法

1. 工艺原理

稀酸浸提法制取大豆浓缩蛋白是根据大豆蛋白质的溶解度曲线，利用蛋白质在等电点

（pH 4.5）时其溶解度最低这一特性，用稀酸溶液调节 pH，将脱脂豆粕中的低分子可溶性非蛋白质成分浸洗出来。

2. 工艺流程

工艺流程如图 7-1 所示。

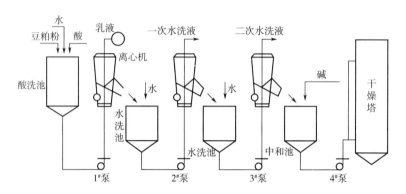

图 7-1　稀酸浸提法制取大豆浓缩蛋白的工艺流程

稀酸浸提法制取大豆浓缩蛋白的工艺操作要点如下。

（1）粉碎。

将原料粉碎。

（2）酸浸。

向脱脂豆粉中加入其质量 10 倍的水，在不断搅拌下缓慢加入盐酸，调 pH 为 4.5~4.6，再搅拌，浸提 40~60min。

（3）分离、洗涤。

酸浸后用离心机将可溶物与不溶物分离。向不溶物中加入水，搅匀分离，如此重复两次。

（4）干燥。

可采用真空干燥，也可采用喷雾干燥。真空干燥时，干燥温度最好控制在 60~70℃；若采用喷雾干燥，则在洗涤后再加水调浆，使其浓度在 18%~20%，然后用喷塔干燥。

先将低温脱溶的豆粕（豆粕中蛋白质含量在 50%左右）粉碎至 0.15~0.30mm 并放入酸洗涤池内，加入其质量 10 倍的水，不断搅拌下连续加入浓度为 37%的盐酸，调节溶液的 pH 为 4.5~4.6，40℃左右恒温搅拌 1h。这时大部分蛋白质沉析与粗纤维物形成固体浆状物，一部分可溶性糖及低分子可溶性蛋白质形成乳清液。将混合物搅拌后，输入碟式自清式离心机中进行分离，分离所得的固体浆状物流入一次水洗池内，在此池内连续加入 10 倍固体浆状物质量的 50℃温水洗涤搅拌。然后输入第二台碟式自清式离心机，分离出第一次水洗废液。浆状物流入二次水洗池内，在此池内进行二次水洗。再经第三台碟式自清式离心机分离，除去第二次水洗废液。浆状物流入中和池内，在此池加碱进行中和处理，再送入干燥塔中脱水干燥，即得浓缩大豆蛋白产品。

7.2.2.2　含水酒精浸提法

1. 工艺原理

酒精浸提法是利用脱脂大豆中的蛋白质能溶于水、而难溶于酒精，而且酒精浓度越高，蛋白质溶解度越低，当酒精体积分数为 60%～65% 时，可溶性蛋白质的溶解度最低这一性质，用浓酒精对脱脂大豆（如低变性浸出粕）进行洗涤，除去醇溶性糖类（蔗糖、棉子糖、水苏糖等）、灰分及醇溶性蛋白质等，再经分离、干燥等工序，得到浓缩蛋白。

由于用酒精洗涤时，可以除去气味成分和一部分色素，因此用此法生产的浓缩蛋白质色泽及风味较好，蛋白质损失也少。但由于酒精能使蛋白质变性，使蛋白质损失了一部分功能特性，且浓缩蛋白质中仍含有 0.25%～1.0% 的不易除去的酒精，从而使其用途及食用价值受到了一定限制。

2. 工艺流程

先将低温脱溶豆粕进行粉碎，用 100 目筛进行过筛，然后将豆粕粉由输送装置送入浸洗器中，该浸洗器是一个连续运行装置。从顶部连续喷入 60%～65% 的酒精溶液，在温度 50℃ 左右，流量按 1∶7 质量比进行洗涤，除去粕中可溶性糖分、灰分及部分醇溶性蛋白质，浸提约 1h，经过浸洗的浆状物送入分离机进行分离，除去酒精溶液后，由泵输入真空干燥器中进行干燥，干燥后的浓缩蛋白质即为成品。图 7-2 为含水酒精浸提法制备大豆浓缩蛋白的生产工艺流程。

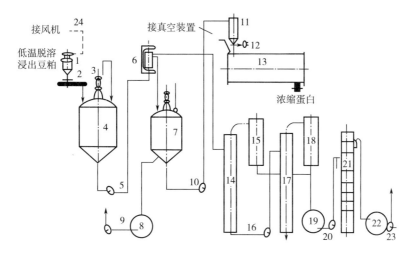

图 7-2　含水酒精浸提法制备大豆浓缩蛋白的工艺流程图

1—旋风分离器　2—封闭阀　3—螺旋输送机　4—酒精萃取罐　5—曲泵　6—超速离心机　7—二次萃取器
8—酒精贮罐　9、10、16、20—泵　11、19—贮罐　12—封闭阀　13—卧式真空干燥塔　14—一效蒸发器
15—冷凝器　17—二效酒精蒸发器　18—冷凝器　21—酒精蒸馏塔　22～24—风机

这种方法生产的大豆浓缩蛋白色泽浅，异味小。这主要是因为含水酒精不但能很好地浸提出豆粕中的呈色、呈味物质，而且有较好的浸出效果。为了得到色泽浅、异味轻、氮溶指数高的优质产品，可以考虑采用体积分数为 80%～90% 的酒精进行第二次洗涤。二次洗涤温度为 70℃，时间约为 30min。酒精浸提法生产的浓缩蛋白质由于蛋白质发生了变性，并且脱溶后的浓缩蛋白质中仍剩余有 0.25%～1.0% 的酒精，因此功能性差，使用范围受一定限制。此外酒精的回收、重复利用是本工艺不可忽视的重要问题，即浸提液一般要经过两次以上的蒸发精馏。分离出来的酒精液先在真空低温条件下进行蒸发浓缩，再将酒精蒸汽进行冷凝回收，然后将蒸馏出来的酒精液在真空低温下进行冷凝回收，再经蒸馏浓缩成体积分数

为 90% ~ 95% 的酒精，以供再次循环使用。蒸发器的操作条件是：真空度为 66 ~ 473kPa，温度在 80℃ 左右。为了除去酒精中的不良气味物质，可以在蒸馏塔气相温度为 82 ~ 93℃ 处设排气口。

7.2.2.3 湿热浸提法

1. 工艺原理

湿热处理法是利用大豆蛋白受热变性的特性，将豆粕用蒸汽加热或与水一同加热，蛋白质受热变性，溶解度大幅度下降，成为不溶性蛋白质，然后用水洗去可溶性糖类、无机盐等非蛋白质成分，干燥后得到浓缩蛋白质成品。

2. 工艺流程

豆粕→粉碎→热处理→水洗→分离→干燥→浓缩蛋白质。

先将低温脱溶豆粕粉碎，用 100 目筛进行筛分。然后将粉碎后的豆粕粉用 120℃ 左右的蒸汽处理 15min，或将脱脂豆粉与其质量 2 ~ 3 倍的水混合，边搅拌边加热，然后冻结，放在 -2 ~ -1℃ 的温度下冷藏。这两种方法均可以使 70% 以上的蛋白质变性，而失去可溶性。

向湿热处理后的豆粕粉中加入其质量 10 倍的温水，洗涤两次，每次搅洗 10min。然后过滤或离心分离。干燥方法同稀酸浸提法一样。

湿热浸提法生产的浓缩大豆蛋白由于加热处理过程中，大豆中的少量糖与蛋白质反应，生成一些呈色、呈味物质，产品色泽深、异味大，且由于蛋白质发生了不可逆的热变性，部分功能特性丧失，使其用途受到一定限制。加热、冷冻虽然比蒸汽直接处理的方法能少生成一些呈色、呈味物质，但产品得率低，蛋白质损失大，且氮溶解指数也低，这种方法较少用于生产中。

7.2.3 利用豆粕生产大豆分离蛋白

大豆分离蛋白又名等电点蛋白粉，它是低温脱脂豆粕进一步去除所含非蛋白质成分后，所得到的一种精制大豆蛋白产品。与浓缩蛋白相比，生产分离蛋白不仅要从低温豆粕中去除低分子可溶性非蛋白成分（即可溶性糖、灰分及其他各种微量组分），还要去除不溶性的高分子成分（如不溶性纤维及其他残渣物）。

大豆分离蛋白是一种蛋白质纯度高（蛋白质含量高达 90% 以上）、具有加工功能性的食品添加用的中间原料，广泛应用于肉食品、乳制品、冷食冷饮、焙烤食品及保健食品等行业。目前，很多文献报道大豆分离蛋白具有溶解性、乳化性、起泡性、保水性、保油性和黏弹性等多种功能。但研究表明，一种大豆分离蛋白难以同时兼具上述多种功能性。如亲水、亲油就是一对相互矛盾的功能特性，大豆蛋白的亲水性主要依赖位于球蛋白结构表面的 —NH_2 和 —COOH 等，而亲油性主要依赖处于球蛋白结构内部的 —CH 和 —OH 等。又如，在肉制品中添加分离蛋白时，为提高产品的凝胶性，须加热使埋藏在分子内部的 —SH 基团和其他疏水基团暴露于螺旋结构的表面，—SH 基团中的 —S—S 一结合生成二硫键。这时大豆蛋白质的凝胶性虽然提高，但溶解性却显著降低。又如高氮溶解指数值的大豆蛋白添加到面制品中，并不发挥优良功能，反而会破坏面粉的面筋。因此，大豆蛋白难于同时兼具多种加工功能性，而生产上需要的却是具有专项最佳功能或兼具某几种功能平衡点的产品。

虽然我国大豆分离蛋白生产厂家为数不少，但产品单一，仅能生产火腿肠添加用的高凝胶值分离蛋白，而面制品添加用的具有"类面筋功能"的分离蛋白与冰制品添加用的乳化性分离蛋白等产品至今尚未形成生产能力。

从大豆饼粕中制取的分离蛋白质按用途可分为两大类，一类是作为食品用的分离蛋白质，另一类是作为工业原料用的分离蛋白质。食品用的分离蛋白质应该是最少化学变化，无氨基酸流失，蛋白质的营养价值得到充分保证。而作为工业原料用的分离蛋白质，不用像食品用的分离蛋白质那样必须尽量保留原来所有的各种氨基酸，因在制取过程中用碱或其他化学试剂处理，所得的分离蛋白质可能会失去一定量的硫化氢或氨，也就是失去了一定量的氨基酸。

目前，国内外生产大豆分离蛋白仍以碱提酸沉法为主，还有超滤法和离子交换法。

7.2.3.1　碱提酸沉法

1. 工艺原理

低温脱脂豆粕中的蛋白质大部分能溶于稀碱溶液。将低温脱脂豆粕用稀碱液浸提后，再离心分离去除豆粕中的不溶性物质（主要是多糖和一些残留的蛋白质），然后用酸把浸出液的 pH 调至 4.5 左右时，使蛋白质处于等电点状态而凝集沉淀下来，经分离得到的蛋白质沉淀物再经洗涤、中和、干燥，即得大豆分离蛋白。这时大部分的蛋白质便从溶液中沉析出来，只有大约 10% 的蛋白质仍留在溶液中，这部分溶液称为乳清。乳清中含有可溶性糖分、灰分以及其他微量组分。

2. 工艺流程

大豆分离蛋白的一般生产工艺流程如图 7-3 所示。

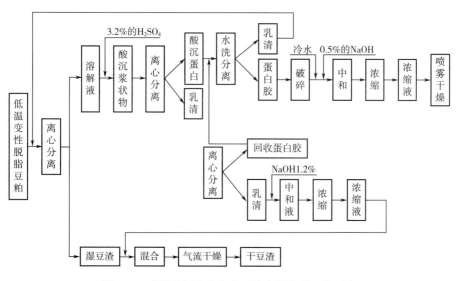

图 7-3　碱提酸沉法生产大豆分离蛋白的工艺过程

碱提酸沉法制取大豆分离蛋白的工艺操作要点如下。

（1）选料。

原料豆粕应无霉变，含壳量低，杂质量少，蛋白质含量高（45% 以上），尤其是蛋白质分散指数应高于 80%。高质量的原料可以获得高质量的大豆分离蛋白。

（2）粉碎与浸提。

将低温脱脂大豆粕粉碎后（粒度为 0.15~0.30mm），加入其质量 12~20 倍的水，溶解温度一般控制在 15~80℃，溶解时间控制在 120min 以内，在抽提缸内加 NaOH 溶液，将抽提液的 pH 调至 7~11，抽提过程中需搅拌，搅拌速度以 30~35r/min 为宜。提取终止前 30min 停止搅拌，提取液经滤筒放出，剩余残渣进行二次浸提。

（3）粗滤与一次分离。

粗滤与一次分离的目的是除去不溶性残渣。在抽提缸中溶解后，将蛋白质溶解液送入离心分离机中，分离除去不溶性残渣。粗滤的筛网一般在 60~80 目。离心机筛网一般在 100~140 目。为增强离心分离机分离残渣的效果，可先将溶解液通过振动筛除去粗渣。

（4）酸沉。

将二次浸提液输入酸沉罐中，边搅拌边缓缓加入 10%~35% 的酸溶液，调 pH 为 4.4~4.6。加酸时，需要不断搅拌，同时要不断抽测 pH，当全部溶液都达到等电点时，应立即停止搅拌，静置 20~30min，使蛋白质能形成较大颗粒而沉淀下来，沉淀速度越快越好，一般搅拌速度为 30~40r/min。

（5）二次分离与洗涤。

用离心机将酸沉下来的沉淀物离心沉淀，弃去清液。固体部分倒入水洗缸中，用 50~60℃ 的温水冲洗沉淀两次，除去残留的氢离子，水洗后的蛋白质溶液的 pH 应在 6 左右。

（6）打浆、回调及改性。

分离沉淀的蛋白质呈凝乳状，有较多团块，为进行喷雾干燥，需加适量水、研磨、搅打成匀浆。为了提高凝乳蛋白的分散性和产品的实用性，将经洗涤的蛋白质浆状物送入离心机中除去多余的废液，固体部分流入分散罐内，加入 5% 的氢氧化钠溶液进行中和回调，使 pH 为 6.5~7.0。将大豆分离蛋白浆液在 90℃ 下加热 10min 或 80℃ 下加热 15min，这样不仅可以起到杀菌作用，而且可明显提高产品的凝胶性。回调时的搅拌速度为 85r/min。

（7）干燥。

一般采用喷雾干燥，将蛋白液用高压泵打入喷雾干燥器中进行干燥，浆液浓度应控制在 12%~20%，浓度过高，黏度过大，易阻塞喷嘴，使喷雾塔工作不稳定；浓度过低，产品颗粒小，比容过大，不利应用和运输，还会使喷雾时间加长，增加能量消耗。喷雾干燥通常选用压力喷雾，喷雾时进风温度以 160~170℃ 为宜，塔体温度为 95~100℃，排潮温度为 85~90℃。上述碱提酸沉工艺可以有效提高蛋白质的纯度至 90% 以上，而且产品质量好，色泽也浅。该工艺简单易行，但酸、碱消耗较多，成本也高。分离出的乳清液随废水排放未回收，其中的低分子蛋白质等有所浪费，可溶性成分去除不彻底。

7.2.3.2 超滤法

1. 工艺原理

大豆分离蛋白的制取还可采取超滤法。超滤技术是一种新技术，可达到浓缩、分离、净化的目的，特别适用于大分子、热敏感物质的分离，如蛋白质。超滤技术是 20 世纪 70 年代发展起来的新技术，又叫超滤膜过滤技术，简称膜过滤技术。超滤技术最初应用于水的分离方面，如海水脱盐淡化方面，在植物蛋白制取方面的应用虽起步较晚，但也进入中试规模的应用阶段。应用膜过滤技术制取大豆分离蛋白，其原理是基于纤维质隔膜孔径的不同大小，以压差为动力使待分离物质中小于孔径的通过，大于孔径的滞流。孔径最小可至 1μm 左右，因而有较好的分离效果。

　　大豆蛋白分离的超滤处理有两个作用，即浓缩与分离。由于超滤膜的截留作用，大分子蛋白质经过超滤可以得到浓缩，而低分子可溶性物质则可随超滤液进一步被滤出。

　　国外用于蛋白质溶液超滤的设备有管式和中空纤维式两种。管式超滤的优点是流体在膜面上流动状态好，不易造成浓差极化，便于清洗，但其安装复杂，设备体积相对较大。中空纤维式的优点是膜面积大，体积小，工作效率高，制作成本低，但对原液要求严格，清洗相对困难。

2. 工艺流程

　　超滤反渗透制取大豆分离蛋白的工艺流程如图 7-4 所示。

　　该流程为超滤反渗透膜技术制取大豆分离蛋白的典型流程。这种工艺包括两次微碱性溶液（pH 为 9）浸泡浸出、离心分离、水稀释、超滤、反渗透以及干燥等，操作条件已在图中列出。这种工艺的特点是不需要经过酸沉析和中和工序，利用此技术可以除去或减少蛋白质中的脂肪氧化酶，可以分离出植酸等微量成分。因而产品内含植酸量少、消化率高、色泽浅、无咸味、质量较高。同时，应用超滤和反渗透技术回收浸出液中的低分子产物，且废水能够得到循环使用，这样就不存在污染环境的问题。目前，膜过滤技术尚处于实验阶段，有待进一步扩大到生产应用上。

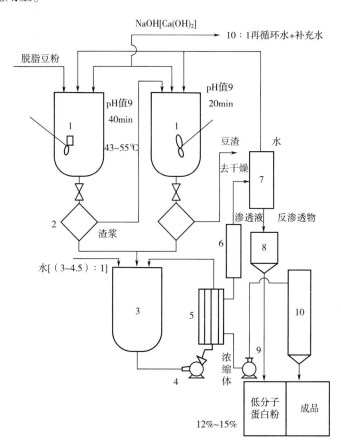

图 7-4　超滤反渗透技术制取大豆分离蛋白流程

1—浸出器　2—离心机　3—暂存、稀释罐　5—超滤罐　6—流量计　7—反渗透

8—燥器　9—高压泵　10—喷雾干燥器

7.2.3.3 离子交换法

1. 工艺原理

离子交换法生产大豆蛋白分离的原理与碱提酸沉法基本相同。其区别在于离子交换法不是用碱使蛋白质溶解，而是通过离子交换法来调节 pH，从而使蛋白质从饼粕中溶出及沉淀而得到大豆分离蛋白。

2. 工艺流程

工艺流程如图 7-5 所示。

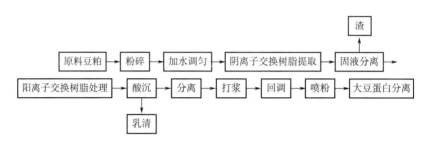

图 7-5　离子交换法制取大豆分离蛋白的工艺流程

将粉碎的脱脂豆粕放入水抽提罐中，以 1∶（8~10）比例加水调匀，送入阴离子交换树脂罐中，抽提罐与阴离子交换树脂罐之间的提取液循环交换，直至 pH 达到 9 以上，即停止交换。提取一定时间后，要进行除渣。再将浸出液送入阳离子交换罐中进行交换处理，方法与阴离子交换浸提相似，待 pH 降为 6.5~7.0 时，即停止交换处理，余下工序与碱提酸沉法一样。

这种工艺生产的大豆蛋白质的纯度高，灰分少，色泽浅，但其生产周期过长，目前尚处于实验阶段，有待于进一步推广开发和应用。

7.2.4　利用豆粕生产大豆多肽

大豆多肽指的是大豆蛋白质经过水解、分离、精制等过程而获得的通常由 3~6 个氨基酸组成的、相对分子质量低于 1000 的低肽混合物，肽类的相对分子质量主要分布在 300~700 范围内，其中还含有少量的游离氨基酸、糖类、无机盐等成分。

大豆多肽产品因是否经过精制而分为两类：一类是由大豆蛋白质的水解产物直接干燥而得到的产品。这类产品因含有少量的未水解大豆蛋白质或大分子肽，其分散液为混浊型。另一类是大豆蛋白质的水解产物经过分离除去未水解大豆蛋白质或大分子肽后的干燥产物，其分散液为澄清型或微浊型。

1. 工艺原理

大豆多肽的生产主要是将大豆蛋白质进行控制性的水解，再分离精制。蛋白质的水解一般有两种方法，即酸水解和酶水解。酸水解操作简单、成本较低，但是对设备的材料要求高，并且在生产中不能按规定的水解程度进行水解，同时水解产物复杂，可能导致氨基酸受到一定程度上的破坏而降低产品的营养价值。与酸水解相比，酶水解则是在比较温和的条件下进行的，容易按一定的规则进行水解，能很好地保存氨基酸的营养价值。近年来由于酶制取及提纯工艺的日渐成熟，现在生产上一般多采用酶法水解来生产大豆多肽。

2. 工艺流程

大豆多肽的制取一般是以豆粕为原料，其工艺主要包括大豆分离蛋白溶液的制备、大豆分离蛋白的水解和大豆多肽的精制三大部分。

（1）大豆分离蛋白溶液的制备。

大豆分离蛋白溶液的制备一般采用成熟的碱提酸沉法。

未变性的大豆球蛋白分子具有相当紧密的结构，这种极其致密的结构对酶水解具有很强的抵抗力，所以在酶解大豆蛋白时必须进行适当变性处理，使其蛋白质的复杂结构被适当的打开，使那些原来在分子内部包藏而不易与酶发生作用的部位暴露出来，从而使蛋白质水解酶的作用点大大增加，加快了蛋白质的酶解。试验证明：将大豆分离蛋白溶液在90℃下加热10min，既可防止大豆分离蛋白溶液黏度升高，又可大大提高其水解度。

（2）蛋白质的酶水解。

大豆蛋白质经适当的酶水解以后，可以得到所需要的大豆肽混合物。

酶水解蛋白质具有专一性，不同种类的蛋白酶对同一种蛋白质底物的作用效果是不同的，所以水解以后得到的肽类的长度及结构组成也就不同。因此，在生产中选用什么样的酶作为水解酶是非常重要的。

从理论上讲，无论是动物蛋白酶、植物蛋白酶还是微生物蛋白酶都可以用于大豆蛋白质的水解，实际生产中常用的酶有胃蛋白酶、木瓜蛋白酶、无花果蛋白酶、胰蛋白酶、菠萝蛋白酶、细菌蛋白酶和霉菌蛋白酶等。从水解能力上来说，碱性蛋白酶对大豆蛋白质的水解能力最强、水解效果最好，可以使水解度达到40%以上，肽链长度在2.5~4.0，相对分子质量为1000~2000。碱性蛋白酶的来源广泛，目前国内已经能工业化生产，酶源充足，价格也比较便宜。但碱性蛋白酶对具有疏水性或碱性残基的 C 末端的多肽的结合特异性较差，容易形成相对分子质量较低的苦味肽。

一般来说，不仅要选择合适的酶，还要控制好酶和底物的浓度、反应的时间和温度。选择不同的酶，酶解条件也不同。对于碱性蛋白酶，最佳水解条件为水解温度为55℃，pH 为4.5，底物浓度为45g/L，酶加入量为50g/kg，水解6h以上。

（3）大豆多肽的精制。

分离除蛋白。分离除蛋白一般是通过调节蛋白酶解液的 pH 至4.5，使未水解的大豆蛋白质或大分子肽沉淀，然后离心分离除去，得到纯净的酸性水解物溶液。

脱苦、脱色。经分离后的大豆蛋白质酶解物是低分子肽类和游离氨基酸的混合物，带有苦味。为了得到口感和风味俱佳的大豆多肽产品，必须进行脱苦和脱色。肽的脱苦最常用且有效的方法是吸附法。有很多种吸附剂通过将疏水性多肽从水解物中分离去除而达到脱苦的目的，如琼脂、改性纤维素、酚醛树脂、微晶纤维素、活性炭等，其中活性炭是性能最好的、使用最为广泛的吸附剂。

离子交换处理以脱盐。在酶解过程中为了使反应过程中的 pH 保持不变，需要不断加入NaOH 溶液进行中和，同时在分离工序中，为了调节 pH 到4.5以除去未水解的蛋白质，还需要加入盐酸溶液，因此会产生一定量的盐成分（主要是 NaCl），使水解液具有一定的咸味。因此，水解液还需要进行脱盐处理。实验表明，将一定体积的大豆蛋白酶解液以 10 倍柱体积/h 的流速分别流经 H⁺ 型阳离子交换树脂和 OH⁻ 型阴离子交换树脂以除去 Na⁺ 和 Cl⁻，可以大大降低其中盐分的含量，脱盐率可以达到 85% 以上。

干燥。经过精制后的大豆多肽溶液在 135℃ 的温度下进行超高温瞬时杀菌，再进行高压均质真空浓缩，使固形物含量达到 38%~40%，进入喷雾塔进行喷雾干燥，即可得到成品粉末大豆多肽。喷雾干燥条件：进风温度为 125~130℃，塔内温度为 75~78℃，排风温度为 80~85℃。

7.2.5 利用豆粕生产大豆异黄酮

大豆异黄酮是大豆生长过程中形成的次级代谢产物。大豆制品因加工方法不同，制品内异黄酮含量及存在形式亦有差异。如豆腐加工过程中，异黄酮随水溶出，含量因此下降，特别是冻豆腐，因水溶性异黄酮异构物溶出较多，异黄酮含量更低。大豆浓缩蛋白、大豆分离蛋白、豆乳粉、大豆粉、豆腐以及豆腐皮中的大豆异黄酮与天然大豆中异黄酮的结构类似，主要以糖苷的形式存在，苷元的含量均在 20% 以下；由于异黄酮糖苷具有较高的极性，在非极性的豆油以及豆油浸出剂中溶解度低，豆油中基本没有异黄酮的存在；大豆浓缩蛋白中异黄酮的含量与生产时使用的溶剂有关，醇法生产的大豆浓缩蛋白中异黄酮含量低；在发酵大豆食品如豆酱、腐乳、豆豉中，总异黄酮含量不高，含量为 0.6~1.4mg/g，且苷元是主要存在形式，占总黄酮的 40% 以上，有的近乎 100%，这是由于微生物的发酵使得部分大豆异黄酮糖苷分解并转化为苷元。因此，发酵大豆食品中的大豆异黄酮比未发酵大豆食品中的大豆异黄酮有更高的生物利用率。

7.2.5.1 大豆异黄酮的提取

1. 工艺流程（图 7-6）

由于大豆异黄酮的成分很多，不同的提取工艺得到的产物的各成分组成不同，在此简要的介绍 4 种。

2. 操作要点

（1）提取原料。

以脱脂豆粕作为原料提取大豆异黄酮时，浸提前需进行适当粉碎，粒度最好在 0.5~0.8mm，最大不超过 1mm。原料粒径过大，会给提取造成困难，粒径过小，粉末度过高，会给后续操作带来困难。

（2）提取溶剂。

常用的有甲醇水溶液、乙醇水溶液、丙酮酸溶液、弱碱性水溶液或者是水解酶。

（3）提取方式。

一般有罐式浸出、逆流萃取以及渗透等方式。

（4）分离溶剂。

提取后，分离除去不溶物，分离可采用离心分离或过滤分离。

（5）纯化。

1）超滤。

超滤膜的截留相对分子质量为 600~10000，浸提液温度应在 80℃ 以上。

2）溶剂萃取。

脱脂大豆粉在水中与足量的 β-葡萄糖苷酶混合，加入乙酸乙酯搅拌，水相中的异黄酮糖

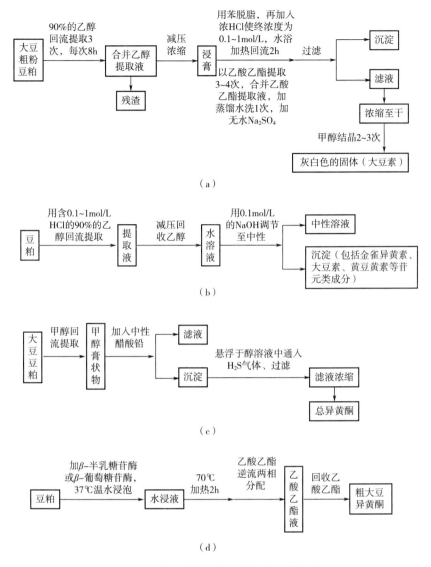

图 7-6　大豆异黄酮的 4 种提取工艺流程

苷被酶解生成不溶于水的苷元，进入上面的乙酸乙酯层，充分接触后分出上层溶液，减压蒸去乙酸乙酯，以正己烷脱脂，然后得到异黄酮。最终产品的纯度为 36%～70%，黄豆苷元、染料木黄酮和大豆黄素的得率为 75%～80.3%。

3）树脂吸附。

树脂可吸附浸提液中的大部分大豆异黄酮，取出浸提液中的蛋白质、单糖、多糖以及其他物质。利用柱层析时，聚酰胺柱和葡聚糖凝胶柱的分离效果较好，而硅胶柱分离效果不理想。所采用的吸附剂可以是非极性、弱极性和极性树脂。树脂吸附后用解吸液进行解吸，所采用的吸附剂不同，解吸液也不同。

（6）浓缩与干燥。

解吸液解吸后需进行蒸脱和溶剂的回收，所有的溶剂回收均在负压下进行，以保证提取物不受高温的影响，从而获得高浓度的大豆异黄酮萃取物。

将洗脱液进行减压浓缩，浓缩条件为温度95~100℃，真空度为-0.09~-0.08MPa。向浓缩液中加入等体积丙酮萃取2~3次，萃取温度为60℃。然后用离心机离心，收集离心液，减压回收丙酮后获得淡黄色大豆异黄酮，其收得率约为0.506%。

大豆异黄酮的干燥采取履带式连续真空干燥器，既可以避免某些挥发组分的损失，也可以保证高效率。

7.2.5.2 大豆异黄酮苷元制备

将大豆异黄酮在高温及酸作用下水解，然后进行分步结晶，获得大豆异黄酮苷元。

1. 工艺流程

脱脂大豆粕→酸性丙酮提取液→水解液→异黄酮苷元浓缩液→聚酰胺洗脱液→水解液→中和液→粗结晶→丙酮溶解液→浓缩→结晶→产品。

2. 操作要点

（1）提取。

向脱脂大豆粕中加入其体积5~6倍的丙酮酸性溶液（用0.1mol/L的乙酸调节pH至4.5）温度保持在40~50℃，搅拌提取2次，每次2h。过滤，滤渣用少量混合液提取2~3次，再次过滤，收集合并滤液。

（2）浓缩、水解。

将滤液在40℃、真空度为-0.09~-0.08MPa下进行减压回收丙酮，获得粗提取固体。然后用10~20倍50%的乙醇溶解，然后升温至80℃，在回流条件下处理15h左右，使大豆异黄酮水解成异黄酮苷。

（3）浓缩。

将水解产物进行真空减压浓缩，回收乙醇，其温度为80~95℃、真空度为-0.1~-0.08MPa，直至浓缩液中无乙醇味时止。脱乙醇后获得浓缩液，将其过滤，收集滤液。

（4）吸附。

将色谱用聚酰胺装柱，然后将滤液泵入色谱柱，控制流出液速度为每小时1~2倍树脂体积，用紫外检测器检测流出液，直至有显著吸收时止，使聚酰胺达到饱和吸附。

（5）洗脱。

吸附完成后，用去离子水洗涤吸附柱，直至流出液无色时为止。然后用约2倍柱体积的70%的乙醇以每小时1~2倍树脂体积的流速通过色谱柱，洗脱异黄酮苷，直至洗脱液中无明显紫外吸收时为止。

（6）结晶。

收集有明显紫外吸收的洗脱液，洗脱液中异黄酮苷的含量约为25%，大豆中异黄酮的得率约为95%。向洗脱液中加入适量的20%的硫酸，调节洗脱液至乙醇浓度大于50%，硫酸浓度为4.5%~5%。然后于80℃水浴中水解20h后冷却至常温，用浓度为10%的氢氧化钠溶液中和，静置1h左右过滤。收集滤液进行减压浓缩，浓缩温度为65℃，真空度为-0.1~-0.08MPa，浓缩至无乙醇味时为止。静置12h后过滤，用去离子水洗涤沉淀，除去残留的硫酸钠。将沉淀置于60℃烘箱中干燥，获得大豆异黄酮苷元结晶粗品，其含量为35%~45%。

将异黄酮苷元粗品用少量50%的丙酮溶解，在50~60℃水浴中搅拌回流处理约1.5h后，过滤，收集滤液，减压浓缩至干，获得纯度大于45%的异黄酮苷元产品。将该部分纯化的异黄酮苷元依次用 60%、70%、80% 的丙酮溶解及回流处理，回收丙酮并过滤，重复以上操作。获得滤液，冷却后置于 4℃ 冰箱中结晶 18h 以上。过滤，收集晶体，用水洗涤，在 60℃ 下烘干，获得异黄酮苷元含量在 85% 以上的产品。最后进行分步结晶，获得大豆素结晶和染料木素结晶。

7.2.6　利用豆粕生产大豆皂苷

目前，大豆皂苷的提取多以大豆粕、大豆胚芽为原料，或者以生产大豆分离蛋白后排放的乳清液作为提取原料，该乳清液包括普通方法生产大豆分离蛋白时排放的乳清液和用酶法生产大豆分离蛋白所排放的乳清液。由于大豆皂苷是极性高的酸性皂苷，化合组分复杂，所以纯大豆皂苷的分离比较困难。此处重点介绍以豆粕为原料，用有机溶剂沉淀法提取大豆皂苷的过程。

1. 工艺流程

豆粕→甲醇或乙醇提取物→分离→残余物→分离→正丁醇相→残留物→硅胶柱色谱→总皂苷（粗品）。

2. 操作要点

1）原料处理。

将原料（脱脂豆粕或者大豆胚轴）粉碎至 20 目，加入一定量的甲醇或乙醇溶液，摇匀，在一定温度下回流浸泡一段时间，冷却后过滤。滤液经减压蒸馏回收溶剂，浓缩到原体积的 1/7 后用等体积的饱和正丁醇溶液萃取，充分搅拌，取正丁醇相，经减压蒸馏浓缩至褐色黏稠状时，冷却，加入尽可能少的甲醇溶剂，再加入甲醇体积 10 倍的丙酮，充分搅拌使之产生沉淀，抽滤后，将沉淀烘干称重即得大豆皂苷。

2）沉淀。

溶剂的选择除可利用丙酮沉淀大豆皂苷外，还可选取无水乙醚、乙酸乙酯等有机溶剂为沉淀剂，将总配糖体溶溶液缓慢加入沉淀溶剂体系中，摇匀并静置 1h 后离心分离。一般 pH 在 6 左右时，可以达到较好的分离效果。

3）总皂苷的纯化。

粗提的大豆皂苷中还存在一些其他的物质，例如糖、鞣质、色素、无机盐等。所以，若想得到较纯的大豆皂苷，必须进行进一步的纯化。一般采用吸附层析法，较常用的有硅胶柱层析法、聚酰胺柱层析法、葡聚糖凝胶柱法等。

聚酰胺柱和葡聚糖凝胶柱有较好的分离纯化效果。用聚酰胺柱分离样品时，以乙酸乙酯和甲醇为洗脱剂梯度洗脱，大豆总皂苷和大豆总异黄酮苷的分离效果较好，大豆皂苷纯度可达到 90% 左右。而硅胶柱分离效果不太理想，其原因可能是硅胶本身对有效成分的选择性吸附能力较差，也可能是由洗脱溶剂选用不当造成的。对聚酰胺柱来说，用含水乙醇梯度洗脱可以较好地分离各种大豆异黄酮苷组分，但总异黄酮苷类物质和总皂苷类物质整体分离效果不好，而用乙酸乙酯和甲醇溶液洗脱可以得到总异黄酮苷和总皂苷，满足实验要求。尽管用葡聚糖凝胶也可以得到较好的分离效果，但其价格昂贵不可能大规模应用，而聚酰胺成本相对低、吸附量大而且效果较好，对有效成分可以较好地分离，基本上满足分离纯化的要求。

7.2.7　利用豆粕生产大豆低聚糖

大豆低聚糖是大豆中所含的天然低聚糖类，主要有水苏糖和棉子糖，在大豆中的含量分别为4%和1%。大豆低聚糖的甜味感接近蔗糖，具有低甜度、低热量、耐热、耐酸的特点，可在饮料、冷食、糕点中应用。用大豆低聚糖浆制成的低聚糖酯经活性炭处理后，有酸味感、刺激性小，可提高香气和嗜好性。

1. 工艺流程

脱脂豆粕 $\xrightarrow{\text{溶剂提取}}$ 豆乳 $\xrightarrow{\text{酸沉}}$ 上清液 $\xrightarrow{\text{离心}}$ 乳清液 $\xrightarrow{\text{超滤、离子交换、真空浓缩}}$ 大豆低聚糖浆。

2. 操作要点

（1）粉碎、过筛。

称取一定量的脱脂大豆粕，粉碎后过80目分样筛，脱脂大豆粕的蛋白质含量为53%，水分含量约为8%，残油为0.54%。

（2）提取。

将过筛豆粕粉用其质量10~15倍、浓度为1%的碳酸钠水溶液在搅拌下提取大豆低聚糖，提取温度为55℃，时间为2h。

（3）超滤。

提取完成后，过滤或离心，收集滤液或上层清液进行超滤处理，超滤膜为聚矾膜，截留相对分子质量为3000，超滤温度约为25℃，pH为6.3，压力约为 $1.38 \times 10^5 Pa$。获得蛋白质截留率达到90.7%的超滤液。

（4）离子交换。

将超滤液进行脱盐，脱盐时使用732型强酸型阳离子交换树脂和717型强碱型阴离子交换树脂装柱，使柱径与柱高比为1∶20，控制过柱液流速为每小时2~3倍树脂体积，使超滤溶液依次通过阳离子交换柱、阴离子交换柱及混合柱（阴离子交换树脂与阳离子交换树脂体积比为2∶1），使过柱液电导率低于 $100\mu\Omega/cm$。

（5）浓缩。

将过柱液进行真空浓缩，获得大豆低聚糖浆。真空浓缩条件：温度为85~95℃，真空度为-0.1~-0.08MPa。

7.2.8　其他

7.2.8.1　利用豆粕加工豆腐

利用豆粕（脱脂大豆）加工豆腐是合理利用大豆蛋白资源的一条有效途径。以水溶性氮指数（水溶性氮与全氮的百分比）在80以上的低变性脱脂大豆为原料，若利用普通加工豆腐的方法，将脱脂大豆浸出液煮沸，添加硫酸钙等凝固剂加工豆腐，得到的产品比较粗、硬，加工油炸豆腐时，膨胀性差。为了使低变性脱脂大豆加工出理想的豆腐，可在低变性脱脂大豆中添加小麦粉、氢氧化钙或钙盐、含氧酸或含氧酸盐，混合后制成加工豆腐用的原料组成物。通过大豆蛋白质与小麦粉、钙离子及含氧离子的相互作用，改善豆腐、油炸豆腐和冻豆腐的组织及风味。通过以下方法可获得品质较好的豆腐制品。

1. 小麦粉

要求添加的小麦粉的粒度在 10 筛目以下，添加小麦粉后，加工出来的豆腐光滑、筋道，能提高豆腐的保水力和风味。小麦粉中含 8%～12% 的蛋白质和 70%～76% 的碳水化合物。小麦粉能起到上述作用的主要是面筋而不是淀粉。添加小麦粉加工油炸豆腐时，油炸豆腐的膨胀性明显增强，加工的豆腐光滑细腻。

小麦粉的添加量是脱脂大豆质量的 0.5%～2.5%。添加量低于 0.5% 时，几乎无效果；而添加量超过 2.5% 时，制品稍带红色，加工油炸豆腐时膨胀性差。

2. 复合添加剂

添加氢氧化钙或钙盐、含氧酸或含氧酸盐的目的是煮沸时对大豆蛋白质起作用，在缓冲 pH 下与大豆蛋白质缓慢结合，在添加凝固剂后形成良好的组织，而且能够与小麦粉互相增效。

氢氧化钙的添加量是脱脂大豆的 0.01%～0.3%，如果打算添加钙盐，则以氢氧化钙与弱酸的盐类为宜。含氧酸可使用乳酸、柠檬酸、酒石酸或苹果酸。含氧酸或含氧酸盐的添加量是脱脂大豆的 0.07%～0.1%。使用磷酸盐时，以添加 0.02%～0.2% 的三聚磷酸钠为宜。

将这些添加剂加到低变性脱脂大豆中便可得到加工豆腐用的原料组成物。

3. 点浆与进一步加工

将组成物用水浸泡、煮沸、分离出豆腐而渣得到豆浆，然后按照豆腐生产工艺添加凝固剂，加工出品质良好的豆腐。并可进一步制成品质优良的油炸豆腐和冻豆腐，也可以将上述组成物与原料大豆配合使用。

7.2.8.2　利用豆粕加工饲料

尽管豆粕中含有血细胞凝集素、皂苷等不利于营养吸收的成分，但是因为高温、高湿的生产过程，这些不利因素会被限制在有限的范围内。当前对豆粕的利用主要集中在饲养业、饲料加工业，用于生产家畜、家禽食用饲料。食品加工业、造纸、涂料、制药等行业对豆粕有一定的需求，如用于制作糕点食品、健康食品及化妆品和抗菌素。

大约 85% 的豆粕用于家禽的饲养。豆粕中富含的多种氨基酸对家禽摄入营养有很大好处。实验表明，在不需额外补充动物性蛋白质的情况下，仅豆粕中含有的氨基酸就足以平衡家禽的食物，从而促进它们的营养吸收。

在生猪饲料中，有时也会加入动物性蛋白质作为额外的蛋白质添加剂，但总体看来，豆粕得到了最大限度的利用。

只有当其他粕类的单位蛋白成本远低于豆粕时，人们才会考虑使用其他粕类作为替代品。

在奶牛的饲养中，豆粕由于味道鲜美、易于消化，能够提高产奶量。在肉用牛的饲养中，豆粕也是最重要的油籽粕之一。但是，在牛的饲养过程中，有些时候并不需要高质量的豆粕，用其他粕类也可以达到同样的喂养效果，因此，豆粕在牛饲养中的地位要略低于生猪饲养中的地位。

豆粕也被广泛应用于水产养殖业中。豆粕中含有的多种氨基酸如蛋氨酸和胱氨酸，能够充分满足鱼类对氨基酸的特殊需要。具有高蛋白质的豆粕已经在水产养殖业中发挥越来越重要的作用。

豆粕还被用于制成宠物食品。对宠物来说，简单的玉米、豆粕混合食物同使用高动物蛋白制成的食品具有相同的价值。

7.3 豆渣综合利用

7.3.1 概述

豆渣有丰富的蛋白质、脂肪、纤维素成分、维生素、微量元素、磷脂类化合物和甾醇类化合物。经常食用豆渣能降低血液中胆固醇的含量，还有预防肠癌及减肥的功效，它是一个新的保健食品。因此，豆腐渣的开发利用受到了极大的重视，现在豆渣已成为一种价值很高的原料，在食品领域中有着广泛的应用前景。目前，利用豆渣的食品有面包、饼干、海绵蛋糕等焙烤食品，以及炸丸子、汉堡肉饼、烧麦、包子、鱼糕等烹调加工食品。利用酶技术、膜技术等现代科技手段对豆渣进行综合利用与加工，使其营养成分得以全面开发，解决废弃豆渣造成的环境污染，实现废物的循环利用，已经成为当今研究的热点和趋势。

7.3.2 利用豆渣生产大豆蛋白质

7.3.2.1 提取豆渣蛋白

1. 工艺流程（图7-7）

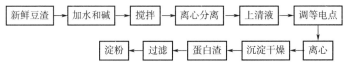

图7-7 豆渣蛋白提取工艺流程

2. 操作要点

（1）豆渣蛋白溶解度与pH的关系。

采用等电点法沉淀分离豆渣蛋白，由豆制品生产工艺可知，生产中被利用的是大豆中的水溶性蛋白质，水不溶性蛋白质及少量水溶性蛋白质则留在豆渣中。大豆蛋白质等电点已有报道，但豆渣蛋白与大豆蛋白质在性质上有一定区别，因此，有必要对豆渣蛋白等电点进行测定。在pH为4.0~6.0范围内，豆渣蛋白溶解度最低点所对应的pH为5.4，即豆渣蛋白等电点为5.4。

（2）原料。

原料豆渣水分含量大，且营养丰富，是微生物良好的栖身地。因此，工艺要求原料必须新鲜，符合卫生标准，加工要及时，且加工过程中严防污染。

（3）pH。

酸碱度对蛋白质得率影响较大，一般随pH增大，蛋白质得率提高。由于提取蛋白质后的剩余部分还可提取淀粉或作他用，因此，提取液pH要严格控制，碱度太小，蛋白质分离不完全；碱度太大，导致淀粉糊化，降低蛋白质、淀粉和其他物质的纯度和得率，pH宜在11~12之间。

（4）搅拌时间。

搅拌的目的是促进蛋白质溶解，提高蛋白质得率，搅拌时间长短对结果有一定影响，一般以 30min 为宜。

因此提取豆渣蛋白的最适条件：按豆渣：水＝1：6 混合，在 pH 为 11~12 的碱性条件下，搅拌 30min，上清液在 pH 为 5.4 时沉淀蛋白质并分离，沉渣经过滤后制取淀粉。

7.3.2.2　利用豆渣生产蛋白发泡粉

1. 工艺流程（图 7-8）

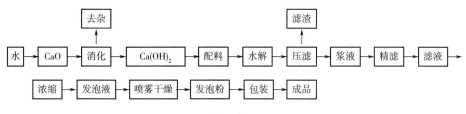

图 7-8　豆渣生产蛋白发泡粉的工艺流程

2. 操作要点

（1）加碱量。

蛋白质发泡粉的 pH 大小主要决定于加碱量的多少，加碱量少，pH 低，成品涩味小，但蛋白质水解困难，影响起泡高度。要使发泡高度大于 10cm、pH 小于 11.8，加碱量应控制在 2.5%~3.5%，以 3.0% 为最佳。

（2）反应时间。

在一定加碱量条件下，反应时间与水解程度有关，对发泡高度和泡沫稳定性有一定影响。发泡高度和 pH 是两个相互制约的因素，pH 高，发泡高度高，但产品涩味明显，会影响产品口感、风味及其应用范围和添加量。在一定加碱量下，反应时间并不是越长越好，反应时间过长，水解程度过高，失水率大，即产品的泡沫稳定性差，产品的色泽深暗。综合考虑发泡高度、失水率、产品的色泽，反应时间应控制在 4h。

（3）配料浓度。

配料浓度的大小决定着设备的利用率、生产周期及经济效益。配料浓度越大，一次滤液浓度小，能耗大，设备利用率低，生产周期长。根据设备利用率、生产周期和生产成本的综合考虑，配料浓度以 1：1.75 为宜。

7.3.2.3　利用豆渣生产水解植物蛋白

1. 工艺流程（图 7-9）

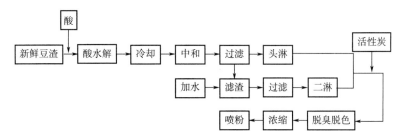

图 7-9　豆渣水解植物蛋白工艺流程

2. 操作要点

（1）配料比。

蛋白质水解程度、水解速度与料液酸浓度成正比；而产品中盐含量与加酸量成正比。当加酸量一定时，料液中含水量越高，酸浓度越低，水解越不易进行。豆渣含水量高达80%，豆渣直接加酸水解较合理。

（2）配料中酸最低用量。

酸最低浓度确定的依据是水解液颜色鲜艳、色泽光亮、透明度好。水解时间、温度一致，加酸量不同，酸与豆渣比为0.2∶1时，水解液质量能达要求。酸与豆渣比小于0.2∶1时，豆渣中蛋白质水解难度大，水解不彻底，水解液色暗、混浊、无光泽，味道不鲜，且带有不同的苦味，表现为氨基态氮含量低。故利用豆渣生产水解蛋白时，盐酸添加量应使酸与豆渣比不小于0.2∶1。

（3）酸最佳用量。

酸最佳用量确定的依据是在水解液色泽鲜艳、有光泽，味鲜而无苦味的基础上，力求氨基态氮含量高即氨基态氮利用率高，而氯化钠含量低。在相同水解时间和水解温度情况下，酸与豆渣比在0.2∶1至0.28∶1时，氨基态氮利用率提高明显，当酸量再增加时，氨基态氮利用率提高很小，而产品中氯化钠含量增加幅度大，超过质量要求，同时原料消耗费用明显提高。因此配料中盐酸最佳用量范围为酸∶豆渣等于（0.22~0.28）∶1。

（4）水解时间。

在一段时间内，氨基态氮利用率与水解时间成正比。在相同水解温度和加酸量情况下，根据氨基态氮利用率及生产周期确定最佳水解时间。水解时间小于20h，水解程度不够，蛋白质水解中间产物肽较多，终产物氨基酸较少。水解液不鲜，有苦味，色泽混浊、无光泽。故以豆渣为原料生产水解蛋白水解时间不得低于20h。

7.3.3 利用豆渣生产大豆膳食纤维

大豆中膳食纤维的含量为12%~18%。针对这一点，从经济效益和社会效益出发，对大豆油脂和豆制品加工后遗弃的废物如豆皮、豆渣进行研究，生产大豆系列膳食纤维添加剂。

膳食纤维的生产主要有碱煮-酸解法、酶法、水浸提法、化学法、化学与酶结合法等。碱煮-酸解法是通过碱作用使纤维素中的糖苷键断裂，降低纤维素聚合度和机械强度，除去淀粉层，并除去溶于碱的蛋白质、脂肪，然后酸解以进一步降低聚合度，最后进行氧化脱色。此法简单、成本低，但是水溶性膳食纤维几乎完全损失，因而一般只用于制备水不溶性膳食纤维。酶法分两种：一是用α-淀粉酶、蛋白酶除去淀粉、蛋白质等非纤维素成分，再分离水溶性膳食纤维和水不溶性膳食纤维；另一种是采用纤维素酶水解纤维，使之成为水溶性膳食纤维。

7.3.3.1 化学法分离豆渣中大豆膳食纤维

（1）生产工艺。

湿豆渣→脱腥→脱色→还原→洗涤→挤压→干燥→冷却→超微粉碎和微胶囊化→包装

（2）操作要点。

1）豆渣脱腥。

大豆在经浸泡、磨浆和分离后，本身所具有的和在加工过程中产生的豆腥味的挥发物（如正己醛、正己醇、正庚醇等）绝大多数留存在豆渣中，因而使豆渣散发出浓重的豆腥味。只有脱除异味的豆渣才能加工成有市场的食用纤维粉，脱腥处理成为豆渣膳食纤维制备的一个重要步骤。

可行的脱腥方法有加碱蒸煮法、加酸蒸煮法、减压蒸馏脱气法、高压湿热处理法、微波处理法、己烷或乙醇等有机溶剂抽取法和添加香味料的掩盖法等。加酸蒸煮法会使纤维颜色加深、纤维成分分解损失严重，一般不使用。加碱蒸煮法、减压蒸馏脱气法、湿热法的处理效果比较好，能有效减少豆渣的豆腥味。

①加碱蒸煮法。加碱蒸煮法可以使用的碱包括氢氧化钠、氢氧化钾、氢氧化钙、碳酸钠、碳酸氢钠等。不同的碱对碱浓度与蒸煮时间有不同的要求，如使用氢氧化钠时，碱浓度调节在 0.5%~2%，蒸煮温度为 110℃，时间维持在 10~30min。

②湿热处理法。湿热处理法是最常用的豆制品、豆渣脱腥的方法，这是因为湿热可以使大豆中的脂肪氧化酶失活，减少它对不饱和脂肪酸的分解作用，因而能大大减少豆渣中豆腥味物质的产生量。湿热处理脱腥的工序包括调酸、热处理、中和三个步骤。

2）豆渣脱色。

向脱腥后的豆渣中加入 1.5% 的 H_2O_2 溶液，在 40℃下处理 1.5h 进行脱色，效果较好。

3）还原、洗涤。

为除去豆渣中残留的 H_2O_2，可加入 H_2SO_3 进行还原，然后用水洗 3~5 次。

4）挤压。

将除去 H_2O_2 的豆渣送入挤压蒸煮设备，在压力为 0.8~1MPa、温度为 180℃左右的条件下进行挤压、剪切、蒸煮处理。

5）超微粉碎和微胶囊化。

①超微粉碎。膳食纤维的持水力和膨胀力，除了与膳食纤维原料的来源和制备的工艺有很大关系外，还与终产品的颗粒度有关。最终产品的粒度越小，比表面积就越大，膳食纤维的持水力、膨胀力也相应的增大，还可以降低粗糙的口感特性。因此，将挤压蒸煮后的豆渣粉干燥至水分含量为 6%~8% 后应进行超微粉碎，以扩大纤维的外表面积。经过挤压蒸煮和超微粉碎，已经完成了功能活化的第一步，即纤维内部组成成分的优化与重组。

②微胶囊化。由于膳食纤维表面带有羟基团等活泼基团，会与某些矿物元素结合从而可能影响机体内矿物质的代谢，若用适当的壁材进行微胶囊化处理，则可解决此问题，即完成功能活化的第二步。经功能活化处理的高活性豆渣膳食纤维外观为乳白色，无豆腥味，粒度为 1000~2000 目，膳食纤维含量为 60%，大豆蛋白质含量为 18%~25%。

7.3.3.2　酶法提取豆渣中大豆膳食纤维

（1）工艺流程（图 7-10）。

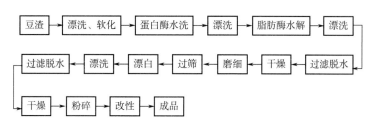

图 7-10　酶法提取豆渣膳食纤维的工艺流程

（2）技术要点。

①漂洗、软化。将标准称量的豆渣用清水漂洗并使之软化。

②蛋白酶水解。水解条件是 50℃、pH 为 8.0、固液比为 13：10、一定酶量、反应 8~10h，期间通过加缓冲剂保持反应时 pH 不变。

③脂肪酶水解。水解条件是 40℃、pH 为 7.5、固液比为 1：10、一定酶量、反应 6~8h，期间通过加缓冲剂保持 pH 不变。

④漂洗。均用清水将处理后的豆渣纤维冲洗至中性。

⑤过滤脱水。用板框过滤机将漂洗的纤维进行脱水处理。

⑥干燥。将脱水后的豆渣纤维均匀置于烘盘上，放入鼓风干燥箱中以 110℃烘 4~5h，至干透为止。

⑦漂白。准确称取细磨至 40 目的豆渣纤维，并按固液比为 1：8 加入浓度为 4%的 H_2O_2，水浴加热至 60℃，恒温脱色 1h。

⑧粉碎、改性、强化。利用机械剪切法进行超微粉碎及强化 Ca^{2+}、Zn^{2+} 等微量元素，即得到成品。

由于采用的是酶解技术，所以在加工过程中一定要控制好生产的各种条件，如温度、酸碱度、酶解时底物浓度与酶用量等。同时必须保持场地的清洁卫生，因为如果酶解液受污染会抑制酶的活性，从而影响生产。

7.3.3.3　大豆膳食纤维在食品中的应用

近年来，人们越来越注意饮食的质量，纤维素本身并不是一种营养成分，但它能够刺激肠道蠕动，帮助其他营养物质的消化，有助于排泄废物。在近几十年的时间里，国内外对膳食纤维进行了广泛的研究，并把许多研究成果应用到食品工业。

大豆膳食纤维作为一种食品配料，对食品的色泽、风味、持油和持水量等均有影响。它可作为稳定剂、结构改良剂、增稠剂，可控制蔗糖结晶，延长食品货架期以及作为冷冻或解冻稳定剂。下面对大豆膳食纤维在食品中的主要应用做简单介绍。

1. 大豆膳食纤维在烘焙食品中的应用

膳食纤维在烘焙食品中的应用比较广泛。大豆膳食纤维可用于生产饼干、蛋糕、桃酥、翻饼、罗汉饼等烘焙食品。其中膳食纤维用量一般为面粉质量的 5%~10%。通常添加膳食纤维后，提高了此类食品的保水性，增加了食品的柔软性和疏松性，防止在储存期变硬。

经过处理的大豆膳食纤维能够增强面团结构特性，在面包中加入大豆膳食纤维可明显改善面包蜂窝状组织和口感，还可增加和改善面包色泽。糕点在制作中含有大量水分，烘焙时会凝固，使产品呈松软状，影响质量。糕点中加入的大豆膳食纤维，因其具有较高持水力，可吸附大量水分，利于产品凝固和保鲜，同时降低了成本。大豆膳食纤维加入量为湿面粉量的 6%。馒头中加入大豆膳食纤维，强化了面团筋力。

2. 大豆膳食纤维在挤压食品和休闲食品中的应用

大豆膳食纤维能用于挤压膨化食品和休闲食品中，而不影响其产品的品质。碾磨很细的大豆膳食纤维并不影响挤压食品在挤压时的膨胀。

经挤压膨化或油炸的休闲食品中添加大豆膳食纤维，可以改变食品的持油保水性，增加其蛋白质和纤维的含量，提高其保健性能。在国际上较为流行的大豆纤维食品有大豆纤维片、大豆纤维奶酪、乳皮及美味大豆纤维酥等。

3. 大豆膳食纤维在油炸食品中的应用

取豆渣纤维 1kg，加 0.5kg 水、5kg 淀粉，混匀后蒸煮 30min，再加食盐 90g、糖 100g、咖喱粉 50g、混匀并成型，干燥至含水量为 15% 左右，油炸后得油炸膳食纤维点心，也可在丸子配方中加入 30% 的膳食纤维，混匀，油炸制成油炸丸子或油条。此类制品为口味、营养俱佳的膳食纤维方便食品。

4. 大豆膳食纤维在饮料制品中的应用

一般膳食纤维主要用于液体、固体碳酸饮料等，此类饮料无异味、口感润滑，较受欢迎。如可将膳食纤维用乳酸杆菌发酵处理后制成乳清饮料；也可将膳食纤维用于多种碳酸饮料如高纤维豆乳等；还可将大豆膳食纤维和维生素混合制成"双维饮料"。甜香原味酸奶添加大豆膳食纤维后，酸化速度加快，同时酸奶的黏度明显增加。

5. 大豆纤维在肉制品中的应用

大豆膳食纤维含蛋白质 18%~25%，经特殊加工后有一定的胶凝性、保油持水性，用于火腿肠、午餐肉、三明治、肉松等肉制品中，可改变肉制品加工特性，以增加蛋白质含量和纤维的保健性能。

7.3.4　生产豆渣饮料

7.3.4.1　豆渣纤维饮料

1. 工艺流程

湿豆渣→蒸煮→酶处理→调配→均质→装罐→杀菌→成品。

2. 操作要点

（1）蒸煮。

将水分含量为 37% 的豆渣按湿豆渣∶水=0.5∶1 的比例与水调匀，然后在 121℃ 下蒸煮 8min。

（2）酶处理。

待豆渣冷却到 40~50℃ 时，用柠檬酸调 pH 至 3.3~3.5，加入 0.12% 的复合纤维素酶酶解 1h，然后升温至 90℃ 灭酶 10min。

（3）调配。

将灭酶后的豆渣液 60%、白砂糖 10%、柠檬酸 0.15%、稳定剂 0.15%、蔗糖脂肪酸酯 0.2% 混合调匀，加热至沸。

（4）均质。

调配好的汁液用均质机在 25~35MPa 的压力下均质两次。

7.3.4.2　豆渣发酵碳酸豆乳饮料

1. 生产原理

豆乳通常以全粒大豆、脱脂大豆等为原料，加水一起破碎后，除去不溶物，必要时添加植物油、糖类等，然后将混合液乳化而成，是一种以大豆蛋白为主要成分的高营养饮料。但是，如果将上述豆乳发酵制作碳酸豆乳饮料，在发酵及酸化过程中，蛋白质易生成凝聚沉淀物。为此，必须添加蔗糖酯、卵磷脂等乳化剂，果胶、角叉藻胶、琼脂、淀粉、藻酸丙二醇酯、耐酸性羧甲基纤维素等稳定剂，古柯豆胶、汉生胶等食用胶类。

为解决发酵及酸化过程中生成沉淀物的问题，采用一种新的方法生产发酵碳酸豆乳饮料，其制作方法是将豆腐渣用温水浸出，得大豆固形物含量限定在 3.5% 以下的粗豆乳，然后用米曲霉等曲霉发酵，再用德氏乳杆菌等乳酸菌发酵，最后在发酵液中添加食用酸将 pH 调整到 3~4.2 后，充入二氧化碳保存。

2. 工艺流程

豆腐渣→浸出→曲霉发酵→灭菌→乳酸菌发酵→调酸→填充二氧化碳→罐装→成品

3. 操作要点

（1）浸出。

豆腐渣的浸出通常使用约 60℃ 的温水。粗豆乳的大豆固形物含量限定在 3.5% 以下，因为超过 3.5%，在发酵及酸化过程中不能有效防止大豆蛋白质凝聚沉淀物的生成。

（2）灭菌。

为了防止发酵过程中杂菌的繁殖，应在发酵前对粗豆乳进行灭菌。灭菌时最好采用高温瞬间灭菌法，即在 125~130℃ 下灭菌数秒至数分钟。

（3）曲霉发酵。

米曲霉可使用市场上出售的酱用曲霉。通过在粗豆乳中培养曲霉，曲霉所生成的蛋白酶、淀粉酶、脂肪酶、核酸酶等发生作用，蛋白质被分解为氨基酸。曲霉发酵后，将发酵液置于粉碎机中，将米曲粉碎，然后加热灭菌。

（4）乳酸菌发酵。

灭菌液冷却后，接种德氏乳杆菌等乳酸菌，可得到无豆腥味的发酵豆乳。乳酸菌的培养基如果使用含 0.05%~0.1% 的酵母浸汁的脱脂乳，不但能促进乳酸菌的发育，而且可维持其活力。

（5）调酸。

食用酸可使用柠檬酸、苹果酸、酒石酸、乳酸、富马酸、食醋等，应根据需要进行选择。同时还可添加乳糖、麦芽糖、葡萄糖等食糖。添加食用酸时，应预先调制成适当浓度的水溶液，然后在 4~5℃ 的低温下搅拌发酵后的豆乳，同时瞬时添加该食用酸水溶液。

通过添加食用酸将豆乳的 pH 调整为 3~4.2，因为 pH 低于 3 时，酸味过强，需大量使用食糖；反之，如果 pH 超过 4.2，接近大豆蛋白质的等电点（pH 为 4.6~4.8），大豆蛋白质变得不稳定，易发生凝聚沉淀。

（6）填充二氧化碳。

填充二氧化碳时，为避免产生气泡需预先在 9.33kPa 的压力下将调酸后的豆乳脱气。二氧化碳的填充方法有后混合法和预混合法，但最好采用预混合法。二氧化碳的填充容量为 2%~2.5%。

（7）罐装。

将制得的发酵碳酸豆乳饮料分别灌装到容器中，采用热水喷淋方式或热水浸渍方式在 70~75℃ 下加热灭菌，同时有助于大豆蛋白质的分散稳定性。

7.3.5 生产豆渣食品

7.3.5.1 豆渣烘焙食品

将加工豆腐或其他豆制品所产生的豆腐渣直接用于焙烤食品，如面包、饼干、蛋糕等，所得产品口感粗糙。因此，作为豆制品生产的副产品——豆腐渣，应该先进行细化，然后使用。豆腐渣的细化，以石制或陶瓷制磨碎装置为佳，如采用金属磨碎装置，即使装置不生锈，由于摩擦作用，也易使产品产生金属味。

另外，根据实际需要，可在豆腐渣磨碎前或磨碎后添加谷物粉、淀粉、糖类、乳制品、油脂类和乳化剂等。也可使用食盐、食醋、化学调味料和香辛料等调味豆腐渣。

磨碎后的豆腐渣粒度以不产生粗糙感为准，可根据具体食品的要求来决定，通常应在0.1mm 以下。因此，当一次处理难以达到所要求的粒度时，可进行第二次甚至第三次处理，直到符合所要求的粒度为止。

粉碎后的豆腐渣，可以直接与其他食品原料混合，也可以利用滚筒干燥、冷冻干燥、热风干燥或减压干燥等干燥手段加工成干燥粉末，再与其他食品原料混合。粉碎后的豆腐渣若直接应用于食品，则其在食品中的配比一般为1%～35%。但其上限因食品的种类不同而存在相当大的差异，如面包中豆腐渣的添加上限为小麦粉的50%，饼干、脆点心等烘焙点心中豆腐渣的添加上限为小麦粉的50%，松蛋糕中豆腐渣的添加上限为小麦粉的30%。

7.3.5.2　油炸丸子

1. 原料

豆腐渣、牛奶、小麦粉、奶油、鱼、肉类、胡萝卜、马铃薯、玉米。

2. 操作要点

首先，在小麦粉中添加奶油等，进行加热，再添加牛奶，加热搅拌，制成白色糊浆。将大体等量的豆腐渣与糊浆混合，用搅拌机搅拌至适合加工油炸丸子的程度，然后添加鱼、肉类、胡萝卜、马铃薯、玉米等辅料（可添加一种或两种），加工成一定形状后速冷，凝固成型或使之大体凝固，然后缓冻至易复原状态，也可以持续冷冻，油炸前使成形物表面松软，用面粉糊包住，再在表面滚上一层面包粉，用油炸成丸子类食品。

在调制糊浆时首先在小麦粉中添加一定量的奶油，再加热；然后添加牛奶，加热搅拌。这样，面筋质没有被抽出，而且白糊浆不产生黏性。另外，由于成型后立即冷冻，因此豆腐渣和白糊浆中的水分不会发生置换，各自保持成型时的状态和成分。于是成型物同时具有豆腐渣和白糊浆的风味，搅碎或加压处理后，渗出的液体具有豆腐的香味，与白糊浆的香味融和。另外，由于冷冻使成型物膨胀，解冻后豆腐渣的密度变粗，因而加热时，热量能够在成型物内部迅速传导。

7.3.5.3　豆渣膨化食品

1. 原料

豆渣 30%～70%、淀粉 70%～30%、调味品及适量食用油。

2. 工艺流程（图 7-11）

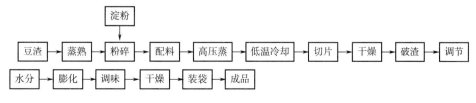

图 7-11　豆渣膨化食品加工工艺流程

3. 操作要点

先蒸豆渣，蒸熟后加入适量的水，用胶体磨粉碎三遍，拌入淀粉、食用油后放入压力锅中蒸 30min。蒸后，把其倒入平盘中，晾凉后放入冰箱的冷藏室中冷却 8~12h，待其完全硬化时，从冰箱中取出、切片。切好的片放到网盘上，用烘箱烘干，烘箱的温度控制在 105℃，烘 5~6h，烘干后，用粉碎机破碎，将水分含量调整到 15%左右，加入适量的香精，待 2h 后，用膨化机膨化，然后调味、烘干、立即装袋封口。

7.3.5.4 豆渣小吃

1. 糯米豆渣饼

（1）原料。

糯米粉 250g、五仁汤圆馅 200g、豆渣 150g、芝麻 5g、猪油 20g、色拉油 1000g（约耗 100g）。

（2）制作方法。

①向糯米粉中加入豆渣、融化的猪油及适量清水揉成面团，饧约 30min。

②取一份豆渣面团，包入一份五仁汤圆馅，制成直径为 4~5cm 的圆饼，依此方法逐一制完后，放入油锅炸熟即成。

（3）产品特点。

外酥内软，馅心香甜。

2. 玉米豆渣饼

（1）原料。

豆渣 200g、核桃仁 30g、嫩玉米浆 100g、葡萄干 25g、面粉 50g、白糖 80g、猪油 30g、精炼油 50g、蜜枣 20g。

（2）制作方法。

①将蜜枣、核桃仁、葡萄干切碎，与豆渣、嫩玉米浆、面粉、猪油、白糖和匀，加适量清水揉成面团，制成直径为 4~5cm 的圆饼。

②煎锅加热后下精炼油，将圆饼入锅煎至两面金黄且熟即可。

（3）产品特点。

色泽金黄，香甜酥脆。

3. 榨菜豆渣饼

（1）原料。

豆渣 150g、鸡蛋 2 个、面粉 200g、熟榨菜肉馅 180g、色拉油 20g。

（2）制作方法。

①先将鸡蛋搅散，再加入色拉油调匀，加入豆渣、面粉及适量清水揉成面团，略饧一会儿。

②取面团一份，包入榨菜肉馅，制成直径为 4~5cm 的小圆饼，逐一做完后，放入烤箱（温度定在 200℃）中，烤 6~8min 至熟即可。

（3）产品特点。

酥香可口，风味独特。

4. 脆果

（1）原料。

湿豆腐渣 200g、果酱适量、面粉 200g、植物油 500g（实耗约 50g）、淀粉适量、白砂糖

30g、盐 1.6g。

（2）工艺流程。

豆渣→和料→静置→成型→油炸→冷却→包装→成品。

（3）操作要点。

①和料。先将糖放入豆渣，并加入适量淀粉和精盐，和匀，搁一段时间，待糖溶化，再加入面粉和果酱，并揉搓和熟。

②静置。将和好的物料静置 1~3h。

③成型。把上述混合料擀成薄片，切成三角形或菱形。

④油炸。把油烧至八成热，下料片，炸至转棕色，即刻捞出，沥干油。

⑤冷却、包装。待料片冷却后，用塑料袋进行包装，即为成品，可以出售。

（4）产品特点。

产品色泽棕黄，酥脆清香，咸甜可口，久食不厌。

7.3.5.5　风味豆渣菜肴

1. 香菜豆渣

（1）原料。

豆渣 500g、香菜 50g、猪油 120g、适量精盐、味精和胡椒粉。

（2）制作方法。

炒锅置炉上，放猪油烧热，倒入豆渣翻炒，放入精盐、味精炒至热烫软滑时，倒入洗净切细的香菜末炒匀，淋入少许明油，撒上胡椒粉即成。

（3）产品特点。

清淡爽口，香菜味浓，白绿相映。

2. 火腿豆渣

（1）原料。

豆渣 500g、猪油 10g、熟火腿 30g，适量精盐、姜、味精、蒜和葱。

（2）制作方法。

①将火腿切成细米粒状，蒜拍碎、剁细。②向炒锅中注入猪油烧热，投入葱、姜、蒜炒出香味，下入豆渣翻炒，调好味，至略起锅巴时起锅装盘，撒上火腿粒即成。

（3）产品特点。

咸鲜味美，色泽美观。

7.4　大豆胚芽综合利用

大豆种子包括种皮、子叶和胚三大部分。其中胚是由胚根、胚轴和胚芽三部分构成。胚芽位于胚的顶端，突破种子的皮后发育成茎和叶。

清除原料大豆中的异物后，加热使大豆种皮龟裂，剥皮后，风选除去种皮，再用风选处理使大豆的子叶和胚芽分离。小麦胚芽、玉米胚芽和糙米胚芽均已在食品工业中有广泛的应用，尽管大豆胚芽与其他胚芽一样富含营养成分，但目前人们对大豆胚芽的性状和成分还未完全了解，同时，大豆胚芽的口感较硬，有苦味和涩味，这也是大豆分离蛋白苦涩味的主要来源。在大豆分离蛋白等的制取中，大豆胚芽常常作为一种不必要的产物而被脱除掉。对于如何利用大豆胚芽，尚存在很多没有解决的问题，因此大豆胚芽作为食品应用的开发较晚，综合利用有一定困难。

7.4.1 大豆胚芽的主要成分

7.4.1.1 脂肪

大豆胚芽中含有十分丰富的生理活性成分，大豆胚芽功能性油脂就是其中之一，含量为10%~15%，其主要成分是亚油酸、亚麻酸和油酸等不饱和脂肪酸，占总量的80%以上。8种常见植物胚芽油及食用油脂中各种脂肪酸含量见表7-5。由表7-5可知，小麦、玉米和大米胚芽油中亚麻酸比例均低于10%，与大豆亲缘关系最近的绿豆胚芽油中亚麻酸比例也只有17%，而大豆胚芽中亚麻酸比例为23.7%，是所有胚芽油中最高的。

表 7-5　常见植物胚芽油及食用油中各种脂肪酸含量比较

含量/%	不饱和脂肪酸			总和	饱和脂肪酸		总和	不皂化物
	C18：3	C18：2	C18：1		C18：0	C16：0		
大豆胚芽油	23.7	52.7	6.7	83.1	3.0	13.2	16.2	11.5
小麦胚芽油	8.3	60.0	14.8	83.1	0.5	16.4	18.0	1.5~7.8
玉米胚芽油	0.9	59.1	27.0	87.0	1.8	10.4	12.2	—
大米胚芽油	2.1	47.7	27.4	77.2	1.8	20.8	22.5	21~5
绿豆胚芽油	17.0	42.2	9.7	68.9	4.4	25.1	29.5	—
茶油	0.5	8.4	79.9	88.8	1.7	8.8	10.5	0.5~0.68
米糠油	1.2	34.0	43.4	78.6	1.7	18.1	19.8	3.5~5.2
花生油	—	37.6	41.2	78.8	3.7	11.4	15.2	0.3~2.3

衡量油脂的营养价值通常以必需脂肪酸的含量为标准。研究表明，含亚油酸较多的植物油脂具有降低胆固醇浓度、保护血管和抗动脉硬化的作用。在20世纪30年代，人们发现动物的食物里如果没有植物油就会发生发育不良、皮肤异常、免疫力差甚至生殖力低下等现象，当食物中补充植物油后这些现象就会缓解。究其原因，主要是植物油中亚油酸和亚麻酸的作用。到20世纪60年代后期，人们发现亚油酸有降低血清胆固醇的作用。日本一家公司以亚油酸含量高的红花油和米糠油为原料配制的调和油，成为当时防治心脑血管病的首选保健品而风靡一时。我国在20世纪70年代曾推出过亚油酸胶丸等亚油酸制剂，在市场上颇受欢迎。大豆胚芽油中亚油酸含量非常高，其保健作用极为明显。

亚麻酸（也称 α-亚麻酸）属于 $\omega-3$ 脂肪酸（即在第3个碳位上开始有双键）。研究表明，亚麻酸是维持人类进化和人体健康的必需脂肪酸，在体内经代谢产生被视为"脑黄金"的生命活性因子 DHA 和 EPA。DHA 和 EPA 是构成脑细胞和人体神经、多种激素的主要成分，同时也是合成前列腺素和白细胞介素的前体物，对糖尿病、癌症及皮肤老化的防治具有重要作用。

大豆胚芽油中还含有一定量的植物甾醇、角鲨烯等生理活性成分。植物甾醇具有可辅助治疗心血管病、哮喘、皮肤鳞癌、溃疡和降低血清胆固醇的作用。据文献报道，把植物甾醇加入大豆油中，使大豆油中的甾醇含量与米糠油相同，发现大豆油抑制胆固醇的效果显著提高，并非常接近于米糠油的效果。

角鲨烯是三十六碳六烯烃，内服可辅助治疗高血压、低血压、贫血、糖尿病、肝硬化、癌症、便秘、虫牙；外敷可辅助治疗扁桃体炎、风湿病等。由于它有较好的渗透性、扩散杀菌作用和抗氧化性，是一种优良的化妆品材料。在人体血液和大脑中有一定的含量，是人体必需的几种甾醇的前驱物质。它对细胞膜有特殊作用，是益智功能食品的重要成分。

综上所述，大豆胚芽油是一种极具营养价值和保健功能的食用油脂，很值得大力开发。目前国内外对小麦胚芽油和玉米胚芽油的制备工艺已有很多研究，而对大豆胚芽油制备工艺的研究很少，尤其是大豆胚芽油脱胶、脱酸、脱色等精制工艺的研究鲜有报道。国内提取大豆胚芽油仍然沿用传统的溶剂浸出法和压榨法。这两种方法普遍存在豆粕中残油多的缺陷，溶剂浸出法还存在溶剂残留的问题。

7.4.1.2　蛋白质

大豆胚芽中粗蛋白含量在 40% 左右，高于小麦胚芽中蛋白质的含量（28%），其氨基酸成分及比例与大豆子叶中基本相同。因此大豆胚芽也是提取大豆蛋白很好的原料，进而可提取大豆蛋白肽。大豆胚芽蛋白作为大豆蛋白的组成部分，与大豆蛋白一样，具有很高的营养价值和很多生理功能，如增强肌肉效果、增强免疫功能等作用。但是目前尚未见这方面的文献报道。我们在实验过程中发现，大豆胚芽蛋白可能富含各种酶类，其蛋白质的生物学功能有可能比子叶贮存蛋白质强。目前这方面尚缺乏相应研究，因此极具开发潜力，市场前景良好。

提取大豆胚芽油后的豆粕是一种高蛋白质原料，蛋白质含量超过 30%，可以直接粉碎后添加到面包、饼干、糕点等烘焙食品中，也可以用于提取大豆胚芽蛋白。对于大豆胚芽粕提取浓缩蛋白后的乳清液，可采用溶剂萃取、膜技术等工艺同时提取大豆皂苷、大豆低聚糖等活性成分。

7.4.1.3　碳水化合物

大豆低聚糖主要分布在大豆胚芽中，其主要成分是 2.7% 的水苏糖、1.3% 的棉子糖和 4.2% 的蔗糖。大豆低聚糖具有重要的生理功能，可以活化肠道内的双歧杆菌并促进其生长繁殖，预防、治疗便秘和腹泻。大豆低聚糖不会引起牙齿龋变，有利于保持口腔卫生，同时还可供糖尿病、肥胖和低血糖人群食用。国内以大豆胚芽为原料来提取大豆低聚糖的研究报道很少，主要是从浓缩大豆蛋白乳清中制备大豆低聚糖，提取溶剂多为乙醇溶液。已开发的大豆低聚糖制品主要有糖浆制品、颗粒制品和混合粉末 3 种。所以利用大豆胚芽提取低聚糖具有较高的经济效益。

7.4.1.4　天然活性成分

（1）大豆异黄酮。

大豆中的异黄酮主要分布在胚芽，它在胚芽中的含量几乎是子叶中的 8 倍。大豆胚芽中总异黄酮含量一般为 1.4%~3.5%，占大豆中总异黄酮含量的 30%~50%。但大豆胚芽中大豆黄素及衍生物含量偏高，影响其活性。目前已从大豆胚芽中分离出了 9 种异黄酮糖苷和 3 种相应的配糖体。通过对大豆胚芽、子叶及水解大豆胚芽中各种异黄酮的变化研究，证实水解后大豆胚芽中染料木素的含量大大提高（见表7-6）。大豆胚芽中异黄酮存在形式主要为丙二酰基配糖体，而该修饰性配糖体的碱性以及苦味在所有存在形式中是最强的。丙二酰基配糖体异黄酮受热较易转变为乙二酰基配糖体，而后者苦味相对较弱，有必要对它进行加工，目前加工形式有加热处理（如焙煎）和提取等。另外，大豆胚芽中除含有配糖体异黄酮之外，其所含的其他营养成分与整大豆接近，故也可以作为营养添加剂。

表7-6 大豆胚芽和子叶中各种异黄酮的含量 单位：mg/g

形式	序号	异黄酮类	大豆胚芽	大豆子叶	水解大豆胚芽
游离型	1	大豆苷	0.893	0.031	0.894
	2	染料木黄酮	0.035	0.038	0.111
	3	黄豆黄素	0.300	0.031	0.188
葡萄糖苷型	4	黄豆苷	1.193	0.115	0.516
	5	染料木苷	0.545	0.198	0.482
	6	黄豆黄素苷	3.534	0.032	3.298
丙二酰基葡萄糖型	7	丙二酰黄豆苷	2.585	0.054	2.543
	8	丙二酰染料木苷	0.202	1.101	0.592
	9	丙二酰黄豆黄素苷	5.270	0.545	5.064
乙酰基葡萄糖型	10	乙酰大豆苷	0.121	0.099	0.298
	11	乙酰染料木苷	0.065	0.032	0.315
	12	乙酰黄豆黄素苷	0.430	0.062	1.075
	总和		15.895	2.337	15.380

（2）皂苷。

大豆胚芽中皂苷含量为0.62%~6.12%，是提取大豆皂苷很好的原料。大豆皂苷是五环三萜类皂苷。近来的研究表明，大豆皂苷是一种很好的药理活性成分，具有独特的生物学性质。从大豆胚芽中提取大豆皂苷已经引起了人们的很大兴趣。提取皂苷的方法较多，大多是根据皂苷的溶解性来提取的。皂苷的提取方法按照其使用的溶剂不同一般可分为3种：正丁醇提取法、甲醇或乙醇提取—丙酮或乙醚沉淀法、碱液提取法。碱性溶剂会使大豆皂苷的结构发生改变，因此用碱液提取大豆皂苷是不合适的。其他两种方法存在的共同缺点是真空干燥段的能耗大，皂苷的得率较低，产品的纯度不高。所以，今后的研究重点是考虑如何降低能耗，提高皂苷得率和纯度，从而优化大豆胚芽中皂苷的提取工艺。大豆皂苷在农业、食品行业、化妆品行业和医药行业有着很大的应用价值，国内文献多集中在大豆皂苷在食品和医药方面的应用，很少涉及农业和化妆品等领域。因此大力开发大豆皂苷在农业和化妆品方面的制品，将有着相当大的市场潜力。

（3）植物甾醇。

大豆胚芽中的植物甾醇主要为0.32%的菜籽甾醇、0.11%的豆甾醇和7.25%的β-谷甾醇，高出大豆子叶中甾醇含量近20倍之多，与大豆油脱臭馏出物中的甾醇含量相当。如此高的甾醇含量在动植物油中是罕见的，仅有比目鱼肝油（7.6%）可与之相比，因此大豆胚芽是提取植物甾醇的良好原料。植物甾醇作为天然营养因子对降低胆固醇和抗肿瘤具有辅助疗效，现已被广泛应用于医药、食品、化妆品和农业等领域。大豆胚芽油中富含植物甾醇，甾醇含量为 4.72%。因此，可以从大豆胚芽油或从脱臭馏出物中提取甾醇。国内工业化生产植物甾醇主要是采用分子蒸馏的方法从植物油脱臭馏出物中蒸出，提取方法一般为酯化冷析法，经过重结晶后，可以得到纯度在 93% 以上的精制甾醇。

（4）天然维生素 E。

大豆胚芽中天然维生素 E 总含量为 0.5% 左右，其中 α-生育酚、β-生育酚、γ-生育酚、δ-生育酚的相对百分比分别 12.0%、1.3%、76.1%、10.6%，而大豆子叶中天然维生素 E 总含量为 0.164%，α-生育酚、β-生育酚、γ-生育酚、δ-生育酚的相对百分比分别 3.8%、1.1%、65.3%、29.8%。天然维生素 E 是一种强抗氧化剂，具有抑制不饱和脂肪酸氧化、保护细胞膜、增强免疫力、延缓人体衰老等功能，是 α-生育酚、β-生育酚、γ-生育酚、δ-生育酚及其相应的生育三烯酚所组成的混合物。

目前从大豆中提取天然维生素 E 大都是以大豆油精炼加工的副产物——脱臭馏出物为原料，采用酯化—分子蒸馏组合工艺，所提取的天然维生素 E 纯度一般在 40%～60%，再进行精制，可以得到 60%～80% 的产品，收率在 50%～60%。这一技术比较成熟，且国内已经工业化生产。

（5）卵磷脂。

大豆胚芽中磷脂含量在 1.1%～3.5%，不同的测定方法会导致大豆胚芽中磷脂含量的变化很大。大豆卵磷脂是食用豆油生产中的重要副产物，在食品加工中具有特殊功能，并得到了广泛应用。国内提取大豆卵磷脂的方法主要是溶剂法，而分离纯化大豆卵磷脂则有溶剂法、氯化福络合沉淀法以及溶剂法与层析法相结合的方法。大豆卵磷脂可广泛用于医药、食品工业，在化工、轻工、皮革、涂料、饲料、农业等行业也都得到了广泛的应用。国内开发利用大豆卵磷脂起步较晚，年消费量约 1000 吨，现仅十多家企业生产，产量有限，其开发前景十分广阔。尤其是粉末状卵磷脂在使用前的称量要比液体卵磷脂容易许多。因此，开发研究粉末状卵磷脂，可能是我国油脂行业今后的发展方向之一。

7.4.2　大豆胚芽油的加工

大豆胚芽油中磷脂、β-甾醇、生育酚，特别是 α-生育酚含量均比大豆子叶中的高，是理想的天然维生素 E 和甾醇的供应源。大豆子叶油和胚芽油对比结果如表 7-7 所示。

表 7-7　大豆子叶油和胚芽油比较

成分	子叶油	胚芽油
不皂化物%	0.83	1.5
磷脂%	1.77	4.35
β-甾醇%	0.57	7.25
总生育酚%	0.185	0.462
α-生育酚（mg/100g）	7.1	55.6
亚麻酸含量%	9.8	23.1

磷脂、生育酚及甾醇具有预防和辅助治疗心脑血管疾病、减少胆固醇的沉积、清除体内垃圾和美容等功效，广泛用于食品、医药、化妆品等领域。亚麻酸是人体必需脂肪酸，所以大豆胚芽油是一种很好的保健用油，也可以用于进一步提取磷脂和生育酚等功能因子，但由于国内外在这方面的研究报道较少，未能引起人们的关注。加速大豆胚芽油的开发利用，提取大豆胚芽中的功能性油脂，对于大豆资源的增值利用，丰富我国营养保健食品的种类，提高我国人民的膳食营养与健康水平都有十分重要的意义。

7.4.2.1　大豆胚芽油的提取方法

大豆胚芽油的提取方法大致有压榨法、溶剂浸出法、水酶法、双液相萃取法、索氏提取法、超声波强化提取法、超临界流体萃取法等。

压榨法一般都采用螺旋榨油机，适于小批量生产，胚芽中含油量较少，出油率较低，为了保证获得较高的出油率，榨油机的压力必须在 69MPa 以上，此外，压榨法的残油率太高，相对其他方法较不适用。

溶剂浸出法一般采用 6 号溶剂油，适于大批量连续浸出，出油率高达 80% 以上，但往往存在有机溶剂残留的问题。

水酶法提油是一种新兴的提油方法，原料无须干燥，经酶解、离心即可获得清油。与传统工艺相比，水酶法提油工艺操作条件温和，特别适合高水分油料。

双液相萃取油脂是由加拿大多伦多大学开发的，南京工业大学进行了改进，采用醇类和己烷两种溶剂同时浸出油脂，研究表明，双液相萃取工艺不改变油脂脂肪酸成分。

索氏提取法的出油率最高，但提取时间长；超声波强化法的出油率次之，提取时间最短，但溶剂用量大；超临界流体萃取法出油率较低，但时间较短，流程简单，无溶剂残留，且所得胚芽油的磷脂含量低，不皂化物及不饱和脂肪酸含量高。综合考虑，超临界流体萃取法是提取大豆胚芽油的最佳方法。

7.4.2.2　超临界流体萃取大豆胚芽油

超临界流体萃取技术是一种新型分离技术，超临界流体既有与气体相当的高渗透能力和低的黏度，又具有与液体相近的密度和对物质优良的溶解能力，克服了溶剂法在分离过程中需蒸馏加热、油脂易氧化和酸败、溶剂残留等缺陷。此技术能使脱气、脱蜡一次完成，同时通过工艺调整，除去大部分游离脂肪酸，从而省去脱酸这一步，就可得到高质量、高收率的大豆胚芽油。该方法提取的大豆胚芽油不仅气味纯正、色泽浅、无溶剂残留、提取率较高，还保留了产品中的生理活性物质，特别符合当今人们对食品安全、营养、保健功能的需求。

（1）工艺流程（图 7-12）。

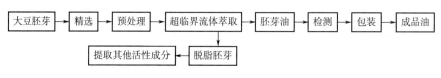

图 7-12　超临界流体萃取大豆胚芽油工艺流程

（2）萃取参数。

实际生产中，萃取压力以低于 35MPa 为最佳。萃取温度一般以 35~40℃ 为宜。工业生产的最佳萃取时间在 1h 左右，实验室中为得到更高的萃取率，时间需 4~5h。另外，如何提高传质速率，增加流体与大豆胚芽的接触面积是提高萃取率的一个非常重要的方面，如原料的预处理、原料中水分含量以及萃取釜中原料的堆积方式等。

7.4.2.3　大豆胚芽油的精炼

许牡丹等对溶剂浸出法得到的大豆胚芽毛油进行了实验室精炼研究，结果表明，高温水化脱胶法中大豆胚芽油胶质沉降快，脱胶效率高，胶质易与大豆胚芽油分离，且大豆胚芽油清亮、得率高。低温浓碱脱酸法中大豆胚芽油得率高，维生素 E 损失少，酸值低。采用白土和活性炭（10∶1）为脱色剂，脱色剂添加量为 2%，在 90℃ 温度下对大豆胚芽油脱色 20min，大豆胚芽油得率高、脱色效果好。

与浸出法得到的大豆胚芽毛油不同，超临界流体萃取法制得的大豆胚芽油颜色浅，酸值和过氧化值均较低，但油中存在类似絮状沉淀的物质，也需要进行简单的中精炼。将萃取的大豆胚芽油经离心机分离，然后送入短程蒸馏设备中精制，在合适的温度和压力下将胚芽油中所含的胶体和蜡质分离出来，得到各项质量指标均合格的精制大豆胚芽油。精炼过程只是简单的分离过程，未采用化学方法精炼，保持了产品绿色、天然的特性。

7.4.2.4　大豆胚芽油的开发应用

近几年，胚芽油在国际市场上相当走俏，将大豆胚芽油制成软胶囊，具有保存性好、携带和口服方便、品种繁多等特点。既可将大豆胚芽油单独制成软胶囊产品，也可与其他具有生理活性的脂肪酸（鱼油等）及脂溶性维生素（维生素 A、维生素 E）等营养物质配制成软胶囊产品食用。这样不仅充分发挥了大豆胚芽油的营养功能，也可增加其他脂肪酸及维生素的稳定性。另外，可将大豆胚芽油直接包装，突出超临界萃取技术绿色、天然的特点，打入高档食用油市场，为食用油市场增加更多的亮点。

大豆胚芽油富含天然维生素 E，是优良的天然抗氧化剂，所含亚油酸和亚麻酸为不饱和脂肪酸，具有众多生理活性。将大豆胚芽油添加到油脂制品中既可提高其营养，又能增强其抗氧化性。另外，大豆胚芽油可应用于绝大多数化妆品，如口红、唇膏、防晒霜、护肤乳液、沐浴露、洗发露、护发素、指甲油等。

此外，大豆胚芽油可与果汁、发酵乳、甜味料、天然胶体等配制成各种健康饮料；可添加至面包、饼干、麦芽糖、软糖等糖果糕点中强化制品营养性；也可添到酸乳酪、全脂奶粉等乳制品内，增强乳品抗氧化性等。

7.4.3　大豆胚芽制品

大豆胚芽因富含大豆异黄酮、皂苷和磷脂等营养保健因子，被国内外企业开发为各种功能性食品或食品添加剂。如日本开发的大豆胚芽茶很受当地广大中老年妇女的喜爱。

随着科学技术的进步，大豆胚芽新的营养价值不断地被发现，规模化的大豆胚芽分离技术日趋成熟，各种提取技术不断完善，大豆胚芽的综合利用必然会日益受到重视，其开发前景十分广阔。同时，大豆胚芽中的天然活性成分虽种类很多，但由于其绝对含量较低，得率又不理想，提取成本居高不下，还难以进入普通百姓家庭，因而简易安全，获得率高和生产成本低的提取方法和多种工艺将是必然的发展趋势。如以溶剂萃取、膜技术等工艺同时提取大豆异黄酮、大豆皂苷、大豆低聚糖和功能性大豆胚芽蛋白粉四种产品。这样，综合地将大豆胚芽进行开发和应用，可以提高其附加值，增加企业效益。

目前大豆胚芽制品主要应用方面如下。

7.4.3.1 提取大豆异黄酮、大豆皂苷

大豆异黄酮和大豆皂苷的提取可以用溶剂萃取、精制法或大孔树脂吸附进行纯化，由于大孔树脂存在一定的局限，国家卫生健康委员会对其应用有一定的限制，所以国内主要以溶剂萃取、精制法为主，其工艺流程如图7-13所示。

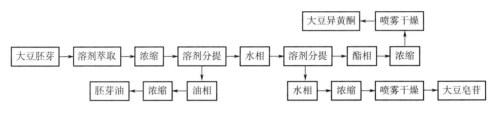

图7-13 大豆异黄酮、大豆皂苷提取工艺流程

在第一步萃取过程中，溶剂可用甲醇、乙醇水溶液和混合醇溶液，一般浓度在40%~80%，溶剂与原料比为10:1（体积与重量比），温度在50℃~70℃，提取3次左右，每次提取时间为2h左右；大豆胚芽提取物中除含有大豆皂苷、大豆异黄酮外，还含有较多的杂质。为了获得较高纯度的大豆皂苷和大豆异黄酮产品，需要进一步精制去杂、富集并分离大豆皂苷及大豆异黄酮有效成分。经过精制后，大豆异黄酮纯度一般可达40%及以上，大豆皂苷可达50%及以上。如果大豆胚芽经过脱脂，那么本工艺就不需进行溶剂分提除去胚芽油，避免了胚芽油对大豆异黄酮及皂苷精制的影响，可以缩短工艺流程。

7.4.3.2 大豆胚芽膨化制品

使大豆的子叶和种皮及胚芽完全分离。向所得的大豆胚芽中加水，再用谷物膨化机在高温、高压（0.76MPa）下维持10min，然后使胚芽放出，于低压下可膨胀1.5~5倍。这种膨化大豆胚芽食品营养价值高而苦味少，而且易于消化。

全粒大豆分离为子叶、皮和胚芽，在不加水等任何成分的前提下，将该大豆胚芽制成膨化产品。该产品的特点是非常柔软，苦味小，在口中易溶，在胃中易消化。既可直接食用，又可与汤、蔬菜色拉同食。

可使用大豆脱皮时获得的胚芽为大豆胚芽膨化制品的原料。如全粒大豆经分选、加热、脱皮、风选、筛分而获得的胚芽，当然不只限于这种方法。大豆胚芽放入谷物膨化机后，在高温、高压下维持规定的时间，然后在低压下放出，使该大豆胚芽膨化至1.5~5倍并糊化，得大豆胚芽制品。

高温、高压一般是指膨化机充分加热，处理室内部达到0.76MPa左右的高压、高温状态。由于处理室内的高温状态，大豆胚芽受热而糊化。低压下放出，一般是指打开处理室的盖，迅速在常温、常压下放出，但也未必都在常压下放出，关键是高压状态与放出时低压状态的压差，压差能使大豆胚芽膨化即可。大豆胚芽的膨化倍数如果低于1.5倍，则制品坚硬，无法食用；如果超过5倍，则胚芽不能保持原形，无法作为商品。

7.4.3.3 大豆胚芽糖果

使大豆胚芽浸在碱液中，再在100~200℃下加热烘烤，可改良大豆胚芽的口感和风味。

制法：大豆胚芽 10kg 加 1kg、10% 的碳酸氢钠溶液搅拌吸水，用钢制的焙煎釜于 160℃ 搅拌焙煎，直至食品呈褐色，无原有大豆胚芽的青臭味、涩味及硬感，风味良好。另取砂糖 10kg 和水 2kg，加热至糖完全结晶为止，再加上制得的大豆胚芽烘烤产品，混合成型，可得大豆胚芽糖果。

7.4.3.4 大豆胚芽茶

由于大豆胚芽富含异黄酮，日本一家公司将大豆胚芽焙炒，然后添加发芽的薏仁米和燕麦，制成色、香、味俱全的大豆胚芽茶，1L 茶水中含 10~20mg 的异黄酮。

7.4.3.5 大豆胚芽饲料

大豆胚芽中含畜禽生长发育所需要的多种微量营养成分，是良好的饲料原料。但是大豆胚芽的含油量高达 11%~17%，加压时油分浸出，使胚芽的成型性降低，用造粒机造粒极为困难，即使能够固化，得率也很低。

为了用大豆胚芽加工出良好的颗粒饲料，增加得率，可在大豆胚芽中混合 3%~30% 的废糖蜜酒精发酵废液干燥物或含这种干燥物的饲料，利用普通方法成型固化。

废糖蜜酒精发酵废液干燥物系指将废糖蜜进行酒精发酵后，在发酵废液的浓缩物（固体成分含量为 40%~60%）中添加载体，使之干燥粉末化；或在发酵废液的浓缩物中混合各种植物油粕、玉米壳等作为吸附剂，干燥后制成颗粒饲料。废糖蜜发酵废液干燥物的添加量为大豆胚芽重量的 3%~30%。将混合物用造粒机造粒，制成大豆胚芽颗粒饲料。

如果直接用废糖蜜酒精发酵废液加工颗粒饲料，由于废液黏度高，不容易与其他原料混合，而且容易黏附在机器上，污染设备。而利用粉体混合，则能够缩短混合时间，不会污染设备，而且得率高。

7.5 大豆皮综合利用

大豆皮是大豆加工中的副产品。在大豆碾压或脱皮过程中大豆皮分离，把大豆皮烘烤并研磨成粉，再混合到脱脂大豆粉中使豆粉蛋白质含量为 44%。对于高蛋白质含量（47%~49%）的大豆粉，则不混入大豆皮，而是把大豆皮分离出去。目前，大豆皮主要是用作动物饲料。由于大豆碳水化合物主要是由 α-纤维素和半纤维素组成的，而木质素含量低，所以它们（大豆皮）容易被动物消化。实际上，它们的消化率很高，且可消化的能量含量与谷物相当。此外，当把大豆皮用于饲料中时，它们可消除患霉毒症的危险。

近年来，大豆皮的一些新用途已被开发出来，主要是作为人类食物的来源。与其他来源的膳食纤维一样，大豆皮已显示出能降低血清胆固醇水平的作用。因此，大豆皮被用来为焙烤制品提供纤维的辅料，添加量达到 10%。大豆皮还富含铁，大豆中约有 32% 的铁存在于大豆种皮中，所以，大豆皮可用于为诸如焙烤食品和早餐麦粥之类的食物提供铁。由于大豆皮的主要作用是保护大豆胚乳，主要成分是细胞壁或植物纤维，所以不能很好地被猪、鸡等单胃动物消化吸收，但可以通过瘤胃微生物的作用被反刍动物所利用；大豆皮以 90% 的干物质为基础，大豆皮中粗纤维为 38%、中性洗涤纤维为 63%、酸性洗涤纤维为 47%，但其木质素含量仅为 1.8%。由于原料、加工工艺等不同，大豆皮的化学成分也有一定幅度的变化，其变化范围：中性洗涤纤维为57%～73.7%，粗蛋白质为9%～16.5%。

7.5.1 大豆皮生产豆皮纤维素

大豆皮中含有40%的纤维素、20%左右的半纤维素及木质素和果胶类物质，是一种理想的膳食纤维源。大豆种皮由外皮和内皮组成。外皮的主要成分是果胶质与半纤维素，内皮的主要成分是纤维素。

大豆种皮是优良的膳食纤维原料，但纤维质口感差、不适合进行食品加工，其原因是外皮中的果胶质与半纤维素络合形成强韧的果胶—半纤维素复合体。因此，需要使用一种酶来分解，破坏这种复合体，但又不要分解纤维素。目前作为商品出售的果胶酶、半纤维素酶等制剂仅含纤维素酶、蛋白酶、脂肪酶等成分，很难满足上述条件。在果胶质与半纤维素分解过程中，为了抑制纤维素分解，就要避开促进纤维素酶作用的破碎，磨碎等工序，为了促使果胶质与半纤维素的分解、破坏，可用挥发性酸将pH调整到4～5，并在50℃左右的温度下保持3～5h。经酶的作用后，迅速磨碎或破碎，尽量去掉水分或直接蒸煮数分钟，使酶失去活性，并通过蒸发除去挥发性的酸，同时进行灭菌。

膳食纤维的分离制备方法可分为：粗分离法、化学分离法、化学试剂和酶结合分离法及膜分离法。国内有利用豆渣制备膳食纤维的研究，但就油脂加工企业而言，豆皮作为大豆加工的副产物是可以直接利用的资源。大豆皮含有60%左右的粗纤维，是一种丰富的膳食纤维资源。

7.5.1.1 常用大豆膳食纤维的制备

1. 方法一

悬浮法，又叫粗分离法，这种方法所得的产品不纯净，但它可以改变原料中各成分的相对含量，如可减少植酸、淀粉含量，增加膳食纤维含量，本方法适合于原料的预处理。

豆皮膳食纤维的提取方法：将豆皮进行水洗，除去杂质，然后烘干，粉碎之后加入20℃的水，使固形物的浓度保持在8%左右，使蛋白质和部分糖类溶解，过滤，干燥后粉碎并过80目筛，得到纯天然的豆皮纤维添加剂。若考虑到产品的颜色，可以加入双氧水进行漂白脱色，从而得到白色的产品，成品得率约为65%。

2. 方法二

（1）工艺流程。

大豆皮→风选除杂→粉碎→调浆→软化→过滤→漂白→离心→干燥→粉碎→豆皮纤维

（2）操作方法。

1）在豆皮原料中可能混杂有完整的豆粒、豆胚芽碎片或粉状颗粒，可通过风选器将这些杂质与豆皮分离，得到颜色较浅、组织膨松、较为纯净的豆皮。

2）粉碎的目的是增加豆皮的有效表面积，以便更好地除去不需要的可溶性物质（如蛋白质等）。用粉碎机将豆皮粉碎，使之通过30～60目筛。

3）加入20℃左右的水，使豆皮浓度保持在2%～10%，进行搅打，使成为水浆，并保持一定的时间（6～8min），使豆皮充分软化、蛋白质和某些糖类溶解。时间不宜过长，以免果胶类物质和部分水溶性半纤维素溶解损失。浆液的pH保持在中性或偏酸性，获得的产品的色泽浅、柔和；pH过高时，容易使之褐变，色泽加深。

4）将软化后的浆液通过带筛板（325目）的振动器进行过滤。

5）使过滤后的滤饼重新分散于 25℃、pH 为 6.5 的水中，固形物含量保持在 10% 以内，通入 100mg/kg 的双氧水进行漂白，25min 后经离心机或再次过滤得白色的湿滤饼。

6）将湿滤饼干燥至含水分含量为 8% 左右，用高速粉碎机使粉料全部通过 100 目筛，即得天然豆皮膳食纤维。

采用此工艺所得到的豆皮纤维的最终得率为 70%～75%。

3. 方法三

（1）工艺流程。

大豆皮→分离→粉碎→筛选→加水打浆→过滤→漂白→过滤→干燥→粉碎→过筛→成品。

（2）工艺要点。

1）豆皮分离。

豆皮原料中可能混杂有完整的豆粒、豆胚芽碎片等，将这些杂质分离，得到颜色较浅、组织蓬松的种皮。

2）粉碎及过筛。

用锤片式粉碎机将豆皮粉碎，以全通过 60 目筛但不通过 150 目筛为准。

3）打浆。

在粉碎的豆皮中加入 20℃ 左右的水，加水量为 1kg 豆皮加入 30kg 左右的水，搅打成浆并静置 6～8min，使蛋白质和某些糖类溶解；浆液的 pH 保持在中性或偏酸性。

4）过滤。

将上述浆液通过带有振动器的筛网进行过滤。

5）漂白。

过滤后的滤饼再重新混合到温度为 25℃、pH 为 6.5 的水中，1kg 滤饼加 10kg 水，然后通入 0.01% 的双氧水漂白 25min。

6）过滤、干燥及粉碎。

漂白后的处理液经离心分离或过滤得到白色的湿滤饼，然后干燥至含水量为 8% 左右，再用高速粉碎机粉碎至粉料全部通过 80 目筛网为止，即可得到天然大豆皮膳食纤维。整个加工过程膳食纤维的最终得率为 70%～75%。

7.5.1.2　高纯度大豆膳食纤维的制备

为了减少膳食纤维的内容物及热源物质，提高膳食纤维的纯度，增加其生理活性，同时为了除去原材料所固有的气味，采用碱解和酸解相结合的方法对原材料进行处理以求制得高纯度、低热量、高生理活性的膳食纤维。

1. 化学方法制备高纯度膳食纤维的工艺流程

原材料→漂洗、软化→蛋白酶水解→漂洗→酸解→漂洗→过滤脱水→干燥→磨细→过筛→漂白→漂洗→过滤脱水→干燥→粉碎→改性→成品。

2. 工艺要点

（1）漂洗、软化。

将准确称重的豆皮用清水漂洗并使之软化。

（2）碱解。

将配制好的浓度为 1% 的 NaOH 溶液按固液比为 1∶6 加入豆皮中，并在搅拌的条件下浸泡 1h，使之充分反应。

（3）酸解。

将配制好的 1%的盐酸溶液按固液比为 1∶6 加入经漂洗至中性的豆皮纤维中，水浴加热至 60℃，并保持恒温，在搅拌的条件下充分反应 2h。

（4）漂洗。

用清水将处理后的豆皮纤维冲洗至中性。

（5）过滤脱水。

用板框过滤机将漂洗后的纤维进行脱水处理。

（6）干燥。

将脱水后的豆皮纤维均匀置于烘盘上，放入鼓风干燥箱中以 110℃烘 4~5h，以干透为止。

（7）漂白。

准确称取经细磨至 40 目的豆皮纤维，并按固液比为 1∶8 加入浓度为 4%的双氧水，水浴加热至 60℃恒温脱色 1h。

（8）粉碎、改性、强化。

利用目前较为流行的增加膳食纤维中水溶性部分含量的机械剪切法，进行超微粉碎及强化 Ca^{2+}、Zn^{2+} 等微量元素以期达到目的。

7.5.1.3 豆皮膳食纤维在食品中的应用

随着人类生活水平的提高，人们所吃的食物越来越精细，由此带来了由食物过于精细而引发的各种疾病，如便秘、肥胖、糖尿病、肠癌等的比例日益上升，因此膳食纤维愈来愈受到人们的重视，各种高纤维食品应运而生，以改善人们的膳食结构，满足人们回归自然的愿望。但由于食品本身的色、香、味的特点，以及膳食纤维本身的特性，导致膳食纤维作为一种添加剂在各种食品中的增加方式和添加剂量受到一定的限制。

豆皮膳食纤维添加到面包、饼干、方便食品、馒头、面条、饮料、冰制品之中，具有较好的应用价值。

1. 高膳食纤维面包

（1）配方。

大豆皮纤维添加量为 6%，具体配料见表 7-8。

表 7-8 添加多功能大豆纤维的面包配方

配料	质量分数/%
面包专用粉	38.3
小麦胚芽	2.5
大豆分离蛋白	2
大豆皮纤维	6
小麦面筋粉	2.0
鲜酵母	2.5
酵母营养剂	0.3

续表

配料	质量分数/%
食盐	1.0
起酥油	1.5
低聚异麦芽糖浆	2.0
结晶果糖	2.0
葡萄酱	3.5
硬脂酰乳酸钠	0.3
水	36.0

（2）工艺流程。

原、辅料调配→面团发酵→切块整形→醒发→烘烤→涮蛋液→成品。

（3）操作要点。

采用一次性发酵法制作高膳食纤维面包。生产时，首先将所有原料混合成均匀面团，在27℃下发酵75min，然后切割成块并静置10min，压模成型后经55min醒发，在210℃下焙烤30min。

2. 高膳食纤维饼干

（1）配方。

豆皮纤维添加量为5%，具体配料见表7-9。

表 7-9　高膳食纤维饼干制作配方

配料	质量分数/%
饼干专用粉	28.3
葡聚糖	15.6
燕麦面粉	16
豆皮纤维	5
起酥油	11
结晶果糖	7.5
异麦芽糖醇	6.5
卵磷脂	4.2
鸡蛋	3
碳酸氢钠	0.2
水	2.7

（2）工艺流程。

原、辅料处理→调制面团→辊轧→成型→烘烤→冷却→成品。

（3）操作要点。

表7-9给出高纤维曲奇饼干的实用配方。生产时，首先将结晶果糖、葡聚糖、异麦芽糖

醇、卵磷脂和起酥油调匀，然后将水等液体物料加入调匀，最后将剩余的干物料加入调匀，然后成型，在250℃下焙烤17min，出炉后冷却6min，最后进行包装。

3. 高膳食纤维馒头

（1）配方。

原料配方（制50个）：特制小麦粉5kg、绵白糖800g、豆皮纤维150g、鲜酵母75g、食盐30g、豆油50g、水2.5kg、水温30℃。

（2）工艺流程。

原、辅料调配→醒发→扦粉→成型→蒸煮→成品。

（3）操作要点。

和面是馒头生产的首道工序。和面的目的是在小麦粉中加入适量的水和面肥或酵母，均匀混合形成具有黏弹性的面团。要求带有酵母的面肥必须均匀地混合于面团中，以保证面团发酵的均匀性。和面机和面时间一般控制在5~10min。总之要能够使蛋白质和淀粉充分吸水、面团不含生粉、揉时不粘手、有弹性、表面光滑即可。在27~29℃、相对湿度在75%以上的环境中醒发3h。馒头成型的方式有：手工成型、机械成型、手工与机械相结合成型。成型后用锅炉蒸汽蒸25min即可蒸熟。

4. 高膳食纤维面条

（1）配方。

高筋粉（湿面筋含量30%）、低筋粉（湿面筋含量26%）、豆皮纤维添加量为2%、加水量为32%~36%。也可适量添加其他品质改良剂，如藻酸钠、氯化钠或复合碱等，以弥补大量添加大豆纤维可能给面条品质带来的不利影响。

（2）工艺流程。

原、辅料调配→制面团、饼→制条→水煮→成品。

（3）操作要点。

原料混合均匀后，加水和面。由于豆皮纤维的持水力大，和面时要多加水，每添加1%的多功能大豆纤维，和面时的加水量应在原来的基础上新增加1.4%左右。面团和好后进入熟化阶段，这时可将面团静置或低速搅拌10min，以消除面团在和面时所产生的内应力，促使其内部结构趋于均匀稳定。熟化后的面团按常规制面方法进行压延和制条，这两个工序的操作参数不需要调整。

7.5.2 大豆皮在油脂精炼过程中的应用

7.5.2.1 制取大豆皮炭

豆皮炭（碳化后的大豆皮）是将大豆皮在400~700℃的高温进行碳化，碳化时所使用的温度和时间对所得豆皮炭的性质有较大影响。碳化后，豆皮具有和活性炭一样的无定形结构，并在表面形成大量的功能性基团，包括羰基、羧基、酚基以及环状基团，如吡喃基和吡喃酮基。这些功能性基团对表面性质有很大影响，具有较高的极性，可以与多种物质相结合。所有这些性质使得豆皮炭可以吸附毛油中的许多微量成分，如磷脂、过氧化物和游离脂肪酸等。

7.5.2.2 大豆皮炭在油脂精炼过程中的应用

油脂加工过程中，毛油要经过精炼工序以除去其中的色素、游离脂肪酸、磷脂和过氧化物。精炼过程包括脱胶、脱酸、脱色和脱臭，其中脱色过程是利用白土在 100℃ 左右、减压的条件下来完成。近来，有报道尝试使用豆皮炭来替代白土进行脱色，以提高大豆皮利用价值，降低生产成本。

实验证明，在毛油中加 2% 的大豆皮炭可使其中的游离脂肪酸降低 75%，并显著降低过氧化值和含磷量，但是豆皮炭对叶黄素几乎没有任何吸附作用。因此，豆皮炭并不能取代白土进行油脂加工过程中的脱色工序，只能用作精炼毛油前的预处理，除去其中大部分的游离脂肪酸、磷脂和过氧化物，以提高毛油品质，缩短精炼过程中的水化时间，降低碱和白土用量。因为用白土进行脱色后油脂酸价会有所回升，故可将豆皮炭与白土混合使用，以防止酸价回升。

以大豆皮炭作为加工油脂精炼过程中的吸附剂，代替白土进行脱色，是近年来围绕大豆皮综合利用与开发进行的相关研究，国内还未见有这方面的报道，国外现在也仅局限于吸附的机理研究，尚未有关应用方面的报道。

7.5.3　大豆皮的其他应用

7.5.3.1　在饲料中的应用

大豆皮的纤维含量高，但木质素含量低，因而消化率较高，尤其适用于反刍动物。有两种大豆皮产品适于用作动物饲料，即大豆粉碎饲料和大豆粉碎废料。大豆粉碎饲料由大豆皮和粉碎机尾部的加工豆粉和碎料组成，这种饲料的粗蛋白含量为 13%，粗纤维含量为 32%。大豆皮粉碎废料由大豆皮和附着在干壳内的子叶部分组成，这种副产品的粗蛋白含量为 11%，粗纤维含量为 35% 左右。奶牛和肉牛的饲养试验证明，大豆皮相当于玉米粒，特别适用于粗料含量中等或偏高的日粮。由于大豆皮在瘤胃、网胃中发酵缓慢，它不会抑制其他日粮原料中纤维素的消化率，因此，大豆皮是放牧牛的理想能量补充料。对于饲喂日粮中粗料含量低的牛来说，大豆皮的饲用价值低于玉米粒。大豆皮可作为谷物的替代物饲喂单胃动物（如猪），但在日粮中的含量不能过高。此外，大豆皮也可用于对能量进食量加以限制的宠物饲料中。在有条件地区，将大豆皮粉碎、湿喂或加工成颗粒替代适量的谷物类饲料与其他粗饲料同时饲喂反刍动物具有非常广阔的前景。

相比而言，大豆皮的纤维含量较高，大豆粕的蛋白质含量较高。蛋白质含量较低的大豆粕（44% 的粗蛋白质，90% 的干物质）是往粗蛋白含量的 49% 的大豆粕中回加大豆皮而得（约 12% 的大豆皮，88% 的大豆粕）到的。但是，由于原料来源、加工厂和所加副产品的不同，副产品饲料的成分可能有相当大的变化。

有关大豆皮消化速度的研究结果表明，添加大豆皮可促进饲料中纤维素的消化，原因是：①大豆皮纤维素具有较高的消化率；②大豆皮能够刺激瘤胃液中某些分解纤维的微生物快速生长，增强其降解纤维素的活力；③添加大豆皮具有一定的促进饲料纤维消化的正互作效应。

7.5.3.2　制备果胶多糖

果胶多糖是一种相对分子质量为 5~100 的酸性多糖，是细胞壁的一种组成成分。果胶在大豆皮中的含量约为 25%，国内对利用豆皮提取果胶多糖的报道很少。果胶多糖在食品中可用作凝胶剂、增稠剂、组织成型剂、乳化剂和稳定剂。此外，由于果胶类多糖具有降低血糖、预防糖尿病、降血脂、防止肠癌、增强抗癌力、防止肥胖以及抑制肠内致病菌的繁殖等功效，因此可用于制作防治糖尿病、肥胖症、高血脂等症的保健食品。

随着功能性多糖的开发研究，果胶类多糖作为水溶性膳食纤维，将越来越受到重视。提取果胶的方法有以下5种。

（1）传统酸提醇沉法。

该法的缺点是在提取过程中易于发生局部水解，影响果胶的得率和品质，并且生产周期长，效率低。

（2）离子交换法。

该法克服了传统酸法提取得率低的缺点，具有产率高，质量好的特点。

（3）微波提取法。

该法提取果胶具有选择性强、操作时间短、溶剂使用量少、受热均匀、目标组分得率高而且不破坏果胶的长链结构的优点，是一种有效可行的方法。

（4）微生物法。

该法提取的果胶分子量大，胶凝度较高，果胶质量稳定，萃取液中果皮不破碎，也不需进行热、酸处理，且容易分离，萃取完全，但提取过程受废粕的预处理、反应固液比、微生物生长状况以及 pH 影响较大，有待进一步研究。

（5）草酸铵提取法。

采用草酸铵溶液代替盐酸提取果胶，果胶产量、产出效率、产品品质均优于传统酸提醇沉法，且生产成本较低。

7.5.3.3 提取过氧化物酶

由于大豆皮中可溶性糖类和蛋白质含量低，大豆皮过氧化物酶的提取和纯化与其他的酶类相比就显得更为容易。

一般提取工艺流程：大豆皮→组织均质→磷酸钠缓冲液提取→硫酸铵分级→沉淀→离子交换层析→亲和层析→凝胶过滤→产物。

操作要点：磷酸钠缓冲液浓度为 20mol/L；经沉淀工艺后得粗酶液；粗酶液经离子交换柱层析后，采用 NaCl 溶液梯度洗脱。此法所得产品纯度较高。

7.5.3.4 提取色素

近年来，色素提取是豆皮利用中的一大热点。豆类生产不仅发展很快，而且以其为原料制成的营养保健品也不断增多，但由于人们对其种皮色素理化性质了解不多，因此影响了大豆皮色素加工产品的色泽和风味。越来越多的研究者以黑豆皮为原料，对黑豆皮色素的理化性质以及提取工艺进行报道。

黑大豆是一类种皮颜色为黑色的大豆品种，黑豆皮呈黑色，富含红色色素，其主要成分是飞燕草素-3-葡萄糖苷和矢车菊素-3-葡萄糖苷。从豆科植物黑大豆种皮中提取的黑豆皮色素属花色苷类化合物，其色泽鲜艳，染色优良，还具有改善肝脏、防御身体过氧化、防止动脉硬化以及提高视力等生理功能，是一种非常重要的天然食用色素和理想的食品添加剂。同时，因近年来合成色素使用受到限制，黑大豆作为一种新型天然色素源也得到了重视。前人研究表明，黑豆皮色素可溶于水和酒精，酸性条件下稳定性较好，因而研究和开发利用黑豆皮色素有着良好的发展前景。

目前，国内对黑豆皮色素的提取主要采用醇-水回流提取、微波辅助提取和超声波辅助提取法等。

7.5.3.5　大豆皮纤维模压降解餐具的生产

以大豆皮为主要原料，复配适当的助剂通过模压的方法生产防水防油的符合食品卫生要求的快餐盒、方便面碗、盘碟、杯、筷等方便餐具，是解决大豆加工副产品的需要，也是合理利用资源、治理"白色污染"、造福人类的需要。

1. 工艺流程（图7-14）

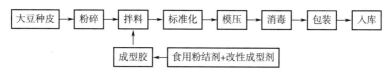

图 7-14　大豆皮纤维模压降解餐具的生产流程

2. 操作要点

（1）粉碎。

大豆种皮干粉碎至40~120目。

（2）拌料。

向粉碎的大豆种皮中加入无毒、无味、防水、防油的食品级成型胶，混拌均匀。

（3）标准化。

按产品要求定量加工。

（4）消毒。

紫外线灭菌。

3. 产品特点

（1）成品外观。

色泽柔和、无异味、无豆腥味、无尘土、无油污及其他异物。表面平整光洁，质地均匀，无条纹划痕，无皱折剥离，无破裂穿孔。

（2）成品物理指标。

含水量<7%，不变形，不渗漏。负重性能：29.4N 压力，高度变化≤5%。

（3）成品微生物指标。

大肠菌群≤3 个/100cm^2。

（4）成品毒理指标。

LD_{50}>10g/kg，致突变试验阴性。盒体不含荧光物质。

（5）成品。

耐食盐、醋酸、食用碱、酒类和其他烹调佐料；可用于佐餐及用开水泡方便面；可以储存冷冻和冷藏食品；可用于微波炉加热至100℃，3~5min。

7.6　大豆油脂加工副产品综合利用

目前，我国大豆毛油均需精炼，精炼大体上分为水化和碱炼两类，前者所得沉淀物为油脚，后者为皂脚。不同之处前者用水使毛油中的磷脂吸水膨胀形成胶体，其中夹带中性油和其他杂质；后者采用碱液使毛油中的游离脂肪酸中和为脂肪酸钠盐并形成肥皂液体，其中夹带着中性油和色素等杂质，这就是油（皂）脚的形成。

7.6.1 油脚的综合利用

大豆油脚一般是指毛油水化后经长期静置后的沉淀物。首先，大豆经压榨或溶剂浸提可得到含磷脂的毛油，再根据毛油中非油脂成分理化性质的不同，而采取不同的精炼方法得到的。

大豆油脂通过精炼，在获得精油的同时，毛油中所含的杂质基本上转入精炼各阶段的油性废料中。在这些废料中的油脂伴随物，具有重要的应用价值和用途，应该很好地加以回收和利用。

7.6.1.1 油脚中磷脂的制取

1. 生产半浓缩磷脂

采用间歇式工艺方法将油脚浓缩到水分含量为20%左右，分出中性油后，余下的部分称为半浓缩磷脂。半浓缩磷脂可用作肉猪、淡水鱼饲料以及肉鸡饲料的添加剂。有关单位的研究表明：在肉猪饲料中添加2%的半浓缩磷脂时，肉猪月增重提高4%，每千克增重节约饲料0.19kg。在淡水鱼（青鱼、草鱼）的颗粒饲料中添加5%~7%时，每亩水面净增产10%以上。在肉鸡饲料中添加5%时，可增强肉鸡体质，提高成活率，每只鸡增重平均提高13%，节约饲料0.48kg，饲料转化率提高6%，并且饲养周期缩短。

2. 生产浓缩磷脂

将压榨法或浸出法制得的大豆毛油进行水化脱胶，得到的水化油脚经真空脱水可制得大豆浓缩磷脂。大豆浓缩磷脂可直接用于食品，也可改性后用于食品或其他行业。

（1）工艺原理。

磷脂有亲水基和亲油基两种基团，当油中无水时，磷脂在毛油中以内盐结构存在，内盐结构不稳定，体积小，极性弱，易分散在油中。在高温时，磷脂以内盐结构很稳定地存在于油中。依据磷脂的吸水膨胀性，若加水或蒸汽使其水化，极性增加，体积变大，磷脂胶团之间易吸引并沉淀下来，经过静置分层或离心分离就从油脂中分离出来，再经过真空脱水就得到浓缩磷脂。

（2）工艺流程（图7-15）。

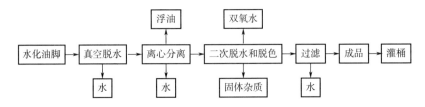

图7-15 浓缩大豆磷脂生产工艺流程

（3）操作要点。

1）真空脱水。

浸出的毛油进行水化脱磷，水化后沉淀8h，水化下来的油脚抽至脱水罐进行脱水，脱出多余水分。脱水时真空度为 93.3kPa，用间接蒸汽加热 20min 后取样观察，发现有棕色颗粒状析出时，磷脂吸水量为饱和，脱水即达要求。

2）离心分离。

脱水后的油脚，沉淀 3h 后抽去浮油，然后用离心机进行油-油脚分离，目的是把油脚中夹带的中性油分离出来，以减少油脂损耗，提高磷脂比例。离心分离时，离心机转速要求在 1000r/min 以上，正常运转 15min。

3）再次脱水和脱色。

分离后的油脚进行再次脱水和脱色。开始用 0.2MPa 的间接蒸汽加热，约 2h 后油脚变稀，再用 85℃的循环水加热脱水，约 1h 后降温到 50℃，加双氧水密闭脱色 1h（双氧水浓度 30%，用量为毛油的 2%），真空度为 90.6~93.3kPa。停止真空 1h 后，提高水温到 75~80℃，开真空继续脱水，3h 后成品水分在 1%以下，加德纳色度在 9 以下。

4）成品调和包装。

成品通过真空抽到磷脂混合罐内进行混合，达到 4 吨时进行批次检验，全部指标合格后再包装灌桶。灌桶时要保持桶内、外清洁无灰尘，并用 100 目筛网过滤，每桶定量 200kg（净重），封桶时要封严，保证不透空气，防止吸潮。

3. 生产流质磷脂

（1）工艺流程。

脂肪酸乙酯或混合脂肪酸→水化豆油脚→真空浓缩→流质化磷脂。

（2）操作要点。

为使用方便和增加浓缩磷脂的流动性，防止浓缩磷脂和油脂分离，保证磷脂质量的稳定，在水化油脚吸入磷脂锅后，再吸入适量的流化剂。流化剂有两种，一种是豆油混合脂肪酸，加入量为浓缩磷脂的 2.5%~3%。如果加入太少，则起不了流质化的作用；如果加入过多，则会增加磷脂的酸价，并使磷脂产生哈喇味，影响磷脂质量，增加产品成本。另一种是豆油脂肪酸乙酯，加入量为浓缩磷脂的 3%~5%。豆油脂肪酸乙酯对磷脂酸价和味道都无影响，质量也好，但成本高，一般用于特殊需要的方面。加入流化剂后的磷脂，其丙酮不溶物在 58%~60%，能在 20℃下自由流动。其生产工艺仍采用间歇法，工艺条件和操作方法与浓缩磷脂生产相同。

4. 生产漂白流质磷脂

（1）工艺流程（图 7-16）。

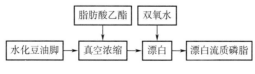

图 7-16　漂白流质磷脂生产工艺流程

（2）操作要点。

漂白流质磷脂产品色泽较浅，适用于浅色食品的加工生产。漂白流质磷脂的生产一般采用间歇法，在真空磷脂浓缩锅内进行。其生产的具体操作过程分浓缩脱水和漂白脱色两步进行。

浓缩脱水的工艺条件与流质磷脂生产相同。只是在操作中需注意升温要慢，温度不宜太高，以避免成品颜色加深；在脱水至产品含水10%时，停止加热和抽真空，并在搅拌下向浓缩锅夹层通入冷却水，将磷脂降温至55~65℃。之后，在真空61~35kPa的条件下，吸入占磷脂重1%~4%、浓度为30%的双氧水，连续搅拌40~60min，进行漂白脱色。

磷脂漂白脱色完毕后，继续抽真空至10.67kPa以下，并向浓缩锅夹层通热水加热至90℃。在连续搅拌下，将磷脂浓缩脱水至水分含量在1%以下（这可从冷凝器出口水流的大小来判定）。然后，停止加热及抽真空，通冷水降温至80℃以下，即可出锅。

若此时泡沫太大，则先不破真空，可于放料口进些空气，使其泡沫破灭。然后放出成品，经筛网注入干净容器。

5. 生产卵磷脂

纯净的卵磷脂为无色的蜡状物，与空气接触即变成棕黄色，稍久一些，就转变为棕褐色，这是由磷脂分子中的不饱和脂肪酸链被氧化所致。

浓缩大豆磷脂一般含卵磷脂20%~22%。可将大豆浓缩磷脂进一步精制成卵磷脂产品。

（1）工艺流程（图7-17）。

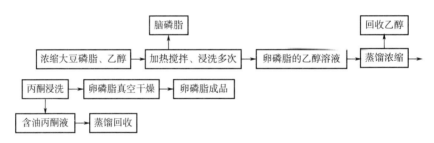

图7-17　卵磷脂加工工艺流程

（2）操作要点。

1）将大豆浓缩磷脂（也可用漂白磷脂）盛于铝桶内，按1∶1加入药用乙醇。然后，加热至60~70℃并不断搅拌，使卵磷脂溶于乙醇。待乙醇液呈棕黄色时，停止搅拌，静置片刻，将上层澄清的含卵磷脂的乙醇液撇出，再加入乙醇，同样操作3~4次，直至卵磷脂大部分溶出为止（一般在乙醇液呈微黄色时即基本洗净）。残留物为脑磷脂，可以用于脑磷脂的生产。

2）将乙醇卵磷脂浸出液吸入真空锅内，在真空度为50kPa、温度为70~75℃的工艺条件下回收乙醇。卵磷脂和油脂及脂肪酸的混合物可从真空锅中放出，盛入铝桶。

3）向浓缩的卵磷脂混合物中按1∶1加入的无水丙酮不断搅拌，浸洗出卵磷脂中的油脂和脂肪酸。静置片刻，将上层澄清的含油丙酮液撇出。再加入无水丙酮，同样操作2~3次，直至卵磷脂中的油脂全部洗净为止。

4）将已脱油的卵磷脂揉成小块，放在搪瓷盘内，再在真空烘箱中烘干。烘干的温度控制在60~70℃，真空度为66.7kPa，时间约2h，直至无丙酮味为止。然后取出卵磷脂，并放入避光、密闭的容器中保存待用。

5）将含油丙酮液送入蒸馏锅与少量无水氯化钙一起加热回流 1h，蒸出的丙酮可继续使用。锅内上层是油脂和脂肪酸，下层为废水，可从下水道排出。

7.6.1.2　油脚中维生素 E 的提取

目前，利用油脂副产物提取维生素 E 的研究多以大豆脱臭馏出物为原料，其原因是大豆脱臭馏出物中维生素 E 的含量较高（维生素 E 含量为 5%～13%），提取工艺相对简单，提取较容易。但是，由于大豆脱臭馏出物是油脂精炼的副产物，其含量仅占大豆油脂的 0.3%～0.6%，据资料全国大豆脱臭馏出物年产约 5000 吨，且价格高，现在市场大约每吨售价 1.2 万元。从东北地区目前的油脂生产原料和生产能力来看，大豆油脱臭馏出物资源有限，国内大豆油脚年产量在 10 万吨以上。大豆油脚中含有 0.3% 的维生素 E。对大豆油脚进行深层次加工，开发生产出天然的、植物性的、无毒的产品。这种高新技术及高附加值产品，已被社会认可，成为世界上一些大豆生产加工和经销的国家获得专利技术和高效益的途径。

陈星等利用分子蒸馏技术从大豆油脚中提取维生素 E 及脂肪酸甲酯，大豆油脚经皂化酸解、甲酯化、冷析沉淀、醇洗、结晶后可得到大豆甾醇；上层油相在 130～210℃、10～40Pa 的条件下进行分子蒸馏，可得到 93%～98% 的脂肪酸甲酯；在 210～240℃、10Pa 条件下蒸馏，可得到含量为 10% 的维生素 E，再经浓缩可达到 50% 以上的纯度。

7.6.1.3　大豆油脚制取复合肥皂粉

利用大豆油脚的油脂与碱发生反应生成肥皂和甘油。大豆油脚经皂化以后形成皂基。而要制取复合肥皂粉的关键在于调合工序，选择一种 BA 调合剂，并加入 Na_2CO_3，经干燥、粉碎、筛选、加香制取优质复合肥皂粉。

其工艺流程为大豆油脚→皂化→盐析→水洗→调和→干燥→粉碎→筛选→加香→包装→复合肥皂粉。

为了保证大豆油脚皂化反应完全，一般应保证大豆油脚中的中性油含量在 15%～20%。这样制取的肥皂粉质量好（表 7-10）。

表 7-10　利用大豆油脚制取肥皂粉的实验参数

名称	编号					
	1		2		3	
大豆油脚/g	80		85		90	
中性油重/g	20		15		10	
36°Be 碱液/mg	48		40		45	
盐/g	25		23		20	
皂基量/g	40	46	45	45	40	45
Na_2CO_3/g	20	23	22	25	20	22
BA 调和剂/mg	4	4	4	5	4	4
皂粉/g	54.6	67.5	67	69	60	67

7.6.1.4 利用大豆油脚制作高能营养饲料粉

经过测定，大豆油脚的含热量比普通饲料能量高2倍左右。如果将其加入饲料中可有效地提高饲料的能量。当用含磷脂的饲料喂食小鸡时，小鸡除了生长情况很好外，还可增加1/A在肝中的贮藏。同时据国外的资料介绍，由于维生素E的缺乏，小鸡发育不好，只有通过饲喂磷脂加维生素E才能改善，但若省去磷脂，单用维生素E则不会产生效果。油脂中含有的植物油，大多是易被物质吸收的亚油酸和亚麻酸，而在动物中含硬脂酸较多，不易为动物消化吸收。因此将大豆油脚加到肉禽饲料中的饲喂效果要好于动物油。通过上述分析，说明利用大豆油脚制作高能营养饲料粉是可行的。

7.6.2 皂脚的综合利用

7.6.2.1 脂肪酸的制取和分离

大豆油中脂肪酸的组成一般为软脂酸7%~10%、硬脂酸2%~6%、油酸15%~30%、亚油酸43%~56%、亚麻酸5%~11%。工业用硬脂酸的成分随原料不同而异，大豆油中硬脂酸含量低，制取不合算，大豆油皂脚适于生产亚油酸。脂肪酸的用途较广，一般混合脂肪酸可直接用作工业原料，其分离产品为工业用硬脂酸、工业用油酸和其他特殊用途的脂肪酸。

1. 皂脚脂肪酸的生产原理

皂脚脂肪酸的生产原理主要是基于肥皂在强酸的存在下发生分解或中性油脂在触媒的存在下发生水解而制得脂肪酸、甘油和相应的盐。另外，在工业上也有利用压热法裂解油脂从而制得脂肪酸的。

根据上述脂肪酸的生产原理，脂肪酸的制取一般分为混合脂肪酸的制取和混合脂肪酸的分离两部分。其中混合脂肪酸的制取方法有皂化酸解法、酸化水解法、高温催化剂法和高温连续水解法等，混合脂肪酸的分离方法有冷冻压榨法、表面活性剂离心分离法、精馏法、溶剂分离法和尿素分离法等。

由于植物油厂都是采用皂脚生产脂肪酸的，而皂脚的主要成分又是肥皂和中性油脂。因此，采用皂化酸解法或酸化水解法从皂脚中制取脂肪酸是经济的。

经皂化酸解或酸化水解后制得的脂肪酸半成品，在植物油厂中一般被称为黑脂肪酸或粗脂肪酸。因此，为了将其提纯，还需进行水洗和干燥，再经蒸馏而获得精制脂肪酸。

由于在常压下，大部分脂肪酸的沸点都很高，这样很易使其在常压蒸馏时发生分解，特别是不饱和脂肪酸更是如此。另外，脂肪酸混合物的沸点又较其中任一单独脂肪酸的沸点高，因此，为了降低脂肪酸的沸点，蒸馏应该在真空条件下进行。一般当蒸馏设备内的残压在$6.75×10Pa$以下时，脂肪酸的沸点将显著降低，这样就不容易引起分解从而保证了脂肪酸的质量。

2. 皂化酸解冷冻压榨分离法生产工艺流程

（1）工艺流程（图7-18）。

（2）工艺操作要点。

1）皂化。

将皂脚抽入皂化锅，计量后均匀取样，检验皂化价。氢氧化钠溶液的浓度配制成25°Bé

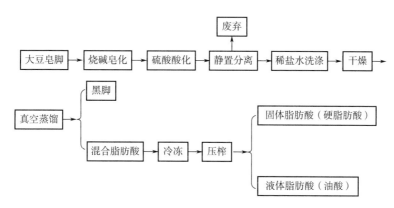

图 7-18　皂化酸解冷冻压榨分离法的生产工艺流程

左右，并按下式计算用碱量。

$$碱液用量（kg）= \frac{皂脚皂化价×0.714}{碱液百分浓度} ×皂脚重量$$

将皂脚加热至沸腾时，在搅拌速度为 60r/min 的情况下，缓缓加入已经加热的碱液。加碱完毕后，继续搅拌煮沸约 3h，保持 pH 为 11 左右，从锅中取皂液小样酸化后检验酸价，以后每 0.5h 检验酸价一次，直至皂液酸价达 180 以上，即可停止皂化。

2）酸解。

在停止皂化后的容器中，缓缓加入稀硫酸，同时用直接蒸汽加热、搅拌。加入的酸量以控制酸液 pH 在 3~4 为宜。加酸完毕后，在温度 90℃ 左右搅拌反应约 1h，若分层不好仍需继续酸解。酸解以后，静置分层 1~2h，放出下层废酸液。

3）水洗、干燥。

将分离出废酸液后的黑色粗脂肪酸加热至 90~95℃，加入浓度约 2% 的同温等量盐水，搅拌数分钟后，静置约 0.5h，然后放出废水，如此进行数次，以洗去残留硫酸，直至放出的洗液用 pH 试纸测定接近中性为止。然后升温至 130℃ 左右，开始搅拌，干燥至液面无蒸汽逸出，再转入粗脂肪酸（又称酸化油）暂存罐贮存。

4）蒸馏。

利用真空，将酸化油从暂存罐吸入蒸馏釜并升温加热，待油温上升到 70~90℃ 时，开真空进行脱水，至釜内油温上升到 150~180℃ 而真空低于 96kPa 时，开始进行蒸馏，同时通过视镜观察出油情况，并严格控制过热蒸汽的大小，不能升得过大，防止釜内液体猛烈沸腾。釜内液相温度为 250~290℃，气相温度为 230~240℃ 时，出酸正常，当液相温度升高到 290~300℃ 时的馏分颜色稍深，最后控制液相温度不超过 300℃。

蒸馏出来的脂肪酸蒸汽经冷凝器冷凝后流入接收罐内。当接收罐内液位上升至一定高度时，则通过压送罐把混合脂肪酸压送到精防脂肪酸暂存罐贮存。其步骤是先打开压送罐的真空阀抽真空，待压送罐与接收罐真空度相等时，再打开两罐之间的连通阀，脂肪酸则流入压送罐内，当压送罐内脂肪酸液位升至液位视镜中心时，关闭连通阀和压送罐的真空阀，再打开压送罐的压缩空气阀和出酸阀，将脂肪酸压送到贮罐。压送完毕，依次关闭各阀门。

5）排放黑脚。

当蒸馏釜蒸馏一定数量的黑色粗脂肪酸后，釜内积存黑脚较多，会影响蒸馏质量，因此，应及时地将黑脚从釜内排放出来。其操作过程：蒸馏完毕，停止升温，在真空下待釜内液温降至240℃以下时，停止抽真空，打开直接蒸汽阀和釜底黑脚排放阀，将黑脚排入回收物池。排放完毕后，依次关闭和开启各阀，再按蒸馏操作程序继续进行生产。

6）冷凝器冷却水温的控制。

在正常蒸馏过程中，为了防止蒸汽在冷凝器中被冷凝成水而混入脂肪酸液体中，必须严格控制冷凝器出口冷却水温度不低于（75±5）℃。

7）冷冻。

混合脂肪酸中含有50%~55%的不饱和脂肪酸，其余是凝固点稍高的饱和脂肪酸。控制一定的温度和时间，使饱和脂肪酸凝固成固体状态，以保证在压榨时承受一定压力。而不饱和脂肪酸仍处于液体状态。其操作过程是，将混合脂肪酸从暂存罐转入冷冻缸内，控制冷冻缸室温在10~14℃，冷冻时间为20~30h，要求冷冻均匀、冷透，并经常进行搅拌翻动，不使其产生外硬内软的"包心"现象而影响质量。

8）压榨。

将已冷冻好的混合脂肪酸借助于机械压力使固态饱和脂肪酸和处于晶体颗粒组织中的液态不饱和脂肪酸分离，成为两种用途不同的脂肪酸产品。其操作方法：将冷冻好的混合脂肪酸装入圆形尼龙袋内，每袋装2.5kg左右，扣好袋口，然后将尼龙袋平整放到压榨设备上进行压榨，要求轻压、勤压，不得挤破尼龙袋。压榨房温度保持在16~20℃，压力应逐渐升高，最终保持饼面压力约为981kPa（10kg/cm3），压榨时间为16~24h。在压榨过程中，严格注意防止压榨机机油漏入液体脂肪酸中，以免影响产品质量。

压榨完毕后，将液体脂肪酸（即工业用油酸）泵入油酸贮罐。再将尼龙袋内的固体脂肪酸卸出，置于融化锅内融化，然后灌桶入库。

皂化酸解冷冻压榨分离法的操作简单、易掌握，但酸、碱用量大，在各生产环节中存在着一定的浪费和污染，劳动条件也较差。

3. 酸化水解冷冻离心分离法生产工艺流程

（1）工艺流程（图7-19）。

（2）工艺操作要点。

1）酸化分水。

酸化分水是使皂脚中的脂肪酸钠盐在硫酸作用下生成脂肪酸，并除去皂脚中的水分、胶质和杂质。皂脚在酸化木桶中用直接蒸汽加热煮沸，在不断翻动下慢慢加入浓度为96%的浓硫酸。如皂脚中杂质少，pH应控制在5~6；若杂质多，pH应控制在2~3，用酸量一般为皂脚量的2%~3%。硫酸加完后，应经常用烧杯取样观察，待杯中明显地分为三层（上层为粗脂肪酸，中层为泥层，下层为废水）时，表示酸化已完成。然后，静置0.5h左右，放出废水和中间层。

2）常压水解。

常压水解是使酸化油中的中性油在触媒的存在下水解生成脂肪酸和甘油。其过程分3次进行：第1次在酸化油中加入30%的沸水，1%的浓硫酸和3%的601（即烷基磺酸钠），用蒸

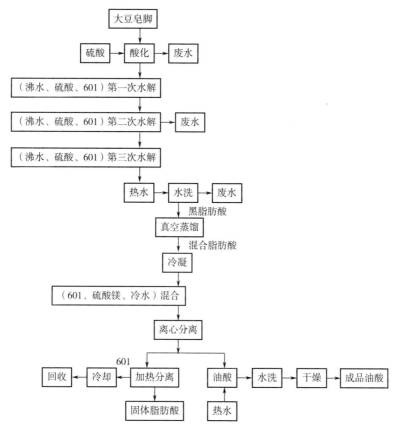

图 7-19 酸化水解冷冻离心分离法生产工艺流程

汽直接煮沸 8h，静置 0.5h，放出下层废水。第 2 次在酸化油中加入 30% 的沸水，1% 的浓硫酸和 2% 的 601，也用直接蒸汽煮沸 8h，静置 0.5h，放出下层废水。第 3 次在酸化油中再加入 30% 的沸水，1% 的浓硫酸和 1% 的 601，用直接蒸汽煮沸 4h，至酸价合格为止，静置 0.5h，放出废水。

3）水洗。

水洗是除去黑脂酸中残存的硫酸根离子，防止对后序设备的腐蚀。

黑脂肪酸用 40%～50% 的沸水多次洗涤，直至放出的废水的 pH 为 8～7 时为止。水洗时，酸温为 80～90℃，每次水洗的静置时间约为 0.5h。静置时，如果水与脂肪酸分层困难，可加入少量食盐使乳化破坏。

4）蒸馏。

洗净的黑脂酸放出废水后，用间接蒸汽预热至 80～90℃，利用真空将黑脂酸吸入套管器加热至 130～140℃，再进入析气器除去水分和空气，最后进入道生加热器加热至 240～250℃ 再喷入蒸馏塔。脂肪酸汽化后从塔顶进入夹套冷凝器和列管冷凝器，冷凝成液体混合脂肪酸进入贮罐中。

未汽化的脂肪酸沿塔身降膜板流入塔底，继续用道生加热器加热至 260～270℃，并喷入直接蒸汽使其汽化，当塔底残液达到一定数量时，停止进料，并将塔内脂肪酸尽量蒸出后再放出残渣。

5）冷冻分离。

蒸馏后的脂肪酸是一种混合物，其碳链长短各不相同，饱和程度也各不相同。在一定温度下，饱和脂肪酸呈固态，不饱和脂肪酸呈液态；在有表面活性剂存在时，由于饱和脂肪酸的极性比不饱和脂肪酸小，阴离子表面活性剂分子较易在晶体与溶液界面上形成稳定的亲液胶体，而不饱和脂肪酸不易生成这种胶体，因此，固体脂肪酸与液体脂肪酸被分隔开，少量硫酸镁等电解质可降低系统的黏度及液体脂肪酸的势散度，使液体脂肪酸的液滴更容易聚集，有助于与含有固体脂肪酸的表面活性剂溶液分离。这种胶状液由于内部组分的比重不同，故可借助离心力分离而得液体脂肪酸，即油酸和含有固体脂肪酸的表面活性剂溶液。

将混合脂肪酸在冷冻罐内边搅拌（20～30r/min）边冷却（4～6h）至10～12℃，冷冻罐夹套内通入零下10℃左右、浓度为18°Bé度的氯化钙溶液。

经冷冻的混合脂肪酸进入配料罐，在搅拌（转速60～70r/min）下加入6.5%的601、3%的硫酸镁水溶液、150%左右的冷水（水温与酸温相同）。料配好后压入混合罐，在不断搅拌（转速60～70r/min）下进入碟式离心机分离成轻、重两相。轻相是油酸，先加热至80～90℃，用沸水洗去残存601，再加热至95～105℃，鼓风脱水，即为成品油酸。重相为硬脂酸与601的水溶液，用间接蒸汽加热至80～90℃，静置分为两层，上层为硬脂酸成品，下层为601水溶液，经冷却后可以回收复用。

7.6.2.2　低级皂的制取

肥皂是高分子脂肪酸盐类的总称。其原料除了油脂外，还可以利用碱炼皂脚作为制造肥皂的原料。尽管制皂的原料有所不同，但它们的生产原理还是一致的。因此，大豆皂脚同样可生产肥皂。

1. 工艺流程（图7-20）

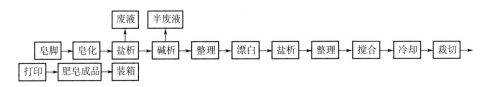

图7-20　利用大豆皂脚制作肥皂的工艺流程

2. 操作要点

（1）皂化。

将大豆皂脚置于煮皂锅中，用直接蒸汽加热至沸，加入浓度为30%的烧碱液，使皂脚中的中性油脂完全皂化。因为杂质与色素易溶于碱性溶液中，故加入的烧碱液应适当过量，使盐析废液中游离碱含量为0.5%～1%。

（2）盐析、碱析和整理。

盐析：皂化完成后，加入适量的盐进行盐析。否则皂胶会失去流动性，杂质混杂在皂胶中不易沉淀下来，此种操作，必要时可重复1～2次。

碱析：皂胶经盐析后即可静置分层，然后放出下层的废液，再加入清水煮沸到闭合后，用烧碱进行碱析，加碱量不宜过多，以皂胶与水析开为度。

整理：碱析后的皂胶，放出半废液进行整理，即加入足够的水或淡盐水使皂粒呈"闭合"状态。同时用"开口"蒸汽进行比较强烈地翻动，但不应过于强烈，否则，由于肥皂中包含大量蒸汽和空气，锅内物料会迅速升高。在有控制的煮沸状态下，皂浆会充分地均匀调和。

（3）漂白。

经皂化和盐析等处理后的皂胶，虽已除去大部分杂质及色素，但颜色仍较深，因此，需要进行漂白处理，才能制出浅色肥皂。通常采用次氯酸钠作为漂白剂，使皂脚中的色素氧化。次氯酸钠可用两种方法制得：一种是漂白粉与碳酸钠作用制取，将漂白粉（含有效氯约33%）100kg 溶于 320kg 清水之中。另将碳酸钠（含95%）60kg 溶于 420kg 清水之中。混合上述两种溶液，充分搅拌约 30min，静置过夜后取上层清液，即可应用。这样制得的次氯酸钠含有效氯 4%~7%。另一种是液体氯与烧碱作用制取，在温度低于 30℃ 的条件下，将钢瓶内压缩的液体氯用胶管导入配制成 40% 浓度的烧碱液中即可。在其游离碱少于 5% 时，不会再产生反应，应立即停止通入氯气。这样制得的次氯酸钠的有效氯含量可达 12% 及以上。

将整理静置的皂胶打入有机械搅拌器的漂白釜中，开动搅拌器，温度控制在 60~70℃，缓缓加入次氯酸钠溶液，根据脱色情况控制加入量。此过程中，如发现有皂胶分离现象，应立即加入清水使其闭合，这样，漂白效果才会比较好。

（4）再盐析。

经漂白后的皂基中存在着一定量的氯及碳酸钠溶液，故必须再进行盐析洗涤。盐析时要求加盐均匀一致，缓慢撒入肥皂液面，用盐量为肥皂的 3%~4%。肥皂盐析的最佳程度是皂胶和废液刚好能析开，废液中不带肥皂。皂粒若盐析得过粗，会影响下步整理过程，使皂内含盐过多，有损肥皂质量；皂粒若盐析过细，则水分不清，影响色泽，增加了盐分及水分。

（5）整理。

加入总脂肪酸量 10%~15% 的清水，并补足碱液，待皂胶呈稀薄状，用样刀试验，皂胶成大片滑下而不粘刀时即可。在皂胶翻滚过程中，需常用样刀取样观察皂胶滑下的速度及皂片大小，如发现皂胶不正常，需及时补足碱液或清水，同时使其含脂率在 60%~65%。整理后皂胶含脂率为（50±0.5）%，电解质总量（包括氢氧化钠及氯化钠）为 1.2% 左右。

（6）调和。

进调和锅时皂温应在 75℃ 以下，若皂温过高，可用水玻璃或夹套内的冷水调节。加入皂胶量 15% 以下的 38°Bé 度的水玻璃进行调和，温度控制在 60~70℃，搅拌 20min 以上，至调匀为止。

（7）冷却。

调和后的皂基仍是胶状流动液体，可置于冷却箱或冷皂机内冷却 10h 左右。

（8）裁切。

冷却后的大片肥皂，可用手工切皂机或机动切皂机裁切成块。切下的皂皮送到融皂缸再抽入调和锅。

（9）打印。

经裁切的皂块需晾置 2~3 天后才能打印，肥皂表面发软的不可打印，打印时，须注意字迹清楚，外形完整。

（10）装箱。

经打印 7~10 天后才能装箱。装箱时动作要轻，并将不合感官指标的肥皂拣出，作次品或废品处理。

7.6.2.3 亚油酸的制取

1. 工艺流程（图 7-21）

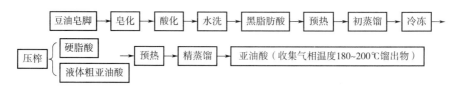

图 7-21　利用豆油皂脚制取亚油酸的工艺流程

2. 操作要点

（1）原料。

采用浸出豆油碱炼皂脚作为原料。豆油皂脚的总脂肪酸含量一般为 50% 左右，除 10%~15% 为中性油外，大部分为脂肪酸钠皂。为保证黑脂肪酸的质量，提高获得率及减少烧碱、硫酸的消耗，浸出豆油在碱炼前最好先过滤及水化，以减少皂脚中饼屑和磷脂的含量。

（2）皂化。

豆油皂脚倒入池，同时加入约 10%、36°Bé 的液体烧碱，用直接蒸汽加热搅拌。皂脚全部融化后，加热 1h 左右，用酚酞指示剂试验。如不呈红色，再加入部分碱液，煮 0.5h 后检验至呈紫红色时停止加碱。继续加热煮 6~8h，到皂脚全部充分皂化成均匀细腻的皂胶、乳面黏沫基本上消除为止。每吨皂脚需加液碱 100~150kg。

（3）盐析。

皂脚加碱充分皂化后，撒入部分固体工业盐，加热翻动片刻，再加入部分液体盐，继续加热，至铲刀取样时皂胶不粘刀，有明显黑水析出为止。再加热 1~2h，保温静置 3h，抽出下层黑水。每吨皂脚用盐 50~100kg。为了降低成本，可以省去盐析操作，将皂化后的皂胶打入酸化桶，用上批第一次的酸水洗一下，放出酸水（供下次用）以除去部分杂质。

（4）酸化。

向经盐析抽出黑水的皂胶内加入上批酸化第一次抽出的废酸水，用直接蒸汽煮沸后，静置沉淀 0.5h，排去废水，然后慢慢加入约为皂脚重量 10% 的浓硫酸。加酸后稍开蒸汽翻动 0.5h，取样倒入量杯中检查分层情况。如分层不好，再加入部分浓硫酸烧煮片刻，取样检查，至样品倒入量杯便迅速明显分层、中间夹层极少、上层粗脂肪酸呈棕黑色时停止加酸。静置 0.5h 后，将下层废酸水抽出，留作下批酸化时用。每吨皂脚用浓硫酸 100~150kg。

（5）水洗。

酸化液内加入其体积 3 倍的清水，用直接蒸汽煮沸后静置 0.5h，抽去废水。再同样重复操作 3~4 次，至废水用 pH 试纸检查至中性时（pH 6~7）为止，最后抽去废水，泵入沉淀锅，静置备作初蒸馏用。黑脂肪酸获得率一般约为皂脚的 40%。

（6）初蒸馏。

黑脂肪酸倒入加料缸，预热至 105℃ 左右，连续进入蒸馏塔进行减压蒸馏。联苯炉温度保持在 270~290℃，蒸馏塔气相温度为 190~200℃（大量出酸时）。馏出物全部收集用于压榨。每蒸出混合酸 90kg 后停止加料 15min、放黑脚一次（重量 10kg 左右）。蒸馏时须注意保持冷凝器温度不低于 40℃，以防馏出液（混合酸）凝结。

（7）冷冻、压榨。

混合酸放入锅中，置于冷藏间冷冻至 -20℃ 左右，入冷冻搅拌锅，取出装入湿布（16 号棉粗布）袋内，用油压机压榨，顶压时根据轻压、勤压的原则，保持压出液体脂肪酸细流不断，逐步增加压力，每隔 15~30min 开泵一次，增压约 0.49MPa，压榨 10~12h，总压力为 14.7MPa 左右。压出的液体脂肪酸即粗亚油酸，获得率为 55%~60%，留在布袋内的固体物系固体脂肪酸。

（8）精馏。

粗亚油酸在加料缸内预热至 100℃ 左右，吸入蒸馏塔。每次进料 90kg 左右。联苯炉温度保持在 265~275℃，蒸馏塔收集气相温度为 180~200℃ 的馏出物为成品亚油酸。180℃ 前蒸出的脂肪酸及 200℃ 以后蒸出的脂肪酸作为副产品出售。每加料一次蒸完后即放黑脚，成品脂肪酸获得率为 90%。

7.7　豆制品加工废水综合利用

在大豆加工过程中会排放大量废水。废水的化学耗氧量、生物耗氧量、总氮、氨氮均较高，直接排放不仅污染环境，而且浪费资源，实现其资源化利用具有社会和经济双重意义。

大豆乳清又称黄浆水，是大豆制品加工时排放的废水。大豆乳清中含有较多的营养物质，排放后不但造成可利用营养成分的损失，而且给微生物繁殖创造了条件，造成环境污染。通过一定的技术手段将大豆乳清充分利用起来，变废为宝，将会创造出更大的社会和经济效益。

7.7.1　大豆乳清的营养价值

大豆乳清中含有低分子蛋白质、白蛋白、多肽等有机态氮化合物，除此之外，还含有大量低分子糖类和盐类等水溶性物质。据分析，每 100g 大豆乳清中含有钙 82.2mg、氟 94.2mg、钾 120.8mg、钠 28.2mg、氯 1.40mg、镁 17.00mg、硫 3.06mg、钴 0.0002mg、铜 0.006mg、碘 0.01mg、铁 0.233mg、锰 0.079mg。

由于大豆乳清中含有多种生理活性物质，如大豆乳清蛋白、大豆低聚糖、大豆异黄酮、大豆皂苷等，而且化学耗氧量、生物耗氧量值很高，均在 10000 以上，直接排放会造成严重污染。因此从大豆乳清废水中回收生理活性物质正逐渐成为研究热点。

7.7.2　大豆乳清废水的利用现状

很多学者曾就大豆分离蛋白的生产及其酸性乳清废液中蛋白质的回收进行了超滤、反渗透二步法和直接反渗透一步法分离浓缩工艺的探讨。由于大豆分离蛋白生产集中、产量大，在生产过程中乳清废水的排放量非常大，因此成为竞相研究的热点。而传统的豆制品生产也有大量的乳清析出，如在生产豆腐时，每加工 1 吨大豆将产生 2~5 吨大豆乳清。由于一般的豆制品厂的规模较小又较分散，资金和技术力量薄弱，且对功能成分的回收利用和环境污染问题也不够重视，因此大豆乳清至今仍作为废液被排放，没有得到充分的回收和利用。

7.7.3 大豆乳清废水综合利用

7.7.3.1 大豆乳清蛋白的制备

回收大豆乳清中所含有的低分子可溶性蛋白质、低聚糖类和异黄酮类等物质，不但可以实现资源的回收利用，而且减轻了大豆乳清液排放所造成的环境污染。近些年，膜技术飞速发展，由于膜技术独特的工艺特性，使之在固液分离领域得到广泛应用。采用膜技术处理和回收大豆乳清中有价值的成分将有广阔的应用前景。

典型的大豆乳清膜分离工艺流程如图 7-22 所示。

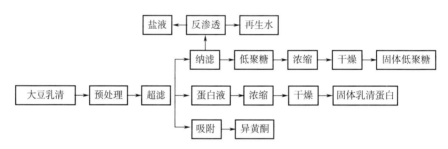

图 7-22　大豆乳清膜分离工艺流程

乳清液首先需预处理以除去其中所含的大分子球蛋白及部分杂质，以保护超滤膜的良好运行。而超滤主要用于浓缩乳清蛋白，两级纳滤用于浓缩低聚糖，反渗透以除盐为主，透过的再生水可以达到纯净水的程度，从而增大收益。大豆异黄酮类的制取流程一般为：采用石油醚或轻汽油脱脂→极性有机溶剂（甲醇）浸提→蒸发浓缩→吸附剂层析分离。在整个工艺过程中，只有反渗透分离出的盐液和超滤膜、纳滤膜及反渗透膜的清洗液被作为废水进行处理，且水量较小，可以与工厂的生活污水及清洁废水一起进行处理。

从分离蛋白车间排出的乳清，经调节水箱进入板式灭菌器，将乳清杀菌，同时使蛋白质变性沉淀。灭菌温度为 90℃，时间为 10s，随后冷却至 40℃，进入沉淀罐（4 个，交替工作）静置使变性的蛋白质沉降，排出沉降蛋白质。经沉降后的上清液，由加压泵泵入袋式过滤器过滤，然后调 pH 至 2.5（超滤截留蛋白质的适宜 pH）。上清液进入超滤系统，超滤膜截留相对分子质量为 2000~20000，将料液分为浓缩液和透过液。浓缩液经双效浓缩和喷雾干燥后，生产出乳清蛋白产品，从而完成乳清蛋白的分离过程。

对膜分离技术提取大豆乳清蛋白的研究，国内外对大豆乳清蛋白的功能性质、膜分离的关键技术研究也只处于试验阶段。随着我国大豆行业的快速发展，大豆乳清蛋白的应用将会更加广阔，而膜分离技术将是最有效的生产手段，必将在大豆产业中具有更广泛的应用。

7.7.3.2　大豆低聚糖的生产

乳清水不加处理势必会对环境造成严重污染，对其处理并回收所含低聚糖不仅降低了污染，也获得了这种对人体有益的保健成分。大豆低聚糖是大豆中所含的可溶性糖类，在大豆中的含量为 10% 左右。大豆低聚糖主要是棉子糖、水苏糖和蔗糖。它们是可溶性碳水化合物，摄入后人体难以消化而直接进入大肠，被肠内双歧杆菌的增殖所利用，从而对人体健康有益。

大豆低聚糖的生产一般是以大豆乳清液（大豆制蛋白质时排放的废液）为原料，经分离提取、精制而得。目前国内外学者对大豆低聚糖提取方法进行了深入的研究，相关的文献报道也非常多。

1. 超滤法提取大豆低聚糖

（1）工艺流程（图 7-23）。

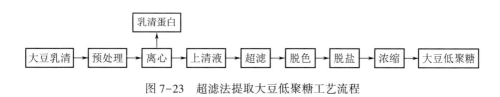

图 7-23　超滤法提取大豆低聚糖工艺流程

（2）操作要点。

1）预处理。

去除大豆乳清中的残余蛋白质除了加热沉淀法外，还可采用等电点法或絮凝剂法。等电点法的去除效果不太理想，絮凝剂沉淀法效果较好，可用来沉淀蛋白质的絮凝剂有醋酸铅、醋酸锌、氯化钙、氰化钾、硫酸铜和氢氧化铝等。

使用氯化钙作沉淀剂处理大豆乳清的最佳工艺条件为 pH 为 4.3，$CaCl_2$ 浓度为 3%～5%，加热温度为 80～90℃，加热时间为 20min，蛋白质的沉淀率为 85.20%。

2）超滤。

选用截留相对分子质量为 10000 的超滤膜，超滤压强为 20.7～31.05kPa，超滤温度为 40～50℃。在上述最佳条件下，将经预处理过的大豆乳清进行超滤，经超滤处理后滤液中 87.32% 的蛋白质被截留，在实际生产中采用二次超滤进一步除去残余蛋白质。

3）膜的清洗。

超滤运行过程中透水速度下降是由被分离的大豆乳清中某些成分吸附、留存在膜表面和膜孔中造成的。

4）脱色。

超滤后的大豆低聚糖溶液采用活性炭脱色。生产中选择 1% 的活性炭，吸附时间为 40min。由于温度对脱色效果的影响不显著，且随着温度的提高成本也会提高，因此采用 40℃ 及以下的温度吸附脱色。糖液的 pH 控制在 3.0～4.0 时脱色效果较好。

5）脱盐。

选用 732 型阳离子交换树脂和 717 型阴离子交换树脂进行脱盐。离子交换的条件对糖液脱盐效果有影响。温度为 50~60℃，糖液流速为 35m³/h 条件下的脱盐效果较好。

6）浓缩。

提纯后的糖液真空浓缩到 70%（干物质）左右，浓缩过程中糖液的沸点控制在 70℃ 左右，从而制得 70% 的大豆低聚糖浆。

2. 膜集成技术分离大豆低聚糖

（1）工艺流程。

根据系统处理量为 40m³/h、膜系统终端低聚糖浓度为 8% 的指标要求，系统工艺流程为：乳清液→高速离心→高温除蛋白质→硅藻土过滤→热交换降温→超滤净化→电渗析脱盐→反渗透浓缩→离子交换脱色→超滤二次净化→三效浓缩→产品。

该系统控制采用自动与手动控制相结合的模式，超滤和反渗透系统可定时自动冲洗、自动保护，系统关键控制参数为自动显示。

（2）工艺要点。

1）膜系统设计要点。

膜系统设计时，首先考虑原水或料液的污染指数。膜的污染是由原水或料液中的颗粒和胶体物质在膜表面的浓缩而引起的。随着膜通量的增加和膜元件回收率的增加，膜表面的污染物也随之增多。膜分离浓缩系统只会增加膜的污染速率和化学清洗的频率。

2）膜及设计的选择。

反渗透可选用抗污染膜；超滤可选用聚砜中空纤维式超滤组件；电渗析器可选用脱盐效率高的。

3）预处理系统。

预处理设备为板框过滤机和硅藻土过滤机。前者用于除去部分杂质和部分经絮凝后的蛋白质；硅藻土过滤机用于除去小的颗粒和部分胶体有机物。硅藻土过滤大豆乳清液，能使乳清液清亮透明，但常规硅藻土过滤机排渣困难、预涂周期短、硅藻土耗量大，不易组织大规模工业化生产。为克服这个困难，可选用恒压连续式自动排渣硅藻土过滤机。为保证预处理产水满足膜系统的进入条件，在预处理中设计了两道硅藻土过滤，每道设备设置一开一备。膜设备对温度敏感且有较严格的要求，可采用两道热交换，以确保水温恒定。

4）超滤净化系统。

超滤膜过程主要是为了截留分离乳清液中的残余蛋白质和胶体物质。选用截留相对分子质量为 10000~20000 的聚砜中空纤维膜组件。超滤分离系统设计有自动冲洗、反冲洗、气吹洗、气液混合冲洗等工艺。

超滤进料液为经过高温杀菌、热变性沉降、硅藻土过滤后的乳清液，其水质污染指数≤6；水温为 30~35℃；要求超滤系统产水污染指数≤3，处理水量为 40m³/h；24h 连续运行，间隙自动反冲洗。

5）电渗析脱盐系统。

大豆乳清液经超滤去除蛋白质和胶体物质后，乳液中仍含有一定量的盐分，盐分影响大豆低聚糖的纯度和口感。经电渗析多级除盐后，乳清中的盐类去除率达到 98%。原液中低聚糖含量为 1.0%~1.2%，含盐量为 7000~7500mg/L，原液温度为 20~30℃。要求电渗析系统除盐范围为 7500~150000mg/L，脱盐率为 98%，处理量为 40m³/h，24h 连续运行。

6）反渗透系统。

大豆乳清液经超滤净化和电渗析除盐后选用反渗透膜进行分离浓缩。工艺保证 90% 以上的水透过，使低聚糖浓度达到 8% 及以上。透过液不含低聚糖，作为工艺水回用。处理量为 40m³/h，24h 连续运行。

采用反渗透浓缩乳清液浓度可达 10%，透过液中基本不含低聚糖。终端浓度达到 8% 的乳清液的平均水通量大约是常规水通量的 50%。从设备投资和运行费用综合考虑，确定低聚糖浓度浓缩到 8% 左右为宜。

7）离子交换系统。

为提高产品质量，反渗透浓缩后，配置了离子交换后处理系统。选用强酸性 001×7（732）阳离子交换树脂深度脱盐；选用强碱性 201×4（711）阴离子交换树脂脱盐、脱色。

8）二次超滤净化系统。

反渗透浓缩液经离子交换树脂后，乳清液中会带进杂质和树脂碎片，为此在膜集成工艺终端设计了超滤净化系统。该系统共用中空纤维组件 32 支，截留相对分子质量为 10000，分两组安装，一开一备，保证清洗时不影响连续生产。

3. 酶法生产高纯度的大豆低聚糖

以大豆低聚糖糖浆制品为原料，采用酶转化的方法将大豆低聚糖糖浆制品中的蔗糖转化为低聚果糖，该方法可降低糖浆制品中蔗糖的含量，提高低聚糖的含量，与柱色谱分离方法相比，生产成本大大降低。

β-D-呋喃果糖苷酶（E. C. 3. 2. 1. 26）可以有效地将蔗糖水解成葡萄糖和果糖，并将果糖转移到蔗糖分子的果糖残基上通过 β-1，2-糖苷键连接 1~2 个果糖基，形成蔗果三糖和蔗果四糖。

（1）工艺流程。

大豆乳清→预处理→离心（除蛋白）→清液超滤→滤液→浓缩→加酶制剂→酶反应→灭酶→浓缩→成品。

（2）操作要点。

制成浓度为 60% 的大豆低聚糖糖浆溶液，所用的酶为 β-D-呋喃果糖苷酶。在 35℃、糖浆溶液 pH 为 8.1、酶用量为 2.7u/g（蔗糖）的条件下酶反应 8h，反应结束后将糖浆在 80℃下加热 15min 灭酶。低聚果糖的转化率以纯蔗糖计约有 61% 的蔗糖被转化，产品中全部低聚糖的含量由原来的 38.98% 提高到 55.80%。

4. 发酵法生产高纯度的大豆低聚糖

发酵法精制大豆低聚糖是利用某些酵母菌可选择性地利用底物中的蔗糖，而不利用水苏糖、棉子糖等低聚糖的特点，除去大豆低聚糖中的蔗糖而达到精制的目的。以大豆乳清废糖浆为原料，添加酵母膏，采用面包酵母直接发酵再经下游处理，可得到蔗糖含量低于 1.3% 的精制大豆低聚糖干粉。

（1）工艺流程。

大豆低聚糖糖浆→灭菌→接种培养→加絮凝剂→离心→脱色→脱盐→浓缩→喷雾干燥→成品。

（2）工艺要点。

1）大豆低聚糖糖浆。

根据原料的来源不同，大豆低聚糖的糖浆中各低聚糖的组成成分不同。以生产大豆异黄酮的副产物制得的大豆乳清废糖浆和以生产大豆分离蛋白的废水大豆乳清为原料生产的普通型大豆低聚糖糖浆为原料，发酵生产高纯度的大豆低聚糖。

2）糖浆溶液的培养。

①以普通型大豆低聚糖为原料，菌种为酿酒酵母，培养基为普通型大豆低聚糖（总糖浓度为10%），酵母膏（0.5%），溶液的pH为6.2；在180r/min、30℃下恒温培养36h。最后发酵液中蔗糖的浓度为0，而水苏糖和棉子糖的残留率均在96%以上。

②大豆乳清废糖浆中含有一定量的蛋白质，可作为酵母菌生长的氮源，若以此为原料，经发酵除去蔗糖，再进行下游处理，则可大幅度降低生产成本。灭菌后接种培养，将大豆乳清废糖浆加水稀释，配制成总糖浓度为10%的溶液，调溶液的pH为6.2；在180r/min、30℃下恒温振荡培养32h。最后发酵液中蔗糖的浓度接近0，而水苏糖和棉子糖的残留率均在96%以上。

3）絮凝和离心。

大豆乳清废糖浆经稀释、发酵后发酵液中尚含有酵母菌、蛋白质、色素及酵母菌代谢产物乙醇等，要得到精制大豆低聚糖还需去除上述杂质。利用絮凝和离心可同时除去酵母菌和蛋白质，絮凝剂选Al（OH）$_3$，用量为发酵液体积的0.5%。在转速为12000r/min下离心10min，可得到澄清透明的发酵液。此过程中低聚糖基本无损失。

4）脱色。

用活性炭脱色，活性炭用量为料液体积的1.0%。在80℃下搅拌30min，静置保温40min，趁热过滤。此过程中低聚糖收率为88.9%。

5）脱盐。

用离子交换树脂脱盐，树脂采用强酸性阳离子交换树脂和弱碱性阴离子交换树脂。此过程中低聚糖收率为95.6%。

6）浓缩和喷雾干燥。

采用减压蒸馏，真空度97.3kPa。浓缩至总糖浓度约为15%。离心喷雾干燥，进口温度150℃，出口温度70℃，喷头转速21000r/min。

7.7.3.3　大豆异黄酮的制备

醇法生产大豆浓缩蛋白过程中，异黄酮几乎全部进入大豆乳清中，因此大豆乳清可以作为生产大豆异黄酮的原料。以超滤结合聚苯乙烯-二乙烯苯树脂吸附法从乳清中分离异黄酮的收率大于70%，产品纯度大于30%。利用大豆苷和染料木苷在不同温度下的溶解度不同，还可以分离出染料木苷。

1. 工艺流程（图7-24）

图7-24　利用大豆乳清制取大豆异黄酮的工艺流程

2. 操作要点

（1）超滤。

在 65~95℃ 下进行超滤后，将浓缩物循环再利用，再与新的大豆乳清重复超滤。通过超滤过程，除去大豆乳清中残存的蛋白质。

（2）树脂吸附。

树脂吸附过程是在 45~90℃ 下进行。

（3）水洗。

用水除去大豆乳清中的蔗糖、水苏糖、棉子糖等水溶性糖类。

（4）醇洗。

在 25~80℃ 温度下用 20%~90% 的醇洗脱，收集得大豆异黄酮成品。

7.7.3.4　大豆乳清制取大豆皂苷

大豆皂苷是大豆生长中的次生代谢产物，存在于大豆胚轴及子叶中，具有苦涩或豆腥味。大豆皂苷有清除自由基、抗氧化和减少过氧化脂质的作用，可抑制血清中脂类的氧化，降低血中胆固醇和甘油三酯的含量。大豆皂苷还可以阻止肿瘤细胞生长，抑制艾滋病病毒的感染，对被感染的细胞有一定的保护作用。

1. 原料的制备

以生产大豆分离蛋白后排放的乳清液作为提取大豆皂苷的原料。上述乳清液包括普通方法生产大豆分离蛋白时排放的乳清液和用酶法生产大豆分离蛋白所排放的乳清液。

2. 工艺流程（图 7-25）

图 7-25　利用大豆乳清制取大豆皂苷的工艺流程

3. 操作要点

（1）加热变性蛋白质。

大豆乳清液在高温闪蒸器内通过高温闪蒸，温度提高到 100~140℃，使乳清中的可溶蛋白质变性析出。适当添加絮凝剂后，通过过滤机过滤出变性蛋白质，收取滤液。

（2）去除无机盐。

上述滤液通过两次电渗析使电导率下降到 40μs/cm 以下。将料液两次通过阳离子交换树脂柱，使料液的电导率下降到 4μs/cm 以下。

（3）采用非极性大孔吸附树脂柱分离大豆皂苷。

将去除无机盐后的料液通过非极性大孔吸附树脂柱（如 HP-20 树脂，D370 树脂等），料液和树脂的交换体积比为 50：1（料液与树脂的体积比在（45~50）：1 即可）。此时不被树脂吸附直接流出的液体含大豆低聚糖，通过反渗透、超滤、浓缩后喷雾干燥可得到含量在 60% 以上的大豆低聚糖产品。

被树脂吸附的料液中，含有大豆异黄酮和大豆皂苷，先用 55%~65% 的甲醇或乙醇溶液洗非极性大孔吸附树脂柱，洗脱液富含大豆皂苷。

待洗脱液颜色微黄时，改用90%～95%甲醇或乙醇溶液洗非极性大孔吸附树脂柱，该洗脱液富含大豆异黄酮。

将富含大豆皂苷的洗脱液真空浓缩，回收甲醇或乙醇，剩余产物干燥后可得到含量在90%以上的大豆皂苷。

7.7.3.5　大豆乳清发酵饮料

利用乳酸菌发酵也可脱除大豆乳清具有的豆腥味、涩味及辣味，而使用乳酸菌发酵并添加果蔬汁则完全有可能生产出没有上述异味而只有果味的大豆乳清饮料。

1. 工艺流程

新鲜大豆乳清→配料→灭菌→接种→发酵→过滤→过树脂柱→调配→灌装→灭菌→成品。

2. 操作要点

（1）配料。

大豆乳清添加8%、蔗糖2%、蜂蜜2%～3%、乳粉2%～3%。

（2）接种。

采用保加利亚乳杆菌和嗜热链球菌（1：1）的混合菌种，接种量为每毫升大豆乳清$103g/L$。

（3）发酵。

在乳酸菌发酵过程中，大豆乳清中的己醛等羰基化合物逐渐转化为有机酸，从而除去了豆腥的臭味。而乳酸发酵的某些代谢产物则使发酵液产生特有的香味及柔和的酸味。发酵温度控制在44～46℃，发酵时间为70～74h，至pH为4.7时终止发酵。

（4）过滤。

采用板框过滤，用硅藻土作为助滤剂（其中添加10%的凹凸土），得澄清、透明的发酵液。

（5）过树脂柱。

为除去大豆乳清中所含有的一些金属离子，将发酵液过732型阳离子树脂交换柱。732型阳离子交换树脂需先经酸、碱处理后装柱，再用水洗净后方可使用。

（6）调配、灭菌。

过树脂柱后的发酵液可添加适量糖、酸、果蔬汁、香料等进行调味、调香，使之风味柔和，酸甜可口，最后在90～100℃下灭菌15min～20min，即为成品。

参考文献

[1] 胡林子. 大豆加工副产物的综合利用［M］. 北京：中国纺织出版社，2013.

[2] 卢旭东，刘晓军. 大豆加工副产品的开发利用［J］. 农产品加工，2007，7（105）：18-20.

[3] 李里特. 大豆加工与利用［M］. 北京：化学工业出版社，2003.

[4] 宋朝霞，石海英. 豆粕中大豆异黄酮的提取研究［J］. 大豆通报，2007，2（87）：28-29.

[5] 温亚海. 利用豆粕制取大豆分离蛋白［J］. 农产品加工，2003（10）：16-17.

［6］ 吴定，袁建，周建新，等．固态发酵豆粕生产大豆异黄酮研究［J］．中国粮油学报，2004（2）：72-74，78.

［7］ 忻耀年．大豆异黄酮的功用和制备工艺［J］．中国油脂，2003（10）：60-63.

［8］ 司方，王明力．大豆豆渣的综合利用研究进展［J］．贵州农业科学，2008，36（6）：154-156.

［9］ WEICKERT M O, PFEIFFER A F. Metabolic effects of dietary fiber consumptionand prevention of diabetes［J］. J Nutr，2008，138（3）：439-442.

［10］ LAIRON D. Dietary fiber and control of body weight［J］. Nutr Metab Cardiovasc Dis，2007，17（1）：1-5.

［11］ 潘红春，刘红，刘英．利用豆渣生产微生物菌体蛋白饲料的研究［J］．中国饲料，1994（2）：9-10.

［12］ 陈有才，宋桂香，郭利聪．豆渣膨化食品的研究［J］．河北省科学院学报，1998（2）：64-65.

［13］ 孙云霞．豆渣中水溶性膳食纤维提取方法的研究［J］．食品研究与开发，2003（3）：34-35.

［14］ 黄晓东．大豆豆渣中黄酮类化合物的分离与鉴定［J］．山西食品工业，2003（2）：17-18.

［15］ 谷利伟，谷文英．大豆胚芽组成成分的初步分析［J］．中国油脂，2000（6）：137-140.

［16］ 刘云，朱丹华．大豆胚芽开发利用的研究现状与发展趋势［J］．中国食品添加剂，2004（6）：50-53，68.

［17］ 曹万新，史宣明，武丽荣，等．大豆胚芽综合利用的研究［J］．中国油脂，2002（4）：39-41.

［18］ 许牡丹，王亚娟，王振磊，等．大豆胚芽油精炼工艺的研究［J］．食品科技，2008，11（205）：134-136.

［19］ 乔国平，王兴国，胡学烟．大豆皮开发与利用［J］．粮食与油脂，2001（12）：36-37.

［20］ 石陆娥，唐振兴，易喻．豆皮、大豆乳清水的综合利用［J］．粮油加工与食品机械，2004（11）：60-61.

［21］ 汪勇，欧仕益，李爱军，等．大豆皮制备膳食纤维的研究［J］．食品科学，2003（5）：110-113.

［22］ 王秋霜，应铁进．大豆制品生产废水综合开发研究进展［J］．食品科学，2007，334（9）：594-599.

［23］ 杨向平，李春霞，李召妍，等．改性大豆皮用于降低水硬度的研究［J］．中华纸业，2007，183（11）：66-68.

［24］ 王秋霜，应铁进．大豆制品生产废水综合开发研究进展［J］．食品科学，2007，（9）：594-599.

［25］ 刘军，栾居科，李文涛．大豆低聚糖、乳清蛋白的提取［J］．中国油脂，2002（4）：45-46.

［26］储力前，付永彬．膜分离技术在大豆蛋白废水处理中的应用研究［J］．给水排水，2000（5）：36-38.

［27］高文宏，石彦国，高大维，等．超滤法提取大豆低聚糖前处理的研究［J］．中国粮油学报，2000（5）：49-52.

［28］吕斯濠，刘力，王晓玉，等．膜技术处理大豆乳清废水的研究［J］．哈尔滨商业大学学报（自然科学版），2002（6）：647-650，654.